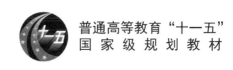

普通高等教育"十一五"
国家级规划教材

21世纪高等学校计算机类专业
核心课程系列教材

数据挖掘原理与算法

（第4版）

◎ 毛国君 段立娟 贺文武 编著

U0223246

清华大学出版社
北京

内 容 简 介

本书是一本全面介绍数据挖掘基本原理、核心算法以及典型应用方法的专业书籍。第 4 版在前三版的基础上,对数据挖掘的方法论和知识点进行了重新归纳,按照基础篇、提高篇和应用篇进行设计。从方法论上说,数据挖掘是一个方法和原理逐步演变的过程。首先,最基础的数据挖掘方法主要有"关联规则""分类""聚类",它们是数据挖掘的灵魂和基础,因此基础篇是了解和学习数据挖掘技术的入门知识。其次,随着数据挖掘技术研究和应用的深入,序列数据挖掘和深度神经网络得到充分研究。前者突破数据库的数据约束,面向时间序列发现有价值的知识模式;后者突破浅层神经网络的性能瓶颈,为多模态数据的自主挖掘提供新的解决途径。因此,"序列模式"和"深度神经网络"构成提高篇。最后,以互联网数据挖掘、空间数据挖掘构成应用篇。全书分为 3 篇共 9 章,各章相对独立,以利于读者选择性学习。在每章后面都专设一节对本章内容和文献引用情况进行归纳,以利于读者了解本章内容的知识点和检索原始参考资料。

本书可作为计算机专业研究生或高年级本科生教材,也可作为从事计算机研究和开发人员的参考资料。作为教材,教师可以根据课时安排进行选择性教学。对于研究和开发人员,本书不仅是一本具有较高参考价值的专业书籍,而且也是学习典型算法及其原理的很好的教科书。

图书在版编目(CIP)数据

数据挖掘原理与算法/毛国君,段立娟,贺文武编著.—4 版.—北京:清华大学出版社,2023.7
(2024.8重印)

21 世纪高等学校计算机类专业核心课程系列教材

ISBN 978-7-302-62920-7

Ⅰ.①数…　Ⅱ.①毛…②段…③贺…　Ⅲ.①数据采集—高等学校—教材　Ⅳ.①TP274

中国国家版本馆 CIP 数据核字(2023)第 038497 号

责任编辑:黄　芝　薛　阳
封面设计:刘　键
责任校对:申晓焕
责任印制:沈　露

出版发行:清华大学出版社
　　　　　网　　　址:https://www.tup.com.cn,https://www.wqxuetang.com
　　　　　地　　　址:北京清华大学学研大厦 A 座　　　　邮　　编:100084
　　　　　社 总 机:010-83470000　　　　　　　　　　邮　　购:010-62786544
　　　　　投稿与读者服务:010-62776969,c-service@tup.tsinghua.edu.cn
　　　　　质量反馈:010-62772015,zhiliang@tup.tsinghua.edu.cn
　　　　　课件下载:https://www.tup.com.cn,010-83470236
印 装 者:三河市天利华印刷装订有限公司
经　　销:全国新华书店
开　　本:185mm×260mm　　印　　张:24.5　　　　　　字　　数:566 千字
版　　次:2005 年 6 月第 1 版　2023 年 8 月第 4 版　　印　　次:2024 年 8 月第 4 次印刷
印　　数:28801~31800
定　　价:69.80 元

产品编号:097818-01

前言

《数据挖掘原理与算法》历经 26 年,经过第 1 版到第 3 版,现在到第 4 版,其内容也随着数据挖掘技术的发展逐步增减,力求做到经典而不失先进、丰富而不失易学。据不完全统计,前三版已经被国内近百所高校作为专业教材、参考书和馆藏。特别感谢多年来专业教师、学生及计算机从业者对本书的青睐和及时反馈,你们是本书不断完善的直接推动者。第 4 版除了对必要的表述和文字进行修正外,重点从数据挖掘方法论的角度对全书内容进行了增减和编排,使之更符合该研究领域及技术的发展规律。特别地,第 4 版按照数据挖掘的基础算法、提高算法以及典型应用方法分成基础篇、提高篇和应用篇,更利于读者使用及选择性学习。

数据挖掘是 20 世纪 90 年代得到飞速发展的技术。包括麻省理工学院的《科技评论》等国际权威机构发布,"数据挖掘"被认为是对人类产生重大影响的重要技术之一。从技术影响力来说,数据挖掘已经成为博士、硕士学位论文相关度最高的技术之一,也是支撑新一代 IT 公司最基础的技术之一。从应用范围来说,数据挖掘几乎涉猎现代工业、农业、商业、国防、文化体育等行业,是新一轮科技革命、产业数字化所依附的重要技术之一。

自 20 世纪 80 年代开始,随着数据库、因特网中数据的膨胀,传统的数据库检索、网络搜索引擎等技术已经无法满足人们利用海量数据的需求。突出的问题不再是没有数据,而是没有时间和能力去消化这些看起来遮天蔽日、杂乱无章的浩瀚数据。面对这一挑战,数据挖掘和知识发现技术应运而生,并显示出强大的生命力。20 世纪 90 年代,随着数据库技术、统计学以及知识工程等研究和应用的延伸,数据挖掘技术逐步从这些领域交叉衍生出来,其中,"关联规则""分类""聚类"3 种方法脱颖而出,对应的算法被提出,构成了数据挖掘中最经典和最核心的技术方法。

历经 30 余年的发展,数据挖掘技术已经积累了一批有价值的理论及算法成果。随着大数据时代的到来,数据挖掘技术也在不断发展。第一,大数据有批式和流式两种处理方法,传统的数据挖掘主要是面向数据库中的知识发现,侧重于批式大数据。流式大数据希望从随时间变化的数据序列中发现有价值的知识模式,因此时间序列挖掘成为流式大数据挖掘的骨干支撑技术之一。此外,大数据的结构多样性特点,使得图像、声音、视频等多媒体数据成为数据挖掘中不可或缺的数据来源,而深度学习的提出和发展为多模态数据挖掘提供了可行的解决途径。因此,本书第 4 版设置"提高篇",集中讲述时间序列数据挖掘和深度神经网络学习原理与算法。

诚然,要真正理解数据挖掘技术并不是一件容易的事。一方面,数据挖掘技术覆盖范围很广泛,需要从理论到应用、从概念到算法的完整过程;另一方面,数据挖掘所涉及的应用领域极其宽泛。在许多学科的应用研究中大量出现,难免有概念不专业之使用,需要读者甄别和理解。同时,大大小小的公司都在尝试使用数据挖掘的技术,也有浮夸肤浅之倾向。因此,本书第 4 版将以数据挖掘在网络数据、空间数据上的应用为例,讲述数据挖掘技术的应用模式及其方法。

本书作者长期从事数据挖掘的研究和教学工作,熟知相关课程的知识重点和难点,尽量保证了本书内容的系统性、先进性和实用性。本书可作为计算机专业研究生教材、高年级本科生的选修教材,也可作为从事计算机研究和开发人员的参考资料。为了保证内容的先进性和深度,对重点内容进行了重点阐述。本书内容相对全面,各章之间耦合度小。作为教材,教师可以根据学生类型、学时安排等进行选择性教学。作为参考书,读者可以根据自己的基础进行选择性学习或查阅。在每章后面都专设一节对本章内容和文献引用情况进行归纳,它不仅可以帮助读者对相关内容进行整理,而且对读者,特别是研究人员,也起到文献的注释性索引功能。本书的所有典型算法都通过具体跟踪执行实例来进一步说明,这对读者正确理解和应用算法是有益的。对工程技术人员来说,这些算法完全可以在理解的基础上进行改进或改造应用到实际工作中。

全书分为三篇,相对独立,读者可以根据自己的需要进行选择性教学和学习。第一篇是基础篇,主要讲述数据挖掘概念、过程及其关联规则、分类、聚类等挖掘方法。第一篇设置了 5 章,其中,第 1 章是绪论,系统地介绍了数据挖掘的概念、产生背景以及应用价值;第 2 章给出了知识发现的过程分析和应用结构设计,并对数据挖掘应用系统的主要功能部件和关键步骤进行了较为详尽的剖析;第 3 章全面阐述了关联规则挖掘的理论和算法,并对一些新的焦点问题(如多维、数量、约束关联规则挖掘)的最新成果尽可能地加以介绍;第 4 章给出分类的主要理论和算法描述;第 5 章讨论聚类的常用技术和算法。第二篇是提高篇,主要讲述时间序列数据挖掘和深度神经网络挖掘原理与算法。第二篇设置了 2 章,其中,第 6 章对时间序列分析技术和序列挖掘算法进行论述;第 7 章简述神经网络及其深度学习原理与技术。第三篇是应用篇,主要讲述数据挖掘在网络数据、空间数据中的应用方法。第三篇设置了 2 章,其中,第 8 章对 Web 挖掘的应用方法及其原理进行介绍;第 9 章简述空间数据挖掘的基本原理与技术。

许多同行专家、教师和计算机从业者为本书的改版提出了宝贵的意见,包括许多来自一线的教学与研发的经验,在此一并表示感谢。特别感谢北京工业大学刘椿年教授以及中国科学院高文和孙玉方研究员,作为作者的导师,他们在作者攻读博士学位期间对本书素材的积累提供了极大的帮助。本书也凝聚了北京工业大学、中央财经大学、福建工程学院一些研究生的心血,他们在本书算法实例整理和验证等方面做了很多工作,在此就不一一列举了。

作 者

2023 年 4 月于北京、福州

CONTENTS

目录

基 础 篇

提 高 篇

应　用　篇

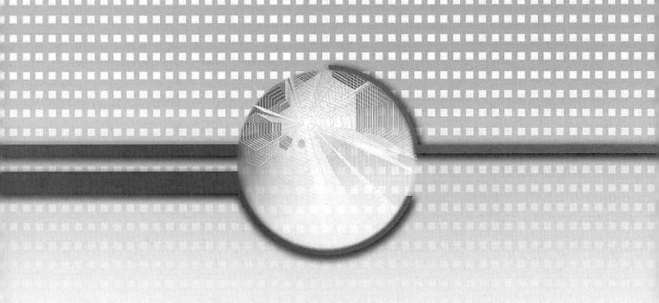

基础篇

迟序之数，非出神怪，有形可检，有数可推。

——数学家，中国南北朝，祖冲之

在终极的分析中，一切知识都是历史；在抽象的意义下，一切科学都是数学。

——统计学家，美国科学院院士，科拉姆·劳

"数据—信息—知识是一个自然而然的过程，它们的研究是把其中挡路的东西从机器里挖掘出来。"

——数据挖掘概念先驱者之一，美籍华人，韩家炜

第 1 章　　　　　　　　绪　　论

　　数据挖掘(Data Mining)是一个多学科交叉研究领域,它融合了数据库(Database)技术、人工智能(Artificial Intelligence)、机器学习(Machine Learning)、统计学(Statistics)、知识工程(Knowledge Engineering)、面向对象方法(Object-Oriented Method)、信息检索(Information Retrieval)、高性能计算(High-Performance Computing)以及数据可视化(Data Visualization)等最新技术的研究成果。经过十几年的研究,产生了许多新概念和新方法。特别是最近几年,一些基本概念和方法趋于清晰,它的研究正向着更深入的方向发展。

　　数据挖掘之所以被称为未来信息处理的骨干技术之一,主要在于它以一种全新的概念改变着人类利用数据的方式。20世纪,数据库技术取得了决定性的成果并且已经得到广泛的应用。但是,数据库技术作为一种基本的信息存储和管理方式,仍然以联机事务处理(On-Line Transaction Processing,OLTP)为核心应用,缺少对决策、分析、预测等高级功能的支持机制。众所周知,随着数据库容量的膨胀,特别是数据仓库(Data Warehouse)以及Web等新型数据源的日益普及,联机分析处理(On-Line Analytic Processing,OLAP)、决策支持(Decision Support)以及分类(Classification)、聚类(Clustering)等复杂应用成为必然。面对这一挑战,数据挖掘和知识发现(Knowledge Discovery)技术应运而生,并显示出强大的生命力。数据挖掘和知识发现使数据处理技术进入了一个更高级的阶段。它不仅能对过去的数据进行查询,并且能够找出过去数据之间的潜在联系,进行更高层次的分析,以便更好地做出理想的决策、预测未来的发展趋势等。通过数据挖掘,有价值的知识、规则或高层次的信息就能从数据库的相关数据集合中抽取出来,从而使大型数据库作为一个丰富、可靠的资源为知识的提取服务。

　　特别需要指出的是,数据挖掘技术从一开始就是面向应用的。它不仅是面向特定数据库的简单检索查询应用,而是要对这些数据进行微观、中观乃至宏观的统计、分析、综合和推理,进而发现潜在的知识。这里所说的知识发现,不是要求发现放之四海而皆准的真理,也不是要去发现崭新的自然科学定理和纯数学公式。所有发现的知识都是相对的,是面向特定领域的,同时还要能够易于被用户理解。

1.1　数据挖掘技术的产生与发展

视频讲解

1.1.1　数据挖掘技术的商业需求分析

数据挖掘之所以吸引专家学者的研究兴趣和引起商业厂家的广泛关注,主要在于大型数据系统的广泛使用和把数据转换成有用知识的迫切需要。20 世纪 60 年代,为了适应信息的电子化要求,信息技术一直从简单的文件处理系统向有效的数据库系统变革。20 世纪 70 年代,数据库系统的三个主要模式:层次、网络和关系型数据库的研究和开发取得了重要进展。20 世纪 80 年代,关系型数据库及其相关的数据模型工具、数据索引及数据组织技术被广泛采用,并且成为整个数据库市场的主导。从 20 世纪 80 年代中期开始,关系型数据库技术和新型技术的结合成为数据库研究和开发的重要标志。从数据模型上看,诸如扩展关系、面向对象、对象-关系(Object-Relation)以及演绎模型等被应用到数据库系统中。从应用的数据类型上看,包括空间、时态、多媒体以及 Web 等新型数据成为数据库应用的重要数据源。同时,事务数据库(Transaction Database)、主动数据库(Active Database)、知识库(Knowledge Base)、办公信息库(Information Base)等技术也得到蓬勃发展。从数据的分布角度看,分布式数据库(Distributed Database)及其透明性、并发控制、并行处理等成为必须面对的课题。进入 20 世纪 90 年代,分布式数据库理论上趋于成熟,分布式数据库技术得到了广泛应用。目前,由于各种新型技术与数据库技术的有机结合,使数据库领域中的新内容、新应用、新技术层出不穷,形成了庞大的数据库家族。但是,这些数据库的应用都是以实时查询处理技术为基础的。从本质上说,查询是对数据库的被动使用。由于简单查询只是数据库内容的选择性输出,因此它和人们期望的分析预测、决策支持等高级应用仍有很大距离。

新的需求推动新的技术的诞生。随着信息技术的高速发展,数据库应用的规模、范围和深度不断扩大,已经从单台机器发展到网络环境。近年来,由于数据采集技术的更新,如商业条码的推广、企业和政府利用计算机管理事务的能力增强,产生了大规模的数据。数以百万计的数据库系统在运行,而且每天都在增加。决策所面对的数据量在不断增长,即使像使用 IC 卡和打电话这样简单的事务也能产生大量的数据。随着数据的急剧增长,现有信息管理系统中的数据分析工具已无法适应新的需求。因为无论是查询、统计还是报表,其处理方式都是对指定的数据进行简单的数字处理,而不能对这些数据所包含的内在信息进行提取。人们希望能够提供更高层次的数据分析功能,自动和智能地将待处理的数据转化为有用的信息和知识。

数据挖掘的基础是数据分析方法。数据分析是科学研究的基础,许多科学研究都是建立在数据收集和分析基础上的。同时在目前的商业活动中,数据分析总是和一些特殊的人群的高智商行为联系起来,因为并不是每个人都能从过去的销售情况预测将来的发展趋势或做出正确决策的。但是,随着一个企业或行业业务数据的不断积累,特别是由于数据库的普及,人工去整理和理解如此大的数据源已经存在效率、准确性等问题。因此,探讨自动化的数据分析技术,为企业提供能带来商业利润的决策信息就成为必然。

事实上,可以将数据(Data)、信息(Information)和知识(Knowledge)看作广义数据表现的不同形式。毫不夸张地说,人们对于数据的拥有欲是贪婪的,特别是计算机存储技术和网络技术的发展加速了人们收集数据的范围和容量。这种贪婪的结果导致了"数据丰富而信息贫乏(Data Rich & Information Poor)"现象的产生。数据库是目前组织和存储数据的最有效方法之一,但是面对日益膨胀的数据,数据库查询技术已表现出它的局限性。直观上说,信息或称有效信息是指对人们有帮助的数据。例如,在现实社会中,如果人均日阅读时间在 30 分钟的话,一个人一天最快只能浏览一份 20 版左右的报纸。如果你订阅了 100 份报纸,其实你每天也不过只阅读了一份而已。面对计算机中的海量数据,人们也处于同样的尴尬境地,缺乏获取有效信息的手段。知识是一种概念、规则、模式和规律等,它不会像数据或信息那么具体,但是它却是人们一直不懈追求的目标。事实上,在生活中,人们只是把数据看作形成知识的源泉。我们是通过正面的或反面的数据或信息来形成和验证知识的,同时又不断地利用知识来获得新的信息。因此,随着数据的膨胀和技术环境的进步,人们对联机决策和分析等高级信息处理的要求越来越迫切。在强大的商业需求的驱动下,商家们开始注意到有效地解决大容量数据的利用问题具有巨大的商机。学者们开始思考如何从大容量数据集中获取有用信息和知识的方法。因此,在20 世纪 80 年代后期,产生了数据仓库和数据挖掘等信息处理思想。

1.1.2 数据挖掘产生的技术背景分析

任何技术的产生总是有它的技术背景的。数据挖掘技术的提出和普遍接受是由于计算机及其相关技术的发展为其提供了研究和应用的技术基础。

归纳数据挖掘产生的技术背景,是下面一些相关技术的发展起到了决定性的作用。

- 数据库、数据仓库和 Internet 等信息技术的发展。
- 计算机性能的提高和先进的体系结构的发展。
- 统计学和人工智能等方法在数据分析中的研究和应用。

数据库技术从 20 世纪 80 年代开始,已经得到广泛的应用。在关系型数据库的研究和产品提升过程中,人们一直在探索组织大型数据和快速访问的相关技术。高性能关系型数据库引擎以及相关的分布式查询、并发控制等技术的使用,已经提升了数据库的应用能力。在数据的快速访问、集成与抽取等问题的解决上积累了经验。数据仓库作为一种新型的数据存储和处理手段,被数据库厂商普遍接受并且相关辅助建模和管理工具快速推向市场,成为多数据源集成的一种有效的技术支撑环境。另外,Internet 的普及也为人们提供了丰富的数据源。据说,在美国,电视普及达到 5000 万户大约用了 15 年,而Internet 上网普及达到 5000 万户仅用了 4 年。而且 Internet 技术本身的发展,已经不光是简单的信息浏览,以 Web 计算为核心的信息处理技术可以处理 Internet 环境下的多种信息源。因此,人们已经具备利用多种方式存储海量数据的能力。只有这样,数据挖掘技术才能有它的用武之地。这些丰富多彩的数据存储、管理以及访问技术的发展,为数据挖掘技术的研究和应用提供了丰富的土壤。

计算机芯片技术的发展,使计算机的处理和存储能力日益提高。大家熟知的摩尔定律告诉我们,计算机硬件的关键指标大约以每 18 个月翻一番的速度在增长,而且现在看来仍有日益加速增长的趋势。随之而来的是硬盘、CPU 等关键部件的价格大幅度下降,使得人们收集、存储和处理数据的能力和欲望不断提高。经过几十年的发展,计算机的体系结构,特别是并行处理技术已经逐渐成熟并获得广泛应用,而且成为支持大型数据处理应用的基础。计算机性能的提高和先进的体系结构的发展使数据挖掘技术的研究和应用成为可能。

历经了十几年的发展,包括基于统计学、人工智能等在内的理论与技术成果已经被成功地应用到商业处理和分析中。这些应用从某种程度上为数据挖掘技术的提出和发展起到了极大的推动作用。数据挖掘系统的核心模块技术和算法都离不开这些理论和技术的支持。从某种意义上讲,这些理论本身的发展和应用为数据挖掘提供了有价值的理论和应用积累。数理统计是一个有几百年发展历史的应用数学学科,至今仍然是应用数学中最重要、最活跃的学科之一。如今相当强大有效的数理统计方法和工具,已成为信息咨询业的基础。然而它和数据库技术的结合性研究应该说是近十几年才被重视。以前的基于数理统计方法的应用大多都是通过专用程序来实现的。我们知道,大多数的统计分析技术是基于严格的数学理论和高超的应用技巧的,这使得一般的用户很难从容地驾驭它。一旦人们有了从数据查询到知识发现、从数据演绎到数据归纳的要求,概率论和数理统计就获得了新的生命力。从这个意义上说,数据挖掘技术是数理统计分析应用的延伸和发展。假如人们利用数据库的方式从被动地查询变成了主动地发现知识的话,那么概率论和数理统计这一古老的学科可以为我们从数据归纳到知识发现提供理论基础。

人工智能是计算机科学研究中争议最多而又始终保持强大生命力的研究领域。专家系统曾经是人工智能研究工作者的骄傲。专家系统实质上是一个问题求解系统。领域专家长期以来面向一个特定领域的经验世界,通过人脑的思维活动积累了大量有用信息。在研制一个专家系统时,首先,知识工程师要从领域专家那里获取知识,这一过程是非常复杂的个人到个人之间的交流过程,有很强的个性和随机性。因此,知识获取成为专家系统研究中公认的瓶颈问题。其次,知识工程师在整理表达从领域专家那里获得的知识时,一般用 if-then 等规则表达,这种表达局限性太大,勉强抽象出来的规则有很强的工艺色彩,知识表示又成为一大难题。此外,即使某个领域的知识通过一定手段获取并表达了,但这样做成的专家系统对常识和百科知识出奇地贫乏,而人类专家的知识是以大量常识知识为基础的。人工智能学家 Feigenbaum 估计,一般人拥有的常识存入计算机大约有 100 万条事实和抽象经验法则,离开常识的专家系统有时会比傻子还傻。另外,由于专家系统是主观整理知识,因此这种机制不可避免地带有偏见和错误。以上诸多难题大大限制了专家系统的应用。数据挖掘继承了专家系统的高度实用性的特点,并且以数据为基本出发点,客观地挖掘知识。机器学习应该说是得到了充分的研究和发展,从事机器学习的科学家们,不再满足自己构造的小样本学习模式的象牙塔,开始正视现实生活中大量的、不完全的、有噪声的、模糊的、随机的大数据样本,进而也走上了数据挖掘的道路。因此,可以说,数据挖掘研究在继承已有的人工智能相关领域的研究成果的基础上,摆脱了以前象牙塔式的研究模式,真正客观地开始从数据集中发现蕴藏的知识。

1.1.3 大数据时代的数据挖掘技术需求分析

大数据(Big Data)概念虽然最早是在 20 世纪 80 年代提出的,来自 *Nature* 2008 年推出的 *Big Data* 专刊,但是真正受到广泛研究与应用探索应该算是在 2011 年,其中重要的标志是麦肯锡咨询公司发布的《大数据:下一个创新、竞争和生产率的前沿》报告。然而,大数据如此迅猛发展,形成的是目前"边研究边应用"的局面,当然也带来新的问题。

毋庸置疑,数据挖掘技术将是大数据分析的核心和骨干技术之一。当然,大数据时代也对数据挖掘技术的发展提出新的挑战性的问题。我们可以从大数据的发展历史、对应的概念演变入手,分析大数据时代对数据挖掘的技术需求。

大数据研究的发展可以粗略划分成三个阶段。

(1) 2000 年及以前,称为"大数据概念萌芽阶段"。就科技文献而言,从主流的学术引擎上(Google 学术),以 Big Data 为关键词,检索出的 2000 年及以前的学术论文不超过50 篇。这足以说明该时期虽然有了"大数据"这个名词,但是并没有受到学术界和商界的广泛重视。当然该时期有了"大数据的萌芽",其中一个重要标志是:开始将互联网作为大数据的一个重要来源。由于互联网数据的特别关注,使得计算机界早已提出的海量数据处理问题得到扩展。众所周知,海量数据处理起源于大容量科学数据计算需要,所以其研究和应用主要还是面向单一的数据结构(如数据库表)。

(2) 2001—2010 年,大数据概念得到广泛讨论,应用价值获得共识,我们把它称为"大数据概念探索阶段"。例如,这一阶段的年均科技文献已经超过 100 篇。除美国以外,包括中国在内的其他国家的论文数量也显著增长。说明大数据概念已经得到普遍认可。当然,该阶段大数据的概念还是在探索中,和我们今天认识的大数据还是有差距的。特别地,由于当时数据处理中的"数据挖掘"研究已经进入高峰时期,因此,提出和讨论的大数据概念总是有数据挖掘的影子。然而,从科学发展的历史角度来说,任何概念总要经过初始提出和不断探讨才能越来越清楚,而这中间数据挖掘概念及其丰富的研究成果为大数据概念的逐步演化起到了关键的作用:提供了理论和方法上的储备。

(3) 2011 年及以后,大数据的概念进一步深化,已经成为学术研究的焦点,成为许多应用的支撑概念。特别地,检索 2011—2013 年的论文,其年均论文数量已经接近 1000 篇。可谓百花齐放、齐头并进,可以看出大数据已经受到学界和商界的高度重视。

下面摘录了一些引用比较多的关于大数据概念的解释。

(1) 2011 年,麦肯锡公司发布的《大数据:下一个创新、竞争和生产率的前沿》报告认为:"大数据指的是大小超出常规的数据库工具获取、存储、管理和分析能力的数据集。"

(2) 2012 年,国际数据公司(IDC)则认为大数据有四个特征,即 4V 属性:数据规模大(Volume)、数据高速聚集(Velocity)、数据类型多样(Variety)、数据价值巨大(Value)。关于第四个属性,IBM 的研究报告也有真实性(Veracity)之说,所以很多学者认为,前三个属性是最关键的。

(3) 2012 年,顾能(Gartner)公司技术报告则认为:"大数据是需要新处理模式才能具有更强的决策力、洞察发现力和流程优化能力的海量、高增长率和多样化的信息资产。"

(4) 2013 年,维克托·迈尔-舍恩伯格等在著名的《大数据时代》著作中则认为:"大数据指不用随机分析法(抽样调查)这样的捷径,而采用所有数据处理的方法。"

除此之外,近年也有学者从其他视角来刻画大数据的内涵和外延。就目前情况来看,要想说谁的定义更准确,确实很难。然而,这恰恰说明:大数据概念的确是一个复杂的概念,而且对它的探索仍在进行中。

目前出现的大数据概念,归纳起来大致有四个视角。

(1) 数据论:强调数据的规模和集聚速度已经超出了已有的软件工具能处理的能力,已经形成了新的数据处理对象。维基百科给出的定义是:"大数据指的是所涉及的数据量规模巨大到无法通过人工在合理时间内达到截取、管理、处理并整理成为人类所能解读的信息。"足以说明,大数据已经成为一个不可忽略的数据形式或者说是现象。

(2) 方法论:大数据时代已经到来,大数据存在于许多的商业需求中。新的商业需求必然推动技术进步,新的问题需要探索新方法。所以,大数据的提出实际上是对现有数据分析方法的挑战。例如,抽样技术、小样本学习技术、因果推理思维都面临挑战,甚至在许多情况中很难适应大数据的需求。因此,这种观点有利于推动大数据及其相关分析技术的发展。

(3) 环境论:强调大数据不能泛泛而谈,必须和特定的商业或者学科环境联系在一起才有价值。任何的应用不可能去关心互联网上的全部数据,而只是关心与特定应用相关的数据。它们只是数据地球的一部分,但是它们的容量也足以形成大数据规模。这种观点有利于大数据的细分研究和深入应用。例如,目前提出的社交(媒体)大数据、科学大数据等都依附于这种视点。

(4) 属性论:大数据既然很难用一句话来准确刻画,那么倒不如通过刻画其主要属性或者特征来加以描述,如大数据的 4V 属性描述。这种用概念外延来揭示内涵的思路看起来不科学,但是很适用。这有利于将大数据和以前的数据形态很好地区分,以便于研究和应用。例如,海量数据一般是指处理结构单一的大容量数据,但是大数据则有数据表示格式多样性的特点。从这个观点上说,互联网上的文本、图像、声音等混合性的大容量数据是大数据的数据形态,而不是海量数据的数据形态。

以属性论为基础,可以说明数据挖掘技术是大数据分析的核心,而且新的挑战性技术和方法需要加强。

(1) 大容量(Volume)的数据分析需要数据挖掘技术来支撑。

数据挖掘的目标就是从大容量数据中发现有价值的知识模式,所以和大数据的分析目标是一致的。经过 20 多年的研究积累,数据挖掘已经取得许多研究成果和工具性软件。在数据挖掘研究中,大部分的方法都是面向大容量数据的,而且也不提倡利用随机抽样等技术来提高算法效率。因此,数据挖掘对大数据时代的信息处理的支撑作用是任何技术都无法取代的。

(2) 高速聚集(Velocity)的大数据为数据挖掘提出新的挑战性课题。

随着网络技术和基于网络应用的发展,许多商业数据具有高速的数据聚集特点。例如,一个社交媒体(如微博、微信、QQ 等)可能每时每刻都有新数据聚集;一个像股票、电子商务等网站的交易数据更是以极大的速度来产生。因此,传统的数据挖掘技术和方法很难适应这样的变化。幸运的是,数据挖掘的一个新的研究分支——数据流(Data Stream)已经被提出,并且得到广泛关注。

简单地说,数据流是指速度连续到达的大容量数据项序列。因此,面向数据流的数据挖掘应该是一个在线式的、流动式的、增量式的知识发现过程。在线式是指不能期望把所有快速流动的数据都存储下来再统一进行分析挖掘,所以,必须在线式地完成数据收集、整理和分析工作。特别地,传统的多遍扫描完整数据集的挖掘方法是无法使用的,需要数据的单遍扫描技术来支持。流动式是指数据随着时间变化对应的知识模式也会变化,因此,必须在数据流动的过程中及时发现模式变化规律。增量式则是强调模式的挖掘策略,由于数据的快速流动,过去的数据很难被重复利用,因此,必须及时使用新达到的数据来增量式地更新已有模式,模式更新和数据聚集同步进行。毋庸置疑,数据流挖掘的对象及目标正是解决快速聚集的大数据分析所需要的。

(3) 类型多样(Variety)的大数据需要数据挖掘的相关研究分支的发展来支撑。

大数据需要面对多样化的数据类型,尤其是基于网络的应用的数据形式。目前,主要支撑网络应用的数据集中在网页、网页链接、网站的日志文件以及声音、图像、视频等多媒体形式上。对主要的数据类型分析如下。

网站的网页数据:已经提出的网络(Web)挖掘,其中的内容挖掘就是针对网页数据的知识发现问题的。

网页链接数据:已经提出的 Web 挖掘中的链接挖掘就是针对这种数据的知识发现问题的。

网站的日志文件:已经提出的 Web 挖掘的访问(日志)挖掘就是针对这种数据的知识发现问题的。

多媒体数据:多媒体数据挖掘也已经提出,并且吸引了包括图像处理、模式识别以及其他多媒体研究学者的广泛重视。

因此,目前的数据挖掘的研究已经涉及多种不同的数据类型的知识发现问题,并且许多已经成为数据挖掘研究的相对独立的分支。完全可以相信,随着研究和应用的深入,它们将成为大数据研究的重要技术支撑。

(4) 价值巨大(Value)的大数据正是数据挖掘技术的研究目标。

数据挖掘的目标也是希望获得有价值的知识模式,而且强调被挖掘出的模式的潜在性、非平凡性和新颖性。例如,"啤酒与尿布"关联就被公认是数据挖掘技术价值表现的典型案例。

1.2 数据挖掘研究的发展趋势

视频讲解

经过十几年的研究和实践,数据挖掘技术已经吸收了许多学科的最新研究成果,从而形成了独具特色的研究分支。毋庸置疑,数据挖掘研究和应用具有很大的挑战性。像其他新技术的发展历程一样,数据挖掘也必须经过概念的提出、概念的接受、广泛研究和探索、逐步应用和大量应用等阶段。从目前来看,大部分学者认为数据挖掘的研究仍然处于广泛研究和探索阶段。一方面,数据挖掘的概念已经被广泛接受,在理论上,一批具有挑战性和前瞻性的问题被提出,吸引越来越多的研究者;另一方面,数据挖掘的大面积广泛应用还有待时日,需要深入的研究积累和丰富的工程实践。

随着数据挖掘概念在学术界和工业界的影响越来越大,数据挖掘的研究向着更深入和更实用的技术方向发展。从事数据挖掘研究的人员主要集中在大学、研究机构,也有部分在企业或公司。所涉及的研究领域很多,集中在学习算法的研究、数据挖掘的实际应用以及有关数据挖掘理论等方面。大多数基础研究项目是由政府资助进行的,而公司的研究更注重和实际商业问题相结合。

数据挖掘的概念从 20 世纪 80 年代被提出后,其经济价值就已经显现出来,而且被众多商业厂家所推崇,形成初步的市场。2007 年的一份 Gartner 报告中列举了在之后 3~5 年内对工业将产生重要影响的 5 项关键技术,其中数据挖掘和人工智能排名第一。同时,这份报告将并行计算机体系结构研究和数据挖掘列入之后 5 年内公司应该投资的 10 个新技术领域。另一方面,目前的数据挖掘系统也绝不是像一些商家为了宣传自己的商品所说的那样神奇,仍有许多问题需要研究和探索。把目前数据挖掘的研究现状描述为鸿沟(Chasm)阶段是比较准确的。所谓 Chasm 阶段是说数据挖掘技术在广泛被应用之前仍有许多“鸿沟”需要跨越。例如,就目前商家推出的数据挖掘系统而言,它们都是一些通用的辅助开发工具。这些工具只能给那些熟悉数据挖掘技术的专家或高级技术人员使用,仅对专业人员开发对应的应用起到加速或横向解决方案(Horizontal Solution)的作用。但是,数据挖掘来自商业应用,而商业应用又会由于应用的领域不同而存在很大差异。大多数学者赞成这样的观点:数据挖掘在商业上的成功不能期望通过通用的辅助开发工具来实现,而应该是数据挖掘概念与特定领域商业逻辑相结合的纵向解决方案(Vertical Solution)。

分析目前的研究和应用现状,数据挖掘在以下几方面需要重点开展工作。

1. 数据挖掘技术与特定商业逻辑的平滑集成问题

谈到数据挖掘和知识发现技术,人们大多引用“啤酒与尿布”的例子。事实上,目前关于数据挖掘的确很难找到这样的其他经典例子。数据挖掘和知识发现技术的广阔应用前景,需要有效和显著的应用实例来证明。因此包括领域知识对行业或企业知识挖掘的约束与指导、商业逻辑有机地嵌入数据挖掘过程等关键课题,将是数据挖掘与知识发现技术研究和应用的重要方向。

2. 数据挖掘技术与特定数据存储类型的适应问题

不同的数据存储方式会影响数据挖掘的具体实现机制、目标定位、技术有效性等。指望一种通用的应用模式适合所有的数据存储方式下发现有效知识是不现实的。因此,针对不同数据存储类型的特点,进行针对性研究是目前流行而且也是将来一段时间所必须面对的问题。

3. 大型数据的选择与规格化问题

数据挖掘技术是面向大型数据集的,而且源数据库中的数据是动态变化的,数据存在噪声、不确定性、信息丢失、信息冗余、数据分布稀疏等问题,因此挖掘前的预处理工作是必需的。数据挖掘技术又是面向特定商业目标的,大量的数据需要选择性的利用,因此针对特定挖掘问题进行数据选择、针对特定挖掘方法进行数据规格化是无法回避的问题。

4. 数据挖掘系统的构架与交互式挖掘技术

虽然经过多年的探索,数据挖掘系统的基本构架和过程已经趋于明朗化,但是受应用领域、挖掘数据类型以及知识表达模式等的影响,在具体的实现机制、技术路线以及各阶段或部件(如数据清洗、知识形成、模式评估等)的功能定位等方面仍需细化和深入研究。由于数据挖掘是在大量的源数据集中发现潜在的、事先并不知道的知识,因此和用户进行交互式探索性挖掘是必然的。这种交互可能发生在数据挖掘的各个不同阶段,从不同角度或不同程度进行交互。所以良好的交互式挖掘(Interaction Mining)也是数据挖掘系统成功的前提。

5. 数据挖掘语言与系统的可视化问题

对 OLTP 应用来说,结构化查询语言(SQL)已经得到充分发展,并成为支持数据库应用的重要基石。但是,对于数据挖掘技术而言,由于诞生的较晚,加之它相比 OLTP 应用的复杂性,开发相应的数据挖掘操作语言仍然是一件极富挑战性的工作。可视化要求已经成为目前信息处理系统的必不可少的技术。对于一个数据挖掘系统来说,它更是重要的。可视化挖掘除了要和良好的交互式技术结合外,还必须在挖掘结果或知识模式的可视化、挖掘过程的可视化以及可视化指导用户挖掘等方面进行探索和实践。数据的可视化从某种程度来说起到了推动人们主动进行知识发现的作用,因为它可以使人们从对数据挖掘的神秘感变成可以直观理解的知识和形象的过程。

6. 数据挖掘理论与算法研究

经过十几年的研究,数据挖掘在继承和发展相关基础学科(如机器学习、统计学等)已有成果方面取得了可喜的进步,探索出了许多独具特色的理论体系。但是,这绝不意味着挖掘理论的探索已经结束,恰恰相反,它留给了研究者丰富的理论课题。一方面,在这些大的理论框架下有许多面向实际应用目标的挖掘理论等待探索和创新;另一方面,随着数据挖掘技术本身和相关技术的发展,新的挖掘理论的诞生是必然的,而且可能对特定的应用产生推动作用。新理论的发展必然促进新的挖掘算法的产生,这些算法可能扩展挖掘的有效性,如针对数据挖掘的某些阶段、某些数据类型、大容量源数据集等更有效;可能提高挖掘的精度或效率;可能融合特定的应用目标,如 CRM、电子商务等。因此,对数据挖掘理论和算法的探讨将是长期而艰巨的任务。特别地,像定性定量转换、不确定性推理等一些根本性的问题还没有得到很好的解决,同时需要针对大容量数据的有效和高效算法。从以上叙述可以看出，数据挖掘研究和探索的内容是极其丰富和具有挑战性的。

1.3　数据挖掘概念

数据挖掘的概念包含丰富的内涵，是一个多学科交叉研究领域。仅从从事研究和开发的人员来说，其涉及范围之广恐怕是其他领域所不能比拟的。既有大学里的专门研究人员，也有商业公司的专家和技术人员。即使是在研究领域，研究背景也有人工智能、统计学、数据库以及高性能计算等之分。他们会从不同的角度来看待数据挖掘的概念。因此，理解数据挖掘的概念不是简单地下个定义就能解决的问题。

1.3.1　从商业角度看数据挖掘技术

数据挖掘从本质上说是一种新的商业信息处理技术。数据挖掘技术把人们对数据的应用，从低层次的联机查询操作，提高到决策支持、分析预测等更高级应用上。它通过对这些数据进行微观、中观乃至宏观的统计、分析、综合和推理，发现数据间的关联性、未来趋势以及一般性的概括知识等，这些知识性的信息可以用来指导高级商务活动。

从决策、分析和预测等高级商业目的来看，原始数据只是未被开采的矿山，需要挖掘和提炼才能获得对商业目的有用的规律性知识。这正是数据挖掘这个名字的由来。所以，从商业角度看，数据挖掘就是按企业的既定业务目标，对大量的企业数据进行深层次分析以揭示隐藏的、未知的规律性并将其模型化，从而支持商业决策活动。从商业应用角度刻画数据挖掘，可以使我们更全面地了解数据挖掘的真正含义。它有别于机器学习等其他研究领域，从它的提出之日起就具有很强的商业应用目的。同时，数据挖掘技术只有面向特定的商业领域才有应用价值。数据挖掘并不是要求发现放之四海而皆准的真理，所有发现的知识都是相对的，并且对特定的商业行为才有指导意义。

1.3.2　数据挖掘的技术含义

谈到数据挖掘，必须提到另外一个名词：数据库中的"知识发现"（Knowledge Discovery in Database，KDD）。1989 年 8 月在美国底特律召开的第十一届国际人工智能联合会议的专题讨论会上首次出现 KDD 这个术语。随后在 1991 年、1993 年和 1994 年都举行 KDD 专题讨论会，汇集来自各个领域的研究人员和应用开发者，集中讨论数据统计、海量数据分析算法、知识表示、知识运用等问题。随着参与人员的不断增多，从 1995年开始，KDD 国际会议发展成为年会。1998 年在美国纽约举行的第四届知识发现与数据挖掘国际学术会议不仅进行了学术讨论，并且有 30 多家软件公司展示了他们的数据挖掘软件产品。1999 年在美国圣地亚哥举行的第五届 KDD 国际学术大会，参加人数近千人，投稿 280 多篇。近年来的国际会议涉及的范围更广，如数据挖掘与知识发现（Data Mining and Knowledge Discovery，DMKD）的基础理论、新的发现算法、数据挖掘与数据仓库及 OLAP 的结合、可视化技术、知识表示方法、Web 中的数据挖掘等。此外，IEEE、ACM、IFIS、VLDB、SIGMOD 等其他学会、学刊也纷纷把 DMKD 列为会议议题或出版专刊,成为当前国际上的一个研究热点。

关于 KDD 与 Data Mining 的关系,有许多不同的看法。我们可以从这些不同的观点中了解数据挖掘的技术含义。

1. KDD 看成数据挖掘的一个特例

既然数据挖掘系统可以在关系型数据库、事务数据库、数据仓库、空间数据库(Spatial Database)、文本数据(Text Data)以及诸如 Web 等多种数据组织形式中挖掘知识,那么数据库中的知识发现只是数据挖掘的一个方面。这是早期比较流行的观点,在许多文献中可以看到这种说法。因此,从这个意义上说,数据挖掘就是从数据库、数据仓库以及其他数据存储方式中挖掘有用知识的过程。这种描述强调了数据挖掘在源数据形式上的多样性。

2. 数据挖掘是 KDD 过程的一个步骤

为了统一认识,在 1996 年出版的权威论文集《知识发现与数据进展》中,Fayyd,Piatetsky-Shapiro 和 Smyth 给出了 KDD 和数据挖掘的最新定义,将二者加以区分。

- KDD 是从数据中辨别有效的、新颖的、潜在有用的、最终可理解的模式的过程。
- 数据挖掘是 KDD 中通过特定的算法在可接受的计算效率限制内生成特定模式的一个步骤。

这种观点得到大多数学者认同,有它的合理性。虽然我们可以从数据仓库、Web 等源数据中挖掘知识,但是这些数据源都是和数据库技术相关的。数据仓库是由源数据库集成而来的,即使是像 Web 这样的数据源恐怕也离不开数据库技术来组织和存储抽取的信息。因此 KDD 是一个更广义的范畴,它包括数据清洗、数据集成、数据选择、数据转换、数据挖掘、模式生成及评估等一系列步骤。这样,我们可以把 KDD 看作一些基本功能构件的系统化协同工作系统,而数据挖掘则是这个系统中的一个关键的部分。源数据经过清洗和转换等成为适合于挖掘的数据集,数据挖掘在这种具有固定形式的数据集上完成知识的提炼,最后以合适的知识模式用于进一步分析决策工作。将数据挖掘作为 KDD 的一个重要步骤看待,可以使我们更容易聚焦研究重点,有效解决问题。目前,人们在数据挖掘算法的研究上,基本属于这样的范畴。

3. KDD 与 Data Mining 含义相同

有些人认为,KDD 与 Data Mining 只是叫法不一样,它们的含义基本相同。事实上,在现今的文献中,许多场合,如技术综述等,这两个术语仍然不加区分地使用着。有人说,KDD 在人工智能界更流行,而 Data Mining 在数据库界使用更多。也有人说,一般在研究领域被称作 KDD,在工程领域则称为数据挖掘。

所以,数据挖掘定义有广义和狭义之分。从广义的观点,数据挖掘是从大型数据集(可能是不完全的、有噪声的、不确定性的、各种存储形式的)中,挖掘隐含在其中的、人们事先不知道的、对决策有用的知识的完整过程。从狭义的观点出发,我们可以定义数据挖掘是从特定形式的数据集中提炼知识的过程。

从上面的描述中可以看出,数据挖掘概念可以在不同的技术层面上来理解,但是其核心仍然是从数据中挖掘知识。所以,有人说叫知识挖掘更合适。本书也在不同的章节使用数据挖掘的广义和狭义概念,读者要注意根据上下文加以区分。当然,在可能混淆的地方,我们将明确说明。

1.3.3　数据挖掘研究的理论基础

谈到知识发现和数据挖掘,必须进一步阐述它研究的理论基础问题。虽然关于数据挖掘的理论基础仍然没有达到完全成熟的地步,但是分析它的发展可以使我们对数据挖掘的概念更清楚。坚实的理论是我们研究、开发、评价数据挖掘方法的基石。经过十几年的探索,一些重要的理论框架已经形成,并且吸引着众多的研究和开发者为此进一步工作,向着更深入的方向发展。

数据挖掘方法可以是基于数学理论的,也可以是非数学的;可以是演绎的,也可以是归纳的。从研究的历史上看,它们可能是数据库、人工智能、数理统计、计算机科学以及其他方面的学者和工程技术人员,在数据挖掘的探讨性研究过程中创立的理论体系。1997年,Mannila 对当时流行的数据挖掘的理论框架给出了综述。结合最新的研究成果,有下面一些重要的理论框架可以帮助我们准确地理解数据挖掘的概念与技术特点。

1. 模式发现架构

在模式发现(Pattern Discovery)理论框架下,数据挖掘技术被认为是从源数据集中发现知识模式的过程。这是对机器学习方法的继承和发展,是目前比较流行的数据挖掘研究与系统开发架构。按照这种架构,我们可以针对不同的知识模式的发现过程进行研究。目前,在关联规则、分类/聚类模型、序列模式(Sequence Model)以及决策树(Decision Tree)归纳等模式发现的技术与方法上取得了丰硕的成果。近几年,也已经开始多模式的知识发现的研究。

2. 规则发现架构

Agrawal 等学者综合机器学习与数据库技术,将三类数据挖掘目标即分类、关联及序列作为一个统一的规则发现(Rule Discovery)问题来处理。他们给出了统一的挖掘模型和规则发现过程中的几个基本运算,解决了数据挖掘问题如何映射到模型和通过基本运算发现规则的问题。这种基于规则发现的数据挖掘构架也是目前数据挖掘研究的常用方法。

3. 基于概率和统计理论

在这种理论框架下,数据挖掘技术被看作是从大量源数据集中发现随机变量的概率分布情况的过程。例如,贝叶斯置信网络模型等。目前,这种方法在数据挖掘的分类和聚类研究和应用中取得了很好的成果。这些技术和方法可以看作概率理论在机器学习中应用的发展和提高。统计学作为一个古老的学科,已经在数据挖掘中得到广泛的应用。例如,传统的统计回归法在数据挖掘中的应用。特别是最近十年,统计学已经成为支撑数据仓库、数据挖掘技术的重要理论基础。实际上,大多数的理论构架都离不开统计方法的介入,统计方法在概念形成、模式匹配以及成分分析等众多方面都是基础中的基础。

4. 微观经济学观点

在微观经济学观点(Microeconomic View)理论框架下,数据挖掘技术被看作一个问题的优化过程。1998 年,Kleinberg 等人建立了在微观经济学框架里判断模式价值的理论体系。他们认为,如果一个知识模式对一个企业是有效的话,那么它就是有趣的。有趣的模式发现是一个新的优化问题,可以根据基本的目标函数,对"被挖掘的数据"的价值提供一个特殊的算法视角,导出优化的企业决策。

5. 基于数据压缩理论

在基于数据压缩(Data Compression)理论框架下,数据挖掘技术被看作是对数据的压缩的过程。按照这种观点,关联规则、决策树、聚类等算法实际上都是对大型数据集的不断概念化或抽象的压缩过程。按 Chakrabarti 等人的描述,最小描述长度(Minimum Description Length,MDL)原理可以评价一个压缩方法的优劣,即最好的压缩方法应该是概念本身的描述和把它作为预测器的编码长度都最小。

6. 基于归纳数据库理论

在基于归纳数据库(Inductive Database)理论框架下,数据挖掘技术被看作对数据库的归纳的问题。一个数据挖掘系统必须具有原始数据库和模式库,数据挖掘的过程就是归纳的数据查询过程。这种构架也是目前研究者和系统研制者倾向的理论框架。

7. 可视化数据挖掘

1997 年,Keim 等对可视化数据挖掘(Visual Data Mining)的相关技术给出了综述。虽然可视化数据挖掘必须结合其他技术和方法才有意义,但是,以可视化数据处理为中心来实现数据挖掘的交互式过程以及更好地展示挖掘结果等,已经成为数据挖掘中的一个重要方面。这类研究的上升趋势可以通过 ACM SOGMOD'02 会议的相关论文数量得到验证。

当然,上面所述的理论框架不是孤立的,更不是互斥的。对于特定的研究和开发领域来说,它们是相互交叉并且有所侧重的。从上面的叙述中也可以看出,数据挖掘的研究是在相关学科充分发展的基础上提出并不断发展的,它的概念和理论仍在发展中。为了弄清相关的概念和技术路线,仍有大量的工作等待我们去探索和尝试。

1.4　数据挖掘技术的分类问题

数据挖掘涉及的学科领域和方法很多,有多种分类方法。
根据挖掘任务可以分为:
- 分类或预测模型发现。

- 数据总结与聚类发现。
- 关联规则发现。
- 序列模式发现。
- 相似模式发现。
- 混沌模式发现。
- 依赖关系或依赖模型发现。
- 异常和趋势发现等。

根据挖掘对象可以分为：

- 关系型数据库挖掘。
- 面向对象数据库(Object-Oriented Database)挖掘。
- 空间数据库挖掘。
- 时态数据库挖掘。
- 文本数据源挖掘。
- 多媒体数据库挖掘。
- 异质数据库挖掘。
- 遗产数据库挖掘。
- Web 数据挖掘等。

根据挖掘方法可以分为：

- 机器学习方法。
- 统计方法。
- 聚类分析方法。
- 神经网络(Neural Network)方法。
- 遗传算法(Genetic Algorithm)方法。
- 数据库方法。
- 近似推理和不确定性推理方法。
- 基于证据理论和元模式的方法。
- 现代数学分析方法。
- 粗糙集(Rough Set)或模糊集方法。
- 集成方法等。

根据数据挖掘所能发现的知识可以分为：

- 挖掘广义型知识。
- 挖掘差异型知识。
- 挖掘关联型知识。
- 挖掘预测型知识。
- 挖掘偏离型(异常)知识。
- 挖掘不确定性知识等。

当然,这些分类方法都从不同角度,刻画了数据挖掘研究的策略和范畴,它们是互相交叉而又相互补充的。

1.5 数据挖掘常用的知识表示模式与方法

数据挖掘的目的是发现知识,知识要通过一定的模式给出。可用于数据挖掘系统的知识表示模式是丰富的,通过对数据挖掘中知识表示模式及其所采用方法的分析,可以更清楚地了解数据挖掘系统的特点。

1.5.1 广义知识挖掘

广义知识(Generalization)是指描述类别特征的概括性知识。我们知道,在源数据(如数据库)中存放的一般是细节性数据,而人们有时希望能从较高层次的视图上处理或观察这些数据,通过数据进行不同层次上的泛化来寻找数据所蕴含的概念或逻辑,以适应数据分析的要求。数据挖掘的目的之一就是根据这些数据的微观特性发现有普遍性的、更高层次概念的中观和宏观的知识。因此,这类数据挖掘系统是对数据所蕴含的概念特征信息、汇总信息和比较信息等的概括、精炼和抽象的过程。被挖掘出的广义知识可以结合可视化技术以直观的图表(如饼图、柱状图、曲线图、立方体等)形式展示给用户,也可以作为其他应用(如分类、预测)的基础知识。

1. 概念描述方法

概念描述(Concept Description)本质上就是对某类对象的内涵特征进行概括。概念描述分为特征性(Characterization)描述和区别性(Discrimination)描述。前者描述某类对象的共同特征,后者描述不同类对象之间的区别。

概念描述是广义知识挖掘的重要方法,目前已经得到广泛研究。概念归纳(Concept Induction)是其中最有代表性的方法。这种方法来源于机器学习。我们知道,典型的示例学习把样本分成正样本和负样本,学习的结果就是形成覆盖所有正样本但不覆盖任何负样本的概念描述。关于这类学习算法可以在经典的机器学习的教程中找到,这里不再赘述。但是,要把这种思想应用到数据挖掘中就要解决两个关键问题:第一,必须扩大样本集的容量和范围。传统的机器学习希望是精炼的小样本集,而数据挖掘系统必须忠实于源数据,是面向大容量数据库等存储数据集的。所以,扩大后的样本集可能难以有效地精确实现"覆盖所有正样本但不覆盖任何负样本"的概念归纳目标。要结合概率统计方法,在检验部分正样本或负样本情况下得到概念的描述。因此,最大限度地使用样本进行归纳就是必须解决的关键问题之一。第二,对于数据挖掘系统来说,正样本来自于源数据库,而负样本是不可能在源数据库中直接存储的,但是缺乏对比类信息的概念归纳是不可靠的。因此,从源数据库中形成负样本(或区别性信息)以及相关的评价区别的度量方法等也是需要解决的另一个关键问题。

2. 多维数据分析可以看作一种广义知识挖掘的有效方法

数据分析的经常性工作是数据的聚集,诸如计数、求和、平均、最大值等。既然很多聚集函数经常需重复计算,而且这类操作的计算量一般又特别大,因此一种很自然的想法是,把这些汇总的操作结果预先计算并存储起来,以便于高级数据分析使用。最流行的存储汇集数据类的方法是多维数据库(Multi-dimension Database)技术。多维数据库总是提供不同抽象层次上的数据视图。例如,可以存放每周的数据,也可在月底形成月数据,月数据又能形成年数据。其实,这种模型,特别是它操作的完备性(如上钻、下钻等),可以成为广义知识发现的基础。

3. 多层次概念描述问题

由数据归纳出的概念是有层次的,例如,location 是"北京工业大学",那么可以通过背景知识(Background Knowledge)归纳出"北京市""中国""亚洲"等不同层次的更高级概念。这些不同层次的概念是对原始数据的不同程度上的概念抽象。因此,探索多层次概念的描述机制是必要的。目前,广泛讨论的概念分层(Concept Hierarchy)技术就是为了解决这个问题而产生的。所谓概念分层实际上就是将低层概念集映射到高层概念集的方法。在任何形式的源数据组织形式下,被存储的细节数据总是作用在一个特定的范畴内。例如,一个记录销售人员销售情况的数据库的表 SALES(ENO,ENAME,EAGE,VALUE,DEPT),它的每个属性的定义域都可能存在蕴含于领域知识内的概念延伸。例如,所在部门 DEPT 可能在特定的条件下需要知道它所在的公司 COMPANY、城市 CITY 或国家 COUNTRY,因为更高层次的数据综合和分析是决策的基础。

目前使用较多的概念分层方法有以下几种。

(1) 模式分层。

模式分层(Schema Hierarchy)利用属性在特定背景知识下的语义层次形成不同层次的模式关联。这种关联是一种全序或偏序关系。例如,作为一个跨国公司的销售部门 DEPT 的模式分层结构可能是:

$$DEPT \rightarrow COMPANY \rightarrow CITY \rightarrow COUNTRY$$

这种结构定义了一个属性由低层概念向高层概念的转化路径,为从源数据库中挖掘广义知识提供领域知识支撑。

(2) 集合分组分层。

集合分组分层(Set-Grouping Hierarchy)将属性在特定背景知识下的取值范围合理分割,形成替代的离散值或区间集合。例如,上面提到的销售年龄 EAGE,可以抽象成 $\{[20,29],[30,39],[40,49],[50,59]\}$ 或者{青年,中年,老年};VALUE 可以抽象成 $\{[0,1000],[1000,2000],[2000,3000],[3000,4000],[4000,5000],\cdots\}$ 或者{低,中,高}。

(3) 操作导出分层。

有些属性可能是复杂对象,包含多类信息。例如,一个跨国公司的雇员号可能包含这个雇员所在的部门、城市、国家和雇佣的时间等。对这类对象可以作为背景知识定义它的结构,在数据挖掘的过程中可以根据具体的抽象层次通过编码解析等操作完成概念的抽象称为操作导出分层(Operation-Drived Hierarchy)。

(4) 基于规则分层。

通过定义背景知识的抽象规则,在数据挖掘的过程中利用这些规则形成不同层次上的概念的抽象称为基于规则分层(Rule-Based Hierarchy)。

概念分层结构应该由特定的背景知识决定,由领域专家或知识工程师整理成合适的形式(如概念树、队列或规则等)并输入到模式库中。数据挖掘系统将在特定的概念层次上依据分层结构自动从数据库中归纳出对应的广义知识。

1.5.2　关联知识挖掘

关联知识(Association)反映一个事件和其他事件之间的依赖或关联。数据库中的数据关联是现实世界中事物联系的表现。数据库作为一种结构化的数据组织形式,利用其依附的数据模型可能刻画了数据间的关联(如关系型数据库的主键和外键)。但是,数据之间的关联是复杂的,不仅是上面所说的依附在数据模型中的关联,大部分是蕴藏的。关联知识挖掘的目的就是找出数据库中隐藏的关联信息。关联可分为简单关联、时序(Time Series)关联、因果关联、数量关联等。这些关联并不总是事先知道的,而是通过数据库中数据的关联分析获得的,因而对商业决策具有新价值。

从广义上讲,关联分析是数据挖掘的本质。既然数据挖掘的目的是发现潜藏在数据背后的知识,那么这种知识一定是反映不同对象之间的关联。在上面提到的广义知识挖掘问题实际上是挖掘数据与不同层次的概念之间的关联。当然,本节的关联分析还是指一类特定的数据挖掘技术,它集中在数据对象之间关联及其程度的刻画。

关联规则挖掘(Association Rule Mining)是关联知识发现的最常用方法。最为著名的是 Agrawal 等提出的 Apriori 及其改进算法。为了发现有意义的关联规则,需要给定两个阈值:最小支持度(Minimum Support)和最小可信度(Minimum Confidence)。挖掘出的关联规则必须满足用户规定的最小支持度,它表示了一组项目关联在一起需要满足的最低联系程度。挖掘出的关联规则也必须满足用户规定的最小可信度,它反映了一个关联规则的最低可靠度。在这个意义上,数据挖掘系统的目的就是从源数据库中挖掘出满足最小支持度和最小可信度的关联规则。关联规则的研究和应用是数据挖掘中最活跃和比较深入的分支,许多关联规则挖掘的理论和算法已经被提出。关于关联规则挖掘问题及其算法等,后面还会详细叙述。

1.5.3　类知识挖掘

类知识(Class)刻画了一类事物,这类事物具有某种意义上的共同特征,并明显和不同类事物相区别。和其他的文献相对应,这里的类知识是指数据挖掘的分类和聚类两类数据挖掘应用所对应的知识。

1. 分类

分类是数据挖掘中的一个重要的目标和任务,目前的研究在商业上应用最多。分类的目的是学会一个分类模型(称为分类器),该模型能把数据库中的数据项映射到给定类别中。要构造分类器,需要有一个训练样本数据集作为输入。由于数据挖掘是从源数据集中挖掘知识的过程,这种类知识也必须来自源数据,应该是对源数据的过滤、抽取(抽样)、压缩以及概念提取等。从机器学习的观点,分类技术是一种有指导的学习(Supervised Learning),即每个训练样本的数据对象已经有类标识,通过学习可以形成表达数据对象与类标识间对应的知识。从这个意义上说,数据挖掘的目标就是根据样本数据形成的类知识并对源数据进行分类,进而也可以预测未来数据的归类。用于分类的类知识可以用分类规则、概念树,也可以以一种学习后的分类网络等形式表示出来。

许多技术都可以应用到分类应用中,下面简单介绍一些比较有代表性的被成功应用到分类知识挖掘中的技术,对应的大部分技术的详细阐述可以在本书的其他章节找到。

1) 决策树

决策树方法,在许多的机器学习著作或论文中可以找到这类方法的详细介绍。ID3[1]算法是最典型的决策树分类算法,之后的改进算法包括 ID4、ID5、C4.5、C5.0 等。这些算法都是从机器学习角度研究和发展起来的,对于大训练样本集很难适应。这是决策树应用向数据挖掘方向发展必须面对和解决的关键问题。在这方面的尝试也很多,比较有代表性的研究有 Agrawal 等人提出的 SLIQ、SPRINT 算法,它们强调了决策树对大训练集的适应性。1998 年,Michalski 等对决策树与数据挖掘的结合方法和应用进行了归纳。另一个比较著名的研究是 Gehrke 等人提出了一个称为雨林(Rainforest)的在大型数据集中构建决策树的挖掘构架,并在 1999 年提出这个模型的改进算法 BOAT。另外的一些研究集中在针对数据挖掘特点所进行的高效决策树裁剪、决策树中规则的提取技术与算法等方面。决策树是通过一系列规则对数据进行分类的过程。采用决策树,可以将数据规则可视化,不需要长时间的构造过程,输出结果容易理解,精度较高,因此决策树在知识发现系统中应用较广。然而,采用决策树方法也有其缺点:决策树方法很难基于多个变量组合发现规则,不同决策树分支之间的分裂也不平滑。

2) 贝叶斯分类

贝叶斯分类(Bayesian Classification)来源于概率统计学,并且在机器学习中得到很好的研究。近几年,作为数据挖掘的重要方法备受注目。朴素贝叶斯分类(Naive Bayesian Classification)具有坚实的理论基础,和其他分类方法比,理论上具有较小的出错率。但是,由于受其应用假设的准确性设定的限制,所以需要在提高和验证它的适应性等方面进一步研究。Jone 提出连续属性值的内核稠密估计的朴素贝叶斯分类方法,提高了基于普遍使用的高斯估计的准确性。Domingos 等对于类条件独立性假设(应用假设)不成立时朴素贝叶斯分类的适应性进行了分析。贝叶斯信念网络(Bayesian Belief Network)是基于贝叶斯分类技术的学习框架,集中在贝叶斯信念网络本身架构以及它的推理算法研究上。其中比较有代表性的工作有:Russell 的布尔变量简单信念网、训练贝叶斯信念网络的梯度下降法、Buntine 等建立的训练信念网络的基本操作以及 Lauritzen 等的具有蕴藏数据学习的信念网络及其推理算法 EM 等。

3) 神经网络

神经网络作为一个相对独立的研究分支很早就已经被提出了,有许多著作和文献详细介绍了它的原理。由于神经网络需要较长的训练时间和其可解释性较差,为它的应用带来了困难。但是,由于神经网络具有高度的抗干扰能力和可以对未训练数据进行分类等优点,又使得它具有极大的吸引力。因此,在数据挖掘中使用神经网络技术是一件有意义但仍需要艰苦探索的工作。在神经网络和数据挖掘技术的结合方面,一些利用神经网络挖掘知识的算法被提出。例如,Lu 和 Setiono 等提出的从数据库中提取规则的方法,

数据挖掘原理与算法(第 4 版)

Widrow 等系统介绍了神经网络在商业等方面的应用技术。

神经网络基于自学习数学模型,通过数据的编码及神经元的迭代求解,完成复杂的模式抽取及趋势分析功能。神经网络系统由一系列类似于人脑神经元一样的处理单元结点(Node)组成,结点间彼此互连,分为输入层、中间(隐藏)层、输出层。神经网络的一般结构,如图 1-1 所示。

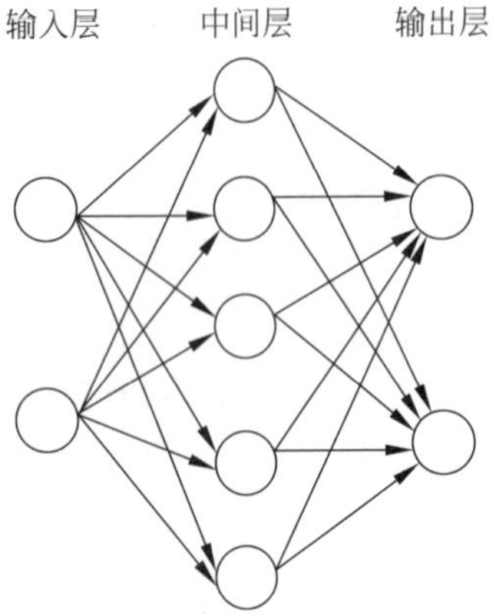

神经网络通过网络的学习功能得到一个恰当的连接加权值,较典型的学习方法是 BP(Back Propagation)。通过将实际输出结果同期望值进行比较,调整加权值,重新计算输出值,使得误差梯度下降。不断重复学习过程,直至满足终止判断条件。

神经网络系统具有非线性学习、联想记忆的优点,但也存在一些问题:首先,神经网络系统是一个黑盒子,不能观察中间的学习过程,最后的输出结果也较难解释,影响结果的可信度及可接受程度。其次,神经网络需要较长的学习时间,当数据量大时,性能会出现严重问题。

图 1-1　神经网络的结构示意图

4) 遗传算法与进化理论

遗传算法是基于进化理论的机器学习方法,它采用遗传结合、遗传交叉变异以及自然选择等操作实现规则的生成。有许多著作和文献详细介绍了它的原理,这里不再赘述。

进化式程序设计(Evolutionary Programming)方法原则上能保证任何一种依赖关系和算法都能用这种语言来描述。这种方法的独特思路是:系统自动生成有关目标变量对其他多种变量依赖关系的各种假设,并形成以内部编程语言表示的程序。内部程序(假设)的产生过程是进化式的,类似于遗传算法过程。当系统找到较好地描述依赖关系的一个假设时,就对这些程序进行各种不同的微小修正,生成子程序组。然后再在其中选择能更好地改进预测精度的子程序进行尝试,如此循环,直到最后获得达到所需精度的最佳程序为止。

5) 类比学习

最典型的类比学习(Analogy Learning)方法是 k-最邻近(k-Nearest Neighbor Classification)方法,它属于懒散学习法,相比决策树等急切学习法,具有训练时间短但分类时间长的特点。k-最邻近方法可以用于分类和聚类中。基于案例的学习(Case-Based Learning)方法可以应用到数据挖掘的分类中。基于案例学习的分类技术的基本思想是:当对一个新案例进行分类时,通过检查已有的训练案例找出相同的或最接近的案例,然后根据这些案例提出这个新案例的可能解。利用案例学习来进行数据挖掘的分类必须要解决案例的相似度度量、训练案例的选取以及利用相似案例生成新案例的组合解等关键问题,并且它们也正是目前研究的主要问题。这种方法的思路非常简单,当预测未来情况或进行正确决策时,系统寻找与现有情况相类似的事例,并选择最佳的相同的解决方案,这种方法能用于很多问题求解,并获得好的结果,其缺点是系统不能生成汇总过去经验的模块或规则。

6）其他

非线性回归方法的基础是，在预定的函数的基础上，寻找目标度量对其他多种变量的依赖关系。这种方法在金融市场或医疗诊断的应用场合，可以比较好地提供可信赖的结果。

其他方法还有粗糙集（Rough Set）、模糊集（Fuzzy Set）方法等。粗糙集理论和模糊集理论都是针对不确定性问题提出的，它们既相互独立，又相互补充。粗糙集方法与传统的统计及模糊集方法不同的是：后者需要依赖先验知识对不确定性的定量描述，如统计分析中的先验概率、模糊集理论中的模糊度等；而前者只依赖数据内部的知识，用数据之间的近似来表示知识的不确定性。用粗糙集来处理不确定性问题的最大优点在于：它不需要知道关于数据的预先或附加的信息，而是通过粗糙集中下近似和上近似两个定义，来实现从数据库中发现分类规则等工作。利用粗糙集进行分类知识挖掘就是将数据库中的属性分为条件属性和结论属性，对数据库中的元组根据各个不同的属性值分成相应的子集，然后对条件属性划分的子集与结论属性划分的子集之间的上下近似关系生成判定规则。

模糊性是客观存在的。按照 Zadeh 的互克性原理，系统的复杂性越高，精确化能力就越低，也就意味着模糊性越强。利用模糊集合理论可以应用到分类等知识发现中，通过模糊推理和分析来达到发现有用知识的目的。

另外需要强调的是，任何一种分类技术与算法，都不是万能的。不同的商业问题，需要用不同的方法去解决。即使对于同一个商业问题，可能有多种分类算法。分类的效果一般和数据的特点有关，有些数据噪声大、有缺值、分布稀疏，有些数据是离散的，而有些是连续的，所以目前普遍认为不存在某种方法能适合于所有特点的数据。因此，对于一个特定问题和一类特定数据，需要评估具体算法的适应性。

2. 聚类

聚类是把一组个体按照相似性归成若干类别，它的目的是使得属于同一类别的个体之间的差别尽可能得小，而不同类别上的个体间的差别尽可能得大。数据挖掘的目标之一是进行聚类分析。通过聚类技术可以对源数据库中的记录划分为一系列有意义的子集，进而实现对数据的分析。例如，一个商业销售企业，可能关心哪类客户对指定的促销策略更感兴趣。聚类和分类技术不同，前者总是在特定的类标识下寻求新元素属于哪个类，而后者则是通过对数据的分析比较生成新的类标识。聚类分析生成的类标识（可能以某种容易理解的形式展示给用户）刻画了数据所蕴含的类知识。当然，数据挖掘中的分类和聚类技术都是在已有的技术基础上发展起来的，它们互有交叉和补充。

目前，数据挖掘研究中的聚类技术研究也是一个热点问题。1999 年，Jain 等给出了聚类研究中的主要问题和方法。聚类技术主要是以统计方法、机器学习、神经网络等方法为基础的。作为统计学的一个重要分支，聚类分析已经被广泛地研究和应用。有人称回归分析（Regression Analysis）、判别分析（Discrimination Analysis）和聚类分析是三大多元数据分析方法。比较有代表性的聚类技术是基于几何距离度量的聚类方法，如欧氏距离、曼哈坦（Manhattan）距离、明考斯基（Minkowski）距离等。在机器学习中，聚类属于无指导学习(Unsupervised Learning)。因此,和分类学习不同,聚类没有训练实例和预先定义的类标识。在很多情况下,聚类的结果是形成一个概念,即当一组数据对象可以由一个概念(区别于其他的概念)来描述时,就形成一个簇。因此,有的文献中又称其为概念聚类(Concept Clustering)。所以,一些问题可能不再是传统统计方法中的几何距离所能描述的,而是根据概念的描述来确定。目前数据挖掘的聚类技术也使用了一些其他技术,如神经网络、粗糙/模糊集等。

2000 年,Han 等归纳了基于划分、层次、密度、网格和模型五大类聚类算法。下面将根据目前发展情况,仍以这五大类为基准简要阐述一些比较有代表性的方法。

1) 基于划分的聚类方法

k-平均算法是统计学中的一个经典聚类方法,但是它只有在簇平均值被预先定义好的情况下才能使用,加之对噪声数据的敏感性等,使得对数据挖掘的适应性较差,因此,出现了一些改进算法。主要有 Kaufman 等的 k-中心点算法 PAM 和 Clare 算法;Huang 等提出的 k-模和 k-原型方法;Bradley 和 Fayyad 等建立的基于 k-平均的可扩展聚类算法。其他有代表性的方法有 EM 算法、Clarans 算法等。基于划分的聚类方法得到了广泛研究和应用,但是,对于大数据集的聚类仍需要进一步的研究和扩展。

2) 基于层次的聚类方法

通过对源数据库中的数据进行层次分解,达到目标簇的逐步生成。有两种基本的方法:凝聚(Agglomeration)和分裂(Division)。凝聚聚类是指由小到大(开始可能是每个元组为一组)逐步合并,直到每个簇满足特征性条件。分裂聚类是指由大到小(开始可能为一组)逐步分裂,直到每个簇满足特征性条件。Kaufman 等详细介绍了凝聚和分裂聚类的基本方法;Zhang 等提出的利用 CF 树进行层次聚类的 Birth 算法;Guha 等提出的 Cure 算法、Rock 算法;Karypis & Han 等提出的 Chameleon 算法。基于层次的聚类方法计算相对简单,但是操作后不易撤销,因而对于迭代中的重定义等问题仍需进一步工作。

3) 基于密度的聚类方法

基于密度的聚类方法是通过度量区域所包含的对象数目来形成最终目标的。如果一个区域的密度超过指定的值,那么它就需要进一步分解成更细的组,直到所有的分组满足用户的要求。这种聚类方法相比基于划分的聚类方法,可以发现球形以外的任意形状的簇,而且可以很好地过滤孤立点(Outlier)数据,对大型数据集和空间数据库的适应性较好。比较有代表性的工作有 1996 年 Ester 等提出的 DBSCAN 方法、1998 年 Hinneburg 等提出的基于密度分布函数的 DENCLUE 聚类算法、1999 年 Ankerst 等提出的 OPTICS 聚类排序方法。基于密度的聚类算法大多还是把最终结果的决定权(参数值)交给用户决定,这些参数的设置以经验为主。而且对参数设定的敏感性较高,即较小的参数差别可能导致区别很大的结果,因此,这是这类方法有待进一步解决的问题。

4) 基于网格的聚类方法

这种方法是把对象空间离散化成有限的网格单元,聚类工作在这种网格结构上进行。1997 年 Wang 等提出的 String 方法是一个多层聚类技术。它把对象空间划分成多个级别的矩形单元,高层的矩形单元是多个低层矩形单元的综合。每个矩形单元的网格收集对应层次的统计信息值。该方法具有聚类速度快、支持并行处理和易于扩展等优点,受到广泛关注。另外一些有代表性的研究包括 Sheikholeslami 等提出的通过小波变换进行多分辨率聚类方法 WaveCluster、Agrawal 等提出的把基于网格和密度结合的高维数据聚类算法 CLIQUE 等。

5)基于模型的聚类方法

这种方法为每个簇假定一个模型,寻找数据对给定模型的最佳拟和。目前研究主要集中在利用概率统计模型进行概念聚类和利用神经网络技术进行自组织聚类等方面。它需要解决的主要问题之一仍然是如何适用于大型数据库的聚类应用。

最近的研究倾向于利用多种技术的综合性聚类方法进行探索,以解决大型数据库或高维数据库等的聚类挖掘问题。一些焦点问题也包括孤立点检测、一致性验证、异常情况处理等。

关于分类和聚类技术,安排了专门的章节进行讲述。这里只是给读者一个总体的概括,以便使读者及早地全面了解数据挖掘技术。

1.5.4 预测型知识挖掘

预测型(Prediction)知识是指由历史的和当前的数据产生的并能推测未来数据趋势的知识。这类知识可以被认为是以时间为关键属性的关联知识,因此上面介绍的关联知识挖掘方法可以应用到以时间为关键属性的源数据挖掘中。从预测的主要功能上看,主要是对未来数据的概念分类和趋势输出。上面介绍的分类技术可以用于产生具有对未来数据进行归类的预测型知识。统计学中的回归方法等可以通过历史数据直接产生对未来数据预测的连续值,因而这些预测型知识已经蕴藏在诸如趋势曲线等输出形式中。所以,一些文献,把利用历史数据生成具有预测功能的知识挖掘工作归为分类问题,而把利用历史数据产生并输出连续趋势曲线等问题作为预测型知识挖掘的主要工作。这种说法有它的合理性。如果要进一步说明的话,我们认为,分类型的知识也应该有两种基本用途:第一,通过样本子集挖掘出的知识可能目的只是用于对现有源数据库的所有数据进行归类,以使现有的庞大源数据在概念或类别上被"物以聚类";第二,有些源数据尽管它们是已经发生的历史事件的记录,但是存在对未来有指导意义的规律性东西,如总是"老年人的癌症发病率高"。因此这类分类知识也是预测型知识。

预测型知识的挖掘也可以借助于经典的统计方法、神经网络和机器学习等技术,其中经典的统计学方法是基础。相关技术可以在相应的统计学教科书中找到。因此这里不再详细解释这些方法和算法的原理,而把重点放在已经发展起来的和数据挖掘相关的应用模型探讨上。

1. 趋势预测模式

主要是针对那些具有时序(Time Series)属性的数据,如股票价格等,或者是序列项目(Sequence Items)的数据,如年龄和薪水对照等,发现长期的趋势变化等。有许多来自于统计学的方法经过改造可以用于数据挖掘中,如基于 n 阶移动平均值(Moving Average of Order n)、n 阶加权移动平均值、最小二乘法、徒手法(Free-hand)等的回归预测技术。另外,一些研究较早的数据挖掘分支,如分类、关联规则等技术也被应用到趋势预测中。

2. 周期分析模式

主要是针对那些数据分布和时间的依赖性很强的数据进行周期模式的挖掘。例如,服装在某季节或所有季节的销售周期。近年来这方面的研究备受瞩目。除了传统的快速傅里叶变换(FFT)等统计方法及其改造算法外,也从数据挖掘研究角度进行了有针对性的研究,如1999年Han等提出了挖掘局部周期的最大自模式匹配集方法。

3. 序列模式

主要是针对历史事件发生次序的分析形成预测模式来对未来行为进行预测。例如,预测"三年前购买计算机的客户有很大概率会买数字相机"。主要工作包括1998年Zaki等提出的序列模式挖掘方法,以及2000年Han等提出的称为FreeSpan的高效序列模式挖掘算法等。

4. 神经网络

在预测型知识挖掘中,神经网络也是很有用的模式结构。但是,由于大量的时间序列是非平稳的,其特征参数和数据分布随着时间的推移而发生变化。因此,仅仅通过对某段历史数据的训练来建立单一的神经网络预测模型,还无法完成准确的预测任务。为此,人们提出了基于统计学等的再训练方法。当发现现存预测模型不再适用于当前数据时,对模型重新训练,获得新的权重参数,建立新的模型。

此外,也有许多系统借助并行算法的计算优势等进行时间序列预测。总之,数据挖掘的目标之一就是自动在大型数据库中寻找预测型信息,并形成对应的知识模式或趋势输出来指导未来的行为。

1.5.5 特异型知识挖掘

特异型(Exception)知识是源数据中所蕴含的极端特例或明显区别于其他数据的知识描述,它揭示了事物偏离常规的异常规律。数据库中的数据常有一些异常记录,从数据库中检测出这些数据所蕴含的特异知识是很有意义的。例如,在Web站点发现那些区别于正常登录行为的用户特点可以防止非法入侵。特异型知识可以和其他数据挖掘技术结合起来,在挖掘普通知识的同时进一步获得特异知识。例如,分类中的反常实例、不满足普通规则的特例、观测结果与模型预测值的偏差、数据聚类外的离群值等。

下面的一些问题,可以帮助我们了解特异型知识挖掘的任务和方法。

1. 孤立点分析

孤立点(Outlier)是指不符合数据的一般模型的数据。在挖掘正常类知识时,通常总是把它们作为噪声来处理。当人们发现这些数据可以为某类应用(如信用欺诈、入侵检测等)提供有用信息时,就为数据挖掘提供了一个新的研究课题,即孤立点分析。发现和检测孤立点的方法已被广泛讨论,主要有基于概率统计、基于距离和基于偏差等检测技术的三类方法。1994 年,Barnett 等建立了基于统计方法的孤立点检测概念。基于距离的孤立点检测方法被 Knorr 和 Ng 等在一系列文章中详细描述。基于偏差的孤立点检测技术可以参考 Arning 和 Agrawal 等研究。目前孤立点分析作为信用卡欺诈、网络非法入侵等安全检测手段成为很有应用价值的研究分支。

2. 序列异常分析

异常序列(Exceptional Sequence)分析是指在一系列行为或事件对应的序列中发现明显不符合一般规律的特异型知识。发现序列异常的规律对于银行、电信等行业的商业欺诈行为预防以及网络安全检测等都是极具吸引力的。

3. 特异规则发现

典型的关联规则挖掘,总是重视那些高支持度和高可信度的规则,因此对那些虽然具有低支持度但可能很有价值的规则,即特异规则,无法产生和评价。因此,特异规则的挖掘需要突破传统关联规则挖掘的框架,探讨新方法。

上面以数据挖掘的知识类型为主线介绍了它的主要技术和方法。从知识的形态上看,它可以是规则、概念描述,也可能是某种蕴藏知识的模式框架(如神经网络),还可以是推理出的结果输出(如趋势预测图)。当然,数据挖掘作为一个多学科交叉研究领域,它的研究范围越来越广泛,我们不可能包括它的所有方面。但是,从上面的叙述中可以看出,它的研究所要达到的目标和主流技术。

1.6 不同数据存储形式下的数据挖掘问题

从原理上说,数据挖掘应该可以应用到任何信息存储方式下的知识挖掘中,但是挖掘的挑战性和技术性会因为源数据存储类型的不同而不同。特别地,近年来的研究表明数据挖掘所涉及的数据存储类型越来越丰富,除了一些有通用价值的模型、构架外,也开展了一些针对复杂或新型数据存储方式下的挖掘技术或算法的研究。本节将针对一些主要的数据存储类型中的数据挖掘的问题进行介绍。

1.6.1 事务数据库中的数据挖掘

一个事务数据库是对事务型数据的收集。1993 年,当 Agrawal 等开始讨论数据挖掘问题时,是以购物篮分析(Market Basket Analysis)作为商业应用背景的。此时被挖掘的数据库是顾客放入购物篮的商品记录,挖掘的目的就是通过发现顾客购买商品之间的关联来指导商业决策制定者。基于这样的原因,也有人把 Transactional Database 翻译成交易数据库。现在看来,这种理解有其局限性。事实上,Transactional Database 的挖掘问题,已经不仅可以直接应用到诸如采购、销售、市场调查等这些商业活动中,而且已经成为一个解决问题的通用框架。例如,我们可以把用户访问一个数据库或网站的行为组织成一个 Transactional Database 形式。因此,这里的 Transactional Database 是指更宽泛的范畴。

从事务数据库中发现知识是数据挖掘中研究较早但至今仍然很活跃的问题。通过特定的技术对事务数据库进行挖掘,可以获得动态行为所蕴藏的关联规则、分类、聚类以及预测等知识模式。关于这方面的研究很多,取得了较好成果。目前的研究更集中在效率改进以及多策略挖掘等更深入的问题上。关于事务数据库中的关联规则挖掘问题,将在以后章节更详细地加以介绍。

1.6.2 关系型数据库中的数据挖掘

关系型数据库是由一系列数据表组成的。它本身的发展是相当成熟的,它有成熟的语义模型(如实体-关系模型),有成熟的 DBMS(如 Oracle),有成熟的查询语言(如 SQL),而且有一批可视化的工具可以使用或借鉴。随着关系型数据库应用的普及和深入,人们在思考更高层次地利用它的问题,那就是关系型数据库中的数据挖掘问题。从一个关系型数据库中,可以根据挖掘目标获得想要的知识类型或模式,如上面提到的广义知识、关联知识、类知识、预测型知识和特异型知识等。

关于关系型数据库中的数据挖掘已经积累了很多方法和成果。事实上,上面提到的事务型数据库可以看作关系型数据库的特例,它的研究成果可以通过改造被利用。目前的研究更倾向于针对关系型数据库的特点并集成多种技术来解决实际的应用问题。

1. 多维知识挖掘问题

传统的事务数据库挖掘所研究的知识一般是单维(Single-Demension)的。例如,"购买计算机的人也购买打印机"这样的知识,它刻画了以"购买"行为作为聚焦点(维)的商品间的关联。但是,在关系型数据库中,仅有这样的知识可能还不够。例如,人们可能进一步想知道"什么样的购买计算机的人也购买打印机的可能性更大?",因此,像"收入高的人在购买计算机时也购买打印机"这样的知识更需要。由于关系型数据库可以存储包含收入情况等的客户基本资料以及客户购买记录,所以这样的知识是可以获得的。这样的知识是多维(Multi-Demension)的,因为它有两个聚焦点:购买和收入。另外,提到多维概念,可能自然会和多维数据库联系起来。的确,在数据仓库、OALP 等研究中的多维数据库可以成为多维数据挖掘的更理想载体。

2. 多表挖掘和数量数据挖掘问题

我们认为,这是关系型数据库有别于传统的事务数据库挖掘中的两个重要问题。从逻辑上说,关系型数据库是一系列表的集合。因此,在关系型数据库的挖掘中,除了要考虑表内属性的关联外,也必须考虑表间属性的关联。传统的事务数据库挖掘所研究的技术和算法一般是基于单表的,因此,在关系型数据库挖掘中必须考虑多表的挖掘技术。另外,在关系型数据库中,经常包含非离散的数量属性(如工资)。这些数量属性给传统的数据挖掘方法,如 Agrawal 的规则发现架构,提出新的挑战。关于这些问题的基本概念可以参考相应的文献。

3. 多层知识挖掘问题

数据及其关联总是可以在多个不同的概念层上来理解它。联系前面描述的多层次广义知识挖掘问题,在一定的背景知识下,一个关系型数据库可以在多个概念层次上来挖掘相关的知识。1995 年,Srikant 和 Agrawal 建立了以广义知识挖掘框架来研究多层知识挖掘的思想,并提出了 R-兴趣度等概念。另一个比较有代表性的工作是 Han 等对大型数据库的多层知识挖掘问题的研究。

4. 知识评价问题

1996 年,Chen 和 Han 发现按照 Agrawal 的规则发现理论进行强关联规则(Strong Association Rule)挖掘存在的问题。他们当时给出的例子是,在一个购物篮数据库中,通过 Apriori 算法发现了关联规则:buy(X,'computer games')=>buy(X,'videos')[support=40%,confidence=66%]。但是,事实上,计算机游戏和录像产品是负相关的,即购买了其中一种的客户实际上减少了购买另一种的可能性。因此,对传统的数据挖掘框架的知识评价问题,也是关系型数据库中数据挖掘走向实际应用必须要解决的问题。近年来,在关系型数据库所挖掘的知识的评价和改进方法方面的研究也很多。

5. 约束数据挖掘问题

数据挖掘系统在用户的约束指导下进行,可以提高挖掘效率和准确度。关于它的研究是一个很宽泛的课题。在可视化和交互式数据挖掘中,用户约束的使用和输入是可视化和交互式挖掘的前提。对关系型数据库而言,由于它的属性的复杂性(如大量数量属性存在)、属性关联的蕴含存储以及多表或多层次概念等问题,约束数据挖掘问题就显得更为重要。关于约束关联规则挖掘问题在后面将给出详细介绍。

关系型数据库中的数据挖掘是一个应用价值很高的研究领域,有许多课题需要进一步深入。而且它的研究不是孤立的,不仅需要借助于那些趋于成型的理论构架,而且已经和其他的数据存储类型,如事务数据库、数据仓库等研究相互交叉和补充。在 ACM SIGMOD'02 会议上就专门开辟了 Beyond Relational Tables 专题讨论组。

1.6.3 数据仓库中的数据挖掘

数据仓库中的数据是按照主题来组织的,存储的数据可以从历史的观点提供信息。面对多数据源,经过清洗和转换后的数据仓库可以为数据挖掘提供理想的发现知识的环境。假如一个数据仓库模型具有多维数据模型或多维数据立方体模型支撑的话,那么基于多维数据立方体的操作算子可以达到高效率的计算和快速存取。虽然目前的一些数据仓库辅助工具可以帮助完成数据分析,但是发现蕴藏在数据内部的知识模式及其按知识工程方法来完成高层次的工作仍需要新技术。因此,研究数据仓库中的数据挖掘技术是必要的。

数据挖掘不仅伴随数据仓库而产生,而且随着应用的深入产生了许多新的课题。如果把数据挖掘作为高级数据分析手段来看,那么它是伴随数据仓库技术提出并发展起来的。随着数据仓库技术的出现,出现了联机分析处理应用。OLAP 尽管在许多方面和数据挖掘是有区别的,但是它们在应用目标上有很大的重合度,那就是它们都不满足于传统数据库的仅用于联机查询的简单应用,而是追求基于大型数据集的高级分析应用。客观讲,数据挖掘更看中数据分析后所形成的知识表示模式,而 OLAP 更注重利用多维等高级数据模型实现数据的聚合。从某种意义上讲,可以把数据挖掘看作 OLAP 的高级形式,与此更接近的名词可能算是 OLAM(联机分析挖掘)。由于数据仓库、OLAP 和数据挖掘技术都是针对高级数据分析应用而提出的,因此早期它们经常放在一起研究。现在,随着研究的深入,它们不论是在研究还是在应用上都已经有所侧重。关于这方面的知识以及研究成果可以在许多文献中找到,这里不再赘述。

1.6.4　在关系模型基础上发展的新型数据库中的数据挖掘

面向对象数据库、对象-关系型数据库(Object-Relational Database)以及演绎等新型数据库也成为数据挖掘的新的研究对象。随着数据库技术的发展,这些数据库系统诞生并发展以满足新的应用需求。在这些新型数据库系统上的数据挖掘成为不可回避的挑战性课题。

1.6.5　面向应用的新型数据源中的数据挖掘

一些面向新型应用的数据库,如空间数据库、时态数据库、工程数据库(Engineering Database)和多媒体数据库(Multimedia Database)等,已经得到了充分的发展。这些新型应用需要处理和分析空间数据、时态数据、工程设计数据和多媒体数据等。这些应用需要高效的数据结构和可用的处理复杂结构、长变量记录、半结构或无结构数据的方法。例如,卫星图像可能是以光栅形式来表示数据的,而一个城市地图数据可能是向量形式。这些光栅或向量数据同样蕴含着丰富的知识并且它们的挖掘技术有自己的特点。通过一个用于气候分析的卫星图像,可能需要知道海拔高度和气候之间的关联;通过一个城市地图,可能渴望知道高收入家庭与他们所处的位置有什么关系等。时态数据库总是包含与时态相关的属性,这些数据对时间变化是敏感的。例如,股票数据记录了随时间变化的数据序列,通过它可以挖掘出数据的发展趋势,进而可以帮助我们制定正确的投资战略。在这些数据集或数据库上的知识发现工作为数据挖掘提供了丰富的研究及开发土壤。

1.6.6　Web 数据源中的数据挖掘

上面所说的数据挖掘中的数据大多是指数据库中表格形式的结构型数据(Structured Data)。在一个企业中,还有一类像文本和网页形式的数据,称作非结构型数据(Unstructured Data)或半结构型数据(Semi-structured Data)。1995 年分析家已预言,像文本这样非结构型数据将是在线存储方面占支配地位的数据形式。Internet 的扩展和大量在线文本的出现,标志着这个巨大的非结构型数据海洋中,蕴藏着极其丰富的有用信息及知识。开发一种工具能协助用户从非结构或半结构型数据中抽取关键概念以及快速而有效地检索到关心的信息,这将是一个非常吸引人的研究领域。目前,基于图书索引检索以及超文本技术的各类搜索引擎,能协助用户寻找所需信息,但要深入挖掘这类数据中的有用信息,尚需要更高层次的技术支持。

面向 Web 的数据挖掘比面向数据库和数据仓库的数据挖掘要复杂得多,因为 Web 上的数据是复杂的。有些是无结构的(如 Web 页),通常都是用长的句子或短语来表达文档类信息;有些可能是半结构的(如 E-mail、HTML 页)。当然也有一些具有很好的结构,如电子表格。揭开这些复合对象蕴含的一般性描述特征成为数据挖掘的不可推卸的责任。

Web 挖掘(Web Mining)必须面对下面一些关键问题。

1. 异构数据源环境

Web 网站上的信息是一个更大、更复杂的数据体。如果把 Web 上的每一个站点信息看作一个数据源的话,那么这些数据源是异构的,因为每个站点的信息和组织都不一样。想要利用这种海量数据进行数据挖掘,首先,必须要研究站点之间异构数据的集成问题。只有将这些站点的数据都集成到一个统一的视图上,才有可能获取所需的东西。其次,还要解决 Web 上的数据查询问题,因为如果所需的数据不能很有效地得到,那么对这些数据进行分析、集成、处理就无从谈起。

2. 半结构化的数据结构

Web 上的数据与传统的数据库中的数据不同,Web 上的数据更多是半结构化的。面向 Web 的数据挖掘必须以半结构化模型和半结构化数据模型抽取技术为前提。针对 Web 上的数据半结构化的特点,寻找一个半结构化的数据模型是解决问题的关键所在。除了要定义一个半结构化数据模型外,还需要一种半结构化模型抽取技术。我们知道,每个站点的数据都各自独立设计,并且数据本身具有自述性和动态可变性,因此面向 Web 的数据挖掘是一项复杂的技术。XML(eXtensible Markup Language)是由万维网协会 (W3C)设计的一种中介标示语言(Meta-markup Language),可提供描述结构化资料的格式。XML 的扩展性和灵活性允许 XML 描述不同种类应用软件中的数据,从而能描述搜集的 Web 页中的数据记录。由于基于 XML 的数据是自我描述的,数据不需要有内部描述就能被交换和处理。因此,XML 能够使不同来源的数据很容易地结合在一起,因而使搜索异构数据成为可能,为解决 Web 数据挖掘难题带来了希望。

3. 动态变化的应用环境

首先,Web 的信息是频繁变化的,像新闻、股票等信息是实时更新的。而且这种变化也体现在页面的动态链接和随机存取上。其次,Web 上的用户是难以预测的,因为用户具有不同的知识背景、兴趣以及访问目的。最后,Web 上的数据环境是高噪声的。研究表明,一个 Web 站点的数据可能只有不超过 1% 的信息是对特定挖掘主题相关的。这些变数也是 Web 数据挖掘必须面对的问题。

目前,Web 挖掘的研究主要有三种流派,即 Web 结构挖掘(Web Structure Mining)、Web 使用挖掘(Web Usage Mining)和 Web 内容挖掘(Web Content Mining)。

1) Web 结构挖掘

Web 结构挖掘主要是指挖掘 Web 上的链接结构,它有广泛的应用价值。例如,通过

Web 页面间的链接信息可以识别出权威页面(Authoritative Page)、安全隐患(非法链接)等。1999 年,Chakrabarti 等人提出利用挖掘 Web 上的链接结构来识别权威页面的思想。1999 年,Kleinberg 等人提出了一个较有影响的称为 HITS 的算法。HITS 算法使用 HUB 概念。所谓 HUB 是指一系列的关于某一聚焦点(Focus)的 Web 页面收集。一个好的 HUB 能最大程度地表示权威页面及其链接的信息。

2) Web 使用挖掘

Web 使用挖掘主要是指对 Web 上的 Log 日志记录的挖掘。Web 上的 Log 日志记录了包括 URL 请求、IP 地址以及时间等的访问信息。分析和发现 Log 日志中蕴藏的规律可以帮助我们识别潜在的客户、跟踪 Web 服务的质量以及侦探非法访问的隐患等。我们发现的最早对 Web Log 日志挖掘的较为系统化的研究是 Tauscher 和 Greenberg(1997)的相关工作。比较著名的原型系统有 Zaiane 和 Han 等研制的 Web Log Mining。关于 Web Log Mining 的主要应用可以参考 Srivastava(2000)的文章综述。

3) Web 内容挖掘

实际上,Web 的链接结构也是 Web 的重要内容。除了链接信息外,Web 的内容主要是包含文本、声音、图片等的文档信息。很显然,这些信息是深入理解 Web 站点的页面关联的关键所在。同时,这类挖掘也具有更大的挑战性。Web 的内容是丰富的,而且构成成分是复杂的(无结构的、半结构的等),对内容的分析又离不开具体的词句等细节的、语义上的刻画。基于关键词的 Web 内容分析技术是研究较早的、最直观的方法,已经在文本挖掘(Text Mining)和 Web 搜索引擎(Search Engine)等相关领域得到广泛的研究和应用。目前,对于 Web 内容挖掘技术更深入的研究是在 Web 页面的文档分类、多层次概念归纳等问题上。另外,随着 XML 的普及,将来的页面更多使用 XML 来书写。这样页面间的层次的概念更容易归纳和形式化。

关于 Web 挖掘技术的更详细阐述,会在后面进行。

1.7 粗糙集方法及其在数据挖掘中的应用

粗糙集理论是一种研究不精确、不确定性知识的数学工具,由波兰科学家 Z. Pawlak 在 1982 年首先提出。粗糙集一经提出就立刻引起数据挖掘研究人员的注意,并被广泛讨论。

粗糙集的知识形成思想可以概括为:一种类别对应于一个概念(类别一般表示为外延即集合,而概念常以如规则描述这样的内涵形式表示),知识由概念组成;如果某知识中含有不精确概念,则该知识不精确。粗糙集对不精确概念的描述方法是通过下近似(Lower Approximation)和上近似(Upper Approximation)概念来表示。一个概念(或集合)的下近似概念(或集合)中的元素肯定属于该概念(或集合),而一个概念(或集合)的上近似概念(或集合)只可能属于该概念。

1.7.1 粗糙集的一些重要概念

粗糙集把客观世界抽象为一个信息系统。一个信息系统 S 是一个四元组,$S = \langle U, A, V, f \rangle$:

- U 是对象(或事例)的有限集合,记为 $U=\{x_1,x_2,\cdots,x_n\}$。
- A 是属性的有限集合,记为 $A=\{A_1,A_2,\cdots,A_n\}$。
- V 是属性的值域集,记为 $V=\{V_1,V_2,\cdots,V_n\}$,其中,V_i 是属性 A_i 的值域。
- f 是信息函数(Information Function),即 $f:U\times A\rightarrow V,f(x_i,A_j)\in V_j$。

属性集 A 常常又划分为两个集合 C 和 D,即 $A=C\cup D,C\cap D=\varnothing,C$ 表示条件属性集,D 表示决策属性集。D 一般只有一个属性。对应于一个数据库系统,$f(e,a)$ 的值确定记录 e 关于属性 a 的取值。对于属性集 A 中的任意一个属性 a,如果记录 e_i 和记录 e_j 对于属性 a 的取值相同,称 e_i 和 e_j 基于属性集等价。基于某个属性集 A 的所有等价记录的集合,被定义为等价类。属于同一等价类的记录归为一类,此分类称为 R 基于属性集 A 的划分,常被表示为 $R=\{R_1,R_2,\cdots,R_n\}$。

粗糙集刻画了近似空间(Approximation Space)。近似空间由一个二元组 $\langle U, R(B)\rangle$ 给出:

- U 是对象(或事例)的有限集合,记为 $U=\{x_1,x_2,\cdots,x_n\}$。
- B 是 A 的一个属性集,$R(B)$ 是 U 上的二元等价关系,即
$$R(B)=\{(x_1,x_2)\mid f(x_1,b)=f(x_2,b),b\in B\}$$

若无特别指明,后文中的 $R(B)$ 有时简称为 R,$R^*(B)$ 简称为 R^*。对任意的 x_1,$x_2\in X_i$,有 $(x_1,x_2)\in R$;对任意的 $x_1\in X_i,x_2\in X_j,i\neq j$,有 $(x_1,x_2)\notin R$。

对任意一个概念(或集合)O,B 是 A 上的一个子集,对其进行如下定义。

O 的下近似定义为:
$$\underline{B}O=\{x\in U\mid[x]_{R(B)}\subset O\}$$
其中,$[x]_{R(B)}$ 表示 x 在 $R(B)$ 上的等价类。

O 的上近似定义为:
$$\overline{B}O=\{x\in U\mid[x]_{R(B)}\cap O\neq\varnothing\}$$

设有两个属性集 B_1、B_2,B_1 是 B_2 的真子集,如果 $R(B_1)=R(B_2)$,则称 B_2 可归约为 B_1。如果属性集 B 不可进一步约简,则称 B 是 U 的一个约简或归约子。

设有两个属性集 P 和 Q,则 P 对 Q 的属性依赖度定义为:
$$\gamma_P(Q)=\frac{\sharp\mathrm{POS}_P(Q)}{\sharp U}$$
其中,$\mathrm{POS}_P(Q)=\bigcup_{X\in R^*(Q)}\underline{P}X$,$\underline{P}X$ 表示集合 X 在属性集上的下近似。

设属性集 $B\subseteq C$,C 是条件属性集,D 是决策属性集,则属性重要度(Attributes Significance)定义为:
$$\gamma_{AS}=\gamma_B(D)-\gamma_{C-B}(D)$$
表明从 C 中去除 B 后对分类决策的影响程度。

约简是粗糙集中一个非常重要的概念。约简即极小属性集,也就是去掉约简中的任何一个属性,都将使得该属性集对应的规则覆盖反例,即导致规则与例子的不一致。而对于极大属性集,向它加入任何一个不属于它的属性,则会使得该属性集对应的规则覆盖更少的正例。我们称约简对应的规则为极小规则,极大属性集对应的规则为极大规则。人

们常常希望获得的极小规则具有尽可能简洁的形式(即极小属性集尽可能的小),这也是机器学习中很多归纳学习方法所追求的目标之一。由于在生成规则时要使用启发式的属性选择方法进行搜索,而各种选择方法都是一种偏向(Bias),有各自的特点和适用范围。基于极小规则和极大规则的概念,就可以实现极小规则和极大规则的生成。

1.7.2 粗糙集应用举例

粗糙集在数据挖掘中是一个有用的理论和技术,但是由于本书重点并不在此,因此有兴趣的读者可以进一步参考其他文献来深入理解它。为了使在此方面没有基础的读者正确理解粗糙集的概念和应用,下面通过一个具体的数据库实例(如表 1-1 所示),使用粗糙集的方法对其中的知识进行分析和预测。值得注意的是,为了说明 KDD 系统中粗糙集方法的实质,我们简化了问题域,只取出"汽车数据库"中的 10 个记录,而且只分析三个字段(Power,Turbo,Weight),数据挖掘的目标模式定为:"分析汽车的 Power、Turbo 特征同 Weight 特征之间的关系。"

表 1-1　粗糙集应用的数据库

ID	Power	Turbo	Weight	ID	Power	Turbo	Weight
1	HIGH	YES	MED	6	MEDIUM	YES	LIGHT
2	LOW	NO	LIGHT	7	LOW	NO	HEAVY
3	MEDIUM	YES	LIGHT	8	HIGH	NO'	HEAVY
4	HIGH	NO	LIGHT	9	HIGH	YES	MED
5	HIGH	YES	MED	10	LOW	NO	HEAVY

在这个数据库中,对应的概念为:

- $U = \{1,2,3,4,5,6,7,8,9,10\}$。
- $A = \{Power, Turbo, Weight\}$。
- $V = \{LOW, HIGH, MEDIUM, YES, NO, LIGHT, HEAVY, MED\}$。
- $f(1, Power) = HIGH$；$f(1, Turbo) = YES$；…。

对数据库的所有记录,将它们的属性集 $\{Power, Turbo, Weight\}$ 分为条件属性 $(Power, Turbo)$ 和结论属性(Weight)。基于条件属性可以将数据库划分为四类:

$$E_1 = \{1,5,9\}; \quad E_2 = \{2,7,10\}; \quad E_3 = \{3,6\}; \quad E_4 = \{4,8\}$$

基于结论属性 Weight 可将数据库分为三类:

$$Y_1 = \{1,5,9\}; \quad Y_2 = \{7,8,10\}; \quad Y_3 = \{2,3,4,6\}$$

对基于 $\{Power, Turbo\}$ 的等价类 $E_1 = \{1,5,9\}$ 可以描述为:

$$Des(E_1) = (Power = HIGH, Turbo = YES)$$

对基于 Weight 的等价类 $Y_1 = \{1,5,9\}$ 可以描述为:

$$Des(Y_1) = (Weight = MED)$$

设 R 中的两个划分为 E 和 Y,如果把 E 视为分类条件,Y 视为分类结论,则:

- 当等价类 E_i 和 Y_j 的交集非空时,则有规则 r_{ij}：$Des(E_i) \rightarrow Des(Y_j)$，$Des(E_i)$ 和 $Des(Y_j)$ 分别是等价类 E_i 和 Y_j 中的记录的特征描述。

- 当 Y_j 完全包含 E_i 时,规则 r_{ij} 成立,而且为确定性规则,即规则 r_{ij} 的可信度 cf=1;当 Y_j 不完全包含 E_i 时,规则 r_{ij} 是不确定的,规则 r_{ij} 的可信度 cf 为等价类 E_i 中的元素被等价类 Y_j 包含的百分比。

例如,上面的例子中,当 E_1 作为分类条件,Y_1 作为结论条件时,可得到下列规则。

- r_{11}:$\mathrm{Des}(E_1) \rightarrow \mathrm{Des}(Y_1)$。即 Power=HIGH ∧ Turbo=YES→Weight=MED(置信度 cf=1.0)。

因为等价类 Y_1 最小包含 E_1,所以得到的规则是确定的,即可信度 cf=1.0,而 r_{21}、r_{31}、r_{41} 都不存在,因为 E_2、E_3、E_4 与 Y_1 的交集都为空集。

同理,当 E_2 作为前提,Y_2 作为结论时,可得到下列分类规则。

- r_{22}:$\mathrm{Des}(E_2) \rightarrow \mathrm{Des}(Y_2)$。即 Power=LOW ∧ Turbo=NO→Weight=HEAVY(置信度 cf=0.67)。

当 E_2 作为分类条件,Y_3 作为分类结果时,可得到下列分类规则。

- r_{23}:$\mathrm{Des}(E_2) \rightarrow \mathrm{Des}(Y_3)$。即 Power=LOW ∧ Turbo=NO→Weight=LIGHT(置信度 cf=0.33)。

类似地,可以得到:

- r_{33}:$\mathrm{Des}(E_3) \rightarrow \mathrm{Des}(Y_3)$。即 Power=MEDIUM ∧ Turbo=YES→Weight=LIGHT(置信度 cf=1.0)。
- r_{43}:$\mathrm{Des}(E_4) \rightarrow \mathrm{Des}(Y_3)$。即 Power=HIGH ∧ Turbo=NO→Weight=LIGHT(置信度 cf=0.5)。

1.7.3 粗糙集方法在 KDD 中的应用范围

如前所述,粗糙集在 KDD 中有广泛的用途。依据上面介绍的运用粗糙集方法对数据库进行挖掘的过程示例,可以进一步对这种方法在 KDD 中的适用范围进行总结。

- 规则学习和决策表推导:在保证简化后的决策系统具有与原先系统一样的分类能力的前提条件下,通过使用知识简约和范畴简约,将决策系统简化并且找到最小(最短)决策规则集合,以达到最大限度泛化的目的。
- 知识约简:约简和相对约简在粗糙集中十分重要,它反映了一个决策系统的本质。通过对条件属性集合的约简,可以保证简化后的决策系统具有与原先系统一样的分类能力。从数据预处理的角度看,属性约简能去掉冗余属性,从而提高系统的效率。
- 属性相关分析:粗糙集方法中的属性重要程度可以用来衡量该属性对分类的影响程度,它与 ID3 中的信息增益类似,可以证明两者在一定条件下是等价的。
- 进行数据预处理:粗糙集方法可以去掉多余属性,可提高发现效率,降低错误率等。

从 KDD 的角度来看,由于粗糙集方法中的决策表可以视为关系型数据库中的关系表,因此粗糙集方法的伸缩性、鲁棒性和抗噪声能力都较强,知识的可理解性和开放性也较好。但是,粗糙集方法的模型描述能力一般。

1.8 数据挖掘的应用分析

麻省理工学院的《科技评论》杂志提出未来五年将对人类产生重大影响的十大新兴技术,"数据挖掘"位居第三。我们知道,数据挖掘技术从一开始就是面向应用的。由于现在各行业的业务操作都向着流程自动化的方向发展,企业内产生了大量的业务数据。一般地,企业内的业务数据是由于商业运作而产生的,很少是为了分析的目的而收集的。因此,数据挖掘的应用成为高层次数据分析和决策支持的骨干技术。目前,在很多领域,数据挖掘都是一个很时髦的词,尤其是在诸如银行、电信、保险、交通、零售(如超级市场)等商业领域。除此之外,数据挖掘技术在天文学、分子生物学等科学研究方面也表现出技术优势。

1.8.1 数据挖掘与 CRM

CRM(客户关系管理)是指对企业和客户之间的交互活动或行为进行管理的过程。CRM 的核心是通过客户和他们行为的有效数据收集,发现潜在的市场和客户,从而获得更高的商业利润。数据挖掘能够帮助企业确定客户的特点,使企业能够为客户提供有针对性的服务。因此,把数据挖掘和 CRM 结合起来进行研究和实践,是一个有很大应用前景的工作。

近年来,数据挖掘已经被应用到 CRM 的实践中,成为解决商业分析问题的典范。这种结合所能解决的典型商业问题包括:数据库营销(Database Marketing)、客户群体划分(Customer Segmentation & Classification)、客户背景分析(Profile Analysis)、交叉销售(Cross-selling)、客户流失性分析(Churn Analysis)、客户信用记分(Credit Scoring)、欺诈发现(Fraud Detection)等。

下面具体分析数据挖掘技术在 CRM 应用中的相关问题,从中可以更清楚地了解数据挖掘技术应用的特点和趋势。目前,数据挖掘在 CRM 的应用方面突出表现如下。

- 获得新客户:传统的获得客户的途径一般包括媒体广告、电话行销等。这些初级的促销方法是盲目的、昂贵的。数据挖掘可以帮助我们改变这种被动局面。通过数据挖掘可以针对不同消费群体的兴趣、消费习惯、消费倾向和消费需求等进行促销,提高营销效果,为企业带来更多的利润。
- 留住老客户:调查表明,挽留一个老客户要比获得一个新客户的成本低得多,有 6~8 倍以上的差距是业界公认的。因此,保持原有客户对企业来说就显得越来越重要。数据挖掘可以把所掌握的大量客户分成不同的类,完全可以做到给不同类的客户提供完全不同的服务来提高客户的满意度。
- 交叉销售:交叉销售是指企业向原有客户销售新的产品或服务的过程。对于原有客户,企业可以比较容易地得到关于这个客户或同类客户的职业、家庭收入、年龄、爱好以及以前购买行为等的信息。数据挖掘可以帮助寻找影响客户购买行为的因素,预测客户的下一个购买行为等。

CRM 的软件产品已经广泛地应用了数据挖掘的思想和技术。关于它们的研究仍有许多题目值得细化和深入。

1.8.2 数据挖掘与社会网络

社会网络思想主要源于社会结构学说,典型概念可见于埃米尔-涂尔干提出的功能主义观点:"社会分工功能使人们在社会中形成联系"。直到 20 世纪 70 年代,"新哈佛学派"出现,社会网络(Social Network)概念才日渐成熟,出现了比较规范的社会网络的概念、命题及模型等。其代表性成果有:《机会链——组织中流动的系统模型》(Harrison C White,1970);《社会网络——一个发展中的范式》(Samuel Leinhardt,1977);《网络结构中的模型》(Ronald S. Burt,1980);《社会结构和网络分析》(Peter Marsden,1982);《社会结构——一种网络方法》(Barry S. Wellman,1988);《身份和控制——一个社会行动的结构理论》(Harrison C. White,1992)。这些研究突破了社会结构学说的功能主义框架,形成了以"行动者及行动"刻画社会关系的基本构架。

20 世纪 90 年代以来,社会网络研究出现新的高潮,吸引众多领域的专家和学者(社会学、人类学、心理学、数学等)参与,形成了一个新的交叉研究领域。代表性成果有:伯特(Ronald Burt,1992)提出的结构洞(Structural Hole)理论,揭示"竞争是社会关系的表现,竞争行为能根据竞争者接近竞争领域的'洞'的机会来解释";瓦茨(Duncan Watts,1998)等提出的小世界网络(Small-World),指出"社会网络具有大的凝聚度和短的路径特性";阿尔伯特(Reca Albert,1999)等提出的无尺度网络模型(Scale-Free),揭示"社会网络的结点度很多情况符合幂律分布";华裔社会学家林南(Lin Nan,2001)著的《社会资本——一种关于行动和结构的理论》,指出"社会资本是对交易中有预期回报的社会关系的投资",并坚定个体行动的微观分析能反映社会地位和资本的宏观结构。

进入 21 世纪,计算机及互联网的发展、普及导致社会网络研究向更深层次推进。有三个主要方面值得关注:第一,信息化发展(如社交网站、微博等新型社交方式)会衍生出新问题;第二,数据挖掘、云计算及大数据技术等的发展为社会网络的数据分析提供更强的技术支撑;第三,信息科学与社会学的融合与交叉,已经成为新的研究热点。有许多例子可以说明这种融合的发展趋势,如下。

(1)观察互联网中网页的链接规律(大多数页面有很少的链接数,而极少数页面却有很大的链接数)发现了"幂次定律",进而有了无尺度的 BA 模型,并且发现许多社会关系符合 BA 模型。

(2)互联网的社交媒介对社会关系影响的系列性研究。1998 年,卡内基·梅隆大学的 Robert Kraut 教授进行了一项家庭网使用的研究,得出了当时比较有名的结论:"计算机不能代替现实接触,损害了与周围人的关系"。然而,2000 年 Jeffrey Cole 的一项研究却发现:"大多数美国人的上网行为并不会真正让亲人和朋友感到忽略";Mundoff 等 2002 年的研究进一步证实:"大多数互联网使用者表示电子邮件、网站和聊天室对于他们的家庭成员交流具有温和的正面影响(Modestly Positive Impact)";近年来,社交网站及微博等媒介已经成为人们交往的重要手段,就连美国总统都利用 Facebook(脸谱)等社交媒介来帮助选举。

数据挖掘作为智能化的数据分析手段,和社会网络分析有很大的应用空间重合度。

一方面,可以利用已有的数据挖掘方法和算法分析社会性数据,发现有价值的社会现象和规律;另一方面,社会网络的应用也对数据挖掘提出新的研究课题和内容。数据挖掘与社会网络的结合性研究已经被广泛关注,成为新的研究分支。事实上,数据挖掘与社会网络的交叉研究不仅应该在应用层面上,也隐含着许多理论和模型问题。新的社会问题或者社会形态需要新的数据挖掘技术来支撑(如微博、微信、社交网络等社交媒体的出现),这就构成了这种研究的理论深入和应用价值。

1.8.3　数据挖掘应用的成功案例分析

如前所述,数据挖掘已经在许多领域得到了应用。尽管这些应用可能是初步的,但是,它们反映了数据挖掘技术的应用趋势。

1. 数据挖掘在体育竞技中的应用

例如,IBM 公司开发的数据挖掘应用软件 Advanced Scout 被美国 NBA 教练广泛使用(有大约 20 个队使用)。据说,Scout 帮助魔术队成功分析了不同的队员布阵的相对优势,并找到了战胜迈阿密热队的方法。

2. 数据挖掘应用到商业银行中

数据挖掘技术在美国银行和金融领域应用广泛。金融事务需要搜集和处理大量数据,对这些数据进行分析,可以发现潜在的客户群、评估客户的信用等。例如,美国 Firstar 银行等使用的 Marksman 数据挖掘工具,可以根据消费者的家庭贷款、赊账卡、储蓄、投资产品等,将客户分类,进而预测何时向哪类客户提供哪种产品。另外,近年来在信用记分的研究和应用方面也取得了可喜的进步。Credit Scoring 技术就是利用所掌握的客户基本资料、资产以及以往信用情况等,对贷款客户进行评估,做出最有利于银行的决定。

数据挖掘技术在银行等金融方面的应用还突出表现在下面的领域。
- 金融投资:典型的金融分析领域有投资评估和股票交易市场预测,分析方法一般采用模型预测法(如神经网络或统计回归技术)。这方面的系统有 Fidelity Stock Selector 和 LBS Capital Management。前者的任务是使用神经网络模型选择投资,后者则使用了专家系统、神经网络和基因算法技术辅助管理多达 6 亿美元的有价证券。
- 欺诈甄别:银行或商业上经常发生诈骗行为,如恶性透支等。这方面应用非常成功的系统有 FALCON 系统和 FAIS 系统。FALCON 是 HNC 公司开发的信用卡欺诈估测系统,它已被相当数量的零售银行用于探测可疑的信用卡交易。FAIS 是一个用于识别与洗钱有关的金融交易系统,它使用的是一般的政府数据表单。

3. 挖掘应用到电信中

数据挖掘技术在电信行业也得到广泛应用。这些应用可以帮助电信企业制定合理的电话收费和服务标准、针对客户群的优惠政策、防止费用欺诈等。

4. 数据挖掘应用到科学探索中

近年来,数据挖掘开始应用到尖端科学的探索中。数据挖掘在生物学上的应用主要集中于分子生物学特别是基因工程的研究上。近几年,通过计算生物分子系列分析方法,尤其是基因数据库搜索技术已在基因研究上有了很多重大发现。例如,DNA 序列分析被认为是人类征服顽疾的最有前途的公关课题。但是,DNA 序列的构成是千变万化的,数据挖掘技术的应用可能为发现特殊疾病蕴藏的基因排列信息等提供新的解决途径。数据挖掘在分子生物学上的工作可分为两种:一是从各种生物体的 DNA 序列中定位出具有某种功能的基因串;二是在基因数据库中搜索与某种具有高阶结构(不是简单的线性结构)或功能的蛋白质相似的高阶结构序列。这方面的程序有:GRAIL,GeneID,GeneParser,GenLang,FGENEH,Genie 和 EcoParse。

数据挖掘在天文学上有一个非常著名的应用系统:SKICAT(SKy Image Cataloging and Analysis Tool)。它是加州理工学院喷气推进实验室与天文科学家合作开发的用于帮助天文学家发现遥远的类星体的一个工具。SKICAT 的任务是构造星体分类器对星体进行分类,使用了决策树方法构造分类器,结果使得能分辨的星体较以前的方法在亮度上要低一个数量级之多,而且新的方法比以往方法的效率要高 40 倍以上。

5. 数据挖掘应用到信息安全中

随着网络上需要进行存储和处理的敏感信息的日益增多,安全问题逐渐成为网络和系统中的首要问题。信息安全的概念和实践不断深化和扩展。现代信息安全的内涵已经不仅局限于对信息的保护,而是对整个信息系统的保护和防御,包括对信息的保护、检测、反映和恢复能力(PDRR)等。传统的信息安全系统概括性差,只能发现模式规定的、已知的入侵行为,难以发现新的入侵行为。人们希望能够对审计数据进行自动的、更高抽象层次的分析,从中提取出具有代表性、概括性的系统特征模式,以便减轻人们的工作量,且能自动发现新的入侵行为。数据挖掘正是具有这样功能的一种技术。数据挖掘可以对海量的数据进行智能化的处理,提取出我们感兴趣的信息。利用数据挖掘、机器学习等智能方法作为入侵检测的数据分析技术,可从海量的安全事件数据中提取出尽可能多的隐藏安全信息,抽象出有利于进行判断和比较的与安全相关的普遍特征,从而发现未知的入侵行为。这样,利用数据挖掘技术,可以以一种自动和系统的手段建立一套自适应的、具备良好扩展性的入侵检测系统,克服传统入侵检测系统的适应性和扩展性差的缺点,大大提高检测和响应的效率和速度。因此,将数据挖掘应用于入侵检测已经成为一个研究热点。

当然,数据挖掘还有许多应用领域,这里不可能一一列举。分析这些应用的目的是为了说明它的高可用性和高挑战性。数据挖掘必须和实际应用领域相结合研究才具有生命力,因此,分析这些应用的目的也是为了读者更好地直观理解数据挖掘的技术及其应用。

1.9 本章小结和文献注释

本章对数据挖掘技术的产生原因、发展趋势以及基本概念和主要技术进行了简要阐述,其目的是给读者一个相对完整的概念。由于有些问题会在后面的章节加以详细介绍,因此对它们的介绍相对简单。而有些问题考虑到本书的整体安排后面不会再详细介绍,因此对它们的介绍可能相对要系统一些。

本章是本书的绪论部分,作者希望通过本章的介绍让读者对数据挖掘技术有一个总体的认识。因此,主要内容是对数据挖掘概念、技术、方法、应用等进行提炼和概括,许多重要的内容会安排具体的章节进行讲解。

本章的主要内容及相关的文献引用情况如下所述。

1. 数据挖掘技术的产生背景与发展趋势介绍

细节数据、有用信息和知识是人们利用数据的三种不同应用层次的形式。随着数据的爆炸,人们开始注意到有效地解决大容量数据的利用问题具有巨大的商机。从商业角度说明了数据挖掘技术产生的必然性,从技术发展角度说明了数据挖掘技术产生的合理性。任何技术的产生总是有它的技术背景的,是相关技术发展的必然结果。数据挖掘技术的提出和发展正是由于其他科学和技术的充分发展被提出和发展的。在这些科学和技术中有三个学科的发展起到了决定性的作用:数据库、统计学和人工智能。目前的许多方法都是以它们的已有成果为基础发展起来的,而且许多研究人员也是从这些学科的研究开始或自然转变过来的。

随着 KDD 在学术界和工业界的影响越来越大,数据挖掘的研究向着更深入和使用技术方向发展。本章在分析目前的研究和应用现状之后,对数据挖掘几个重点研究方向进行了展望。

- 数据挖掘技术与特定商业逻辑的平滑集成问题:一方面,数据挖掘技术需要有效的应用实例来证明;另一方面,数据挖掘技术只有和实际的商业逻辑融合才能从根本上解决问题。
- 数据挖掘技术与特定数据存储类型的适应问题:不同的数据存储方式会影响数据挖掘的具体实现机制、目标定位、技术有效性等。针对不同数据存储类型的特点,进行针对性研究是将来一段时间所必须面对的问题。
- 大型数据的选择与规格化问题:数据挖掘技术必须面对大容量数据集,与之相适应的,一系列在挖掘前的预处理工作(如数据清洗、数据选择等)是必需的。同时,针对特定挖掘方法进行数据规格化也是无法回避的问题。
- 数据挖掘系统的构架与交互式挖掘技术:受应用领域、挖掘数据类型以及知识表达模式等的影响,数据挖掘应用系统需要在一般性构架和结合具体应用特点两个方面开展工作。良好的交互式挖掘也是数据挖掘系统成功的关键。
- 数据挖掘语言与系统的可视化问题:对于数据挖掘技术而言,开发相应的数据挖掘操作语言是一件极具挑战性的工作。从某种意义上说,挖掘语言是数据挖掘系统的关键,它制约着数据挖掘应用的深度。数据的可视化从某种角度说起到了推动人们主动进行知识发现的作用,因为它是人们从对 KDD 的神秘感变成可以直观理解的知识和形象的过程。

- 数据挖掘理论与算法研究:一方面,十几年的研究探索出了许多独具特色的数据挖掘理论体系;另一方面,需要更深入的新颖理论和算法来促进研究和应用的发展。

许多文献、著作以及电子论坛对数据挖掘的产生和发展进行了剖析。[Agr99]对数据挖掘面临的问题进行了较为深入的分析,把目前数据挖掘的研究现状描述为鸿沟(Chasm)阶段,可以说对数据挖掘的研究和应用以及正确理解数据挖掘的现状起到了重要作用。数据挖掘技术必须经历概念提出、概念发展、广泛接受、小范围应用和大面积应用等必需的阶段。[FS+96]作为早期对 KDD 和数据挖掘技术概念的介绍文章,较全面地阐述了数据挖掘的商业和技术需求。[Man96]和[Mic98]系统地总结了数据挖掘与机器学习、统计学和数据库技术的关系。作为数据挖掘的著作,[HK00]对此也有精辟的论述。作为博士论文,[毛国君 03c]从商业需求、技术发展以及未来的趋势等方面给出了归纳。作为综述文章,[CHY96]和[Eld96]分别从数据库技术和统计学角度给出了数据挖掘的研究要点。另外,像[Dmgro]和[Kdnug]等的一些数据挖掘的 BBS 或讨论组都可以得到相关的信息。

大数据的概念、分析技术仍在发展中,许多文献对此有相应的论述。作为大数据的经典报告,[Mck11]系统化地论述了大数据的概念、相关技术以及应用前景。特别地,有相当大的篇幅分析了大数据与数据挖掘技术的关系。另一个关于大数据商业研究机构的报告是来自顾能咨询公司[Dou12],也比较全面地介绍了大数据在未来对商业发展、企业进步、社会生活的影响等。关于大数据概念及所需技术的权威论述,读者可以阅读维克托的著作《大数据时代》[Vik13]。

数据流及其挖掘研究文章很多。推荐阅读的有[DoH00]、[JDY09]、[BBD02]、[KhM10]、[LMM02]和[SML08]。这些文章遍布数据流挖掘的不同年份,对其基本概念、主要问题、典型方法以及流行算法进行了介绍和叙述。

2. 数据挖掘概念建立

数据挖掘包含丰富的内涵和外延,是一个很难定义的概念。因此,从数据挖掘的商业目标、技术含义以及主要理论基础等不同角度,阐述数据挖掘的概念内涵和目标定位。从商业应用角度说明数据挖掘技术的本质是从大量的商业数据中挖掘出对商业决策有价值的知识。从技术角度,说明数据挖掘技术有别于机器学习、统计学及其数据库等其他研究领域,是一种面向决策分析的、处理大型数据集的知识发现过程。本章还对数据挖掘和知识发现两个概念的产生、联系进行了归纳。

虽然关于数据挖掘的理论基础问题仍然没有达到完全成熟的地步,但是坚实的理论是研究数据挖掘技术的基石。本章对目前比较流行的数据挖掘对应的理论架构进行了分析,以使读者从开始就对数据挖掘的理论基础有个较全面的认识。这些理论框架如下。

- 模式发现架构:数据挖掘技术被认为是从源数据集中发现知识模式的过程,是最早也是最典型的方法。不同的模式(如关联规则、分类、聚类、序列模式等)都可以在统一的框架下进行研究和实践。而且使多模式的知识发现成为可能。

- 规则发现架构:分类模式可以用分类规则给出。实际上,数据挖掘的许多问题都可以在规则发现框架下得到处理。
- 基于概率和统计理论:数据挖掘技术被看作是从大量数据集中发现随机变量的概率分布情况的过程。同时,统计学作为古老的学科,为数据挖掘技术提供技术支撑和计算度量。
- 微观经济学观点:有趣的模式发现是一个新的优化问题。在微观经济学框架里,数据挖掘技术可以被看作一个问题的优化过程。根据基本的目标函数,通过对数据的分析,可以导出优化的企业决策。
- 基于数据压缩的理论:在这种理论框架下,数据挖掘技术被看作对数据的压缩的过程。按照这种观点,关联规则、决策树、聚类等算法实际上都是对大型数据集的不断概念化或抽象的压缩过程。
- 基于归纳数据库的理论:数据挖掘技术被看作对数据库归纳的问题。一个数据挖掘系统必须具有原始数据库和模式库,数据挖掘的过程就是对归纳的数据的查询过程。
- 可视化数据挖掘:以可视化数据处理为中心来实现数据挖掘的交互式过程以及更好地展示挖掘结果等,已经成为数据挖掘中的一个重要方面。

数据挖掘的概念几乎可以从任何的相关文章或书籍中找到。但是,要正确理解这个概念的确不是一件容易的事。比较经典的数据挖掘概念的剖析可以通过[HK00]、[Agr99]、[Eld96]、[FS+96]等获得。[Man97]对数据挖掘所要解决的主要问题和目标进行了很好的归纳。[AIA93]、[CHY96]和[BP97]对模式发现和规则发现理论有精辟的论述。在微观经济学框架里,判断模式价值的理论体系被[Kle98]建立。[SG92]给出了一个数据库归纳的方法,而[HCC92]首次引入数据库属性归纳方法和算法。基于数据压缩的数据挖掘方法及其 MDL 评价原理可以通过[Cha98]查找进一步信息。[Kei97]是可视化数据挖掘技术较好的综述文献,其他的关于数据挖掘可视化的介绍可以参考[LH+99]和[FM+96]。

3. 从不同角度讨论数据挖掘技术的分类

数据挖掘涉及的学科领域和方法众多,挖掘任务和对象以及发现的知识模式也有差异,因此本章从挖掘任务类型、挖掘对象种类、挖掘方法以及知识表示形式的角度讨论数据挖掘技术的分类问题,以帮助读者系统地理解数据挖掘的概念和技术。

关于数据挖掘的分类问题更多参考的是[HM00]和[Dmgro]中数据挖掘讨论组的文章,本书旨在总结和归纳,新的东西涉及较少。

4. 数据挖掘常用的知识表示模式与方法

从知识表示模式的角度出发,对目前广泛讨论的数据挖掘技术进行概括性综述,其目的是使读者从开始就对数据挖掘技术有一个全貌性的了解。我们从广义型、关联型、类、预测型以及特异型等知识挖掘的相关技术出发,对一些核心技术给予归纳和总揽。

这一部分的内容主要摘自[毛国君 03c],在此文献中已对相关技术的引用进行了介绍。特别值得推荐的参考文献有:ID3 和 C4.5 等经典决策树方法可以参考[QB96]和[Qui93];[DP96]对类条件独立性假设不成立时朴素贝叶斯分类的适应性进行了分析;[Bun94]建立了训练信念网络的基本操作;[HK00]归纳了基于划分、层次、密度、网格和模型五大类聚类算法及其基本技术路线;[Jai99]给出了聚类研究中的主要问题和方法;关于经典的聚类算法可以参考[BF98b]、[Guh99]和[Agr99]等;[Han99]提出了挖掘周期最大模式方法;序列模式挖掘方法可以在[Zak98]中得到更详细的论述;对关系型数据库中异常模式挖掘的问题和方法[Zho99]进行了阐述。另外,由于本书的侧重点,没有安排专门的章节对神经网络、模糊集以及其他一些与数据挖掘相关的技术讲解,因此如果读者对特别的技术方法感兴趣,可以参考相关的文献和书籍。值得推荐的文章有[Lu96]、[Wid94]和[Nak96]等。

5. 不同数据存储形式下的数据挖掘问题

从原理上说,数据挖掘技术可以应用到任何信息存储方式的知识挖掘中,但是因为源数据的存储类型的不同,对挖掘的挑战性和技术性会有很大差异。因此,本章对不同数据存储形式下的数据挖掘技术进行剖析和总结。我们选取了事务数据库、关系型数据库、数据仓库以及面向对象数据库、空间数据库、Web 等新型数据,对它们的数据挖掘特点和技术要求进行分析。具体地说,数据存储类型中的数据挖掘技术特点归纳如下。

- 事务数据库中的数据挖掘:事务数据库挖掘不仅可以直接应用到诸如采购、销售、市场调查等这些商业活动中,而且在 Web 安全性和效益分析、金融活动跟踪等诸多方面得到应用。通过特定的技术对事务数据库进行挖掘,可以获得动态行为所蕴藏的关联、分类以及预测规则。它是最早被成功应用的数据挖掘技术,因此后面的章节还会进一步介绍。
- 关系型数据库中的数据挖掘:关系型数据库是数据挖掘的主要应用数据源。关系型数据库中的数据挖掘已经积累了很多方法和成果,而且随着研究的深入,许多更深入的题目被提出和讨论。因此,本章对关系型数据库中的多维知识、多层知识、多表、数量数据挖掘以及知识评价和约束数据挖掘等问题进行讨论。本章更多的是对这些问题的简单介绍和归纳,更深入的讨论在后面的章节进行。
- 数据仓库中的数据挖掘:数据仓库中的数据从历史的观点提供信息,因此是理想的数据挖掘存储体。数据挖掘不仅伴随数据仓库而产生,而且随着应用深入产生了许多新的课题。
- 面向应用的新型数据源中的数据挖掘:空间数据库、时态数据库、工程数据库和多媒体数据库等,得到充分发展。而且由于它们具有信息量大、结构复杂等特点,使得进行有针对性的挖掘技术研究成为必须。
- Web 数据源中的数据挖掘:对 Web 数据源的异构数据源环境、半结构化的数据结构以及动态变化的应用环境等特点进行分析,归纳 Web 挖掘的主要研究方法。进一步讨论在后面的 Web 挖掘对应的章节进行。

事务数据库中的数据挖掘问题的讨论是数据挖掘研究的基础，许多经典的方法和算法被提出。[HK00]、[AIA93]、[AS94]等都对其进行了形式化描述并给出了经典的算法。[YC00a]和[YC00b]讨论了电子商务环境下的事务数据库的挖掘问题。[STA98]给出了关系型数据库中数据挖掘的主要问题。关于多维、多层次、多值数据挖掘问题可以参考[KHC97]、[FLG96]、[ZZ＋99]、[Han95b]和[张朝晖 98]、[程继华 98]等。[DR97]对多关系数据挖掘的问题进行了较好的剖析。[WTL98]、[Zan99]和[胡和平 00]是进一步了解数量数据挖掘的理想资料。[CHY96]按照 Agrawal 的规则发现了理论进行强关联规则挖掘存在的问题，并提出兴趣度的概念。此外，关于广义知识挖掘及 R-兴趣度的概念，读者可以查阅[SR95]。近年来，在关系型数据库所挖掘的知识的评价和改进方法的研究也很多，读者可以通过[BMS98]和[DL98]来补充。要了解约束数据挖掘的基本问题和方法，推荐读者去查阅[Pei00]、[SVA97]和[BAG99]。[HN＋98]对面向对象数据库的挖掘问题和方法进行了很好的论述。[HK00]对 Web 挖掘研究的 3 种主要流派及其技术思路进行了很好的归纳，并且对 Web 使用（访问）挖掘方法也进行了较为系统的阐述。关于 Web 挖掘的更广泛的知识，读者可以参考[Cha99]、[Kle99]和[Sri00]。

6. 粗糙集理论及其在数据挖掘中的应用介绍

粗糙集理论从提出之日起就和数据挖掘有着千丝万缕的联系。考虑本书的安排（没有安排专门章节来叙述），因此在本章对粗糙集理论中的主要概念进行了列举，并通过一个简单的实例介绍了粗糙集理论在数据挖掘和知识发现中的应用。具体安排如下。

- 首先给出粗糙集的一些重要概念：这些概念包括近似空间描述、上/下近似定义以及规约等，它们是粗糙集理论的核心概念。
- 然后给出了一个利用粗糙集进行数据挖掘的应用例子：通过这个例子，读者可以了解利用粗糙集进行数据挖掘的基本步骤和方法。
- 最后对粗糙集在 KDD 中的应用范畴进行归纳：对利用粗糙集进行规则学习和决策表推导、知识简约、属性相关分析、数据预处理等相关技术进行了分析。

本章内容是基于文献[周波 03]整理而成，作者认为该文对粗糙集的初学者来说是一个很好的资料。[Paw91]作为粗糙集的专著可以为读者提供更丰富的相关知识。

7. 数据挖掘的应用分析

本部分通过一些比较有代表性的应用领域和实例，讨论了数据挖掘技术的应用问题，从中读者可以了解到数据挖掘技术的应用现状、前景和可能的商业价值。这些应用包括商业、金融、科学研究以及体育等众多领域。

关于数据挖掘在 CRM 的应用和示例，[贺奇 01]是理想的参考资源。另外，这部分的资料主要来自于三方面：相关书刊、文章（专业或技术）和因特网资源。主要的参考有[HK00]、[Dmgro]、[Kdnug]、[Sinok]、[AK＋00]、[LL99]、[SS＋97]和[HK＋96]等。

关于社会网络概念和技术可以阅读经典的社会网络著作[Sta96]，它基本上涵盖了 20 世纪该领域研究的重要成果。该著作对 20 世纪建立的社会网络概念进行了比较细致的介绍，包括：社会网络的图和矩阵表示；结构和位置属性分析；中心性和声望分析；结构平衡和传递性；凝聚子群；角色和地位分析；块模型；二元图和三元图；网络的统计分析等。21 世纪初的社会网络研究中开始关注社会资本、结构洞、弱纽带等概念，其基本解决方法可以参考[Lin10]。有关复杂网络理论和模型的经典著作来自于博士论文[Alb02]，它系统地阐述了复杂网络的概念、构成和建模方法。[XuH10]则是全面介绍关于数据挖掘方法在社会网络中应用技术的专著。该书共分为 11 章：关于研究问题的概述；讲述社会网络的自动化处理问题；阐述如何利用时间序列分析技术来进行社会网络分析；设计了社会网络推荐系统 SNRS；以美国航空网为例介绍了相应的网络分析方法；探索了在网络中识别高价值结点的问题；讨论了网络模块化问题；介绍了在网络中如何有效识别社区结构的问题；给出了挖掘社区等结构的数据挖掘技术构架；探讨了社会网络的聚类问题；说明了遗传算法及模糊逻辑等的应用价值。

习　题　1

1. 给出下列英文缩写或短语的中文名称和简单的含义。

（1）Data Mining

（2）Artificial Intelligence

（3）Machine Learning

（4）Knowledge Engineering

（5）Information Retrieval

（6）Data Visualization

2. 给出下列英文缩写或短语的中文名称和简单的含义。

（1）OLTP(On-line Transaction Processing)

（2）OLAP(On-line Analytic Processing)

（3）Decision Support

（4）KDD(Knowledge Discovery in Databases)

（5）Transaction Database

（6）Distributed Database

3. 为什么说数据挖掘是未来信息处理的骨干技术之一？

4. 从商业需求角度分析数据挖掘技术产生的合理性。

5. 支撑数据挖掘技术的主要研究基础学科有哪些？说明数据挖掘产生的技术背景。

6. 数据挖掘技术是一个交叉研究分支，简述影响它产生和发展的主要研究学科或分支及其关系。

7. 数据（Data）、信息（Information）和知识（Knowledge）是人们认识和利用数据的三个不同阶段，数据挖掘技术是如何把它们有机地结合在一起的？

8. 从数据挖掘研究角度看，如何理解数据、信息和知识的不同和联系？

9. 简述数据挖掘技术将来的发展趋势。

10. 按你对数据挖掘技术的了解，你认为它的研究将面临的主要挑战和对策是什么？

11. 你认为应该如何来理解 KDD 与 Data Mining 的关系？说明理由。

12. 解释将 Data Mining 理解为 KDD 整个过程的一个关键步骤的合理性。

13. 根据挖掘数据的对象不同,可以将数据挖掘技术进行分类,简述这些分类类型。

14. 根据数据挖掘技术所依赖的主要技术来划分,有哪些主要的分类? 简述这些类型的主要技术特点。

15. 粗糙集的知识形成主要是基于什么思想的? 简述粗糙集理论中的信息系统、近似空间、下近似、上近似、约简等概念。

16. 简述粗糙集知识形成的主要过程。为什么说它和数据挖掘技术在解决问题空间上有很大的重合性?

17. 说明这种说法的合理性:数据挖掘将是大数据分析的重要理论、方法和技术的支撑。

18. 从大数据的 4V 属性角度说明大数据时代对数据挖掘的主要技术需求。

19. 说明数据挖掘与社会网络研究的相同点和不同点。

20. 说明数据挖掘在社会网络分析中的应用价值。

知识发现过程与应用结构　第 2 章

第 1 章曾指出，数据挖掘有广义和狭义两种理解。为了避免混淆，本章使用知识发现而把数据挖掘限制在上面所描述的狭义概念上。虽然不同企业会有不同的业务逻辑，解决问题的具体方法有所差异，但是它们进行知识发现的目的和基本思路是一致的。因此，本章首先对知识发现的基本过程进行分析，旨在使读者从总体上掌握知识发现的基本步骤和技术。然后对目前比较流行的 KDD 过程处理模型进行剖析，使读者了解 KDD 系统的应用体系结构。通过对 KDD 系统的基本技术环境和主要部件功能进行分析，使读者对 KDD 系统的体系结构有一个更深入的了解。在此基础上对 KDD 软件和工具进行归纳、举例和分析，帮助读者在实际应用中学会选择和使用相应的软件和工具。本章也对 KDD 系统项目的过程化管理、交互式数据挖掘过程以及通用的 KDD 原型系统进行讨论，使读者从软件项目管理角度来更好地理解 KDD 过程。最后对数据挖掘语言的类型和特点进行介绍。

2.1　知识发现的基本过程

视频讲解

从源数据中发现有用知识是一个系统化的工作。首先必须对可以利用的源数据进行分析，确定合适的挖掘目标，然后才能着手系统的设计和开发。为了聚焦所讨论的问题，本节所讲的知识发现的基本过程是指在业务需求已经清楚的前提下，设计一个知识发现系统一般应具有的关键步骤。

完成从大型源数据中发现有价值知识的过程可以简单地概括为：首先从数据源中抽取感兴趣的数据，并把它组织成适合挖掘的数据组织形式；然后，调用相应的算法生成所需的知识；最后对生成的知识模式进行评估，并把有价值的知识集成到企业的智能系统中。

一般地说，KDD 是一个多步骤的处理过程，分为问题定义、数据抽取、数据预处理、数据挖掘以及模式评估等基本阶段。

1. 问题定义阶段的功能

KDD 是用于在大量数据中发现有用的令人感兴趣的信息,因此发现何种知识就成为整个过程中第一个也是最重要的一个阶段。在问题定义过程中,数据挖掘人员必须和领域专家以及最终用户紧密协作,一方面,了解相关领域的有关情况,熟悉背景知识,弄清用户要求,确定挖掘的目标等;另一方面,通过对各种学习算法的对比进而确定可用的学习算法。后续的学习算法选择和数据集准备都是在此基础上进行的。

2. 数据抽取阶段的功能

数据抽取的目的是选取相应的源数据库,并根据要求从数据库中提取相关的数据。源数据库的选取以及从中抽取数据的原则和具体规则必须依据系统的任务来确定。

3. 数据预处理阶段的功能

数据预处理主要对前一阶段抽取的数据进行再加工,检查数据的完整性及数据的一致性,包括消除噪声、推导计算缺值数据、消除重复记录、完成数据类型转换(如把连续值型数据转换为离散型的数据,以便于符号归纳,或是把离散型的转换为连续值型的,以便应用于神经网络)等。当数据挖掘的对象是数据仓库时,一般来说,数据预处理已经在数据仓库生成时完成了。但是,当源数据来自多数据源时,它就成为一个重要的方面。因为源数据结构的差异(关系表、Web 页面、不同文件等)或属性的差异(名字不同、含义不同、数据类型不同等),在抽取过程中产生的噪声数据就不可忽略。数据预处理是 KDD 的重要阶段,而且花费可能很大。有一种"3:7"的说法,就是指数据抽取和预处理工作一般可能占到整个 KDD 过程的 70%左右。

4. 数据挖掘阶段的功能

运用选定的数据挖掘算法,从数据中提取出用户所需要的知识,这些知识可以用一种特定的方式表示。选择数据挖掘有两个需要考虑的因素:一是不同的数据有不同的特点,因此需要用与之相关的算法来挖掘;二是用户或实际运行系统的要求,有的用户可能希望获取描述型的(Descriptive)、容易理解的知识(采用规则表示的挖掘方法显然要好于神经网络之类的方法),而有的用户只是希望获取预测准确度尽可能高的预测型的(Predictive)知识,并不在意获取的知识是否易于理解。

5. 知识评估阶段的功能

数据挖掘阶段发现出来的模式,经过评估,可能存在冗余或无关的模式,这时需要将其剔除;也有可能模式不满足用户要求,这时则需要将整个发现过程回退到前续阶段,如重新选取数据、采用新的数据变换方法、设定新的参数值,甚至换一种算法等。另外,由于KDD 最终是面向人类用户的,因此可能要对发现的模式进行可视化,或者把结果转换为用户易懂的另一种表示。所以知识评估阶段是 KDD 一个重要的必不可少的阶段,它不仅担负着将 KDD 系统发现的知识以用户能了解的方式呈现,而且要根据需要进行知识评价,如果和用户的挖掘目标不一致就需要返回前面相应的步骤进行螺旋式处理以最终获得可用的知识。

　　上面从相对独立的观点对 KDD 的一些重要步骤进行了功能性概括。值得注意的是,这种描述是概念性的,并不意味着所有的系统都必须遵循这样的步骤。数据挖掘和知识发现是一个应用很强的科学,在实际应用中需要根据应用特点确定具体的系统结构和功能模块。

2.1.1　数据抽取与集成技术要点

　　在弄清源数据的信息和结构的基础上,首先需要准确地界定所选取的数据源和抽取原则。将多数据库运行环境中的数据进行合并处理达到数据集成的目的。然后设计存储新数据的结构和准确定义它与源数据的转换和装载机制,以便正确地从每个数据源中抽取所需的数据。这些结构和转换信息应该作为元数据(Metadata)被存储起来。在数据抽取过程中,必须要全面掌握源数据的结构特点,任何疏忽都可能导致数据抽取的失败。在抽取多个异构数据源的过程中,可能需要将不同的源数据格式转换成一种中间模式,再把它们集成起来。数据抽取与集成是知识发现的关键性工作。早期的数据抽取是依靠手工编程来实现的,现在可以通过高效的抽取工具来实现。即使是使用抽取工具,数据抽取和装载仍然是一件很艰苦的工作。应用领域的分析数据通常来自多个数据源,所以必须进行数据集成。来自不同源的数据可能有模式定义上的差异,也可能存在因数据冗余而无法确定有效数据的情形。此外,还要考虑数据库系统本身可能存在不兼容的情况。

2.1.2　数据清洗与预处理技术要点

　　如前所述,在开始一个知识发现项目之前必须清晰地定义挖掘目标。虽然挖掘的最后结果是不可预测的,但是要解决或探索的问题应该是可预见的。盲目性地挖掘是没有任何意义的。在弄清业务问题后就可以进行数据的准备。数据预处理是进行数据分析和挖掘的基础,如果所集成的数据不正确,数据挖掘算法输出的结果也必然不正确,这样形成的决策支持是不可靠的。因此,要提高挖掘结果的准确率,数据预处理是不可忽视的一步。对数据进行预处理,一般需要对源数据进行再加工,检查数据的完整性及数据的一致性,对其中的噪声数据进行平滑,对丢失的数据进行填补,清除"脏"数据,清除重复记录等。常见的数据预处理方法有:数据清洗、数据变换和数据归约等。

　　数据清洗是指去除或修补源数据中的不完整、不一致、含噪声的数据。在源数据中,可能由于疏忽、懒惰甚至为了保密使系统设计人员无法得到某些数据项的数据。假如这个数据项正是知识发现系统所关心的,那么这类不完整的数据就需要修补。

　　常见的不完整数据的修补办法有:

- 使用一个全局值来填充(如 unknown、估计的最大数或最小数)。
- 统计该属性的所有非空值,并用平均值来填充空缺项。
- 只使用同类对象的属性平均值填充。
- 利用回归或工具预测最可能的值,并用它来填充。

　　数据不一致可能是由于源数据库中对相同属性数据所使用的数据类型、度量单位等不同而导致的。因此需要定义它们的转换规则,并在挖掘前统一成一个形式。噪声数据是指那些明显不符合逻辑的偏差数据(如某雇员 200 岁),这样的数据往往影响挖掘结果的正确性。

目前讨论最多的处理噪声数据的方法是数据平滑(Data Smoothing)技术。1999 年，Pyle 系统地归纳了利用数据平滑技术消除噪声数据的方法。主要有：

- 利用分箱(Binning)方法检测周围相应属性的值来进行局部数据平滑。
- 利用聚类技术检测孤立点数据，对它们进行修正。
- 利用回归函数探测和修正噪声数据。

2.1.3　数据的选择与整理技术要点

没有高质量的数据就不可能有高质量的挖掘结果。为了得到一个高质量的适合挖掘的数据子集，一方面需要通过数据清洗来消除干扰性数据；另一方面也需要针对挖掘目标进行数据选择。数据选择的目的是辨别出需要分析的数据集合，缩小处理范围，提高数据挖掘的质量。数据选择可以使后面的数据挖掘工作聚焦到和挖掘任务相关的数据子集中。不仅提高了挖掘效率，而且也保证了挖掘的准确性。我们认为，数据选择可以通过对目标数据加以正面限制或条件约束，挑选那些符合条件的数据。也可以通过对不感兴趣的数据加以排除，只保留那些可能感兴趣的数据。必须深入分析应用目标对数据的要求，确定合适的数据选择或数据过滤策略，才能保证目标数据的质量。被挑选的数据必须整理成合适的存储形式才能被挖掘算法所使用。

利用数据变换或归约等技术可以将数据整理成适合进一步挖掘的数据格式。数据变换可以根据需要构造出新的属性以帮助理解分析数据的特点，或者将数据规范化，使之落在一个特定的数据区间中。数据归约则是在尽可能保证数据完整性的基础上，将数据以其他方式进行表示，以减少数据存储空间，使挖掘过程更有效。常用的归约策略有：数据立方体聚集、维归约、数据压缩、数值压缩和离散化等。

2.1.4　数据挖掘技术要点

经过数据清洗、抽取、选择和整理后，就可以进入数据挖掘阶段(这里的数据挖掘是前面介绍的狭义概念)。数据挖掘是知识发现的一个重要步骤，它是通过建立挖掘模型并通过实施对应算法来完成知识形成的。当然，现在有许多工具可以帮助完成数据挖掘工作。这些工具许多都提供如关联规则、分类、聚类、决策树等多种模型和算法。但是，不论是自己建立挖掘模型还是选取或改进已有模型都必须要进行验证。这种验证最常用的方法是样本学习。先用一部分数据建立模型，然后再用剩下的数据来测试和验证这个模型。测试数据集可以按一定比例从被挖掘的数据集中提取，也可以使用交叉验证的方法，把训练集和测试集交换验证。事实上，没有一种算法会适应所有的数据，因此很多情况下，需要建立或选择不同的方法来进行比较。数据挖掘是一个反复的过程。通过反复的交互式执行和验证才能找到解决问题的最好途径。通过不断地产生、筛选和验证，才能把有意义的知识集成到企业的知识库或商业智能系统中去。

2.1.5　模式评估技术要点

将发现的知识以用户能了解的方式呈现，根据需要对知识发现过程中的某些处理阶段进行优化，直到满足要求。最后对生成的知识模式进行评估，并把有价值的知识集成到企业的智能系统中。解释某个发现的模式,去掉多余的不切题意的模式,转换某个有用的模式,以使用户明白。

知识发现是一个复杂的过程。在各个阶段中可以借助必要的工具,但是整个过程中必须是在和用户的交互中完成的。那种以为买了一些产品就可以实现数据挖掘应用的想法是幼稚的。特别地,实施这样的项目不仅需要充足的资金,而且需要有良好的技术和人员储备。在整个知识发现过程中,需要有不同专长的技术人员支持。

- 业务分析人员:要求精通业务,能够解释业务对象,并根据各业务对象确定出用于数据定义和挖掘算法的业务需求。
- 数据分析人员:精通数据分析技术,并对统计学有较熟练的掌握,有能力把业务需求转换为知识发现的各步操作,并为每步操作选择合适的模型或工具。
- 数据管理人员:精通数据管理技术,并负责从数据库或数据仓库中收集数据。

从上面的叙述可以看出,数据挖掘是一个多种专家合作的过程,也是一个在资金上和技术上高投入的工作。

2.2　数据库中的知识发现处理过程模型

2.1 节对 KDD 的基本过程进行了较为详细的叙述。一般来说,KDD 是一个需要经过多次反复的,包括许多处理阶段的复杂处理过程,数据挖掘是其中至关重要的一个阶段。正因为数据挖掘的重要性,目前的 KDD 研究大多侧重于对数据挖掘的研究,而忽略了其他方面。由于本章的目的是讨论 KDD 系统的构架问题,因此为了使读者对 KDD 应用结构有一个更完整的理解,本节选取几个比较有代表性的 KDD 模型构架加以介绍。

2.2.1　阶梯处理过程模型

阶梯处理过程模型将数据库中的知识发现看作是一个多阶段的处理过程,在整个知识发现的过程中包括很多处理阶段。图 2-1 是 Usama M. Fayyad 等人给出的一个多阶段处理模型。

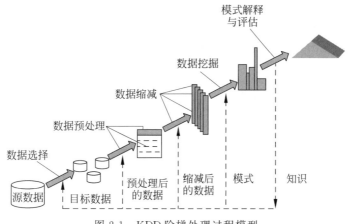

图 2-1　KDD 阶梯处理过程模型

图 2-1 中处理模型的突出特点是阶梯状递进的。按照 Usama M. Fayyad 的最初设计,主要有九个处理阶段,这九个处理阶段分别是数据准备、数据选择、数据预处理、数据缩减、KDD 目标确定、挖掘算法确定、数据挖掘、模式解释及知识评价。

- 数据准备:了解 KDD 相关领域的有关情况,熟悉有关的背景知识,并弄清楚用户的要求,确定挖掘的总体目标和方法。了解相关的源数据结构并加以分析,确定数据选择的原则。

- 数据选择:根据用户的要求从数据库中提取与 KDD 目标相关的数据。在此过程中,KDD 系统将从备选的源数据中进行知识提取。这种数据选择工作可以借助于数据库操作语言或专门的工具来进行。

- 数据预处理:主要是对上一阶段产生的数据进行再加工,检查数据的完整性及数据的一致性,对其中的噪声数据进行处理,对丢失的数据可以利用统计方法进行填补。对一些不适合于操作的数据进行必要的处理等。

- 数据缩减:对经过预处理的数据,根据知识发现的任务对数据进行必要的再处理,使数据集中在用户的挖掘目标上。此过程对 KDD 系统的精度和效率起着至关重要的作用。它也可以通过数据库中的投影等相关操作或专门的工具来完成。

- KDD 目标确定:根据挖掘的目标和用户的要求,确定 KDD 所发现的具体知识模式和类型,为选择或开发适合用户要求的数据挖掘算法提供模式或模板。

- 挖掘算法确定:根据上一阶段所确定的模式,选择合适的数据挖掘算法,这包括选取合适的参数、知识表示方式,并保证数据挖掘算法与整个 KDD 的评判标准一致。

- 数据挖掘:运用选定的算法,从数据中提取出用户所需要的知识。这些知识可以用一种特定的方式表示或使用一些常用的表示方式,如产生式规则等。

- 模式解释:对发现的模式进行解释。在此过程中,为了取得更为有效的知识,可能会返回前面处理步骤中的某些步以改进结果,保证提取出的知识是有效的和可用的。

- 知识评价:将发现的知识以用户能了解的方式呈现给用户。这期间也包含对知识的一致性的检查,以确信本次发现的知识与以前发现的知识不相抵触。

在上述的每个处理阶段,KDD 系统都可以借助相应的处理工具来完成相应的工作。在对挖掘的知识进行评价后,根据结果可以决定是否重新进行某些处理过程,在处理的任意阶段都可以返回以前的阶段进行再处理。整个 KDD 模型呈现出阶梯状的递进过程,因此被称作阶梯处理过程模型。

2.2.2　螺旋处理过程模型

下面介绍的数据挖掘处理过程模型是 G. H. John 在其博士论文中给出的,虽然在某些地方与上面给出的阶梯处理模型有许多共同之处,但是主要区别表现在对整个处理过程的组织和表达方式上,它强调领域专家参与的重要性,并以问题的定义为中心循环评价挖掘的结果。当结果不令人满意时,就需要重新定义问题,开始新的处理循环。每次循环都使问题更清晰,结果更准确,因此它是一个螺旋式上升过程。图 2-2 给出了这种处理过程模型。

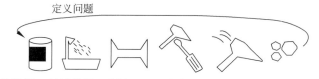

图 2-2 螺旋处理过程模型

下面对该模型中的各个处理阶段进行介绍。

- 定义问题(Define the Problem):数据挖掘人员与领域专家合作,对问题进行深入的分析,以确定可能的解决途径和对学习结果的评价方法。这种模型强调由数据挖掘人员和领域专家共同参与 KDD 的全过程。领域专家对该领域内需要解决的问题非常清楚,在问题的定义阶段由领域专家向数据挖掘人员解释,数据挖掘人员将数据挖掘采用的技术及能解决问题的种类介绍给领域专家。双方经过互相了解,对要解决的问题有一致的处理意见,包括问题的定义及数据的处理方式。KDD 的交互性在这个阶段得到充分体现和应用。

- 抽取数据(Extract Data):根据问题的定义收集有关的数据。在数据抽取过程中,可以利用数据库的查询功能以加快数据的提取速度。

- 清洗数据(Clean Data):了解数据库中字段的含义及其与其他字段的关系。对提取出的数据进行合法性检查并清理含有错误的数据。

- 数据工程(Data Engineering):对数据进行再加工,主要是冗余属性剔除、从大量数据中选择具有代表性的数据以减少学习量以及对数据的表述方式进行转换以适于学习算法等。

- 算法工程(Algorithm Engineering):根据数据和所要解决的问题选择合适的知识发现算法,并决定如何在这些数据上使用该算法。

- 运行挖掘算法(Run Mining Algorithm):根据选定的知识发现算法对经过处理后的数据进行模式提取,形成特点的知识形式。

- 分析结果(Analyze Result):对学习结果的评价依赖于需要解决的问题,由领域专家对发现的模式的新颖性和有效性进行评价。在此过程中,领域专家的参与非常重要,可以根据专业知识给出很好的改进意见。优化包括对问题的再定义及相关数据的进一步处理。

图 2-2 给出的处理过程模型主要强调 KDD 需要领域专家的参与。由领域的专业知识指导数据库中的知识发现的各个阶段,并对发现知识进行评价。整个 KDD 过程通过问题定义来和用户交互和改进挖掘质量,使得通过迭代反复使挖掘任务越来越清晰、算法参数越来越准确,进而挖掘质量螺旋式上升。

2.2.3 以用户为中心的处理模型

Brachman 和 Anand 从用户的角度对 KDD 处理过程进行了分析。他们认为数据库中的知识发现应该更着重于对用户进行知识发现的整个过程的支持,而不是仅仅限于在数据挖掘的一个阶段上。通过对实际工作中遇到的问题的了解，他们发现研制 KDD 系统的真正困难是在和用户的交流上。一般地，阶梯处理模型即使经过多次反复也未必能达到理想的结果。所以，他们在开发数据挖掘系统（Interactive Marketing Analysis and Classification System，IMACS）时特别强调对用户与数据库的交互的支持。图 2-3 给出了该模型的框图。

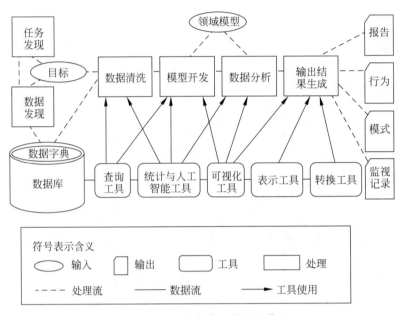

图 2-3　以用户为中心的处理模型

该模型特别注重对用户与数据库交互的支持，用户根据数据库中的数据，提出一种假设模型，然后选择有关数据进行知识的挖掘，并不断对模型的数据进行调整优化。

整个处理过程分为下面一些步骤。

- 任务发现（Task Discovery）：通过与用户反复交流，确切地了解需要处理的任务。确定挖掘的目标（Goal），为进一步明确需要发现的知识的类别及相关数据提供依据。
- 数据发现（Data Discovery）：了解任务所涉及的原始数据的数据结构及数据所代表的意义，确定所需要的数据项和数据提取原则，并使用合适的手段完成从源数据库中提取相关数据的工作。数据的选择和提取原则的确定依据是挖掘目标，不同的挖掘目标会导致数据选取上的不同。同时，通过对源数据的分析，可以使挖掘的目标以及任务更明确和更合理。
- 数据清洗（Data Cleaning）：对用户的数据进行清洗以使其适合于后续的数据处理工作。这需要用户的背景知识、数据库元数据以及相应的工具的支持，同时应该根据挖掘目标来确定具体的数据清洗规则。
- 模型开发（Model Development）：选择或建立一个初始的模型以用于数据分析工作。

■ 数据分析(Data Analysis):它是整个系统的核心阶段,包括对选中的模型进行详细定义,确定模型的类型及有关属性。通过对相关数据的计算,计算模型的有关参数,得到模型的各属性值。通过测试数据对得到的领域模型(Domain Model)进行测试和评价。根据评价结果对模型进行优化,必要时需要返回模型开发阶段进行其他模型的尝试,最终得到有效的领域模型。

■ 输出结果生成(Output Generation):数据分析的结果一般都比较复杂,很难被人理解。因此对结果的可视化就显得尤为重要。挖掘结果可以直观地以文档、图形、报表等形式给出。

整个 KDD 过程需要借助于数据库查询或其他有效的工具来完成。该处理过程模型以用户为中心,强调用户在整个 KDD 全过程的交互式方式的使用。

2.2.4 联机 KDD 模型

从数据挖掘技术研究的历史看,人们更注重于研制新的算法或改善现有算法的运行效率,因此如何提高挖掘过程的自动化以减少人工干预似乎成为一个焦点问题。但是随着数据挖掘研究的深入,传统的数据挖掘过程表现出致命的缺陷。

■ 过分强调自动化,从而忽视了交互性,不仅导致用户对数据挖掘过程的参与困难,而且领域和背景知识也无法加入。

■ 数据挖掘算法对用户是一个"黑盒"(Black Box)。只有在算法挖掘结束后,用户才能评价发现的模式,如果对模式不满意,需要重复挖掘过程和挖掘任务,当数据量非常大时,其挖掘时间和对资源的消耗增加。

■ 传统的数据挖掘过程只能一次对一个数据集进行挖掘,对于多个相关数据集上模式的比较和趋势分析,目前的数据挖掘过程模型无法实现。

产生这些问题的关键在于前面的 KDD 都是由相对独立的子过程来完成的,而且子过程之间是流水式的,即前一个子过程结束后面的子过程才能开始,这样就缺乏联机交互式机制。用户与数据挖掘过程交互的有效性,直接影响挖掘性能和结果。因此联机交互式 KDD 正逐渐成为一个研究热点。

实现联机交互式 KDD 需要可视化技术支撑。这种可视化需要从数据挖掘过程可视化、数据可视化、模型可视化和算法可视化四方面来理解。这四个方面的研究都在各自独立地进行,在相关的领域取得了一定的成效。但是因为数据挖掘任务的复杂性,可视化仍是一个很大的研究范畴。目前需要对可视化数据挖掘的统一框架进行探索,也需要对某一方面的问题探索不同的解决方法。

OLAM(On Line Analytical Mining,联机分析挖掘)的概念是 OLAP 的发展。OLAP 由 E. F. Codd 于 1993 年提出,Codd 认为 OLTP(On Line Transaction Process,联机事务处理)已不能满足终端用户对数据库查询分析的需要,SQL 对大数据库进行的简单查询也不能满足用户分析的需求。用户的决策分析需要对关系型数据库进行大量计算才能得到结果,而查询的结果并不能满足决策者提出的需求。因此,Codd 提出了多维数据库和多维分析的概念,即 OLAP。OLAP 是联机交互式数据分析的一个已经得到证实的良好的框架,但是 OLAP 的模型只能处理数值类型的数据,对每个数据块的描述只有简单的聚合值。

在 OLAM 框架中用户可以在数据立方体(Data Cube)上进行多层次的数据挖掘。图 2-4 给出了一个 OLAM 结构示意图。

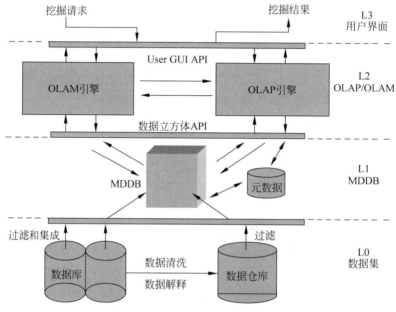

图 2-4　一个 OLAM 结构示意图

OLAM 概念最早是由 J. W. Han 提出的,它把 OLAM 划分成若干抽象层次,每个抽象层次都有明确的任务。把联机挖掘和联机分析建立在统一的框架下,实现基于多维数据的多层次分析和挖掘工作。

下面对 OLAM 系统的几个主要层次加以介绍。

- L0 层:是数据集,它包括相关的数据库和数据仓库等。在线事务数据集实际上可以用于 OLTP 应用。它们同时也是 OLAM 的源数据,通过数据清洗和集成(Cleaning & Integration)或过滤(Filtering),生成结构化的便于数据分析的数据环境(如多维数据库)。

- L1 层:形成支持 OLAP 和 OLAM 的多维数据集,它是对相关数据的综合和多维化处理。L1 层由两个主要部分组成:元数据(Meta Data)集和数据立方体(Data Cube)。

- L2 层:是 OLAP 和 OLAM 应用层,它包括相互关联并协同工作的 OLAM 引擎(OLAM Engine)和 OLAP 引擎(OLAP Engine)。L2 接收数据挖掘请求,通过访问多维数据和元数据,完成数据挖掘和分析工作。

- L3 层:是一个用户接口层,它主要承担用户请求的理解与挖掘结果的解释与表达等。

此模型的每个层次分别承担着不同的任务。它们围绕着从数据到知识这样一条主线构成一个有机的整体,形成数据的在线智能分析能力。从逻辑结构上看,L0 是整个系统的基础,它主要支持联机事务处理,同时又是 OLAP 和 OLAM 应用的数据源。L1 重点解决数据的综合与集成,集中解决多维数据的组织与管理问题。L2 实现 OLAP 和 OLAM 的应用驱动,把用户的请求和数据融合在一起。L3 则要解决用户的请求接受、应用定制、交互挖掘以及结果的可视化等和用户的接口相关的问题。

2.2.5　支持多数据源多知识模式的 KDD 处理模型

如上所述,数据库中的知识发现是一个有明确学习目标的需要多次反复的过程,往往一次学习并不一定得到较好的学习结果。因此 KDD 是一个目标和数据不断优化的过程。

在对挖掘结果进行评价和优化的过程中,有以下两个基本的方法。

- 保持当前知识模型,对学习参数进行调整,并重新进行训练和评价,直到得到满意的结果为止。
- 对知识模型进行更改,使用其他学习模型对同一批数据进行实验。通过不同模型的对比实验,找到最适合的知识表示形式和挖掘方法。

在 KDD 的研究中,大多数的数据挖掘算法都是针对特定数据组织形式的,即一个算法所使用的数据集对其他算法并不适用。因此,当进行其他算法尝试时,就必须重新进行数据的提取和预处理等工作。也就是说,数据与算法是不独立的,这种紧耦合方式使得多模式下数据挖掘的工作效率很低。

实际上,挖掘数据集的抽取有以下两个基本依据。

- 依靠挖掘算法,在抽取时就考虑挖掘算法的要求,这样经过数据的清洗和选择,最终生成适合挖掘算法要求的数据格式。
- 依靠挖掘任务,面向挖掘目标进行数据抽取,这样被抽取的数据是中性的,可以经过进一步的数据清洗和转换来适合挖掘算法的要求。

在后面一种数据抽取策略中,数据与方法相对独立。数据不是针对某一特定知识模式,而是针对某一类问题来抽取。经过预处理后,这些数据对于某些挖掘算法来说可能存在属性冗余、与目标无关等问题,因此在后面的阶段再进行相关的数据清洗和选择工作,这样使得解决同一类问题的不同算法可以在统一的 KDD 平台上完成。正是基于这样的考虑,在研究和分析了许多原型系统结构和工具软件的基础上,我们设计了一个通用的支持多数据源、多知识模式的 KDD 处理过程模型,将数据和挖掘算法尽量分离。通过将不同类型的数据源按照应用目标进行集成抽取,初始的数据集是针对某个应用问题来定义数据抽取的,不是针对特定的知识模式或算法的。在具体的知识模式或算法被确定后,再通过数据筛选、加工、剔除以及转换等步骤来实施知识的挖掘。图 2-5 给出了这种 KDD 处理模型的结构示意。

对于图 2-5 给出的 KDD 处理模型,我们将从数据实体和基本软件组成部件的角度来

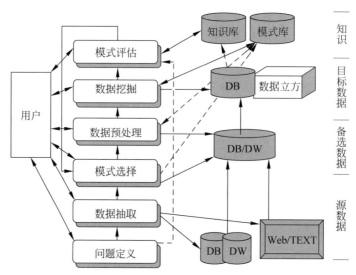

图 2-5 支持多数据源多知识模式的 KDD 处理模型

加以解释。

1. 源数据与问题定义和数据抽取部件

源数据可以是一个或多个数据库、数据仓库以及像 Web 这样的其他信息存储源。对这样的多异构数据源,需要根据源数据的结构特点进行相应的数据抽取工作。由于不同类型的源数据在结构上差异很大,因此需要相应的数据抽取工具来完成。如前所述,本模型的数据抽取是以问题定义为基础的,因此数据抽取前总是要通过问题定义模块来界定数据抽取的原则和规则。数据抽取可以采用数据描述语言进行定义,以实现批处理方式或借助手工方式来完成。被抽取的数据作为解决问题的备选数据存储在数据库等存储体中。

KDD 是为了在大量数据中发现有用的、令人感兴趣的信息,因此,确定发现何种知识就成为整个过程中第一个也是最重要的一个阶段。在问题定义过程中,数据挖掘人员必须和领域专家以及最终用户紧密协作,KDD 系统应该具有良好的交互性。

2. 数据预处理部件(清洗/选择等)与模式库和目标数据集

备选数据是针对应用问题来对源数据进行抽取的,进一步的工作需要从模式库中选择一个知识模式进行尝试。在一些情况下,模式选择部件可能根据学习算法的要求需要进行训练集的生成。训练和测试数据可以根据标准 SQL 进行批处理方式生成,也可以由手工方式进行灵活性较大的具体操作。对于选定的知识模式,应该根据模式的要求确定具体的挖掘目标和方法,然后进行相应的数据预处理工作。

数据预处理是对数据再加工的过程,是对数据进行的必要规整。经过预处理后的数据可以以某种标准格式提供给后续的数据挖掘。主要的数据预处理工作包括数据清洗和数据选择等。对于备选数据来说，可能与相应的模式存在噪声等不适合挖掘的数据，需要进行数据清洗。进一步工作是根据模式要求确定数据选择的策略和规则。所以，数据选择部件应该能根据模式的要求进行数据的选择，必要时进行数据格式的转换，使生成的目标数据适合相应模式的要求。目标数据也应该以适合于挖掘的形式进行组织，常用的是关系型数据库或多维数据立方体等形式。

3. 数据挖掘部件与知识库

数据挖掘是数据抽象成知识的重要部件，它总是根据特定的模型和算法进行的。在规格化的目标数据集中，数据挖掘部件完成了知识的提炼工作。一般地，它应能反复利用已获得的知识和用户互动，因此需要知识库的支持，达到最终形成用户满意的知识模式。对于一个多策略挖掘系统来说，应该设计或选择包含诸如描述、关联、分类、簇类分析以及进化和偏差分析等功能在内的数据挖掘工具。被挖掘出来的中间或最终知识存储在知识库中。这样的知识可能包含不同的抽象层次、适应于不同粒度的数据分析和辅助决策。通过 KDD 软件系统进行挖掘后，知识库将不断地得到完善与丰富，它将成为一个企业进行科学决策的基础。

4. 模式评估部件与问题定义

对于一个多策略挖掘系统来说，探索并最终选定知识模式是一件重要的工作。可以结合现在广泛采用的兴趣测度(Interestingness Measures)等方法，通过数据挖掘工具和知识库相互作用来比较和验证模式的有效性。模式评估的结果应该以初始问题定义为根据，一个模式的优劣取决于它是否准确地解决了预定的问题。为了提高挖掘效率，模式评估工作应尽可能深入到挖掘的不同层次中，这样可以保证对无效模式的及早发现，进而避免不必要的探索。另外，数据挖掘的目的是为了应用，所以在进行模式评估的过程中应该考虑挖掘出的知识与业务应用系统的同化问题。

5. 用户与可视化用户界面

这里的用户不能简单地认为是知识发现系统的最终用户，他们也包括各类设计、开发以及测试的技术人员。知识发现应用系统的研制和其他简单的 MIS 应用还是有很大差异的。一个知识发现系统是一个技术平台，相应的软件研制人员需要通过它测试所开发或选择的工具的有效性、验证挖掘结果的合理性等。只有经过反复测试、验证才能交给最终用户来使用。另外，一些知识模型需要经过学习才能使用，而这些工作也必须有专业的技术人员来完成，不能推给最终用户。在系统开发和测试结束后，需要对用户进行必要的培训。

系统的可视化是用户方便而正确地使用系统的保证。对于这样一个集成化的应用环境，一般需要有高质量的图形化用户接口(GUI)，便于用户进行交互和探索性挖掘。用户通过它可以设定挖掘的任务、选择知识模式、创建背景知识、直观地显示结果以及在各个阶段设置约束条件等。可视化数据挖掘问题一直是研究者和商业厂商关注的焦点，它的解决涉及可用的数据挖掘语言以及和现有标准的接口等诸多问题。

2.3　知识发现软件或工具的发展

　　虽然市场上已经有许多所谓的知识发现系统或工具,但是,这些工具只能用来辅助技术人员进行设计和开发,而且知识发现软件本身也正处于发展阶段,仍然存在各种各样需要解决的问题。当然,这一领域的发展不过十几年,我们不应该强求其完备性。一般来说,开发知识发现应用系统是一个基于多功能部件集成的、多类技术人员合作的、系统化的研制过程。在整个项目实施中,软件或工具的选择是很重要的。因此,本节简单阐述知识发现软件或工具的类型及其特点。

　　粗略地说,知识发现软件或工具的发展经历了独立的知识发现软件、横向的知识发现工具集和纵向的知识发现解决方案三个主要阶段,其中后面两种反映了目前知识发现软件的两个主要发展方向。

2.3.1　独立的知识发现软件

　　独立的知识发现软件出现在数据挖掘和知识发现技术研究的早期。当研究人员开发出一种新型的数据挖掘算法后,就在此基础上形成软件原型。这些原型系统经过完善被尝试使用。这类软件要求用户必须对具体的数据挖掘技术和算法有相当的了解,还要手工负责大量的数据预处理工作。

2.3.2　横向的知识发现工具集

　　随着数据挖掘和知识发现研究的深入,人们对基本的知识发现过程和知识表示模式有了比较清楚的认识,而且积累了一批挖掘模型和算法。因此,出现了一批集成化的知识发现辅助工具集。这些集成软件属于通用辅助工具范畴,可以帮助用户快速完成知识发现的不同阶段的处理工作。使用这些工具,用户可以在数据挖掘和知识发现专家的指导和参与下开发对应的应用,起到了加速应用研制的作用。

　　为了更直观地了解知识发现软件和工具的研制现状,本书选择了一些比较有代表性的原型系统或工具加以介绍。表 2-1 给出了这些原型系统或工具的主要特点。

表 2-1　知识发现原型系统或工具介绍

名　　称	研究机构或公司	主 要 特 点
DBMiner	Simon Fraser	以 OLAM 引擎为核心的联机挖掘原型系统;包含多特征/序列/关联等多模式
Quest	IBM Almaden	面向大数据集的多模式(关联规则/分类等)挖掘工具
IBM Intelligent Miner	IBM	包含多种技术(神经网络/统计分析/聚类等)的辅助挖掘工具集
Darwin	Thinking Machines	基于神经网络的辅助挖掘工具
ReMind	Cognitive System	基于实例推理和归纳逻辑的辅助挖掘工具

2.3.3　纵向的知识发现解决方案

随着横向的数据挖掘工具集的使用日渐广泛,人们也发现这类工具只有精通数据挖掘算法的专家才能熟练使用。如果对数据挖掘和知识发现技术及其算法不了解,就难以开发出好的应用。因此,纵向的数据挖掘解决方案被提出。这种方法的核心是针对特定的应用提供完整的数据挖掘和知识发现解决方案。由于和具体的商业逻辑相结合,因此,数据挖掘技术专门为了解决某些特定的问题而使用,成为企业应用系统中的一部分。因为挖掘目标明确、针对性强,所以有利于挖掘模型的选择和研制。目前,许多厂商或研究机构可以提供纵向数据挖掘的解决方案。因此,数据挖掘技术近几年开始在一些领域得到应用。例如,证券系统的趋势预测、银行和电信行业的欺诈行为检测、在 CRM 中的应用、在基因分析系统中用于 DNA 识别等。

特定领域的数据挖掘工具针对某个特定领域的问题提供解决方案。在设计算法时,就可以充分考虑到数据、需求的特殊性,并做出优化。对任何领域,都可以开发特定的数据挖掘工具。例如,美国加州理工学院喷气推进实验室与天文科学家合作开发的 SKICAT 系统,帮助天文学家发现遥远的类星体;芬兰赫尔辛基大学计算机科学系开发的 TASA,帮助预测网络通信中的报警。特定领域的数据挖掘工具针对性比较强,只能用于一种应用,也正因为针对性强,往往采用特殊的算法,可以处理特殊的数据,实现特殊的目的,发现的知识可靠度也比较高。

2.3.4　KDD 系统介绍

在数据挖掘技术日益发展的同时,许多数据挖掘的商业软件工具也不断问世。如前所述,数据挖掘工具软件主要有两类:面向特定领域的数据挖掘工具和通用的数据挖掘工具。

通用的数据挖掘工具不区分具体数据的含义,采用通用的挖掘算法,处理常见的数据类型,一般通过聚类、关联、分类、特征化和回归等方法挖掘多种模式。研制通用型 KDD 系统有两个目的:一是为各种应用特别是决策支持系统的应用提供数据挖掘支持;二是研究人员(主要来源于高校)希望通过研制通用 KDD 系统以识别出 KDD 中存在的普遍性问题并提出解决方法。通用型 KDD 系统,根据完成的任务又可分成两种:单任务和多任务。单任务型的系统只完成特定的任务,如分类预测(实际应用中最普遍)。多任务型的系统则试图提供多种任务的解决算法,如分类、聚类、关联规则发现等。

本节主要介绍两个多任务型的通用系统:DBMiner 和 Quest,其目的是帮助读者进一步了解这类软件的特点。

1. Quest

Quest 是 IBM 公司 Almaden 研究中心开发的一个多任务 KDD 系统。系统具有如下特点。

- 提供了多种模式进行数据挖掘工作,这些模式主要有关联规则发现、序列模式发现、时间序列聚类、决策树分类、递增式主动挖掘等。

- 各种挖掘算法具有近似线性($O(n)$)的计算复杂度,可适用于任意大小的数据库。
- 算法具有找全性,即能将所有满足指定类型的模式全部寻找出来。
- 为各种发现功能设计了相应的并行算法。

Quest 的系统结构如图 2-6 所示。

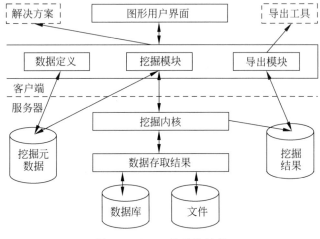

图 2-6　Quest 的系统结构

Quest 系统使用流行的 Client/Server 结构进行设计。客户端主要由以下三个模块支撑。

- 数据定义(Data Definition):通过和用户交互实现数据的定制,并把其规则作为元数据写到服务器端的对应处。
- 挖掘模块(Mining):通过和用户交互实现挖掘目标的确定,并把对应挖掘请求传到服务器端,调用相应算法进行知识形成。
- 导出模块(Export):实现挖掘结果的导出,并通过相应的 GUI 展示等。

服务器端主要由下面的实体支撑。

- 挖掘内核(Mining Kernels):接受用户的挖掘请求,并形成对数据库的访问,形成挖掘结果等。
- 数据存取接口(Data Access API):根据挖掘内核指示,存取数据库,实现把用户挖掘请求转换成对数据库的操作。
- 挖掘元数据(Mining Meta Data):将用户对挖掘目标的定义、数据定义等组织成元数据形式来加以存储,并为其他模块提供信息支持等。
- 数据库(Databases):系统的数据源。
- 挖掘结果(Mining Results):对算法执行的结果进行存储,供输出和进一步处理使用。

2. DBMiner

DBMiner 是加拿大 Simon Fraser 大学开发的一个多任务数据挖掘系统,它的前身是 DBLearn。该系统设计的目的是把关系型数据库和数据挖掘功能集成在一起,以面向属性的多级概念为基础发现各种知识。DBMiner 系统具有如下特色。

- 完成多种知识的发现：泛化规则、特性规则、关联规则、分类规则、演化知识、偏离知识等。
- 综合了多种数据挖掘技术：面向属性的归纳、统计分析、逐级深化发现多级规则、元规则引导发现等方法。
- 提出了一种交互式的数据挖掘语言：类似 SQL 的 DMQL。
- 能与关系型数据库平滑集成。
- 实现了基于客户机/服务器体系结构的 UNIX 和 PC(Windows/NT)版本的系统。

DBMiner 的系统结构如图 2-7 所示。

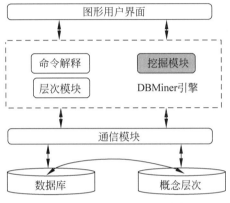

图 2-7　DBMiner 的系统结构

DBMiner 主要由三个模块组成：图形用户界面、DBMiner 引擎和通信模块。

- 图形用户界面(Graphical User Interface)：主要完成与用户的交互和实现结果的直观输出等。
- DBMiner 引擎(DBMining Engine)：该系统的核心模块，所有知识发现的处理均由该模块完成。
- 通信模块(Data Communication Module)：主要完成 DBMiner 与数据库服务器之间的数据传输。

2.4　知识发现项目的过程化管理

开发一个数据挖掘和知识发现项目需要各方面协同合作而且极易出现问题，因此它的质量管理问题的讨论是重要而困难的。近几年，有一些针对数据挖掘和知识发现项目的过程化管理所开展的工作。下面介绍一个被称作强度挖掘(Intension Mining)的 I-MIN 过程模型，从中可以更清楚地了解数据挖掘和知识发现项目的实施要点。

I-MIN 过程模型把 KDD 过程分成 IM1,IM2,…,IM6 等步骤处理，在每个步骤里，集中讨论几个问题，并按一定的质量标准来控制项目的实施。下面给出各步骤对应任务的简单描述。

1. IM1 的任务与目的

它是 KDD 项目的计划阶段,需要确定企业的挖掘目标,选择知识发现模式,编译知识发现模式得到元数据。其目的是将企业的挖掘目标嵌入到对应的知识模式中。

对数据挖掘研究人员来说,往往把主要精力用在改进现有算法和探索新算法上。但是任何一种数据挖掘的算法,都不是万能的。不同的商业问题,需要用不同的方法去解决。即使对于同一个商业问题,也可能有多种算法可以解决。因此,需要评估对于特定问题和特定数据算法的有效性和效率。在真正调用挖掘算法之前,必须对企业的决策机制和流程进行充分调研,理解企业急需解决的问题,准确地确定挖掘目标和可交付系统的指标等。

2. IM2 的任务与目标

它是 KDD 的预处理阶段,可以用 IM2a、IM2b、IM2c 等分别对应于数据清洗、数据选择和数据转换等阶段。其目的是生成高质量的目标数据。

知识发现项目的数据预处理是一个费时费力的工作。事实上,数据挖掘的成功与否,数据预处理起到了至关重要的作用。只有好的预处理,才能避免 GIGO(垃圾进垃圾出)的现象发生。

3. IM3 的任务与目标

它是 KDD 的挖掘准备阶段,数据挖掘工程师进行挖掘实验,反复测试和验证模型的有效性。其目的是通过实验和训练得到浓缩知识(Concentrated Knowledge),为最终用户提供可使用的模型。

4. IM4 的任务与目标

它是 KDD 的数据挖掘阶段,用户通过指定数据挖掘算法得到对应的知识。

5. IM5 的任务与目标

它是 KDD 的知识表示阶段,按指定要求形成规格化的知识。

6. IM6 的任务与目标

它是 KDD 的知识解释与使用阶段,其目的是根据用户要求直观地输出知识或集成到企业的知识库中。

一个知识发现项目至少需要明确以下 3 方面的问题。

- 要解决什么样的商业问题。
- 为进行数据挖掘需要进行的数据准备工作。
- 选择合适的模型和算法。

总之,知识发现是一个包括数据抽取、数据选择、数据挖掘以及模式评估等在内的系统化挖掘知识的过程。对于不同的阶段,它们的任务不同,所付出的努力也不同。对于数据挖掘的研究人员来说,可能更多的注意力放在了数据挖掘模型和算法的研究上,但是,这不意味着其他阶段是简单的、不重要的、轻松的工作。作为知识发现应用的研制者,必须确定各阶段的任务、界定系统的应用范畴,并且结合应用特点切实可行地实施知识发现项目。另外,要正确理解知识发现工具。这些工具不是万能的,只是对知识发现项目起到辅助作用。有的适用于特定的知识发现阶段,如数据收集工具等;有的是为了提高软件生产效率;有的可能是多种模型和算法的集成。因此,只有正确理解知识发现的完整过程,弄清知识发现应用系统的基本构件及其功能,才能真正开发出有用的知识发现和数据挖掘应用系统来。

2.5　数据挖掘语言介绍

经过十多年的工作,数据挖掘技术的研究与应用已取得了很大的成果。然而,数据挖掘研究和应用仍然处于高度分散的状态,公司和研究机构大多是独立开发各自的数据挖掘系统和平台,没有形成开放性的标准。同时各种数据挖掘问题及挖掘方法基于不同的模型和技术,彼此互相孤立,联系很少。这样对于缺少标准的问题描述方法和挖掘语言,数据挖掘系统仅提供孤立的知识发现功能,难于嵌入大型应用。因此,必须针对数据挖掘引擎与数据库系统松散耦合的特点,探索应用独立的操作原语。

2.5.1　数据挖掘语言的分类

设计理想的数据挖掘语言是一个巨大的挑战。这是因为数据挖掘覆盖的任务宽、包含的知识形式广(如数据特征化、关联规则、数据分类、聚集等)。每个任务都有不同的需求,每种知识表示形式都有不同内涵。一个有效的数据挖掘语言设计需要对各种不同的数据挖掘任务的能力、约束以及运行机制有深入的理解。

众所周知,关系查询语言的标准化,发生在关系型数据库开发的早期阶段。经过不懈的努力,以 SQL 为代表的关系型数据库查询语言的标准化被成功解决。尽管每个商业关系型数据库系统都有各自的图形用户接口,但是这些接口的核心仍然是标准化的关系型数据库查询语言。关系查询语言的标准化为关系型数据库的应用和发展提供了坚实基础。因此,有一个好的数据挖掘语言可以加速数据挖掘系统平台的标准化进程,甚至可以像 HTML 推动 Internet 的发展一样,推动数据挖掘行业的开发和发展。

实际上,数据挖掘语言的研究从数据挖掘提出不久就开始了。大致经历了两个阶段:第一个阶段是研究单位和公司自行研究和开发阶段;第二个阶段是研究单位和公司组成联盟,研制和开发数据挖掘语言标准化的阶段。第一个阶段的成果包括 J. W. Han 等研制的 DMQL,Imielinski 和 Virmani 提出的 MSQL,Meo 等提出的 MINE RULE 操作器等。第二个阶段主要是以一些国际组织牵头进行相关的标准化研究,处于起步阶段。它包括数据挖掘组织协会(DMG)提出的预言模型标记语言 PMML;微软公司提出的 OLE DB for Data Mining 规范等。

根据功能和侧重点不同,数据挖掘语言可以分为三种类型:数据挖掘查询语言,数据挖掘建模语言,通用数据挖掘语言。

2.5.2　数据挖掘查询语言

交互式数据挖掘系统希望提供灵活和有效的联机知识发现机制,因此希望以一种像SQL这样的数据库查询语言完成数据挖掘的任务和功能以及其他约束的指定、知识形成和展示等一系列工作。

加拿大 Simon Fraser 大学 J. W. Han 等开发的数据挖掘系统 DBMiner 中数据挖掘查询语言(Data Mining Query Language,DMQL)是这类挖掘语言的典型代表。数据挖掘查询语言由数据挖掘原语组成,数据挖掘原语用来定义一个数据挖掘任务。用户使用数据挖掘原语与数据挖掘系统通信,使得知识发现更有效。这些原语有以下几个种类:数据库部分以及用户感兴趣的数据集(包括感兴趣的数据库属性或数据仓库的维度)、挖掘知识的种类、在指导挖掘过程中有用的背景知识、模式估值的兴趣度测量、挖掘出的知识如何可视化表示。数据挖掘原语允许用户在挖掘过程中从不同的角度或深度与数据挖掘系统进行交互式的通信。

数据挖掘查询的基本单位是数据挖掘任务,通过数据挖掘查询语言,数据挖掘任务可以通过查询的形式输入到数据挖掘系统中。一个数据挖掘查询由五种基本的数据挖掘原语定义。

1. 任务相关数据原语

这是被挖掘的数据库或数据仓库信息。挖掘的数据不是整个数据库,只是和具体商业问题相关或者用户感兴趣的数据集,即数据库中一部分表以及感兴趣的属性。该原语包括以下具体的内容:数据库或数据仓库的名称;数据库表或数据仓库的立方体;数据选择的条件;相关的属性或维;数据分组定义等。

2. 被挖掘的知识的种类原语

该原语指定被执行的数据挖掘的功能,在 DMQL 中将挖掘知识分为五种类型:特征规则、辨别规则、关联规则、分类/预言、聚集。

3. 背景知识原语

用户能够指定背景知识,或者关于被挖掘的领域知识。这些知识对于引导知识发现过程和评估发现的模式都是非常有用的。背景知识原语包括:概念层次(Concept Hierarchy)和对数据关系的用户信任度(User Beliefs about Relationships in the Data)。

4. 兴趣度测量原语

这个功能是将不感兴趣的模式从知识中排除出去。兴趣度测量能够用来引导数据挖掘过程,或者在发现后评估被发现的模式。不同种类的知识有不同种类的兴趣度测量方法。例如,对关联规则来说,兴趣度测量包括支持度(Support)和可信度(Confidence)。低于用户指定的支持度和可信度阈值的规则被认为是不感兴趣的。

5. 被发现模式的表示和可视化原语

这个原语定义被发现的模式显示的方式,用户能够选择不同的知识表示形式。该原语包括:规则、表格、报告、图表、图形、决策树和立方体,向下钻入和向上累积(Drill-down and Roll-up)等。

DMQL 正是基于这些原语设计的数据挖掘查询语言。它允许从关系型数据库和数据仓库中多个抽象层次上交互地挖掘多种种类的知识。DMQL 采用类似 SQL 的语法,因此它能够很容易地和 SQL 集成。关于 DMQL 的语法格式和例子,后面再详细介绍。

除了 DMQL 以外,MSQL 是另一个数据挖掘查询语言,它由 Imielinski 和 Virmani 提出。这个语言使用了类似 SQL 的语法和 SQL 原语(包括排序、分组和其他原语)。既然在数据挖掘中可能产生大量的规则,MSQL 提供了一个称作 GetRule 和 SelectRule 的原语,用于规则产生和规则选择。它统一地对待数据和规则,因此,能够在执行数据选择以及基于查询的规则产生时进行优化工作,同时也能在操纵或者查询产生规则的集合时进行优化。其他在数据挖掘语言设计方面的研究工作包括 Meo 等提出 MINE RULE 操作器。它同样遵循类似 SQL 的语法,是为挖掘关联规则设计的规则产生查询语言。

2.5.3　数据挖掘建模语言

数据挖掘建模语言是对数据挖掘模型进行描述和定义的语言。如果设计一种标准的数据挖掘建模语言,使得数据挖掘系统在模型定义和描述方面有标准可以遵循,那么各系统之间可以共享模型,既可以解决目前各数据挖掘系统之间封闭性的问题,又可以在其他应用系统中间嵌入数据挖掘模型,解决统一的知识发现描述问题。预言模型标记语言(Predictive Model Markup Language,PMML)正是这样一种数据挖掘建模语言。

PMML 由一个称作数据挖掘协会(Data Mining Group,DMG)的组织开发。该组织由 Angoss、Magnify、NCR、SPSS 和芝加哥 Illinois 大学等企业和单位组成。PMML 是一种基于 XML 的语言,用来定义预言模型。它为各个公司定义预言模型和在不同的应用程序之间共享模型提供了一种快速并且简单的方式。通过使用标准的 XML 解析器对 PMML 进行解析,应用程序能够决定模型输入和输出的数据类型,模型详细的格式,并且按照标准的数据挖掘术语来解释模型的结果。它是面向开放标准制定策略的,通过将此标准推荐给 W3C 工作组,使 PMML 成为 W3C 的正式推荐标准。

目前 DMG 宣布了定义预言模型开放标准的第一个版本 PMML 1.0。PMML 允许应用程序和联机分析处理(OLAP)工具从数据挖掘系统获得模型,而不用独自开发数据挖掘模块。另一个目的是能够收集使用大量潜在的模型,并且统一管理各种模型的集合。这些能力在商业应用领域是有效配置分析模型的基础。

PMML 提供了一个灵活机制来定义预言模型的模式,同时支持涉及多个预言模型的模型选择和模型平衡(Model Averaging)。对于那些需要全部学习(Ensemble Learning)、部分学习(Partitioned Learning)和分布式学习(Distributed Learning)的应用程序,实践证明,这种语言是非常有用的。另外,它使得在不同的应用程序和系统之间移动预言模型变得容易、方便。

PMML 的模型定义由以下几部分组成。

- 头文件(Header)。
- 数据模式(Data Schema)。
- 数据挖掘模式(Data Mining Schema)。
- 预言模型模式(Predictive Model Schema)。
- 预言模型定义(Definitions for Predictive Models)。
- 全体模型定义(Definitions for Ensembles of Models)。
- 选择与联合模型和全体模型的规则(Rules for Selecting and Combining Models and Ensembles of Models)。
- 异常处理的规则(Rules for Exception Handling)。

其中,预言模型的模式和预言模型定义项组件是必不可少的,其他几项组件是可选的。

PMML 1.0 标准版提供了一个小的 DTD 集合,DTD 详细说明了决策树和多项式回归模型的实体和属性。DTD 1.0 遵循着一个通用模式,该模式将一个数据字典和一个或多个模型的定义相结合,数据字典能够立即应用于模式。数据字典的元素是非常简单的。然而,PMML 是预言模型标记语言,数据挖掘模型包括预言模型和描述模型,因此 PMML 并不是全面的数据挖掘模型定义语言。我们期望 PMML 最终将发展成一个全面的、具有丰富建模能力的模型定义语言。这个标准接下来的版本有望在某些方面得到加强,比如种类字段(Categorical Fields)的位向量扩充(Bit Vector Expansions)或者连续字段(Continuous Fields)的变换。

2.5.4　通用数据挖掘语言

通用数据挖掘语言合并了上述两种语言的特点,既具有定义模型的功能,又能作为查询语言与数据挖掘系统通信,进行交互式挖掘。通用数据挖掘语言的标准化是目前解决数据挖掘行业出现问题的颇具吸引力的研究方向。2000 年 3 月,微软公司推出了一个数据挖掘语言,称作 OLE DB for Data Mining(DM),是通用数据挖掘语言中最具代表性的尝试。微软此举的目的是为数据挖掘提供行业标准。只要符合这个标准,都能很容易地嵌入应用程序中。OLE DB for DM 支持多种流行的数据挖掘算法。使用 OLE DB for DM,数据挖掘应用能够通过 OLE DB 生产者接近任何表格式的数据源。

OLE DB for DM 扩充了 SQL 语法,使得商业分析和开发人员只要调用单一确定的 API(应用程序接口)函数即可实现数据挖掘功能,而不需要特殊的数据挖掘技能。它与关系型数据库自然地集成,能够加快数据挖掘进入高利润的电子商务应用领域,例如,站点个性化设计和购物篮分析。在实现上,OLE DB for DM 没有增加任何新的 OLE DB 接口。它的语法与 SQL 非常类似,它专门研究了模式的行集合(Rowset),通过 OLE DB 或者 ADO,消费者应用程序能够使用行集合与数据挖掘生产者进行通信。

OLE DB for DM 的规范包括创建原语以及许多重要数据挖掘模型的定义和使用(包括预言模型和聚集)。它是一个基于 SQL 的协议,为软件商和应用开发人员提供了一个开放的接口,该接口将数据挖掘工具和能力更有效地与商业以及电子商务应用集成在一起。同时,OLE DB for DM 已经与 DMG 发布的 PMML 标准相结合。通过与 PMML 标准结合,微软将数据挖掘分析应用带入了一个更加强大的开放规范。这意味着大量的组织或公司现在都可以有一种简单的、易于实现的方式将数据挖掘模型与它们自己构建的应用相结合,增强了应用系统的分析能力。

为了填补传统的数据挖掘技术和目前流行的关系型数据库管理系统之间的缝隙,OLE DB for DM 定义了重要的新的概念和特点。

1. 数据挖掘模型

数据挖掘模型(Data Mining Model,DMM)类似一个关系表,但是它包含一些特殊的列,这些列被数据挖掘中的数据训练和预言制定使用。DMM 既可以用来创建预言模型,又可以产生预言。不像标准的关系表存储原始数据,DMM 存储被数据挖掘算法发现的模式。对于从事基于 Web 数据挖掘项目的开发人员,DMM 所有的结构和内容都可以用XML 字符串表示。

2. 预言连接操作

预言连接操作(Predication Join Operation)是一个简单的操作,类似于 SQL 语法中的连接操作,它在一个训练好的数据挖掘模型和设计的输入数据源之间映射一个连接查询,开发人员能够容易地产生确切符合商业需求的量身定制的预言结果。这个预言结果通过 OLE DB 的行集合或者 ADO 记录集(Recordset)发送到消费者应用程序内。

3. OLE DB for DM 模式行集合

这些特殊目的的模式行集合(Schema Rowsets)允许消费者应用发现临界的信息,如挖掘服务、挖掘模型、挖掘列和模型内容。数据挖掘生产者在模型创建和训练阶段组装模式行集合。

目前 OLE DB for DM 规范最新版本是 1.0,它同时具备了数据挖掘查询和建模语言的优点,它的推广必将推动数据挖掘行业的发展。但是,对于一些数据挖掘模型,比如概念描述(特征和辨别规则)等仍然没有涉及。所以,接下来在扩充和丰富它的内容等方面还有许多工作要做。

2.5.5　DMQL 挖掘查询语言介绍

J. W. Han 等开发的数据挖掘原型系统 DBMiner 中数据挖掘查询语言 DMQL 是一个形式简单而且易于理解的挖掘语言。本节将通过它让读者对数据挖掘语言有一个更直观的认识。

1. DMQL 的顶层语法

{DMQL}∷=< DMQL_Statement >; {< DMQL_Statement >}

< DMQL_Statement >∷=< Data_Mining _Statement >

　　　　　　　　　　　　|< Concept_Hierarchy_Definition_Statement >

　　　　　　　　　　　　|< Visualization_and_Presentation >

说明数据挖掘任务及其相应的概念层次和输出表示。

2. 数据挖掘声明(Data_Mining_Statement)语句相关项说明

它的语法格式为:

```
< Data_Mining_Statement >::= use database < database_name >
                           | use data warehouse < data_warehouse_name >
                           {use hierarchy < hierarch_name > for < attribute_or_dimension >}
                           from < relation(s)/cube(s)>[where < condition >]
                           in relevance to < attribute_or_dimension_list >
                           [order by < order_list >]
                           [group by < grouping_list >]
                           [having < condition >]
```

各项含义如下。

- use database < database_name >| use data warehouse < data_warehouse_name >,将数据挖掘任务指向说明的数据库或数据仓库。
- from < relation(s)/cube(s)>[where < condition >],分别指定所涉及的表或数据立方体和定义检索数据的条件。
- in relevance to < attribute_or_dimension_list >,列出要探查的属性和维。
- [order by < order_list >],说明任务相关的数据排序的次序。
- [group by < grouping_list >],说明数据分组标准。
- [having < condition >],说明相关数据分组条件。

例子:

```
use database AllElectronics_db
in relevance to I. name,I. price,C. income,C. age
from customer C,item I,purchases P,items_sold S
where I. item_ID=S. item_ID and S. trans_ID=P. trans_ID and P. cust_ID=C. cust_ID and C.
country="Canada"
group by P. date;
```

3. 挖掘知识指定(Mine_Knowledge_Specification)语句相关项说明

它的语法格式为:

```
< Mine_Knowledge_Specification >::=<Mine_Char >
                                  |< Mine_Discr >
                                  |< Mine_Assoc >
                                  |< Mine_Class >

< Mine_Char >::= mine characteristics[as < pattern_name >]analyze < measure(s)>

< Mine_Discr >::= mine comparison[as < pattern_name >]
                for < target_class > where < target_condition >
                {versus < contrast_class_i > where < contrast_condition_i >}
                analyze < measure(s)>
```

< Mine_Assoc >::= mine associations[as < pattern_name >]
                    ［matching < metapattern >］

< Mine_Class >::= mine classification[as < pattern_name >]
                    analyze < classifying_attribute_or_dimension >

各项的含义如下。

- mine characteristics[as < pattern_name >]analyze < measure(s)>,说明挖掘的是特征描述模式。当用于特征化时,analyze 子语指定了聚焦度量,如 count、sum 等。这些度量将对每个找到的数据特征进行计算。

- mine comparison［as < pattern_name >］for < target_class > where < target_condition >{versus < contrast_class_i > where < contrast_condition_i >}analyze < measure(s)>,说明挖掘区分描述模式。区分将给定的目标类的对象与一个或多个对比类的对象进行比较。

- mine associations[as < pattern_name >][matching < metapattern >],说明关联规则的挖掘。在说明关联挖掘时,用户可以选用 matching 子句,提供模板(又称元模式或元规则)。元模式可以用来将发现集中于与给定元模式匹配的模式,从而强化了对挖掘任务的句法限制。除提供句法限制外,元模式提供了用户有兴趣探查的数据约束或假定。使用元模式的挖掘或元规则指导的挖掘,允许特定挖掘有更多灵活性。尽管元模式可以用于其他形式的挖掘,但是它们对关联规则的挖掘最有用。因为产生的潜在关联规则数目太大。

- mine classification［as < pattern_name >］analyze < classifying_attribute_or_dimension >,说明挖掘数据分类模式。analyze 子句说明根据< classifying_attribute_or_dimension >的值进行分类。对于分类属性或维,每个值通常代表一个类(对于属性 credit_rating,如 low-risk,medium-risk,high-risk 等)。对于数值属性或维,每个类可以用一个值区间定义(对于 age,如 20～39,40～59,60～89)。分类提供了一个简明的框架,用于描述对应的类并将一个类与其他类加以区别。

4. 概念分层声明(Concept_Hierarchy_Definition_Statement)相关项说明

它的语法格式为:

< Concept_Hierarchy_Definition_Statement >::= define hierarchy < hierarchy_name >
                    ［for < attribute_or_dimension >］
                    on < relation_or_cube_or_hierarchy >
                    as < hierarchy_description >
                    ［where < condition >］

用于在关系、立方体或已有层次上对属性或维定义层次。

例子:

```
define hierarchy age_hierarchy for age on customer as
     level1:｛young,middle_aged,senior｝< level0: all
     level2:｛20,…,39｝< level1: young
```

level2：{40,…,59}< level1：middle_aged

level2：{60,…,89}< level1：senior；

define hierarchy profit_margin_hierarchy on item as

    level1：low_profit_margin < level0：all

       if(price-cost)< \$ 50

    level1：medium-profit_margin < level0：all

          if((price-cost)> \$ 50) and((price-cost)<= \$ 250)

    level1：high_profit_margin < level0：all

          if(price-cost)> \$ 250；

5. 模式表示和可视化说明的语法

语法格式如下：

< Visualization_and_Presention >::= display as < result_form >|{< Multilevel_Manipulation >}；

< Multilevel_Manipulation >::= roll up on < attribute_or_dimension >

           | drill down on < attribute_or_dimension >

           | add < attribute_or_dimension >

           | drop < attribute_or_dimension >；

其中，< result_form >可以是规则、表、交叉表、饼图或条图、判定树、立方体、曲线或曲面等。

6. DMQL 描述的一个完整实例

use database AllElectronics_db

use hierarchy location_hierarchy for B. address

mine characteristics as customer Purchasing

analyze count%

in relevance to C. age，I. type，I. place_made

from customer C，item I，purchases P，items_sold S，works_at W，branch

where I. item_ID＝S. item_ID and S. trans_ID＝P. trans_ID

    and P. cust_ID＝C. cust_ID and P. method_paid＝"AmEx"

    and P. empl_ID＝W. empl_ID and W. branch_ID＝B. branch_ID and B. address＝"Canada" and

I. price >＝100

with noise threshold＝0. 05

display as table；

2.6 本章小结和文献注释

本章对 KDD 过程及其应用模型结构进行阐述，其目的是从系统应用角度给读者一个关于 KDD 设计和实现的技术概括。由于 KDD 系统本身仍在发展和实践中，许多结构和系统都带有尝试的性质，因此，本章尽量从宽泛的角度来讨论 KDD 的基本实现过程、典型的 KDD 实现模型、常用的工具软件分类及功能、KDD 项目管理问题以及数据挖掘语言等问题。本章的侧重点在于为读者进行 KDD 系统设计提供指导性信息。

本章的主要内容及相关的文献引用情况如下。

1. KDD 的基本过程分析

从数据抽取与集成、数据清洗与预处理、数据选择与整理、数据挖掘与算法、模式评估与优化等基本过程入手,讨论 KDD 系统应该具备的基本功能和实现技术。

[FS96]、[Jon97]、[BA96]和[FSM91]对 KDD 应用的基本过程和系统的通用构架进行了系统的设计和分析。[HK00]也对 KDD 的主要步骤和过程给出了详尽的剖析。[毛国君 02a]也对此有比较详细的叙述。另外,[Pyl99]、[WH98]、[Fam95]对数据的预处理进行了较好的阐述。

2. KDD 处理模型分析和介绍

KDD 是一个复杂的处理过程。同时由于 KDD 的不同应用目的和目标以及应用领域的差别,在处理上会有所差异。但是任何事情都有它的共性。希望通过对典型的 KDD 处理模式的分析,读者对此有一个较深入的认识。本章选取阶梯处理过程模型、螺旋处理过程模型、以用户为中心的处理模型、联机 KDD 模型和支持多数据源多知识模式的 KDD 处理模型,进行 KDD 系统设计和分析。之所以选取这些模型进行分析,是因为它们基本代表了 KDD 设计的主流和发展趋势。

阶梯处理过程模型是最早的也是讨论最多的,许多综述文章和书籍对此都有介绍。但是,它们在名词或步骤数目上可能有所差异。[FS96]给出的是九阶段模型,因此考虑得很周全,可以说是读者了解 KDD 处理过程及其模式的极好资料。[HK00]把 KDD 过程浓缩成六个主要阶段。[Geo97]提出以问题理解和定义为中心,螺旋式迭代处理模型。[BA96]是较早提出以用户为中心进行 KDD 处理的文献,之后广泛讨论的用户交互式挖掘系统也是建立在这样的思想基础上的。最典型的联机处理模型是[HK00]中介绍的 OLAM 概念。此外,对联机 KDD 或挖掘系统的参考还有[Hid98]。多数据源、多知识模式集成是近年来的 KDD 系统结构研究的重点问题,有许多文献可供借鉴。[毛国君 02a]设计了一个多数据源、多知识模式集成的处理框架;[RCN95]是介绍此研究较早的文章之一;国内开展此研究最早的中国科学院计算所史忠植研究员的相关工作可以参考[游湘涛 01]。

3. KDD 软件工具的剖析

本部分从 KDD 软件或工具的发展的历史,讨论独立的知识发现软件、横向的知识发现工具集和纵向的知识发现解决方案三类软件的特点和发展趋势,并选取 Quest 和 DBMiner 两个实际(原型)系统进行剖析,旨在让读者对 KDD 相关软件有较全面的认识。

[朱建秋 03]是国内综述相关内容的较好资料。关于 Quest 系统的进一步了解可以查阅[Agr96]。对 DBMiner 的详细了解可以参考[HF+96]和[HK00]。

4. KDD 项目的过程化管理

KDD 项目和其他的软件项目一样也有质量管理问题,针对数据挖掘和知识发现项目的过程化管理涉及的问题和方法进行了介绍。选取 I-MIN 过程模型,使读者更清楚地了解数据挖掘和知识发现项目的实施要点。

本部分内容主要来源是[Dmgrp]。

5. 数据挖掘语言讨论

因为数据挖掘覆盖的任务宽、包含知识形式广、任务需求差异大,因此有效的数据挖掘语言设计是实现 KDD 的关键因素之一。本章讨论了数据挖掘语言的分类问题,并对数据挖掘查询语言、数据挖掘建模语言、通用数据挖掘语言进行了介绍。选取 DMQL,剖析了它的语法和应用。

本部分内容主要是由[Dmgro]中的相关文献整理而成。对于 DMQL 的语法格式及应用例子等的描述主要参考了[HK00]。关于挖掘语言的更多的参考可见[MPS98]、[DT98]。

习　题　2

1. KDD 是一个多步骤的处理过程,它一般包含哪些基本阶段? 简述各阶段的功能。
2. 为什么一个完整的知识发现要多种技术结合、多阶段集成?
3. 简述在数据挖掘前要进行数据预处理的理由及其解决的主要问题。
4. 为什么在知识发现过程中,要强调和用户交互的必要性? 通常需要哪些专长的技术人员支持?
5. 阶梯处理过程模型是知识发现的基本模型,画出它的基本处理流程,并简要说明各阶段的任务。
6. 简述螺旋处理过程模型相对于阶梯处理过程模型的优缺点。
7. 简述以用户为中心的处理模型的基本思想。
8. 联机 KDD 模型需要解决哪些主要问题?
9. 知识发现软件或工具的发展经历哪三个主要阶段? 简述它们的主要特点。
10. 横向的知识发现工具集和纵向的知识发现解决方案的主要区别是什么?
11. 什么是知识发现项目的过程化管理? 它的意义如何?
12. 简述强度挖掘的 I-MIN 过程模型的主要阶段和任务。
13. 简述数据挖掘语言的三种基本类型和特点。
14. 为什么说数据挖掘语言研制对数据挖掘技术的发展是至关重要的?

关联规则挖掘理论和算法 第3章

关联规则挖掘是数据挖掘中最活跃的研究方法之一。最早是由 Agrawal 等人提出的 (1993)。最初的动机是针对购物篮分析 (Basket Analysis) 问题提出的,其目的是发现交易数据库 (Transaction Database) 中不同商品之间的联系规则。在传统的零售商店中顾客购买东西的行为是零散的,但是随着超级市场的出现,顾客可以在超市一次购得所有自己需要的商品。因此商家很容易收集和存储大量的销售数据。交易数据库可以把顾客的相关交易 (所购物品项目等) 存储下来。通过对这些数据的智能分析,可以获得有关顾客购买模式的一般性规则。这些规则刻画了顾客购买行为模式,可以用来指导商家科学地安排进货、库存以及货架设计等。关联规则在其他领域也可以得到广泛讨论。例如,医学研究人员希望从已有的成千上万份病历中找出患某种疾病的患者的共同特征,从而为治愈这种疾病提供一些帮助。诸多研究人员对关联规则的挖掘问题进行了大量的研究。他们的工作涉及关联规则的挖掘理论的探索、原有的算法的改进和新算法的设计、并行关联规则挖掘 (Parallel Association Rule Mining) 以及数量关联规则挖掘 (Quantitive Association Rule Mining) 等问题。在提高挖掘规则算法的效率、适应性、可用性以及应用推广等方面,许多学者进行了不懈的努力。本章将对关联规则挖掘的基本概念、方法以及算法等进行讲述。

3.1 基本概念与解决方法

交易数据库又称为事务数据库,尽管它们的英文名称一样,但是我们认为事务数据库更具有普遍性。例如,病人的看病记录、基因符号等用事务数据库更贴切。因此,下面的叙述更多使用事务数据库这一名词,而不用交易数据库这个名词。

一个事务数据库中的关联规则挖掘可以描述如下。

设 $I = \{i_1, i_2, \cdots, i_m\}$ 是一个项目集合,事务数据库 $D = \{t_1, t_2, \cdots, t_n\}$ 是

由一系列具有唯一标识 TID 的事务组成,每个事务 $t_i(i=1,2,\cdots,n)$ 都对应 I 上的一个子集。

定义 3-1 设 $I_1 \subseteq I$,项目集(Itemset)I_1 在数据集 D 上的支持度(Support)是包含 I_1 的事务在 D 中所占的百分比,即

$$\text{Support}(I_1) = \| \{t \in D \mid I_1 \subseteq t\} \| / \| D \|$$

定义 3-2 对项目集 I 和事务数据库 D,T 中所有满足用户指定的最小支持度(Minsupport)的项目集,即大于或等于 Minsupport 的 I 的非空子集,称为频繁项目集(Frequent Itemsets)或者大项目集(Large Itemsets)。在频繁项目集中挑选出所有不被其他元素包含的频繁项目集称为最大频繁项目集(Maximum Frequent Itemsets)或最大大项目集(Maximum Large Itemsets)。

定义 3-3 一个定义在 I 和 D 上的形如 $I_1 \Rightarrow I_2$ 的关联规则通过满足一定的可信度、信任度或置信度(Confidence)来给出。所谓规则的可信度是指包含 I_1 和 I_2 的事务数与包含 I_1 的事务数之比,即

$$\text{Confidence}(I_1 \Rightarrow I_2) = \text{Support}(I_1 \bigcup I_2) / \text{Support}(I_1)$$

其中,$I_1, I_2 \subseteq I, I_1 \bigcap I_2 = \varnothing$。

定义 3-4 D 在 I 上满足最小支持度和最小信任度(Minconfidence)的关联规则称为强关联规则(Strong Association Rule)。

通常所说的关联规则一般是指上面定义的强关联规则。

一般地,给定一个事务数据库,关联规则挖掘问题就是通过用户指定最小支持度和最小可信度来寻找强关联规则的过程。关联规则挖掘问题可以划分成两个子问题。

1. 发现频繁项目集

通过用户给定的最小支持度,寻找所有频繁项目集,即满足 Support 不小于 Minsupport 的所有项目子集。事实上,这些频繁项目集可能具有包含关系。一般地,我们只关心那些不被其他频繁项目集所包含的所谓最大频繁项目集的集合。发现所有的频繁项目集是形成关联规则的基础。

2. 生成关联规则

通过用户给定的最小可信度,在每个最大频繁项目集中,寻找 Confidence 不小于 Minconfidence 的关联规则。

相对于第 1 个子问题而言,由于第 2 个子问题相对简单,而且在内存、I/O 以及算法效率上改进余地不大,目前使用较多的算法在[AS94]中给出。因此,第 1 个子问题是近年来关联规则挖掘算法研究的重点。

3.2 经典的频繁项目集生成算法分析

视频讲解

3.2.1 项目集空间理论

Agrawal 等人建立了用于事务数据库挖掘的项目集空间理论。这个理论核心的原理

是：频繁项目集的子集是频繁项目集；非频繁项目集的超集是非频繁项目集。这个原理一直作为经典的数据挖掘理论被应用。

定理 3-1　如果项目集 X 是频繁项目集，那么它的所有非空子集都是频繁项目集。

证明　设 X 是一个项目集，事务数据库 T 中支持 X 的元组数为 s。对 X 的任一非空子集 Y，设 T 中支持 Y 的元组数为 s_1。

根据项目集支持数的定义，很容易知道支持 X 的元组一定支持 Y，所以 $s_1 \geqslant s$，即

$$\text{Support}(Y) \geqslant \text{Support}(X)$$

按假设，项目集 X 是频繁项目集，即

$$\text{Support}(X) \geqslant \text{Minsupport}$$

所以 $\text{Support}(Y) \geqslant \text{Support}(X) \geqslant \text{Minsupport}$，因此 Y 是频繁项目集。

定理 3-2　如果项目集 X 是非频繁项目集，那么它的所有超集都是非频繁项目集。

证明　设事务数据库 T 中支持 X 的元组数为 s。对 X 的任一超集 Z，设 T 中支持 Z 的元组数为 s_2。

根据项目集支持数的定义，很容易知道支持 Z 的元组一定支持 X，所以 $s_2 \leqslant s$，即

$$\text{Support}(Z) \leqslant \text{Support}(X)$$

按假设项目集 X 是非频繁项目集，即

$$\text{Support}(X) < \text{Minsupport}$$

所以 $\text{Support}(Z) \leqslant \text{Support}(X) < \text{Minsupport}$，因此 Z 不是频繁项目集。

1993 年，Agrawal 等人在提出关联规则概念的同时，给出了相应的挖掘算法 AIS，但性能较差。1994 年，他们依据上述两个定理，提出了著名的 Apriori 算法，并且 Apriori 算法至今仍然作为关联规则挖掘的经典算法被广泛讨论。

3.2.2　经典的发现频繁项目集算法

本节将介绍 Apriori 这个算法，之后将对它加以分析。

算法 3-1　Apriori(发现频繁项目集)

输入：数据集 D；最小支持数 minsup_count。

输出：频繁项目集 L。

(1) $L_1 = \{$large 1-itemsets$\}$；//所有支持度不小于 minsupport 的 1-项目集
(2) FOR　($k=2$; $L_{k-1} \neq \Phi$; $k++$) DO BEGIN
(3)　　　$C_k = $apriori-gen($L_{k-1}$)；//$C_k$ 是 k 个元素的候选集
(4)　　　FOR all transactions $t \in D$ DO BEGIN
(5)　　　　　$C_t = $subset($C_k$, t)；//$C_t$ 是所有 t 包含的候选集元素
(6)　　　　　FOR all candidates $c \in C_t$ DO c. count++；
(7)　　　END
(8)　　　$L_k = \{c \in C_k | c.\,\text{count} \geqslant \text{minsup\_count}\}$
(9) END
(10) $L = \bigcup L_k$；

算法 3-1 中调用了 apriori-gen(L_{k-1})，是为了通过 $(k-1)$-频繁项目集产生 k-候选

集。算法 3-2 描述了 apriori-gen 过程。

算法 3-2 apriori-gen(L_{k-1})(候选集产生)

输入：$(k-1)$-频繁项目集 L_{k-1}。

输出：k-候选项目集 C_k。

(1) FOR all itemset p∈L_{k-1} DO

(2)　　FOR all itemset q∈L_{k-1} DO

(3)　　　　IF p. item$_1$＝q. item$_1$, p. item$_2$＝q. item$_2$, …, p. item$_{k-2}$＝q. item$_{k-2}$, p. item$_{k-1}$＜q. item$_{k-1}$ THEN BEGIN

(4)　　　　　　c＝p∞q;　　　　　　　//把 q 的第 k−1 个元素连到 p 后

(5)　　　　　　IF has_infrequent_subset(c, L_{k-1}) THEN

(6)　　　　　　　　delete c;　　　　　　//删除含有非频繁项目子集的候选元素

(7)　　　　　　ELSE add c to C_k;

(8)　　　　END

(9) Return C_k;

算法 3-2 中调用了 has_infrequent_subset(c, L_{k-1})，是为了判断 c 是否需要加入到 k-候选集中。按照 Agrawal 的项目集格空间理论，含有非频繁项目子集的元素不可能是频繁项目集，因此应该及时裁剪掉那些含有非频繁项目子集的项目集，以提高效率。例如，如果 L_2＝{AB, AD, AC, BD}，对于新产生的元素 ABC 不需要加入到 C_3 中，因为它的子集 BC 不在 L_2 中；而 ABD 应该加入到 C_3 中，因为它的所有 2-项子集都在 L_2 中。算法 3-3 描述了这个过程。

算法 3-3 has_infrequent_subset(c, L_{k-1})(判断候选集的元素)

输入：一个 k-候选项目集 c, $(k-1)$-频繁项目集 L_{k-1}。

输出：c 是否从候选集中删除的布尔判断。

(1) FOR all (k−1)-subsets of c DO

(2)　　IF S ∉ L_{k-1} THEN Return TRUE;

(3) Return FALSE;

Apriori 算法是通过项目集元素数目的不断增长来逐步完成频繁项目集发现的。首先产生 1-频繁项目集 L_1，然后是 2-频繁项目集 L_2，直到不能再扩展频繁项目集的元素数目而算法停止。在第 k 次循环中，过程先产生 k-候选项目集的集合 C_k，然后通过扫描数据库生成支持度并测试产生 k-频繁项目集 L_k。

下面给出一个样本事务数据库(见表 3-1)，并对它实施 Apriori 算法。

表 3-1　样本事务数据库

TID	Itemset	TID	Itemset
1	A,B,C,D	4	B,D,E
2	B,C,E	5	A,B,C,D
3	A,B,C,E		

例子 3-1　对如表 3-1 所示的事务数据库跟踪 Apriori 算法的执行过程(设 minsupport＝40%)。

（1） L_1 生成。

生成候选集并通过扫描数据库得到它们的支持数（Support Count），即项目集数据库中的出现次数，$C_1=\{(A,3),(B,5),(C,4),(D,3),(E,3)\}$；挑选 minsup_count≥2 的项目集组成 1-频繁项目集 $L_1=\{A,B,C,D,E\}$。

（2） L_2 生成。

由 L_1 生成 2-候选集并通过扫描数据库得到它们的支持数 $C_2=\{(AB,3),(AC,3),(AD,2),(AE,1),(BC,4),(BD,3),(BE,3),(CD,2),(CE,2),(DE,1)\}$；挑选 minsup_count≥2 的项目集组成 2-频繁项目集 $L_2=\{AB,AC,AD,BC,BD,BE,CD,CE\}$。

（3） L_3 生成。

由 L_2 生成 3-候选集并通过扫描数据库得到它们的支持数 $C_3=\{(ABC,3),(ABD,2),(ACD,2),(BCD,2),(BCE,2)\}$；挑选 minsup_count≥2 的项目集组成 3-频繁项目集 $L_3=\{ABC,ABD,ACD,BCD,BCE\}$。

（4） L_4 生成。

由 L_3 生成 4-候选集并通过扫描数据库得到它们的支持数 $C_4=\{(ABCD,2)\}$；挑选 minsup_count≥2 的项目集组成 4-频繁项目集 $L_4=\{ABCD\}$。

（5） L_5 生成。

由 L_4 生成 5-候选集 $C_5=\varnothing$，$L_5=\varnothing$，算法停止。

于是所有的频繁项目集为 $\{A,B,C,D,E,AB,AC,AD,BC,BD,BE,CD,CE,ABC,ABD,ACD,BCD,BCE,ABCD\}$。另外，很容易得到最大频繁项目集为 $\{ABCD,BCE\}$。

3.2.3　关联规则生成算法

上面讨论了频繁项目集的发现问题，本节将讨论关联规则的生成问题。根据上面介绍的关联规则挖掘的两个步骤，在得到了所有频繁项目集后，可以按照下面的步骤生成关联规则。

- 对于每一个频繁项目集 l，生成其所有的非空子集。
- 对于 l 的每一个非空子集 x，计算 Confidence(x)，如果 Confidence$(x)\geqslant$ minconfidence，那么 $x\Rightarrow(l-x)$ 成立。

算法 3-4　从给定的频繁项目集中生成强关联规则

输入：频繁项目集；最小信任度 minconf。

输出：强关联规则。

```
Rule-generate(L,minconf)
(1) FOR each frequent itemset lk in L
(2)     genrules(lk,lk);
```

算法 3-4 的核心是 genrules 递归过程，它实现一个频繁项目集中所有强关联规则的生成。

算法 3-5　递归测试一个频繁项目集中的关联规则

```
genrules(lk: frequent k-itemset,xm: frequent m-itemset)
(1) X={(m-1)-itemsets xm-1 | xm-1 in xm};
(2) FOR each xm-1 in X BEGIN
```

数据挖掘原理与算法(第 4 版)

(3) conf＝support(l_k)/support(x_{m-1})；

(4) IF(conf≥minconf) THEN BEGIN

(5)   print the rule "x_{m-1}⇨(l_k-x_{m-1}),with support＝support(l_k),confidence＝conf"；

(6) IF(m−1>1) THEN //generate rules with subsets of x_{m-1} as antecedents

(7)   genrules(l_k,x_{m-1})；

(8) END

(9) END；

  对于表 3-1 所给的样本事务数据库,例子 3-1 通过 Apriori 算法得到所有频繁集。下面进一步使用 Rule-generate 来生成强关联规则。

  例子 3-2 对表 3-1,Apriori 算法生成的最大频繁项目集为{ABCD,BCE}(不失一般性,这里仅讨论最大频繁项目集),下面跟踪 Rule-generate 的执行过程(设 minconfidence＝60%)。表 3-2 给出了生成过程。

表 3-2 关联规则生成过程示意

序号	l_k	x_{m-1}	confidence	support	规则(是否是强规则)
1	ABCD	ABC	67%	40%	ABC⇨D(是)
2	ABCD	AB	67%	40%	AB⇨CD(是)
3	ABCD	A	67%	40%	A⇨BCD(是)
4	ABCD	B	40%	40%	B⇨ACD(否)
5	ABCD	AC	67%	40%	AC⇨BD(是)
6	ABCD	C	50%	40%	C⇨ABD(否)
7	ABCD	BC	50%	40%	BC⇨AD(否)
8	ABCD	ABD	100%	40%	ABD⇨C(是)
9	ABCD	AD	100%	40%	AD⇨BC(是)
10	ABCD	D	67%	40%	D⇨ABC(是)
11	ABCD	BD	67%	40%	BD⇨AC(是)
12	ABCD	ACD	100%	40%	ACD⇨B(是)
13	ABCD	CD	100%	40%	CD⇨AB(是)
14	ABCD	BCD	100%	40%	BCD⇨A(是)
15	BCE	BC	50%	40%	BC⇨E(否)
16	BCE	B	40%	40%	B⇨CE(否)
17	BCE	C	50%	40%	C⇨BE(否)
18	BCE	BE	67%	40%	BE⇨C(是)
19	BCE	E	67%	40%	E⇨BC(是)
20	BCE	CE	100%	40%	CE⇨B(是)

  从上面的例子可以看出,利用频繁项目集生成关联规则就是逐一测试在所有频繁集中可能生成的规则及其参数。实际上,上面的过程是采用深度优先搜索方法来递归生成规则的。自然我们也可以使用另一种策略,即广度优先搜索方法。关于广度优先搜索来递归生成规则的方法和算法,读者可以自己尝试来完成。

  关联规则生成算法的优化问题主要集中在减少不必要的规则生成尝试方面。

  定理 3-3 设项目集 X,X_1 是 X 的一个子集,如果规则 X⇨$(l-X)$ 不是强规则,那么 X_1⇨$(l-X_1)$ 一定不是强规则。

证明　由支持度定义，X_1 的支持度 $\text{Support}(X_1)$ 一定大于或等于 X 的支持度 $\text{Support}(X)$，即

$$\text{Support}(X_1) \geqslant \text{Support}(X)$$

所以，

$$\text{Confidence}(X_1 \Rightarrow (l - X_1)) = \text{Support}(l)/\text{Support}(X_1)$$
$$\leqslant \text{Support}(l)/\text{Support}(X)$$
$$= \text{Confidence}(X \Rightarrow (l - X))$$

由于 $X \Rightarrow (l - X)$ 不是强规则，即

$$\text{Confidence}(X \Rightarrow (l - X)) < \text{Minconfidence}$$

所以，

$$\text{Confidence}(X_1 \Rightarrow (l - X_1)) \leqslant \text{Confidence}(X \Rightarrow (l - X)) < \text{Minconfidence}$$

因此，$X_1 \Rightarrow (l - X_1)$ 不是强规则。

这个定理告诉我们，在生成关联规则尝试中可以利用已知的结果来有效避免测试一些肯定不是强规则的尝试。例如，在上面的例子中，在已经知道 BC⇒AD 不是强关联规则时，就可以断定所有形如 B⇒ * 和 C⇒ * 的规则一定不是强关联规则，因此在之后的测试中就不必考虑这些规则了。假如使用广度优先搜索来递归生成规则，那么效率的改善可能更好。

定理 3-4　设项目集 X，X_1 是 X 的一个子集，如果规则 $Y \Rightarrow X$ 是强规则，那么规则 $Y \Rightarrow X_1$ 一定是强规则。

证明　由支持度定义可知，一个项目集的子集的支持度一定大于或等于它的支持度，即

$$\text{Support}(X_1 \bigcup Y) \geqslant \text{Support}(X \bigcup Y)$$

所以，

$$\text{Confidence}(Y \Rightarrow X) = \text{Support}(X \bigcup Y)/\text{Support}(Y)$$
$$\leqslant \text{Support}(X_1 \bigcup Y)/\text{Support}(Y)$$
$$= \text{Confidence}(Y \Rightarrow X_1)$$

由于"$Y \Rightarrow X$"是强规则，即

$$\text{Confidence}(Y \Rightarrow X) \geqslant \text{Minconfidence}$$

所以，

$$\text{Confidence}(Y \Rightarrow X_1) \geqslant \text{Confidence}(Y \Rightarrow X) \geqslant \text{Minconfidence}$$

因此，"$Y \Rightarrow X_1$"也是强规则。

这个定理告诉我们，在生成关联规则尝试中可以利用已知的结果来有效避免测试一些肯定是强规则的尝试。这个定理也保证我们把注意点放在最大频繁项目集的合理性上。实际上，只要从所有最大频繁项目集出发去测试可能的关联规则即可，因为其他频繁项目集生成的规则的右项一定包含在对应的最大频繁项目集生成的关联规则右项中。

3.3　Apriori 算法的性能瓶颈问题

Apriori 作为经典的频繁项目集生成算法，在数据挖掘中具有里程碑的作用。但是随

着研究的深入,它的缺点也暴露出来。Apriori 算法有两个致命的性能瓶颈。

1. 多次扫描事务数据库,需要很大的 I/O 负载

对每次 k 循环,候选集 C_k 中的每个元素都必须通过扫描数据库一次来验证其是否加入 L_k。假如一个频繁大项目集包含 10 项,那么就至少需要扫描事务数据库 10 遍。

2. 可能产生庞大的候选集

由 L_{k-1} 产生 k-候选集 C_k 是指数增长的,例如,10^4 个 1-频繁项目集就有可能产生接近 10^7 个元素的 2-候选集。如此大的候选集对时间和主存空间都是一种挑战。

正因为如此,包括 Agrawal 在内的许多学者提出了 Apriori 算法的改进方法。

3.4 Apriori 的改进算法

为了提高 Apriori 算法的效率,出现了一系列的改进算法。这些算法虽然仍然遵循上面的理论,但是由于引入了相关技术(如数据分割、抽样等),在一定程度上改善了 Apriori 算法的适应性和效率。

3.4.1 基于数据分割的方法

Apriori 算法在执行过程中先生成候选集然后剪枝。可是生成的候选集并不都是有效的,有些候选集根本就不是事务数据集中的项目集。候选集的产生具有很大的代价。特别是内存空间不够导致数据库与内存之间不断交换数据,会使算法的效率变得很差。

把数据分割(Partition)技术应用到关联规则挖掘中,可以改善关联规则挖掘在大容量数据集中的适应性。它的基本思想是,首先把大容量数据库从逻辑上分成几个互不相交的块,每块应用挖掘算法(如 Apriori 算法)生成局部的频繁项目集,然后把这些局部的频繁项目集作为候选的全局频繁项目集,通过测试它们的支持度来得到最终的全局频繁项目集。

这种方法可以改善诸如 Apriori 这样的传统关联规则挖掘算法的性能。至少在下面两方面起到作用。

1. 合理利用主存空间

大容量数据集无法将全部数据一次性导入内存,因此一些算法不得不支付昂贵的 I/O 代价。数据分割为块内数据为一次性导入内存提供了机会,因而提高了对大容量数据集的挖掘效率。

2. 支持并行挖掘算法

由于引入数据分割技术,每个分块的局部频繁项目集是独立生成的,因此可以把块内

的局部频繁项目集的生成工作分配给不同的处理器完成。因此,为开发并行数据挖掘算法提供了良好机制。

基于数据分割的关联规则挖掘方法理论基础可以通过下面的定理来保证。

定理 3-5　设数据集 D 被分割成分块 $D_1, D_2, \cdots, D_n$,全局最小支持度为 minsupport,为了便于推算,假设对应的最小支持数为 minsup_count。如果一个数据分块 D_i 的局部最小支持数记为 $\text{minsup\_count}_i (i = 1, 2, \cdots, n)$,那么局部最小支持数 minsup_count_i 应按如下方法生成。

$$\text{minsup\_count}_i = \text{minsup\_count} \times \| D_i \| / \| D \| \quad (i = 1, 2, \cdots, n)$$

可以保证所有的局部频繁项目集成为全局频繁项目集的候选(即所有的局部频繁项目集涵盖全局频繁项目集)。

证明　只需证明"如果一个项目集 IS 在所有的数据分块内都不(局部)频繁,那么它在整个数据集中也不(全局)频繁"。

如果 IS 在所有的数据分块内都不(局部)频繁,即

$$\forall i = 1, 2, \cdots, n: \text{sup\_count}_i(\text{IS}) < \text{minsup\_count}_i$$

其中,$\text{sup\_count}_i(\text{IS})$ 是项目集 IS 在分块 D_i 中的支持数,则

$$\begin{aligned}
\text{sup\_count}(\text{IS}) &= \sum \text{sup\_count}_i(\text{IS}) < \sum \text{minsup\_count}_i \\
&= \sum (\text{minsup\_count} \times \| D_i \| / \| D \|) \\
&= \text{minsup\_count} \times \left(\sum \| D_i \| \right) / \| D \| \\
&= \text{minsup\_count} \times \| D \| / \| D \| \\
&= \text{minsup\_count}
\end{aligned}$$

因此,IS 在整个数据集中也不(全局)频繁。

3.4.2　基于散列的方法

1995,Park 等提出了一个基于散列(Hash)技术的产生频繁项目集的算法。他们通过实验发现寻找频繁项目集的主要计算是在生成 2-频繁项目集 L_2 上。因此,Park 等利用了这个性质引入散列技术来改进产生 2-频繁项目集的方法。这种方法把扫描的项目放到不同的 Hash 桶中,每对项目最多只可能在一个特定的桶中。这样可以对每个桶中的项目子集进行测试,减少了候选集生成的代价。这种方法也可以扩展到任何的 k-频繁项目集生成上。

下面以候选 2-项目集生成为例来讨论基于散列技术的频繁集生成问题。当扫描数据库中每个事务时,可以对每个事务产生所有的 2-项目集,并将它们散列到相应的桶中。在哈希表中对应的桶计数大于或等于人为定义的 min_sup(支持度最小值)的 2-项目集是频繁 2-项目集。

例子 3-3　对于表 3-3 给出的数据,假如使用 Hash 函数"$(10x + y) \bmod 7$"生成 $\{x, y\}$ 对应的桶地址,那么扫描数据库的同时可以把可能的 2-项目集 $\{x, y\}$ 放入对应桶中,并对每个桶内的项目集进行计数,其结果如表 3-4 所示。假如 minsupport_count $= 3$,则根据表 3-4 的计数结果,$L_2 = \{(\text{I2}, \text{I3}), (\text{I1}, \text{I2}), (\text{I1}, \text{I3})\}$。

数据挖掘原理与算法(第 4 版)

表 3-3　事务数据库示例

TID	Items	TID	Items
1	I1,I2,I5	6	I2,I3
2	I2,I4	7	I1,I3
3	I2,I3	8	I1,I2,I3,I5
4	I1,I2,I4	9	I1,I2,I3
5	I1,I3		

表 3-4　2-项目集的桶分配示例

桶地址	0	1	2	3	4	5	6
桶计数	2	2	4	2	2	4	4
桶内容	{I1,I4}	{I1,I5}	{I2,I3}	{I2,I4}	{I2,I5}	{I1,I2}	{I1,I3}
	{I3,I5}	{I1,I5}	{I2,I3}	{I2,I4}	{I2,I5}	{I1,I2}	{I1,I3}
			{I2,I3}			{I1,I2}	{I1,I3}
			{I2,I3}			{I1,I2}	{I1,I3}

另外值得注意的是,虽然文献中只提出了用哈希技术生成 2-项目集的问题,但是笔者认为这种方法可以扩展到 k-项目集($k \geqslant 3$)中,有兴趣的读者可以自己来完成。

3.4.3　基于采样的方法

1996 年,Toivonen 提出了一个基于采样(Sampling)技术产生频繁项目集的算法。这个方法的基本思想是:先使用数据库的抽样数据得到一些可能成立的规则,然后利用数据库的剩余部分验证这些关联规则是否正确。Toivonen 提出的基于采样的关联规则挖掘算法相当简单,并且可以显著地降低因为挖掘所付出的 I/O 代价。但是,它的最大问题是抽样数据的选取以及由此而产生的结果偏差过大,即存在所谓的数据扭曲(Data Skew)问题。采样方法是统计学经常使用的技术,虽然它可能得不到非常精确的结果,但是如果使用适当,可以在满足一定精度的前提下提高挖掘效率或者在有限的资源下处理更多的数据。也有人专门针对这一问题进行研究。例如,1998 年,Lin 和 Dunham 提出了使用反扭曲(Anti-skew)技术来改善抽样挖掘的数据扭曲问题。

从本质上说,使用一个抽样样本而不使用整个数据集的原因是效率问题。许多情况下使用庞大的整个数据库在时间和所需运算方面是行不通的,仅对样本进行运算可以使计算变得更简单和更迅速。因此,基于采样的数据挖掘技术的基础是从数据库中抽取一个能反映数据库中整个数据分布的模型。一般地讲,使用随机过程抽取一个样本,应该把样本选取机制设计为数据库中的每一条记录具有相同的被抽取机会。在统计学上,有放回抽样和不放回抽样之分。对于前者,一条已经抽取的记录有机会被再次抽取,对于后一种情况,一条记录一旦被抽出就不可能再次被抽到。在数据挖掘中,因为样本容量相对总体容量经常是很小的,所以这两种过程的差异通常是被忽略的。

由概率知识可知,样本越大,样本均值分布得越靠近真实的均值。通常,如果大小为 N 的总体样本方差为 δ^2,那么从这个总体抽出的大小为 n 的简单随机样本(不放回抽样)

的均值方差 δ_n^2 为：

$$\delta_n^2 = \frac{\delta^2}{n}\left(1 - \frac{n}{N}\right)$$

通常在要处理的情况下，对 n 来说，N 是很大的（也就是涉及较小采样率的情况），所以通常忽略第二项。因此，关键是要找到一个好的 δ^2 的估计方法。一般地，可以使用以下标准估计量来估计 δ^2：

$$\delta^2 = \frac{\sum(x(i) - \bar{x})^2}{n - 1}$$

其中，$x(i)$ 是第 i 个样本单元的值，$\bar{x}$ 是 n 个样本值的均值。

另外一种常用的采样技术是分层随机采样。在分层随机采样中，总体被分成不重叠的子集或成为层（Strata），然后从每一层中分别抽出一个样本。从理想的角度看，每个层是同质的（Homogeneous），不同的层是异质的（Heterogeneous）。通常，假定要估计某一变量的总体均值，而且使用一个分层的样本，在每一层中使用简单随机采样。假定第 k 层中有 N_k 个元素，而且用 $\bar{x}_k$ 表示第 k 层的样本均值，总体均值的估计 $\overline{N_k}$ 可以通过下式给出：

$$\overline{N_k} = \sum \frac{N_k \bar{x}_k}{N}$$

其中，N 是总体的总容量。

这个估计量的方差 δ^2 是：

$$\delta^2 = \frac{1}{N^2} \sum N_k^2 \, \mathrm{var}(\bar{x}_k)$$

其中，$\mathrm{var}(\bar{x}_k)$ 是第 k 层大小为 n_k 的简单随机样本的方差。

3.5　项目集空间理论的发展

随着数据库容量的增大，重复访问数据库（外存）将导致性能低下。因此，探索新的理论和算法来减少数据库的扫描次数和候选集空间占用，采用并行挖掘等方式提高挖掘效率等，已经成为近年来关联规则挖掘研究的热点之一。

下面的几方面是目前研究比较集中的问题。

1. 探索新的关联规则挖掘理论

突破 Apriori 算法逐层生成 k-频繁项目集和裁剪项目集空间的模式，利用新的理论生成新的算法。如 J. W. Han 等提出的不使用候选集的关联规则挖掘方法。

2. 提高裁剪项目集格空间的效率

例如，Pasquier 等建立了闭合项目集格空间（Lattice of Closed Itemsets），并且讨论了这个空间上的一些有用算子。基于这样的理论，他们提出了 Close 算法，加速了频繁项目集的生成,减少了数据库的扫描次数。

3. 分布和并行环境下的关联规则挖掘问题

对于大型数据系统来说,数据是在分布或并行的环境下组织的。因此,研制相应的并行挖掘模型和算法有巨大的吸引力。比较著名的有 Agrawal 的 CaD,Park 的 PDM,Cheung 的 FDM 等并行挖掘算法。

下面将选取两个比较流行的高效关联规则挖掘模型和算法,并通过对它们的分析进一步了解关联规则挖掘方面目前所开展工作的重点所在。

3.5.1　Close 算法

1999 年,Pasquier 等人提出闭合项目集挖掘理论,并给出了基于这种理论的 Close 算法。他们给出了闭合项目集的概念,并讨论了这个闭合项目集格空间上的基本操作算子。

Close 算法是基于这样的原理:一个频繁闭合项目集的所有闭合子集一定是频繁的,一个非频繁闭合项目集的所有闭合超集一定是非频繁的。因此,可以在闭合项目集格空间上讨论项目集的频繁问题。实验证明,它对特殊数据是可以减少数据库扫描次数的。

下面的算法 3-6 给出了 Close 算法的描述。

算法 3-6　Close 算法

(1) generators in $FCC_1 = \{1\text{-itemsets}\}$;　　　　　　　　//候选频繁闭合 1-项目集
(2) FOR($i=1$; FCC_i. generators $= \Phi$; $i++$) DO BEGIN
(3)　closures in $FCC_i = \Phi$;
(4)　supports in $FCC_i = 0$;
(5)　$FCC_i = Gen\_Closure(FCC_i)$;　　　　　　　　//计算 FCC 的闭合
(6)　FOR all candidate closed itemsets $c \in FCC_i$ DO BEGIN
(7)　　IF(c. support $>=$ minsupport) THEN $FC_i = FC_i \cup \{c\}$;　//修剪小于最小支持度的项
(8)　END
(9)　$FCC_{i+1} = Gen\_Generator(FC_i)$;　　　　　　　　//生成 FCC_{i+1}
(10) END
(11) $FC = \bigcup_i FC_i(FC_i$. closure, FC_i. support);　　　　//返回 FC
(12) Deriving frequent itemsets(FC, L);

Close 算法是对 Apriori 的改进算法。在 Close 算法中,也使用了迭代的方法:利用频繁闭合 i-项目集记为 FC_i,生成频繁闭合$(i+1)$-项目集,记为 $FC_{i+1}(i \geqslant 1)$。首先找出候选 1-项目集,记为 FCC_1,通过扫描数据库找到它的闭合以及支持度,得到候选闭合项目集。然后对其中的每个候选闭合项进行修剪,如果支持度不小于最小支持度,则加入到频繁闭合项目集 FC_1 中。再将它与自身连接,以得到候选频繁闭合 2-项目集 FCC_2,再经过修剪得出 FC_2,再用 FC_2 推出 FC_3,如此继续下去,直到有某个值 r 使得候选频繁闭合 r-项目集 FCC_r 为空,这时算法结束。

在 Close 算法中调用了三个关键函数:$Gen\_Closure(FCC_i)$、$Gen\_Generator(FC_i)$和 Deriving frequent itemsets,为了正确理解 Close,需要对它们进行描述。

算法 3-7 Gen_Closure 函数

(1) FOR all transactions t∈ D DO BEGIN

(2)　　Go＝Subset(FCC$_i$. generator,t);

(3)　　FOR all generators p∈ Go DO BEGIN

(4)　　　IF(p. closure＝Φ) THEN p. closure＝t;

(5)　　　ELSE p. closure＝p. closure∩t;

(6)　　　p. support＋＋;

(7)　　END

(8) END

(9) Answer＝∪{c∈ FCC$_i$|c. closure≠Φ};

函数 Gen_Closure(FCC$_i$)产生候选的闭合项目集,以用于频繁项目集的生成。查找闭合的方法是(设要查找 FCC$_i$ 的闭合):取出数据库的一项,记为 t。如果 FCC$_i$ 的某一项对应的产生式 p 是 t 的子集而且它的闭合为空,则把 T 的闭合记为 p 的闭合。如果不为空,则把它的闭合与 t 的交集作为它的闭合。在此过程中也计算了产生式的支持度。最后将闭合为空的产生式从 FCC$_k$ 中删除。

例如,数据库的某一项 $t＝\{ABCD\}$,又有 FCC$_2$ 的某个产生式为 $\{AC\}$,此时如果 $\{AC\}$ 的闭合为空,则由于 $\{AC\}$ 是 $\{ABCD\}$ 的子集,则 $\{AC\}$ 的闭合就是 $\{ABCD\}$。再如,数据库中的一项 $t＝\{ABC\}$。由于 $\{AC\}$ 也是 $\{ABC\}$ 的子集,而且已经知道 $\{AC\}$ 的闭合为 $\{ABCD\}$,所以计算出 $\{ABC\}$ 就是 $\{AC\}$ 的闭合(因为 $\{ABCD\}$ 与 $\{ABC\}$ 的交集为 $\{ABC\}$)。如果还存在其他数据库中的项,$\{AC\}$ 是它的子集,则继续计算交集,直到数据库的最后一项。

算法 3-8 Gen_Generator 函数

(1) FOR all generators p∈ FCC$_{i+1}$ DO BEGIN

(2)　　Sp＝Subset(FC$_i$. generator,p);　　　　//取得 p 的所有 i 项子集

(3)　　FOR all s∈ Sp DO BEGIN

(4)　　　IF(p∈ s. closure) THEN　　　　　　//如果 p 是它的 i 项子集闭合的子集

(5)　　　　delete p from FCC$_{i+1}$. generator;　　//将它删除

(6)　　END

(7) END

(8) Answer＝∪{c∈ FCC$_{i+1}$};

在该算法中,也使用了 Apriori 算法的两个重要步骤:连接和修剪。在由 FCC$_i$ 生成 FCC$_{i+1}$ 时,前面的连接和删除非频繁子集与 Apriori 算法虽然是相同的,但是它增加了一个新的步骤,就是对于 FCC$_{i+1}$ 的每个产生式 p,将 FC$_i$ 的产生式中是 p 的子集的产生式放到 Sp 中(因为这时已经进行了非频繁子集的修剪,所以 p 的所有 i 项子集都存在于 FC$_i$ 中)。对于 Sp 的每一项 s,如果 p 是 s 的闭合的子集,则 p 的闭合就等于 s 的闭合,此时需要把它从 FCC$_{i+1}$ 中删除。

例如,FCC$_2$ 的某一个产生式为 $\{AB\}$,若将 FC$_1$ 的产生式中 $\{AB\}$ 的子集挑选出来,记为 Sp,则 Sp＝$\{\{A\}\{B\}\}$。如果 $\{AB\}$ 既不在 A 的闭合集中也不在 B 的闭合集中,就应该保留,否则就应该从 FCC$_{i+1}$ 中删除。

算法 3-9 函数 Deriving frequent itemsets(FC,L)

(1) k=0;

(2) FOR all frequent closed itemsets c∈FC DO BEGIN

(3) $L_{\|c\|}=L_{\|c\|} \bigcup \{c\}$;   //按项的个数归类

(4)   IF(k< $\|c\|$) THEN k= $\|c\|$;   //记下项目集包含的最多的个数

(5) END

(6) FOR(i=k; i>1; i--) DO BEGIN

(7)   FOR all itemsets c∈ L_i DO

(8)   FOR all(i-1)-subsets s of c DO   //分解所有(i-1)项目集

(9)   IF(s!∈ L_{i-1}) THEN BEGIN   //不包含在 L_{i-1} 中

(10)   s. support=c. support;   //支持度不变

(11) $L_{i-1}=L_{i-1} \bigcup \{s\}$;   //添加到 L_{i-1} 中

(12)   END

(13) $L=\bigcup L_i$;   //返回所有的 L_i

Close 算法最终需要通过频繁闭合项目集得到频繁项目集。首先对 FC 中的每个闭合项目集,计算它的项目个数,把所有项目个数相同的归入相应的 L_i 中。例如,闭合项目集{AB},它的个数为 2,则把它加入 L_2 中。以此类推,将所有闭合项目集分配到相应的 L_i 中,同时得到最大的个数记为 k。然后从 k 开始,对每个 L_i 中的所有项目集进行分解,找到它的所有的(i-1)-项子集。对于每个子集,如果它不属于 L_{i-1},则把它加入 L_{i-1},直到 i=2,就找到了所有的频繁项目集。

为了能直观地了解 Close 算法的思想和具体技术,下面给出一个应用的实例。首先给出一个示例数据库(如表 3-5 所示),然后跟踪算法的执行过程(其中最小支持度为 2)。

表 3-5　用于 Close 算法的示例数据库

TID	Itemset	TID	Itemset
1	A B E	6	B C
2	B D	7	A C
3	B C	8	A B C E
4	A B D	9	A B C
5	A C		

(1) 计算 FCC_1 各个产生式的闭合和支持度。

首先得到 FCC_1 的产生式: FCC_1 的产生式为{A}、{B}、{C}、{D}、{E}。然后计算闭合集。

例如,计算{A}的闭合。数据库中第一项{ABE}包含{A},这时{A}的闭合首先得到{ABE};第四项{ABD}包含{A},所以取{ABD}和{ABE}的交集{AB}作为{A}的闭合;第五项{AC}包含{A},则取{AB}和{AC}的交集得到{A},作为{A}的闭合;第七项是{AC},交集为{A};第八项{ABCE}与{A}的交集是{A};第九项{ABC}与{A}的交集是{A}。这时到了最后一项,计算完成,得到{A}的闭合是{A}。并同时计算出{A}的支持度为 6(可通过对出现的 A 的超集进行计数得到)。同样可以得到 FCC_1 所有的闭合与支持度(如表 3-6 所示)。

表 3-6　示例数据库中 FCC_1 所有的闭合与支持度

Generator	closure	Support
{A}	{A}	6
{B}	{B}	7
{C}	{C}	6
{D}	{BD}	2
{E}	{ABE}	2

(2) 进行修剪。

将支持度小于最小支持度的候选闭合项删除,得到 FC_1。本例得到的 FC_1 与 FCC_1 相同。

(3) 利用 FC_1 的 Generator 生成 FCC_2。

先用 Apriori 相同的方法生成 2-项目集。然后将 FC_1 中是 FCC_2 中的某个候选项的子集的项选出来,记为 Sp。如果 FCC_1 的这一项是 Sp 的字母的闭合项则删除,得到 FCC_2。

对于本例,FC_1 自身连接后得到候选项为:{AB}、{AC}、{AD}、{AE}、{BC}、{BD}、{BE}、{CD}、{CE}和{DE},均不含有非频繁子集。再利用 FC_1 筛选:由于{AE}是子集{E}的闭合{ABE}的子集,{BE}是子集{E}的闭合{ABE}的子集,所以将这两项删除,得到的候选项 $FCC_2 = \{AB, AC, AD, BC, BD, CD, CE, DE\}$。值得注意的是,在 FCC_2 的元素中简单地用 AB 来代替上面的{AB},主要目的是在不会引起混淆的情况下表达简洁。这种表达方法在本节其余部分同样被采用。

(4) 计算各产生式的闭合和支持度。

由于 FCC_2 不空,{CD}和{DE}的闭合为空,所以将它们从 FCC_2 中删除,且得到各产生式的支持度。表 3-7 给出了所有非空 2-项目集对应的闭合和支持数。

表 3-7　所有非空 2-项目集对应的闭合和支持度

Generator	closure	Support
{AB}	{AB}	4
{AC}	{AC}	4
{AD}	{ABD}	1
{BC}	{BC}	4
{BD}	{BD}	2
{CE}	{ABCE}	1

(5) 进行修剪。

将支持度小于最小支持度的候选闭合项删除,得到 FC_2,这时{AD}和{CE}的支持度为 1,被删除。$FC_2 = \{AB, AC, BC, BD\}$。

(6) 利用 FC_2 的 generator 生成 FCC_3 并进行裁剪。

FC_2 连接后得到：$\{ABC, BCD\}$，其中的 $\{BCD\}$ 有非频繁子集 $\{CD\}$，所以将这项删除。剩下为 $\{ABC\}$，得到的候选项 $FCC_3 = \{ABC\}$。

(7) FCC_3 不为空，计算各产生式的闭合和支持度。

ABC 的闭合为 $\{ABC\}$，支持度为 2。

(8) 进行修剪。

将支持度小于最小支持度的候选闭合项删除，得到 FC_3。对于本例，FCC_3 只有一项，支持度为 2，保留。

(9) 利用 FC_3 生成 FCC_4。

为空，算法结束。

将所有的不重复的闭合加入到 FC 中，得到 FC $= \{A, B, ABE, BD, C, AB, AC, BC, ABC\}$。

以下生成频繁项目集。

(10) 统计项目集元素数。

将所有的闭合项目集按元素个数统计，得到 $L_3 = \{ABC, ABE\}$；$L_2 = \{AB, AC, BC, BD\}$；$L_1 = \{A, B, C\}$。最大个数为 3。

(11) 将 L_3 的频繁项分解。

先分解 $\{ABC\}$ 的所有 2-项子集为 $\{AB\}$、$\{AC\}$ 和 $\{BC\}$。这三项均在 L_2 中。再分解 $\{ABE\}$ 的所有 2-项子集为 $\{AB\}$、$\{AE\}$ 和 $\{BE\}$，后两项不存在，将它们加入到 L_2 中，它们的支持度等于 $\{ABE\}$ 的支持度。最后得 L_2 为 $\{BD, AB, AC, BC, AE, BE\}$。

(12) 将 L_2 的频繁项分解。

方法同上，得 L_1 为 $\{A, B, C, D, E\}$。

在 Apriori 算法中，C_k 中的每个元素需在事务数据库中进行验证(计算支持度)来决定其是否加入 L_k，这里的验证过程是算法性能的一个瓶颈。这个方法要求多次扫描可能很大的事务数据库，即如果频繁项目集最多包含 c 个项，那么就需要扫描事务数据库 $c+1$ 遍，这需要很大的 I/O 负载。虽然之后的算法进行了优化，在自身的连接过程采用了修剪技术，减少了 C_k 的大小，改进了生成频繁项目集的性能，但是，如果数据库很大，算法的效率还是很低的。因此采用闭合的方法，可以在一定程度上减少数据库扫描的次数。

使用频繁闭合项目集发现频繁集，可以提高发现关联规则的效率。由于实际上既是频繁的又是闭合的项目集的比例比频繁项目集的比例要小得多。而且随着数据库事务数的增加和项的大小的增加，项目集格增长很快。使用闭合项目集格可以通过减少查找空间、减少数据库扫描次数，来改进 Apriori 方法。

3.5.2　FP-tree 算法

2000 年，Han 等提出了一个称为 FP-tree 的算法。这个算法只进行两次数据库扫描。它不使用候选集，直接压缩数据库成一个频繁模式树，最后通过这棵树生成关联规则。

事实上，FP-tree 的算法由两个主要步骤完成：第一步是利用事务数据库中的数据构造 FP-tree；第二步是从 FP-tree 中挖掘频繁模式。

1. 构造 FP-tree 方法

FP-tree 被期望是一个存储来自数据库的项目关联及其程度的紧凑树结构,所以在 FP-tree 构造过程中,总是尽量将出现频度高的项目放在靠近根结点。因此,构造 FP-tree 需要两次数据库扫描:首先扫描数据库一次生成 1-频繁集,并把它们按降序排列,放入 L 表中;再扫描数据库一次,对每个数据库的元组,把它对应项目集的关联和频度信息放入到 FP_tree 中。

算法 3-10　FP-tree 构造算法

输入:事务数据库 DB;最小支持度阈值 Minsup。

输出:FP-tree 树,简称 T。

Build_ FP-tree(DB,Minsup,T)

(1) 扫描事务数据库 DB 一次,形成 1-频繁项表 L(按照支持度降序排列)。

(2) 创建 T 的根结点,以"root"标记它。对于 DB 中的每个事务执行以下操作:对事务中的频繁项按照 L 中的顺序进行排序,排序后的频繁项表记为[p|P],其中,p 是第一个元素,而 P 是剩余元素的表。调用 insert_tree([p|P],T)将此元组对应的信息加入到 T 中。

构造 FP-tree 算法的核心是 insert_tree 过程。insert_tree 过程是对数据库的一个元组对应的项目集的处理,它对排序后的一个项目集的所有项目进行递归式处理直到项目表为空。

算法 3-11　insert_tree([p|P],T)

(1) IF(T 有子女 N 使得 N. 项名＝p. 项名) THEN N 的计数加 1;

(2) ELSE 创建一个新结点 N,将其计数设置为 1,链接到它的父结点 T,并且通过结点链结构将其链接到具有相同项名的结点;

(3) 如果 P 非空,递归地调用 insert_tree(P,N)。

为了能正确地理解这个算法,先以一个例子来说明 FP_tree 的生长过程。

例子 3-4　对于一个给定的事务数据库,通过第一遍扫描后去掉不频繁的项目(该例的最小支持数阈值是 3),并且把一个元组中的项目按出现的频率降序排列。表 3-8 给出了这个样本数据库的原始数据和整理后的数据。

表 3-8　样本数据库/排序后的数据库

TID 数据库	原始项目集	整理后的项目集
100	f,a,c,d,g,i,m,p	f,c,a,m,p
200	a,b,c,f,l,o	f,c,a,b,o
300	b,f,h,j,m,p	f,b,m,p
400	b,c,k,m,o,s	c,b,m,o
500	a,f,c,e,l,n,o,p	f,c,a,o,p

根据 Build_FP-tree 算法,构造对应的 FP-tree 如下。

(1) 第 1 次扫描数据库,导出 1-频繁项集 $L=[f4,c4,a3,b3,m3,o3,p3]$(后面的数字代表支持数)。因此,可以通过去掉不频繁的单项目来简化原始的数据库元组,整理后的元组见表 3-8 的第 3 列。

（2）创造树的根结点,用"root"标记。第 2 次扫描数据库 DB,对每一个事务创建一个分支。

- 第 1 个事务"T100：f,a,c,d,g,i,m,p"按 L 的次序包含 5 个项{f,c,a,m,p},得到构造树的第一个分支〈f1→c1→a1→m1→p1〉。
- 对于第 2 个事务,由于其排序后的频繁项表〈f,c,a,b,o〉与已有的分支路径〈f,c,a,m,p〉共享前缀〈f,c,a〉,所以前缀中的每个结点计数加 1,只创建两个新的结点 b1 和 o1,形成分支链接在〈f2→c2→a2→b1→o1〉。
- 按此方法处理第 3~5 个事务,并按要求连接到项头表和把相同的项目连接起来（如图 3-1 中虚线所示）,最终得到如图 3-1 所示的 FP-tree。

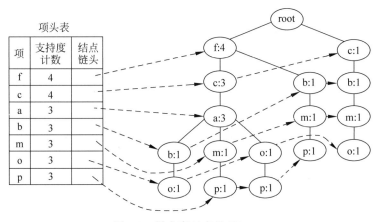

图 3-1　样本库对应的 FP-tree

2. 从 FP-tree 中挖掘频繁模式方法

用 FP-tree 挖掘频繁集的基本思想是分而治之,大致过程如下。

- 对每个项,生成它的条件模式基（一个"子数据库",由 FP-tree 中与后缀模式一起出现的前缀路径集组成）,然后是它的条件 FP-tree。
- 对每个新生成的条件 FP-tree,重复这个步骤。
- 直到结果 FP-tree 为空,或只含唯一的一个路径（此路径的每个子路径对应的项目集都是频繁集）。

算法 3-12　在 FP-tree 中挖掘频繁模式

输入：构造好的 FP-tree；事务数据库 DB；最小支持度阈值 Minsup。

输出：频繁模式的完全集。

方法：Call FP-growth(FP-tree,null)。

挖掘 FP-Tree 算法的核心是 FP-growth 过程,它是通过递归调用方式实现频繁模式。

算法 3-13 FP-growth(Tree,α)

(1) IF(Tree 只含单个路径 P)THEN FOR 路径 P 中结点的每个组合(记作 β)DO
产生模式 β∪α,其支持度 support＝β 中结点的最小支持度;

(2) ELSE FOR each a_i 在 FP-tree 的项头表(倒序) DO BEGIN

    (2-1) 产生一个模式 β＝a_i∪α,其支持度 support＝a_i.support;

    (2-2) 构造 β 的条件模式基,然后构造 β 的条件 FP-tree Tree β;

    (2-3) if Tree β≠φ THEN call FP-growth(Tree β,β);

例子 3-5 根据算法 FP-growth,对图 3-1 产生的 FP-tree 进行挖掘。由于初始参数 α＝null,没有单通路,所以在项头表中找到最后一项 p(倒序搜索项头表)。p 出现在 FP-tree 中的三个分支(p 可以通过沿它的结点链找到)。如⟨f：4,c：3,a：3,m：1,p：1⟩、⟨f：4,c：3,a：3,o：1,p：1⟩和⟨c：1,b：1,m：1,p：1⟩。第一个前缀路径显示项集"⟨f,c,a,m,p⟩"在数据库中出现一次。注意尽管项集⟨f,c,a⟩出现三次,而且⟨f⟩本身甚至出现四次,但它们与 p 一起只出现一次。因此在研究与 p 一起出现的项集时,只统计 p 的前缀路径⟨fcam：1⟩。同样地,p 的第二个和第三个前缀路径分别为⟨fcao：1⟩和⟨cbm：1⟩。它们形成 p 的条件模式基。由 p 的上面三个条件模式,可以导出包含 p 的频繁模式为:{(cp：3)}(这是因为 p 的条件 FP-tree 只包含一个频度结点⟨c：3⟩)。以此类推,挖掘过程和结果总结在表 3-9 中。

表 3-9 挖掘 FP-tree 示例

项	条件模式基	条件 FP-tree	产生的频繁模式
p	{(fcam：1),(fcao：1),(cbm：1)}	⟨c：3⟩	cp：3
o	{(fcab：1),(fca：1),(cbm：1)}	⟨c：3⟩	co：3
m	{(fca：1),(fb：1),(cb：1)}	∅	∅
b	{(fca：1),(f：1),(c：1)}	∅	∅
a	{(fc：3)}	⟨fc：3⟩	fa：3,ca：3,fca：3
c	{(f：3)}	⟨f：3⟩	fc：3
f	∅	∅	∅

3.6 项目集格空间和它的操作

2002 年,我们针对传统关联规则挖掘的典型问题,提出了项目集格的概念,并在项目集格空间上讨论了项目集的操作。

为了重复利用对数据库的扫描信息,把来自数据库的信息组织成项目集格(Set of Itemsets)形式,并且对项目集格及其操作代数化。不失一般性,可以假定项目集中的元素按照某种标准进行有序排列。例如,可以按项目名称的字典顺序排列,也可以像 FP-tree 算法那样,按它们在数据库中出现次数的多少降序排列。在这样的代数系统下研究适应关联规则挖掘问题的操作算子。

定义 3-5 (项目集格)一个项目集格空间可以用三元组(I,S,p)来刻画,其中含义如下。

数据挖掘原理与算法(第 4 版)

- 项目定义域 I：$I=\{i_1,i_2,\cdots,i_m\}$ 为所涉及项目的定义范围。
- 项目集变量集 S：S 中的每个项目集变量形式为 $\mathrm{ISS}=\{\mathrm{IS}_1,\mathrm{IS}_2,\cdots,\mathrm{IS}_n\}$，其中，$\mathrm{IS}_i(i=1,2,\cdots,n)$ 是定义在 I 上的项目集。
- 操作 p：关于 S 中的项目集变量的操作集。

由于项目集实际上是定义在 I 上的项目集所构成的集合，因此传统的集合操作对它仍然是适用的。由于它们很容易理解，因此不加解释地把它写成下面的定义 3-6 的形式。

定义 3-6 （项目集格上的集合操作）项目集间（上）的属于（$\in$）、包含（$\subseteq$）、并（$\cup$）、交（$\cap$）、差（$-$）等操作和普通的集合操作相同。

下面来分析这些基于传统集合理论的操作运算的局限性。

例子 3-6 设 $\mathrm{ISS}_1=\{\mathrm{AB},\mathrm{CD}\}$ 和 $\mathrm{ISS}_2=\{\mathrm{ABCD},\mathrm{AD}\}$ 是定义在 $I=\{\mathrm{A},\mathrm{B},\mathrm{C},\mathrm{D}\}$ 上的项目集，则 $\mathrm{AB}\in\mathrm{ISS}_1$；$\mathrm{AB}\notin\mathrm{ISS}_2$；$\{\mathrm{AB}\}\subseteq\mathrm{ISS}_1$；$\{\mathrm{AB}\}\not\subseteq\mathrm{ISS}_2$；$\mathrm{ISS}_1\cup\mathrm{ISS}_2=\{\mathrm{AB},\mathrm{CD},\mathrm{ABCD},\mathrm{AD}\}$；$\mathrm{ISS}_1\cap\mathrm{ISS}_2=\varnothing$。

对于项目集格来说，只有上面这些操作是不够的，应该在更深的层次上加以考虑。例如，对上面的例子，虽然 $\{\mathrm{AB}\}\not\subseteq\mathrm{ISS}_2$，但是 AB 却是 ISS_2 中的元素 ABCD 的子序列。因此，传统的集合运算无法刻画这类关系。毫无疑问，探索这类关系的表达方式对数据挖掘应用来说是重要而有意义的（下面的关联规则挖掘算法可以说明这一点）。下面给出的运算扩展了项目集格空间上的操作能力。

定义 3-7 （项目集格上的亚操作）设 ISS_1 和 ISS_2 是定义在 I 上的两个项目集的集合，IS 是定义在 I 上的一个项目集，定义如下操作。

- 亚属于（$\in_{\mathrm{sub}}$）：$\mathrm{IS}\in_{\mathrm{sub}}\mathrm{ISS}_1$ 当且仅当 $\exists\,\mathrm{IS}_1\in\mathrm{ISS}_1$ 使得 $\mathrm{IS}\subseteq\mathrm{IS}_1$。
- 亚包含（$\subseteq_{\mathrm{sub}}$）：$\mathrm{ISS}_1\subseteq_{\mathrm{sub}}\mathrm{ISS}_2$ 当且仅当 $\forall\,\mathrm{IS}_1\in\mathrm{ISS}_1\Rightarrow\mathrm{IS}_1\in_{\mathrm{sub}}\mathrm{ISS}_2$。
- 亚交（$\cap_{\mathrm{sub}}$）：$\mathrm{ISS}_1\cap_{\mathrm{sub}}\mathrm{ISS}_2=\{\mathrm{IS}\mid\mathrm{IS}\in_{\mathrm{sub}}\mathrm{ISS}_1\ \text{且}\ \mathrm{IS}\in_{\mathrm{sub}}\mathrm{ISS}_2\}$。
- 亚并（$\cup_{\mathrm{sub}}$）：$\mathrm{ISS}_1\cup_{\mathrm{sub}}\mathrm{ISS}_2=\{\mathrm{IS}\mid\mathrm{IS}\in_{\mathrm{sub}}\mathrm{ISS}_1\ \text{或}\ \mathrm{IS}\in_{\mathrm{sub}}\mathrm{ISS}_2\}$。

从上面的定义可以看出，这些“亚”操作在更深的层次上刻画了项目集变量之间的关系。下面将给出它们的一些性质，并对部分加以证明。

性质 3-1 基本性质

亚属于和亚包含的传递性：

- $(\mathrm{IS}_2\subseteq\mathrm{IS}_1,\mathrm{IS}_1\in_{\mathrm{sub}}\mathrm{ISS})\Rightarrow\mathrm{IS}_2\in_{\mathrm{sub}}\mathrm{ISS}$。
- $(\mathrm{ISS}_1\subseteq_{\mathrm{sub}}\mathrm{ISS}_2,\mathrm{ISS}_2\subseteq_{\mathrm{sub}}\mathrm{ISS}_3)\Rightarrow\mathrm{ISS}_1\subseteq_{\mathrm{sub}}\mathrm{ISS}_3$。

亚交和亚并的缩放性：

- $(\mathrm{ISS}_1\cap_{\mathrm{sub}}\mathrm{ISS}_2)\subseteq_{\mathrm{sub}}\mathrm{ISS}_1$；$(\mathrm{ISS}_1\cap_{\mathrm{sub}}\mathrm{ISS}_2)\subseteq_{\mathrm{sub}}\mathrm{ISS}_2$。
- $\mathrm{ISS}_1\subseteq_{\mathrm{sub}}(\mathrm{ISS}_1\cup_{\mathrm{sub}}\mathrm{ISS}_2)$；$\mathrm{ISS}_2\subseteq_{\mathrm{sub}}(\mathrm{ISS}_1\cup_{\mathrm{sub}}\mathrm{ISS}_2)$。

亚交和亚并与传统交和并：

- $(\mathrm{ISS}_1\cap\mathrm{ISS}_2)\subseteq(\mathrm{ISS}_1\cap_{\mathrm{sub}}\mathrm{ISS}_2)$。
- $(\mathrm{ISS}_1\cup\mathrm{ISS}_2)\subseteq(\mathrm{ISS}_1\cup_{\mathrm{sub}}\mathrm{ISS}_2)$。

性质 3-2 亚并和亚交操作的相关性质

自含性：

- $\mathrm{ISS}_1 \bigcap_{\mathrm{sub}} \mathrm{ISS}_1 = \mathrm{ISS}_1$。
- $\mathrm{ISS}_1 \bigcup_{\mathrm{sub}} \mathrm{ISS}_1 = \mathrm{ISS}_1$。

交换律：

- $\mathrm{ISS}_1 \bigcap_{\mathrm{sub}} \mathrm{ISS}_2 = \mathrm{ISS}_2 \bigcap_{\mathrm{sub}} \mathrm{ISS}_1$。
- $\mathrm{ISS}_1 \bigcup_{\mathrm{sub}} \mathrm{ISS}_2 = \mathrm{ISS}_2 \bigcup_{\mathrm{sub}} \mathrm{ISS}_1$。

结合律：

- $\mathrm{ISS}_1 \bigcap_{\mathrm{sub}} \mathrm{ISS}_2 \bigcap_{\mathrm{sub}} \mathrm{ISS}_3 = \mathrm{ISS}_1 \bigcap_{\mathrm{sub}} (\mathrm{ISS}_2 \bigcap_{\mathrm{sub}} \mathrm{ISS}_3)$。
- $\mathrm{ISS}_1 \bigcup_{\mathrm{sub}} \mathrm{ISS}_2 \bigcup_{\mathrm{sub}} \mathrm{ISS}_3 = \mathrm{ISS}_1 \bigcup_{\mathrm{sub}} (\mathrm{ISS}_2 \bigcup_{\mathrm{sub}} \mathrm{ISS}_3)$。

分配律：

- $\mathrm{ISS}_1 \bigcap_{\mathrm{sub}} (\mathrm{ISS}_2 \bigcup_{\mathrm{sub}} \mathrm{ISS}_3) = (\mathrm{ISS}_1 \bigcap_{\mathrm{sub}} \mathrm{ISS}_2) \bigcup_{\mathrm{sub}} (\mathrm{ISS}_1 \bigcap_{\mathrm{sub}} \mathrm{ISS}_3)$。
- $\mathrm{ISS}_1 \bigcup_{\mathrm{sub}} (\mathrm{ISS}_2 \bigcap_{\mathrm{sub}} \mathrm{ISS}_3) = (\mathrm{ISS}_1 \bigcup_{\mathrm{sub}} \mathrm{ISS}_2) \bigcap_{\mathrm{sub}} (\mathrm{ISS}_1 \bigcup_{\mathrm{sub}} \mathrm{ISS}_3)$。

证明　我们只证明（a）$\mathrm{ISS}_1 \bigcap_{\mathrm{sub}} \mathrm{ISS}_2 \bigcap_{\mathrm{sub}} \mathrm{ISS}_3 = \mathrm{ISS}_1 \bigcap_{\mathrm{sub}} (\mathrm{ISS}_2 \bigcap_{\mathrm{sub}} \mathrm{ISS}_3)$ 和（b）$\mathrm{ISS}_1 \bigcap_{\mathrm{sub}} (\mathrm{ISS}_2 \bigcup_{\mathrm{sub}} \mathrm{ISS}_3) = (\mathrm{ISS}_1 \bigcap_{\mathrm{sub}} \mathrm{ISS}_2) \bigcup_{\mathrm{sub}} (\mathrm{ISS}_1 \bigcap_{\mathrm{sub}} \mathrm{ISS}_3)$，其他可以类似证明。

$$
\begin{aligned}
(1)\ (\mathrm{ISS}_1 \bigcap_{\mathrm{sub}} \mathrm{ISS}_2) \bigcap_{\mathrm{sub}} \mathrm{ISS}_3 &= \{\mathrm{IS} \mid \mathrm{IS} \in_{\mathrm{sub}} (\mathrm{ISS}_1 \bigcap_{\mathrm{sub}} \mathrm{ISS}_2)\ \text{且}\ \mathrm{IS} \in_{\mathrm{sub}} \mathrm{ISS}_3\} \\
&= \{\mathrm{IS} \mid \mathrm{IS} \in_{\mathrm{sub}} \mathrm{ISS}_1\ \text{且}\ \mathrm{IS} \in_{\mathrm{sub}} \mathrm{ISS}_2\ \text{且}\ \mathrm{IS} \in_{\mathrm{sub}} \mathrm{ISS}_3\} \\
&= \{\mathrm{IS} \mid \mathrm{IS} \in_{\mathrm{sub}} \mathrm{ISS}_1\ \text{且}\ \mathrm{IS} \in_{\mathrm{sub}} (\mathrm{ISS}_2 \bigcap_{\mathrm{sub}} \mathrm{ISS}_3)\} \\
&= \mathrm{ISS}_1 \bigcap_{\mathrm{sub}} (\mathrm{ISS}_2 \bigcap_{\mathrm{sub}} \mathrm{ISS}_3) \\
(2)\ \mathrm{ISS}_1 \bigcap_{\mathrm{sub}} (\mathrm{ISS}_2 \bigcup_{\mathrm{sub}} \mathrm{ISS}_3) &= \{\mathrm{IS} \mid \mathrm{IS} \in_{\mathrm{sub}} \mathrm{ISS}_1\ \text{且}\ \mathrm{IS} \in_{\mathrm{sub}} (\mathrm{ISS}_2 \bigcup_{\mathrm{sub}} \mathrm{ISS}_3)\} \\
&= \{\mathrm{IS} \mid \mathrm{IS} \in_{\mathrm{sub}} \mathrm{ISS}_1\ \text{且}\ (\mathrm{IS} \in_{\mathrm{sub}} \mathrm{ISS}_2\ \text{或}\ \mathrm{IS} \in_{\mathrm{sub}} \mathrm{ISS}_3)\} \\
&= \{\mathrm{IS} \mid (\mathrm{IS} \in_{\mathrm{sub}} \mathrm{ISS}_1\ \text{且}\ \mathrm{IS} \in_{\mathrm{sub}} \mathrm{ISS}_2)\ \text{或} \\
&\quad (\mathrm{IS} \in_{\mathrm{sub}} \mathrm{ISS}_1\ \text{且}\ \mathrm{IS} \in_{\mathrm{sub}} \mathrm{ISS}_3)\} \\
&= (\mathrm{ISS}_1 \bigcap_{\mathrm{sub}} \mathrm{ISS}_2) \bigcup_{\mathrm{sub}} (\mathrm{ISS}_1 \bigcap_{\mathrm{sub}} \mathrm{ISS}_3)
\end{aligned}
$$

3.7　基于项目集操作的关联规则挖掘算法

3.6 节系统地定义了项目集格空间及其操作。本节将从项目集格角度刻画它的应用，并通过设计一个关联规则挖掘算法来说明它的应用价值。

3.7.1　关联规则挖掘空间

前面简单地描述了关联规则挖掘问题，为了严格起见，这里在前面的叙述基础上给出关联规则挖掘空间的定义。

定义 3-8　（关联规则挖掘空间）关联规则挖掘空间定义为一个五元组 $W = (I, D, O, U, R)$，含义如下。

- $I = \{i_1, i_2, \cdots, i_m\}$，为 W 所涉及的全体项目。
- $D = \{t_1, t_2, \cdots, t_n\}$，为 W 所基于的事务数据库。本节考虑的事务数据库含有两个基本属性：一个事务 t_i 的全局唯一事务号 TID_i 和对应的项目集 $\mathrm{IS}_i(i = 1, 2, \cdots, n)$。

- $O=\{o_1,o_2,\cdots,o_k\}$ 为 W 上关于 D 的元素的操作集合。
- $U=\{u_1,u_2,\cdots,u_p\}$ 为 W 上用户给定的限制参数及约束条件。本章主要使用最小支持度 minsupport 和最小可信度 minconfidence。
- $R=\{r_1,r_2,\cdots,r_q\}$ 为 D 中所蕴含的关联规则集。

在弄清关联规则挖掘空间后,我们来设计一个频繁项目集格的挖掘算法。它把上面定义的项目集格操作应用到关联规则挖掘中。

3.7.2　三个实用算子

首先,对数据库每个记录的扫描,可以看作新的项目集加入项目集格的演算过程。从元素增加的角度上看,这项工作可以通过项目集的"并"操作来完成。但是,必须考虑项目集的支持度问题。支持度的准确定义应该是一个项目集在事务数据库中出现的百分比。为了方便,下面使用支持数(Support Count),即项目集在数据库中的出现次数,来进行相关的讨论。

定义 3-9　(考虑支持度下的项目集加入项目集格的操作)一个项目集 IS 加入项目集格 ISS 的操作算子 join(IS,ISS)描述为:

(1) 项目集格为 $ISS=ISS_{原}\bigcup\{IS\}$。

(2) IS 在 ISS 中的支持度按如下方法给出。

- 如果 $IS\in ISS_{原}$,则 sup_count(IS)=1。
- 如果 $IS\notin ISS_{原}$,则 sup_count(IS)++。

算法 3-14　join(IS,ISS)

(1) sup_count(IS)=1; flag=0;
(2) FOR all $IS_1\in ISS$ DO
(3) 　　IF IS=IS_1 THEN BEGIN
(4) 　　　　sup_count(IS_1)++;
(5) 　　　　flag=1;
(6) 　　END
(7) IF flag=0 THEN ISS=ISS$\bigcup\{IS\}$;

一个项目集加入项目集格后,它及它的子项目集可能已经达到频繁(即支持数大于或等于 minsup_count)。因此,应及时把这些项目集挑选出来。

定义 3-10　(频繁项目集格生成操作)利用 IS 在 ISS 中挑选频繁项目集并加入到频繁项目集格 ISS* 的操作算子 make_fre(IS, ISS,ISS*)描述为:

$\forall IS^*\in_{sub}\{IS\}$,如果 IS^* 的支持数$\geqslant$minsup_count,则 IS^* 可能作为频繁项目集加入到 ISS* 中。

算法 3-15　make_fre(IS, ISS,ISS*)

(1) FOR all $IS^*\in_{sub}\{IS\}$DO BEGIN
(2) 　　sup_count(IS^*)=0;
(3) 　　FOR all $IS^{**}\in ISS$ DO
(4) 　　　　IF $IS^*\subseteq IS^{**}$ THEN
(5) 　　　　　　sup_count(IS^*)+=sup_count(IS^{**});

(6)	IF sup_count(IS^*)$\geqslant$minsup_count THEN	
(7)	IF $IS^* \notin_{sub} ISS^*$ THEN BEGIN	
(8)	prune(IS^*, ISS^*);	//见后
(9)	$ISS^* = ISS^* \cup \{IS^*\}$;	
(10)	END	
(11)	prune(IS^*, ISS);	//见后
(12)	END	

随着频繁项目集不断加入频繁项目集格 ISS^* 会不断增大。既然我们的目标是希望得到频繁大项目集格,那么在每次 make_fre(IS, ISS, ISS^*) 产生一个可能频繁项目集时,应该在 ISS^* 中裁剪那些不可能构成频繁大项目集格的元素,即已经被 ISS^* 中的元素包含的项目集。同时,如果一个 IS^* 是频繁的,那么它和它的子序列就没有再在 ISS 中保留的必要了。因此这里的 prune(IS^*, ISS^*) 和 prune(IS^*, ISS) 的作用是为了节约内存空间而及时把不再需要的项目集从 ISS^* 和 ISS 中裁剪掉。

定义 3-11　(频繁项目集格的裁剪操作)利用项目集 IS_1 裁剪项目集格 ISS_1 的操作算子 prune(IS_1, ISS_1) 描述为:

对 $\forall IS \in ISS_1$,如果 $IS \in_{sub} \{IS_1\}$,把 IS 从 ISS_1 中剔除。

算法 3-16　prune(IS_1, ISS_1)

(1) FOR all $IS \in ISS_1$ DO
(2) 　IF $IS \in_{sub} \{IS_1\}$ THEN $ISS_1 = ISS_1 - \{IS\}$;

3.7.3　最大频繁项目集格的生成算法

有了 join、make_fre 和 prune 算子,就可以描述基于项目集格操作的关联规则挖掘算法。这个算法在内存中建立了两个线性数据结构 ISS 和 ISS^*。ISS 存储从数据库扫描中得到的项目集,ISS^* 存储生成的频繁项目集,它们的元素随着项目集的增加和裁剪而变化。

算法 3-17　ISS-DM Algorithm(最大频繁项目集的生成算法)

输入:数据库 D。

输出:最大频繁项目集格 ISS^*。

(1) Input(minsup_count);
(2) ISS$\leftarrow\varnothing$; $ISS^* \leftarrow \varnothing$;
(3) FOR all $IS \in D$　DO BEGIN　　//取 D 的一个项目集 IS
(4) 　join(IS, ISS);
(5) 　make_fre(IS, ISS, ISS^*);
(6) END
(7) Answer$=ISS^*$;

3.7.4　ISS-DM 算法执行示例

对于表 3-1 给出的样本事务数据库,我们跟踪 ISS-DM 算法的执行。表 3-10 给出

ISS-DM 对它的处理过程(假设 minsupport＝40％)。

表 3-10　ISS-DM 算法执行例子

操作	IS	ISS	频繁 ISS*	说　　明
初始		∅	∅	
1	ABCD	{(ABCD,1)}	∅	
2	BCE	{(ABCD,1),(BCE,1)}	{BC}	
3	ABCE	{(ABCD,1),(ABCE,1)}	{ABC,BCE}	从 ISS* 中裁 BC; 从 ISS 中裁 BCE
4	BDE	{(ABCD,1),(ABCE,1),(BDE,1)}	{ABC,BCE, BD}	
5	ABCD	{(ABCE,1),(BDE,1)}	{ABCD,BCE}	从 ISS* 中裁 ABC 和 BD; 从 ISS 中裁 ABCD
Answer		{(ABCE,1),(BDE,1)}	{ABCD,BCE}	

3.8　改善关联规则挖掘质量问题

如上所述,关联规则挖掘普遍使用"支持度-可信度"度量机制。一般地讲,不加额外的限制条件会产生大量的规则。这些规则并不是对用户都是有用的或感兴趣的。衡量关联规则挖掘结果的有效性应该从多种综合角度来考虑。

- 准确性:挖掘出的规则必须反映数据的实际情况。尽管规则不可能是 100％适用的,但是必须要在一定的可信度内。
- 实用性:挖掘出的规则必须是简洁可用的,而且是针对挖掘目标的。不能说有 100 条规则,其中 50 条与商业目标无关,30 条用户无法理解。
- 新颖性:挖掘出的关联规则可以为用户提供新的有价值信息。如果它们是用户事先就知道的,那么这样的规则即使再正确也是毫无价值的。

改善关联规则挖掘质量是一件很困难的工作。必须采用事先预防、过程控制以及事后评估等多种方法,其中,使用合适的机制(如约束),让用户主动参与挖掘工作是解决问题的关键。粗略地说,可以在用户主观和系统客观两个层面上考虑关联规则挖掘的质量问题。

3.8.1　用户主观层面

事实上,一个规则是否有用最终取决于用户的感觉。只有用户可以决定规则的有效性、可行性,所以应该将用户的需求和系统更加紧密地结合起来。约束数据挖掘可以为用户参与知识发现工作提供一种有效的机制。

用户可以在不同的层面、不同的阶段、使用不同的方法来主观设定约束条件。例如,可以把约束作为算法的参数和算法有机结合,也可以以交互式方式进行不同的尝试;可以事先根据挖掘目标设定,还可以作为事后评估规则的依据;可以在数据预处理阶段用来减少数据量,也可以对知识形式进行约束以减少尝试路径。

从被约束的对象来看,下面是数据挖掘中常用的几种约束类型。

1. 知识类型的约束

对于不同的商业应用问题,特定的知识类型可能更能反映问题。如前所述,一个多策略的知识发现工具可能提供多种知识表示模式,因此需要针对应用问题选择有效的知识表达模式。例如,如果一个商业企业希望根据客户特点进行有针对性的销售,那么使用分类或聚类形式可以帮助用户形成客户群。用户可以设定明确的挖掘知识模式,减少不必要的模式探索,增强挖掘的实用性。

2. 数据的约束

对数据的约束可以起到减少数据挖掘算法所用的数据量、提高数据质量等作用。用户可以指定对哪些数据进行挖掘,通过指定约束把粗糙的、混杂的庞大源数据集逐步压缩到与任务相关的数据集上。在不同的阶段,可以通过数据挖掘语言实施数据约束。例如,目前研究的数据挖掘操纵语言大都支持数据约束的设定。

3. 维/层次的约束

对于一个基于数据仓库或多维数据库的数据挖掘工作来说,不同的维为用户提供了不同粒度的数据和对数据的不同视点。但是,它也给数据挖掘工作带来新的问题。例如,从不同粒度挖掘出来的知识可能存在冗余问题;由于维数不加限制可能引起挖掘效率低下等问题。因此,可以限制聚焦的维数或粒度层次,也可以针对不同的维设置约束条件。利用约束灵活地进行多维挖掘是目前比较集中讨论的问题。

4. 知识内容的约束

可以通过限定要挖掘的知识的内容,如指定单价大于 10 的交易项目,可以减少探索的代价和加快知识的形成过程。这样的约束也可以通过数据挖掘语言来指定。

5. 针对具体知识类型的约束

不同的知识类型在约束形式和使用上会有所差异,因此开展针对具体知识类型的进行约束挖掘的形式和实现机制的研究是有意义的。例如,对于关联规则挖掘,使用指定要挖掘的规则形式(如规则模板)等。近年来,在基于约束的聚类、关联规则等方面开展了相应的工作。

3.8.2 系统客观层面

使用"支持度-可信度"的关联规则挖掘度量框架,在客观上也可能出现与事实不相符的结果。例如,前面提到的"计算机游戏和录像产品是负相关的"问题。现在已有许多工作来重新考虑关联规则的客观度量问题。例如,Brin 等考虑的蕴含规则(Implication Rule);Chen 等给出的 R-兴趣(R-Interesting)规则度量方法等。这些工作都期望通过引入新的度量机制和重新认识关联规则的系统客观性来改善挖掘质量。

3.9 约束数据挖掘问题

如前所述,在数据挖掘和知识发现中使用约束可以提高挖掘效率、精度等。事实上,对于一个大型数据集而言,可能蕴含着巨大数量的关联知识。如果盲目地进行挖掘,不仅效率很低,而且可能造成新的"信息坟墓"问题,即知识太多以至于无法利用。同时,数据挖掘和知识发现是一件艰苦而细致的工作,只有严格控制应用规模才有可能达到实用。

3.9.1 约束在数据挖掘中的作用

归纳起来,约束在数据挖掘中的使用可以在如下方面起到关键作用。

1. 聚焦挖掘任务,提高挖掘效率

数据挖掘和知识发现的早期研究注重模型和算法的研究,但是随着应用的探索,人们发现孤立的挖掘工具是很难取得预期效果的。虽然在一个项目的启动阶段,反复进行调研和分析,甚至制定了很详细的挖掘任务列表,但是还是不能得到我们感兴趣的知识。实际上,一个好的挖掘目标需要依靠具体的实现机制保证。利用约束,我们可以把具体的挖掘任务转换成对系统工作的控制,从而使挖掘工作按照我们期望的方向发展。约束的使用可以在知识发现的任何阶段进行,它是交互式或探索式挖掘的基本方法。通过人机交互和探索实验,可以快速聚焦挖掘任务,进而提高挖掘效率。

2. 保证挖掘的精确性

数据挖掘是一个结果不可预测的工作,很难预先把所有的问题都设计好。因此,需要不断地验证和修改错误。即使有些知识是正确的,它也未必是我们感兴趣的。挖掘结果的精确性,不仅体现在它的可信程度,而且取决于它是否对我们有用。约束的使用可以帮助我们发现问题,并及时加以调整,使知识发现的各个阶段按照正确的方向发展。

3. 控制系统的使用规模

数据挖掘和知识发现应用最常犯的错误就是无限制地扩大规模。想要把所有的问题都在一个系统内解决,结果是什么也解决不了。约束数据挖掘的思想为系统的增量式扩充提供条件。当基本的原则和目标确定后,可以把一些有待验证和优化的问题以约束参数的形式交互式输入,通过实验找到最佳值。由于约束可以在知识发现的不同阶段实施,因此可以在每个子阶段设置约束条件,控制系统的不断增长。在数据预处理阶段,可以通过设置与任务相关的数据选择约束、数据过滤条件等,在保证数据质量的前提下,尽量减少数据规模。在挖掘阶段,可以针对不同的子目标进行约束,快速聚焦问题,加快知识形成的进程。

不同类型的约束条件,可以帮助解决特定的问题。弄清一个约束的类型,可以帮助我们更好地使用约束。对于不同类型的约束,可以采用不同的策略应用到数据挖掘的过程中。对于多层次或多维数据挖掘也可以通过约束类型的特点,实现约束的转移或

再生。

从挖掘所使用约束的类型看,可以把用于关联规则挖掘的约束分为单调性约束(Monotone Constraint)、反单调性约束(Anti-monotone Constraint)、可转变的约束(Convertible Constraint)和简洁性约束(Succinct Constraint)。

3.9.2 约束的类型

先来定义一些常用的名词和符号。

定义 3-12 设项目集 $I=\{i_1,i_2,\cdots,i_m\}$,事务数据库 $T=\langle tid,It\rangle$,模式 S 和 S^* 都是项目集 I 的子集,如果 $S^*\subseteq S$,则:

- S^* 是 S 的子模式(Subpattern)。
- S 是 S^* 的超模式(Superpattern)。

定义 3-13 一个约束 C 是作用于项目集 I 的幂集(Powerset)上的谓词。约束 C 对于一个模式 S 的结果用布尔变量来表示,即 $C(S)=\text{True/False}$。

- $C(S)=\text{True}$ 表示 S 满足约束条件。
- $C(S)=\text{False}$ 表示 S 不满足约束条件。

定义 3-14 对于被讨论的项目集 I,满意模式集(Satisfying Pattern Set),记为 $\text{SATc}(I)$ 是指那些完全满足约束 C 的项目集的全体。

将约束条件用于频繁集的查询无非是找出那些满足 C 的频繁集。

1. 单调性约束(Monotone Constraint)

定义 3-15 所谓一个约束 C_m 是单调性的约束是指满足 C_m 的任何项目集 S 的超集也能满足 C_m。

例如,"sum(price)>100"是一个单调性约束,因为一个项目集满足这个条件,那么它的超集也一定满足这个条件。现实世界中有许多约束满足这样的性质,如"包含"等。

2. 反单调性约束(Anti-monotone Constraint)

定义 3-16 约束 C_a 是反单调的是指对于任意给定的不满足 C_a 的项目集 S,不存在 S 的超集能够满足 C_a。

例如,"sum(price)<100"是反单调的,因为一个人买了大于或等于 100 元的东西,再加上新的物品只能使总和增大,也不可能满足这个条件。

这样的约束可以用来裁剪不必要的探索,提高挖掘效率。表 3-11 给出了一些常见约束的单调性和反单调性描述。

表 3-11 一些常见约束的单调性和反单调性描述

约束规则	S 单调性	S 反单调性
$V\in S$	Yes	No
$S\supseteq V$	Yes	No
$S\subseteq V$	No	Yes

续表

约束规则	S 单调性	S 反单调性
$S=V$	Partly	Partly
$\min(S)\leqslant V$	Yes	No
$\min(S)\geqslant V$	No	Yes
$\min(S)=V$	Partly	Partly
$\max(S)\leqslant V$	No	Yes
$\max(S)\geqslant V$	Yes	No
$\max(S)=V$	Partly	Partly
$\text{count}(S)\leqslant V$	No	Yes
$\text{count}(S)\geqslant V$	Yes	No
$\text{count}(S)=V$	Partly	Partly
$\text{sum}(S)\leqslant V$	No	Yes
$\text{sum}(S)\geqslant V$	Yes	No
$\text{sum}(S)=V$	Partly	Partly
$\text{avg}(S)\theta V,\theta\in\{=,\leqslant,\geqslant\}$	Convertible	Convertible
(frequent constraint)	(No)	(Yes)

3. 可转变的约束(Convertible Constraint)

可转变的约束是指约束条件可以在项目集和它的子集间传递等。如果一个约束无法用单调或反单调形式给出,那么就给使用带来了困难。但是,可以通过对数据的特殊组织等方式使问题得到转换。例如"average(price)<100"这样的问题,如果对每个客户购买的物品按 price 降序排列,那么可以转换为单调约束。

定义 3-17 如果一个约束 C 满足下面的条件,那么称它是反单调可转变的:

- $C(S)$ 既不是单调性约束,也不是反单调性约束。
- 若存在顺序 R,使得经 R 排序后的 I 满足:任给 $S^*\in\{\text{suffix\_}S\}$,有 $C(S)\Rightarrow C(S^*)$。

例如,对于 $\text{avg}(S)\geqslant V$,令 I 为一组以升序排列数值的项目集。如果 S 满足约束,那么 S 的后缀 S^* 也满足 $\text{avg}(S^*)\geqslant V$。具体假设 $I=\{1,3,4,6,8,9\}$,升序排列,$\{6,8,9\}$ 是 $\{3,4,6,8,9\}$ 的一个后缀,显然满足 $\text{avg}(\{6,8,9\})=23/3\geqslant\text{avg}(\{3,4,6,8,9\})=6$。

定义 3-18 如果一个约束 C 满足下面的条件,那么称它是单调可转变的:

- $C(S)$ 既不是单调性约束,也不是反单调性约束。
- 若存在顺序 R,使得经 R 排序后的 I 满足:任给 $S^*\in\{\text{suffix\_}S\}$,有 $C(S^*)\Rightarrow C(S)$。

例如,对于 $\text{avg}(S)\geqslant V$,令 I 为一组以降序排列数值的项目集。如果 S 的后缀 S^* 满足约束 $\text{avg}(S^*)\geqslant V$,那么 S 也满足 $\text{avg}(S)\geqslant V$。具体假设 $I=\{9,8,6,5,4\}$,降序排列,$\{5,4\}$ 是 $\{8,6,5,4\}$ 的一个后缀,显然满足 $\text{avg}(\{8,6,5,4\})=23/4\geqslant\text{avg}(\{5,4\})=9/2$。

4. 简洁性约束(Succinct Constraint)

定义 3-19 一个项目子集 I_s 是一个简洁集(Succinct Set),如果对于某些选择性谓

词 p，该项目子集能够表示为 $\sigma_p(I)$ 的形式，其中 σ 是选择符。

定义 3-20 $SP \subseteq 2^I$ 是一个强简洁集（Succinct Power Set），如果有一个数目不变的简洁集 $I_1, I_2, \cdots, I_k \subseteq I$，SP 能够用 $I_1, I_2, \cdots, I_k$ 的并、差运算表示出来。

定义 3-21 约束 Cs 在项目集 I 上是简洁的，当且仅当它作用到 I 的结果 $SAT_{Cs}(I)$ 是一个强简洁集。

很显然，如果一个约束是简洁的，那么就可以直接使用 SQL 查询来得到满足条件的集合。在挖掘的不同阶段可以尽量尝试简洁性的约束，这样可以避免不必要的测试。表 3-12 给出了简洁性约束的一些例子。

表 3-12 简洁性约束的分析举例

约 束 规 则	S 简 洁 性	约 束 规 则	S 简 洁 性
$V \in S$	Yes	$\max(S) = V$	Yes
$S \supseteq V$	Yes	$\text{count}(S) \leqslant V$	Weakly
$S \subseteq V$	Yes	$\text{count}(S) \geqslant V$	Weakly
$S = V$	Yes	$\text{count}(S) = V$	Weakly
$\min(S) \leqslant V$	Yes	$\text{sum}(S) \leqslant V$	No
$\min(S) \geqslant V$	Yes	$\text{sum}(S) \geqslant V$	No
$\min(S) = V$	Yes	$\text{sum}(S) = V$	No
$\max(S) \leqslant V$	Yes	$\text{avg}(S)\theta V, \theta \in \{=, \leqslant, \geqslant\}$	No
$\max(S) \geqslant V$	Yes	(frequent constraint)	(No)

约束的形式化为我们使用约束来进行数据挖掘提供了理论依据。正确地理解约束的形式是使用约束的前提。这些约束之间的关系可以简单地用图 3-2 来刻画。

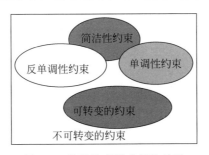

图 3-2 常见约束形式间的关系

3.10 时态约束关联规则挖掘

约束关联规则挖掘是将来研究的重要问题。但是，由于涉及的范围很广，目前的研究和时间大多集中在某种形态的约束或特定问题上。时间是现实世界的重要属性，大容量数据集中的时间属性对用户来说可能是很关键的。用户关心的往往是某一时间区域的数据而不是整个数据，而特定时间区域的数据又可能导致特定的数据间的关联规则。时态约束可以应用到数据挖掘和知识发现中，并且可以起到过滤过时数据、聚焦用户目标以及加速形成关联规则生成等作用。

数据挖掘原理与算法(第 4 版)

作者曾针对含有时态区间属性的事务数据库进行了相关的研究,因此本节将以时态约束关联规则挖掘问题为背景讨论约束关联规则挖掘问题。本节所讨论的数据库表至少包括事务号、时态区间和项目集三个字段。这里的时态区间反映了对应的项目集发生或被收集的时间范围。表 3-13 给出了一个简单的含有时态区间属性的事务数据库示例。

表 3-13　样本事务数据库

TID 数据库	Interval	ItemSequence	TID 数据库	Interval	ItemSequence
1	$[10,50]$	A,B,C,D	4	$[70,120]$	B,D,E
2	$[30,60]$	B,C,E	5	$[70,90]$	A,B,C,D
3	$[70,80]$	A,B,C,E	6	$[300,500]$	A,B,C,D,E

为了更好地挖掘这样的数据库,我们对时态约束下的关联规则挖掘问题进行了专门的研究。首先从时态区间格空间的代数形式化开始,定义两个基本时态区间操作。然后把它们应用到数据库的过滤和时态区间的合并等预处理工作上。做这些工作的主要目的有两个:一是通过对数据库的过滤减少数据集的容量;二是通过时态区间合并使过滤后可能生成的时态区间碎片合并成互不相交的挖掘时区集,并对每个挖掘时区单独通过内存演算来生成关联规则。这样,就可以大幅度减少进入内存的数据集的大小,进而增强处理大型数据库的能力。

定义 3-22　(时态区间格)一个时态区间格空间可以用三元组 $T = (\mathrm{TI}, \mathrm{TD}, \mathrm{TO})$ 来刻画,其中含义如下。

- 时态区间变量集 TI:一个时态区间变量形如 $I_i = [I_i^-, I_i^+]$,其中,$I_i^- \leqslant I_i^+$,I_i^- 和 I_i^+($i = 1, 2, \cdots, n$)是定义在 TD 上的时间点变量。
- 时态解释域 TD:所涉及的时态区间变量对应的时间点定义范围,即 $\forall I_i = [I_i^-, I_i^+] \in \mathrm{TI}, I_i^-, I_i^+ \in \mathrm{TD}, I_i \in \mathrm{TD} \times \mathrm{TD}$。
- 变量间操作集 TO:定义在 TD 上的关于时态区间变量的操作集。

下面将定义两个关于时态区间变量的操作,其目的是应用它们完成数据挖掘的预处理工作。

定义 3-23　(时态区间变量操作)设 $I_1 = [I_1^-, I_1^+]$ 和 $I_2 = [I_2^-, I_2^+]$ 是定义在某个时态解释域上的两个时态区间变量,它们的时态交($\bigcap_T$)、时态并($\bigcup_T$)运算定义如下。

- 时态交($\bigcap_T$):如果 $I_1^+ < I_2^-$ 或 $I_2^+ < I_1^-$,则 $I_1 \bigcap_T I_2 = \varnothing$;否则 $I_1 \bigcap_T I_2 = [I_3^-, I_3^+]$,其中,$I_3^- = \mathrm{MAX}\{I_1^-, I_2^-\}, I_3^+ = \mathrm{MIN}\{I_1^+, I_2^+\}$。
- 时态并($\bigcup_T$):如果 $I_1^+ < I_2^-$ 或 $I_2^+ < I_1^-$,则 $I_1 \bigcup_T I_2 = \varnothing$;否则 $I_1 \bigcup_T I_2 = [I_3^-, I_3^+]$,其中,$I_3^- = \mathrm{MIN}\{I_1^-, I_2^-\}, I_3^+ = \mathrm{MAX}\{I_1^+, I_2^+\}$。

如前所述,不带约束的关联规则挖掘空间可以描述为一个五元组 $W(I, D, O, U, R)$,而带有时态约束的关联规则挖掘空间可以描述为如下的一个六元组 $W = (I, T, D, O, U, R)$。

定义 3-24　(时态约束关联规则挖掘空间)时态约束下的关联规则挖掘空间定义为 $W = (I, T, D, O, U, R)$,其中含义如下:

- I 为 W 所涉及的全体项目。

- T 为时态区间格空间,即 W 所涉及的基于某个时态解释域的时态区间变量集及其操作。
- $D=\{d_1,d_2,\cdots,d_n\}$ 为 W 所基于的含有时态区间属性的事务数据库。
- $O=\{o_1,o_2,\cdots,o_k\}$ 为 W 上关于 D 的操作集合。本节考虑含有时态区间属性的事务数据库的特点,将研究使用上面定义的两个时态区间操作对数据库进行预处理,并将利用上面定义的项目集格的操作算子来完成对进入内存的数据库中的项目集格进行最终处理。
- $U=\{u_1,u_2,\cdots,u_p\}$ 为 W 上用户给定的限制参数及约束条件。本节除了使用 minsupport 和 minconfidence 外,还引入了一个被称为用户挖掘时区的 I_{user} 约束条件。
- $R=\{r_1,r_2,\cdots,r_q\}$ 为 D 中所蕴含的关联规则集。本节的关联规则都与特定的时区相关。

关联规则挖掘可以利用时态约束来进行预处理等工作,可以过滤掉用户不关心的时段上的数据。过滤数据库以减少扫描空间,是降低输入输出代价、减少内存需求进而提高挖掘效率的关键。给定用户挖掘时区 I_{user},可以利用上面定义的操作 $\cap_T$,实现对数据库的过滤。

下面描述的过滤算子 filter(D,I_{user},D') 实现对 D 中的无效数据的剔除,并最终生成一个新的过滤后的数据库 D'。

算法 3-18 filter(D,I_{user},D')

(1) FOR all t∈D DO
(2)   IF(t. Interval$\cap_T$Iuser≠$\varnothing$) THEN BEGIN
(3) t_1. Interval←t. Interval$\cap_T$Iuser;
(4) t_1. ItemSequence←t. ItemSequence;
(5)   insert(t_1,D');
(6)   END

对 D 中的每个元组 t,利用 t 的时态区间属性 t. Interval 和用户挖掘时区 I_{user} 进行 $\cap_T$ 运算以判别 t 中是否包含用户所关心的信息。如果 t. Interval$\cap_T I_{user}\neq\varnothing$,上面的 (3)、(4) 和 (5) 生成一个新的元素 t_1,并把它作为一个元组存储到 D' 中。

值得注意的是,由于使用 $\cap_T$ 运算对 D 的每个元组的 Interval 属性进行了压缩,因此 D' 的时态区间可能很零散。因此需要进一步考虑 D' 中所涉及的时态区间的合并问题,其目的是演化成最大的互不相交的挖掘时区集。下面的算子 merge(D',TS)实现这一功能,其中 TS 为合并后的挖掘时区集。

算法 3-19 merge(D', TS)

(1) TS=$\varnothing$;
(2) FOR all d∈D'DO BEGIN
(3)   tt←d. Interval;
(4)   FOR all t_1∈TS DO
(5)   IF(tt$\cup_T t_1\neq\varnothing$) THEN BEGIN

(6)　　　　　tt←tt $\bigcup_T$ t$_1$；

(7)　　　　　delete(t$_1$,TS)；　　　　　//把 t$_1$ 从 TS 中删除

(8)　　　END

(9)　　　insert(tt,TS)；　　　　　　　//把 tt 加入到 TS 中

(10) END

对于上面的表 3-13 给出的含有时态区间属性的事务数据库示例,实施过滤后的数据库见表 3-14。

表 3-14　过滤后的数据库(对表 3-13 实施)

TID 数据库	Interval	ItemSequence	TID 数据库	Interval	ItemSequence
1	[50,50]	A,B,C,D	4	[70,100]	B,D,E
2	[50,60]	B,C,E	5	[70,90]	A,B,C,D
3	[70,80]	A,B,C,E			

Merge 过程生成的挖掘时区集 TS={[50,60],[70,100]}。

对大型事务数据库而言,利用约束条件过滤数据库是减少 I/O 代价和提高主机效率的重要途径。对事务数据库进行过滤和挖掘时区合并等预处理,以使挖掘过程集中在较小的用户感兴趣的数据上,可以提高挖掘效率和增强对大型数据库挖掘的能力。

利用时态约束对数据库进行过滤等预处理,使得被挖掘数据的质量得到改善。进一步的工作可以通过合适的算法生成频繁项目集和关联规则。这些关联规则可以和确定的时态区间联系起来,使关联规则正确地反映特定时间段的项目之间的联系。

3.11　关联规则挖掘中的一些更深入的问题

在许多应用中,数据项之间有价值的关联规则经常出现在相对较高的概念层中,从较低概念层中很难发现有用的关联规则。例如,在商场事务库中,销售模式在原始数据上也许不能显示规则,但在某些高层次上能显示有用信息。目前,关联规则的挖掘已经从单一概念层发展到多概念层,形成逐步深化的知识发现过程。

多维数据组织作为数据分析的重要手段,已经被广泛地讨论和应用。多维关联规则挖掘成为近年研究的焦点问题之一。特别是对于基于关系型数据库或数据仓库的数据挖掘来说显得更为重要。另外,在关系型数据库中大量的非离散性的数值属性的存在和这些属性对知识形成的重要性,使得数量关联规则挖掘也成为一个不可回避的问题。而这些问题的解决,需要新的思想和技术。因此,本节及其 3.12 节将对多层次、多维、数量关联规则等目前讨论比较集中的数据挖掘问题加以介绍。

3.11.1　多层次关联规则挖掘

对于事务或关系型数据库来说,一些项或属性所隐含的概念是有层次的。例如,我们说商品"羽绒服",对于一个分析和决策应用来说,就可能关心它的更高层次概念:"冬季服装""服装"等。对不同的用户而言,可能某些特定层次的关联规则更有意义。同时,由于数据的分布和效率方面的考虑,数据可能在多层次粒度上存储,因此,挖掘多层次关联

规则就可能得出更深入的、更有说服力的知识。

1．多层次关联规则

根据规则中涉及的层次，多层次关联规则可以分为同层次关联规则和层间关联规则。

1）同层次关联规则

如果一个关联规则对应的项目是同一个粒度层次，那么它是同层次关联规则。例如，图 3-3 给出了一个关于商品的多层次概念树。针对这样的概念层次划分，"牛奶⇨面包"和"羽绒服⇨酸奶"都是同层次关联规则。

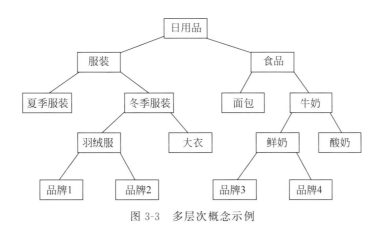

图 3-3　多层次概念示例

2）层间关联规则

如果在不同的粒度层次上考虑问题，那么可能得到的是层间关联规则。例如，"夏季服装⇨酸奶"。

目前，多层次关联规则挖掘的度量方法基本上沿用了"支持度-可信度"的框架。不过，对支持度的设置还需要考虑不同层次的度量策略。

2．设置支持度的策略

多层次关联规则挖掘有两种基本的设置支持度的策略。

1）统一的最小支持度

对于所有层次，都使用同一个最小支持度。这样对于用户和算法实现来说，相对容易，而且很容易支持层间的关联规则生成。但是弊端也是显然的。首先，不同层次可能考虑问题的精度不同、面向的用户群不同。对于一些用户，可能觉得支持度太小，产生了过多不感兴趣的规则。而对于另外的用户来说，又认为支持度太大，有用信息丢失过多。

2）不同层次使用不同的最小支持度

每个层次都有自己的最小支持度。较低层次的最小支持度相对较小，而较高层次的最小支持度相对较大。这种方法增加了挖掘的灵活性，但也留下了许多相关问题需要解决。首先，不同层次间的支持度应该有所关联，只有正确地刻画这种联系或找到转换方法，才能使生成的关联规则相对客观。另外，由于具有不同的支持度，层间的关联规则挖掘也是必须解决的问题。例如，有人提出层间关联规则应该根据较低层次的最小支持度来定。

3. 多层次关联规则挖掘方法

对于多层次关联规则挖掘的策略问题,可以根据应用特点,采用灵活的方法来完成。

1) 自上而下方法

先找高层的规则,如"冬季服装⇨牛奶",再找它的下一层规则,如"羽绒服⇨鲜奶"。如此逐层自上而下挖掘。不同层次的支持度可以一样,也可以根据上层的支持度动态生成下层的支持度。

2) 自下而上方法

先找低层的规则,再找它的上一层规则,不同层次的支持度也可以动态生成。

3) 在一个固定层次上挖掘

用户可以根据情况,在一个固定层次挖掘,如果需要查看其他层次的数据,可以通过上钻和下钻等操作来获得相应的数据。

另外,多层次关联规则可能产生冗余问题。例如,规则"夏季服装⇨酸奶"完全包含规则"衬衫⇨酸奶"的信息。有时,可能需要考虑规则的部分包含问题、规则的合并问题等。因此,对于多层次关联规则挖掘需要根据具体情况确定合适的挖掘策略。

3.11.2　多维关联规则挖掘

在 OLAP 中挖掘多维、多层关联规则是一个很自然的过程。因为 OLAP 本身的基础就是一个多维多层分析的工具。在数据挖掘技术引入之前,OLAP 只能做一些简单的统计。有了数据挖掘技术,就可以挖掘深层次的关联规则等知识。

多维关联规则可以有维内的关联规则和混合维关联规则等常见的形式。

1. 维内的关联规则

例如,"年龄$(X,20\sim30)\wedge$职业$(X,$学生$)\Rightarrow$购买$(X,$笔记本电脑$)$"。这里就涉及三个维:年龄、职业、购买。相比而言,前面所介绍的诸如"啤酒⇨尿布"这样的关联规则只涉及"购买"这一单一维,因此它被称为单维关联规则。

2. 混合维关联规则

这类规则允许同一个维重复出现。例如,"年龄$(X,20\sim30)\wedge$购买$(X,$笔记本电脑$)$⇨购买$(X,$打印机$)$"。由于同一个维"购买"在规则中重复出现,因此为挖掘带来难度。但是,这类规则更具有普遍性,具有更好的应用价值,因此近年来得到普遍关注。

在挖掘多维关联规则时,还要考虑数值型字段的离散化等处理问题。

3.11.3　数量关联规则挖掘

在挖掘关联规则时,考虑不同字段的种类是必要的。对于前面提到的事务数据库而言,它们对应的项目是有限可数的离散问题。但是,对于一般的关系型数据库或数据仓库而言,连续的数值型数据是必须考虑的问题。对于数值型的数据而言,在处理方法、技术和难度上都和布尔关联规则有差距,因此需要针对相关问题进行专门讨论。

数量关联规则挖掘问题也是解决关系型数据库知识发现的关键技术之一,这是因为关系型数据库中的连续数值属性是普遍的、有重要挖掘价值的。

数量关联规则挖掘有许多问题值得讨论。目前比较集中和急需解决的关键问题有下面三个主要方面。

1. 连续数值属性的处理

一般而言,连续数值属性的处理有两种基本的方法。

(1) 对数值属性进行离散化处理,这样就把连续的数值属性转变成布尔型属性,因此可以利用已有的方法和算法。这是目前研究比较多的方法。比较著名的有等深度桶方法(1996,Fukuda)、部分 K 度完全方法(1996,Strikant)等。

(2) 不直接对数值属性离散化,而是采用统计或模糊方法直接处理它们。直接用数值字段中的原始数据进行分析,可能结合多层次关联规则的概念,在多个层次之间进行比较从而得出一些有用的规则。

2. 规则的优化

对于大型关系型数据库而言,不加限制会产生大量的关联规则。这些规则对于理解或使用来说都是新的瓶颈。对产生的规则进行优化以找出用户真正感兴趣的规则集,也是需要重视的问题。特别地,在多维或多层次关联规则挖掘中这种优化显得尤为重要,因为大量的规则冗余或重复是可能发生的。

3. 提高挖掘效率

对于大型数据库或数据仓库而言,数量关联规则挖掘的效率是很关键的问题。需要在连续属性的离散化、频繁集发现、规则产生以及规则优化等诸多方面开展工作。

关于数量关联规则问题,在 3.12 节详细讨论。

3.12 数量关联规则挖掘方法

目前对数量关联规则挖掘的研究主要基于两条技术路线:一是通过对相对比较成熟的布尔关联规则算法的改进来解决数量关联规则问题;二是用一种全新的思路和算法来解决数量关联规则挖掘问题。目前讨论比较多的和相对成熟的方法是基于第一种技术的。因此,本节也主要是阐述布尔关联规则和数量关联规则相结合的问题。

数量关联规则是指同时包含分类属性(Boolean 属性)和数值属性的关联规则。

3.12.1 数量关联规则挖掘问题

一般而言,数量关联规则同样要满足 $X \cap Y = \varnothing$ 及支持度和置信度等基本的关联规则挖掘的约束条件。为了很好地理解数量关联规则的问题和方法,下面给出一些主要性质和定义。

定义 3-25 设 $A = \{A_1, A_2, \cdots, A_m\}$ 是数据集 D 中的属性集合,属性 $A_i (A_i \in A,$

$1 \leqslant i \leqslant m)$ 的属性值集为 R_i, $I = \{\langle A_i, u, v \rangle \in A \times R_i \times R_i\}$ 为数据集 D 中的项目组合,$\langle A_i, u, v \rangle$ 称为项目(Item)。若 A_i 为连续属性,则 $u \leqslant v$, 且 $\langle u, v \rangle$ 构成 A_i 的属性值区间;若 A_i 为分类属性,则 $u = v$ 为分类属性的一个属性值,此时项目 $\langle A_i, u, v \rangle$ 可以简记为 $\langle A_i, u \rangle$。

很显然,对数据集 D 中的连续属性 A_i, 若其属性值空间 $[u_i, v_i]$ 被划分成为 n 个子区间 $[u_1, v_1]$, $[u_2, v_2]$, ..., $[u_n, v_n]$, 则属性 A_i 将产生 n 个项目 $\langle A_i, u_1, v_1 \rangle$, $\langle A_i, u_2, v_2 \rangle$, ..., $\langle A_i, u_n, v_n \rangle$。一般地,将连续属性的属性值空间划分为若干个子区间并产生项目的过程称为连续属性的离散化。当然,对数据集 D 中的分类属性 A_i, 若其属性值集合被划分成为 n 个子集,则属性将产生 n 个项目 $\langle A_1, u_1 \rangle$, $\langle A_2, u_2 \rangle$, ..., $\langle A_n, u_n \rangle$。

定义 3-26 一个集合 $X \subseteq I$ 可以被称为一个项目集(Item Set)。若 $|X| = k$, 则称项目集为 k-项目集。项目集 X 的属性集合记为 attribute(X), 即 attribute$(X) = \{A_i \mid A_i \in A, \langle A_i, u, v \rangle \in X\}$。对项目集 X 和 $X^\wedge$, 若 attribute$(X) =$ attribute$(X^\wedge)$, 且对于任意 $A_i \in$ attribute(X), 都有 $\{\langle A_i, u, v \rangle \in X\} \cap \{\langle A_i, u^\wedge, v^\wedge \rangle \in X^\wedge\} \neq \varnothing \Rightarrow u^\wedge < u < v < v^\wedge$, 则称项目集 $X^\wedge$ 为 X 的泛化(Generalization),X 为 $X^\wedge$ 的特化(Specialization)。

定义 3-27 对 k-项目集 $X = \{\langle A_1, u_1, v_1 \rangle, \langle A_2, u_2, v_2 \rangle, ..., \langle A_k, u_k, v_k \rangle\}$ 和数据集 D 中的记录 T, T 的 $A_1, A_2, ..., A_k$ 属性的属性值为 $T_{A1}, T_{A2}, ..., T_{Ak}$, 若对所有的 $i = 1, 2, ..., k$, 有 $u_i \leqslant T_{Ai} \leqslant v_i$, 则称记录 T 包含在 k-项目集 X 中。

定义 3-28 数据集 D 中包含在项目集 X 的记录数称为项目集 X 的支持数,记为 σ_x, 项目集 X 的支持度记作 support(X), 并满足下面的关系:

$$\text{support}(X) = \sigma_x / |D| \times 100\%$$

其中,$|D|$ 是数据集 D 的记录数。若 support(X) 不小于用户指定的最小支持度,则称 X 为频繁项目集(或大项目集),否则称 X 为非频繁项目集(或小项目集)。

定义 3-29 若 X, Y 为项目集,且 $X \cap Y = \varnothing$, 蕴含式 $X \Rightarrow Y$ 称为数量关联规则,X, Y 分别称为 $X \Rightarrow Y$ 的前提和结论。项目集 $(X \cup Y)$ 的支持度称为关联规则 $X \Rightarrow Y$ 的支持度,记作 support$(X \Rightarrow Y)$, 其中,$X \cup Y$ 的含义是在数据库中同时包含 X 和 Y, 即

$$\text{support}(X \Rightarrow Y) = \text{support}(X \cup Y)$$

数值关联规则 $X \Rightarrow Y$ 的置信度记作 confidence$(X \Rightarrow Y)$, 其含义由下面的公式给出:

$$\text{confidence}(X \Rightarrow Y) = \text{support}(X \cup Y) / \text{support}(X)$$

定义 3-30 给定用户的最小支持度 minsupport 和最小置信度 minconfidence,如果 support$(X \Rightarrow Y) \geqslant$ minsupport 且 confidence$(X \Rightarrow Y) \geqslant$ minconfidence,则称数量关联规则 $X \Rightarrow Y$ 为强规则,否则称数量关联规则 $X \Rightarrow Y$ 为弱规则。

数量挖掘关联规则问题就是在给定数据集合中产生所有满足最小支持度和最小可信度的关联规则的过程,即找出数据集中的所有强规则。

性质 3-3 频繁项目集的子集一定是频繁的。

这条性质和 Boolean 关联规则一致。

性质 3-4 假设 $X^\wedge$ 是 X 的概化,X 是 $X^\wedge$ 的特化,若 $X^\wedge$ 是频繁的,则 X 是频繁的,且 support$(X^\wedge) \geqslant$ support(X)。

性质 3-5　频繁项目集的任意两项都不可能是同一属性。

这些性质很容易证明,而且可以从以前的布尔型关联规则中类比来理解,所以其证明略。但是,利用这条性质,可以大大缩短从频繁 k-项目集生成 $(k+1)$-项目集的时间。

3.12.2　数量关联规则的分类

如前所述,数量关联规则挖掘是关联规则挖掘的重要研究方向,针对所关注的问题往往采用不同的挖掘技术。因此,针对不同的挖掘技术可以对数量关联规则进行分类。

1. 根据数值属性的处理方式进行分类

数值属性处理是数量关联规则挖掘的关键,根据数值属性的处理可以将数量关联规则挖掘分为三种基本方法。

1）数值属性的静态离散化

在这种情况下,数值属性使用预定义的概念分层,在挖掘之前进行离散化,数值属性的值用相应的区间来替代。例如,income 的概念分层可以用区间值"0～20k""21～30k""31～40k"来替换属性原来的数值。此时 Apriori 算法只需要稍加修改就可以使用。由于数值属性的离散化是建立在预定义基础上的,所以通常称这种方法为静态离散化的数量关联规则挖掘。

2）数值属性的动态离散化

一般地,这种动态离散化过程需要考虑数据的关联程度,使用相应的度量手段(如数据点之间的距离),来跟踪数据的语义。

3）基于特定的技术进行离散化

常用的方法是根据数据的分布,将数值属性离散化到"箱(Bin)"。由于这些箱可能在挖掘过程中进一步组合,因此有动态的特征。离散化的动态体现在分区合并等过程中。三种常用的分箱策略是等宽分箱、等深分箱和基于同质的分箱。

2. 根据使用的规则模板进行分类

直接利用数值属性离散化并把区间映射成 Boolean 属性可以利用的 Boolean 关联规则算法,这是数量关联规则挖掘中的典型方法。但是这种方法得到的规则形式相对复杂和零乱。另一种常用的方法是基于规则模板的数量关联规则挖掘。因此依据挖掘出的规则形式可以将数量关联规则挖掘分为三类。

1）复杂的挖掘模板形式

类似于"数值属性∩分类属性⇒数值属性∩分类属性"这样的规则。例如,sex='female'∩age∈[20,30]⇒wages∈[\$5,\$10]。这类规则较为复杂,是一般性的数量关联规则。

2）分类规则的挖掘模板

简单的挖掘模板形式类似于"数值属性∩分类属性⇒分类属性"这样的规则。例如,smoke=Yes∩age∈[60,80]⇒heart-desease=Yes。此类规则的左端通常表示的是数据库的几个连续分类属性,右端则是一个预定义的类。这样的模板很适合于分类规则的挖掘。

3)其他挖掘模板

例如,挖掘模板形式类似于"分类属性⇒数值属性∩分类属性"这样的规则。这和第二类规则形式恰好相反,但对有些问题,这类规则非常有意义,这里不再阐述。

3.12.3 数量关联规则挖掘的一般步骤

如前所述,用 Boolean 关联规则算法及其理论,如支持度、置信度、频繁项目集等概念挖掘数量关联规则是解决数量关联问题的最有效途径之一。为了对数量关联规则挖掘技术有更直观的理解,下面归纳目前较典型的数量关联规则挖掘的五个主要步骤,并通过一个实例来加以说明。

1. 对每个数值属性进行离散化

选取适当的离散化算法,决定分区的数目。这一步的难点是选取什么样的离散化算法才是合适的。首先,离散化算法没有一个统一的标准,应该根据数据的分布特点选取一种或几种算法。例如,后面将要讨论的等深度划分的方法对高偏数据离散化就不太理想,对均匀分布的数据等深度划分的方法能够合理地分割连续属性。其次,分区的数目,也即分割的粒度,太大或太小都可能影响信息的处理精度和效率。

2. 离散区间整数化

对分类属性或数值属性的离散区间,将其值映射成连续的整数标识。这样做的目的是使数据归整以利于挖掘。例如,对那些没有必要分区的数值属性(如有些数值属性的取值非常少或者原来就是可数的分类属性),把其值按照大小顺序就可以映射成连续的整数。如果数值属性被离散成了区间,依据离散后区间的顺序,把区间映射成连续的整数。这种算法对这些连续整数值的操作就相当于对要挖掘的数据集的操作。

3. 在离散化的数据集上生成频繁项目集

此步和前面介绍的生成频繁项目集的步骤类似。

4. 产生关联规则

和前面介绍的方法类似。

5. 确定感兴趣的(Interesting)关联规则作为输出

如上所述,挖掘出来的关联规则需要优化。例如,为了帮助用户挖掘有价值的规则,可能需要减少规则的冗余和进行评估。

下面通过一个简单的例子来说明数量关联规则的挖掘过程。关系表 People(如表 3-15 所示)是要挖掘的数据集,有三个属性(Age,Married,NumCars)。假如用户指定的 Minimum Support=40% 和 Minimum Confidence=50%。依据数量关联规则挖掘的一般步骤,首先把数值属性离散成区间,然后把所有属性映射成连续的整数,接下来生成频繁项目集,最后生成关联规则输出。完整的挖掘过程通过表 3-16~表 3-21 来给出。

表 3-15 关系表 People

RecordID	Age	Married	NumCars	RecordID	Age	Married	NumCars
100	23	No	0	400	34	Yes	2
200	25	Yes	1	500	38	Yes	2
300	29	No	1				

（1）数值属性 Age 离散化。

表 3-16 给出了离散化的结果。

表 3-16 在关系表 People 对 Age 属性区间化

RecordID	Age	Married	NumCars	RecordID	Age	Married	NumCars
100	20~24	No	0	400	30~34	Yes	2
200	25~29	Yes	1	500	35~39	Yes	2
300	25~29	No	1				

（2）对属性值整数化。

表 3-17~表 3-19 给出了对 Age 属性区间和 Married 属性值的整数化结果。

表 3-17 Age 属性区间整数化

Interval	Integer
20~24	1
25~29	2
30~34	3
35~39	4

表 3-18 Married 属性

Value	Integer
Yes	1
No	0

表 3-19 离散后的 People 表

RecordID	Age	Married	NumCars	RecordID	Age	Married	NumCars
100	1	0	0	400	3	1	2
200	2	1	1	500	4	1	2
300	2	0	1				

（3）发现频繁项目集。

从离散化的 People 表调用频繁项目集生成算法（如 Apriori）得到频繁项目集,其结果显示在表 3-20 中。

表 3-20 频繁项目集生成

Itemset（区间）	Itemset（整数）	Support
〈<Age：20~29>〉	〈<Age：2>〉	2
〈<Married：Yes>〉	〈<Married：1>〉	3

Itemset(区间)	Itemset(整数)	Support
{< Married：No >}	{< Married：0 >}	2
{< NumCars：0 >}	{< NumCars：0 >}	2
{< NumCars：1 >}	{< NumCars：1 >}	2
{< Married：Yes >,< NumCars：2 >}	{< Married：1 >,< NumCars：2 >}	2

（4）生成关联规则。

利用上面的频繁项目集产生关联规则,如表 3-21 所示。

表 3-21　规则生成示例

Rule	Support	Confidence
< Married：Yes >=>< NumCars：2 >	40%	67%
< NumCars：2 >=>< Married：Yes >	40%	100%

（5）规则优化。

因为本例很简单,不存在优化问题。但是如果考虑属性区间划分的合理性,那么可能需要评价规则的有效性。例如,上面如果划分区间再粗些,如 Age 为[20～29],[30～39]等可能会得到诸如"< Age：[30～39]>∧< Married：Yes >⇒< NumCars：2 >"这样的规则。

3.12.4　数值属性离散化问题及算法

数值属性在关系型数据库中是普遍存在的,在关系型数据库中挖掘关联规则首先要面对的问题就是数值属性的离散化。数值属性的离散化是挖掘数量关联规则的关键问题。数值属性的离散化处理,实质上就是把属性域划分成区间。划分的方法对数量关联规则挖掘的质量起决定性作用。

表面上来看,数值属性难以规范化,因为它们的取值难以控制。有两种极端情况,一是每个属性值作为一个区间,如数据库有属性 Age,其可能取值为 1,2,…,80,此时分割点就是 1,2,…,80,离散后的区间为[1,1],[2,2],…,[80,80];另一种就是整个值域作为一个区间,前面的例子,离散后的区间只有一个,即[1,80],此时数值属性在生成关联规则中可以忽略。分割的结果直接影响后继挖掘算法的效率和准确率,所以数值属性的离散化中最关键的就是要找到合适的数值属性的分割点。一般来说,数据库中的数据是按照一定的规律分布的,我们总是希望根据数据分布的特点来分割数据。

目前研究的数值属性离散化方法很多,不同的方法可能会带来不同的问题。

- 过小置信度问题:若区间的数目过少,则支持区间的元组数目增加,包含区间的强项目集的支持度上升,但在强项目集的子集支持度不变的情况下,将导致右端包含该子集的规则置信度下降,若不能达到置信度阈值,就会造成信息丢失。
- 过小支持度问题:划分的区间数目过多,则区间的支持度下降,不能有效地生成期望的频繁项目集。

- 离散化可能会把本来很紧密的数据分割开来,结果就会生成大量没有意义的无用规则。

- 离散化会带来区间的组合爆炸。假设某数值属性划分成 n 个基区间,由于相邻的两个连续属性又可以合并生成更大的区间,这样反反复复的合并,最终的区间数目就有 $O(n^n)$ 个。所以具体离散化过程中必须有一种停机条件,当区间合并到一定程度能够自动停下来。离散区间的组合爆炸带来的直接后果是算法效率低下,而且生成成千上万条规则,用户很难从中找到有趣的规则。

解决这些问题的确是一项艰苦的工作。一般来说,不管哪种方法都有"过小置信度"和"过小支持度"问题。太大或太小都可能影响最后的挖掘结果,这是基于支持度和置信度的关联规则算法框架决定的。除非关联规则挖掘算法脱离目前的基于支持度和置信度的框架,否则"过小置信度"和"过小支持度"问题是很难避免的。针对离散化在关联规则挖掘中可能带来的问题,对不同的数值属性,要根据数据分布的特点,选择不同的策略和不同的离散化方法。对离散化会带来区间的组合爆炸问题,应规定合并的停机条件。

数值属性离散化研究早已不是新问题,在解决分类问题时也会面临同样的问题。但是关联规则挖掘和分类问题是不同性质的问题,从机器学习的角度来说,挖掘关联规则属于无监督学习范畴,挖掘分类模式是有监督学习范畴。也就是说,适合分类问题的离散化算法,对关联规则挖掘不一定适用,因此有必要结合关联规则挖掘的特点研究新的离散化方法。

现有的离散化方法主要有两种策略:归并方法和划分方法。归并方法的思路是:开始将属性的每个取值都当作一个离散的值,然后逐个反复合并相邻的属性值,直到满足某种条件结束合并。划分方法的思路是:将属性的整个取值区间作为一个离散属性,然后对该区间反复划分成更小的区间,直到满足某种条件结束划分。而实际过程中,离散化通常是这两种策略的结合,是动态划分归并的过程。目前最典型的数值属性离散化方法主要有等宽度划分、等深度划分和基于距离的划分。

1. 等宽度划分的方法

等宽度划分的方法是最简单的离散化方法,一般适用于分布比较均匀的数据。算法只需一次扫描数据库,因此算法效率较高。等宽度划分的方法单纯从数学角度对数值属性进行划分,不考虑数据分布的特点。由于该方法比较直观,比较适合数值属性的前期处理,因此通常和聚类等方法结合,才能取得好的离散化效果。

算法 3-20　等宽度划分算法描述

输入:数值属性 A,区间数 n。

输出:离散后的区间。

(1) 扫描数据库,得到 A 的最大值 $\max(A)$ 和最小值 $\min(A)$;

(2) 求区间的宽度 w,$w = (\max(A) - \min(A))/n$;

(3) 形成离散后的区间 $[l_1, v_1], [l_2, v_2], \cdots, [l_n, v_n]$ 输出,其中,$l_i = \min(A) + (i-1) * w$,$v_i = l_i + w$。

2. 等深度划分的方法

在数值属性离散化的过程中,等深度划分也是常见的离散化方法,一般适用于属性之间关联度比较低的数据集。对于属性间关联比较紧密的,应用等深度划分的方法难以挖掘到理想的结果。等深度划分的方法趋向于把具有共性的、支持度很高的相邻值划分到不同的区间去。当数据分布在某个点附近达到峰值时,等深度划分这种机械的方法并不能反映出数据本身的特点,因此对高偏度的数据效果不理想。

定义 3-31 R 为一个关系,A 为其中的一个属性,T 为数据库中的一个元组,C 为 R 上的一个条件,$T(A)$ 表示元组 T 中 A 属性的取值。若 A 的取值区间在 $[X_1, Y_m]$。可以将 A 的取值区间分割为一系列不相交的域 B_i:

$$B_i = [X_i, Y_i], \quad i = 1, 2, \cdots, m \quad 且 \quad X_i \leqslant Y_i \leqslant X_{i+1}$$

称 B_i 为 A 的一个桶(Bucket),并称 $\{T \in R \text{ 且 } T(A) \in B_i\}$ 中元组个数为桶的大小,记为 U_i。若两个桶的大小相等,则称它们为等深桶。

算法 3-21 等深度划分描述

输入:数值属性 A,区间数(桶数)n。

输出:离散后的区间。

(1) 数值属性 A 从小到大或从大到小排序;

(2) 扫描数据库,统计数据库的记录数 N;

(3) 求桶的深度:h＝N/n;

(4) 逐个扫描排序后的 A 值,形成离散后的区间[l_i,v_i](i＝1,2,…,n),每个区间包含 h 个值。

3. 基于距离的划分的方法

等宽度划分的方法和等深度划分的方法都没有充分考虑数据的分布,是单纯从几何和数学的角度对数值属性进行的划分。基于距离的离散化方法紧扣数据的语义,考虑数据点之间的距离,通过数据聚类方法形成数据区间。应用聚类方法可以将属性值分类,得到的每一个类可以对应到一个区间。聚类的目标就是使得属于同一类别的个体之间的距离尽可能小而不同类别的个体间的距离尽可能大。

基于距离的划分方法首先得到初始的 k 个划分的集合,这里参数 k 是要构建的划分的数目。然后采用迭代重定位技术,尝试通过将对象从一个簇移到另一个簇来改进划分的质量。有代表性的划分方法包括 k-平均、k-中心点、Claran 和它们的改进。

算法 3-22 基于距离的划分

输入:数值属性 A,区间的数目 k。

输出:离散后的区间 $[u_1, v_1], [u_2, v_2], \cdots, [u_k, v_k]$。

(1) 从数值属性 A 任意选择 k 个不同的值作为初始的簇的中心;

(2) REPEAT

(3)   根据簇中 A 的平均值,将每个 A 值(重新)赋给最类似的簇;

(4)   更新簇的平均值,即计算每个簇中 A 值的平均值;

(5) UNTIL 不再发生变化;

关于基于距离的划分的具体方法,可以通过本书的下面章节(有关聚类)来学习,对应的算法可以通过改造用于数值属性的离散化。

前面介绍过,等深度划分方法和等宽度划分方法对高偏数据效果不理想,因为这两种方法不能紧扣区间数据的语义,未考虑数据点之间或区间之间的相对距离。相比之下,基于距离的划分可以改善这种状况。基于距离的划分既考虑稠密性或区间的点数,又考虑一个区间内点的"接近性",这有助于产生有意义的离散化。

下面举个简单的例子来比较一下三种离散化的算法,如表 3-22 所示。

表 3-22　离散化算法结果示意

Price/$	等宽(宽度 $10)	等深(深度为 2)	基于距离
7	[0,10]	[7,20]	[7,7]
20	[11,20]	[22,50]	[20,22]
22	[21,30]	[51,53]	[50,53]
50	[31,40]		
51	[41,50]		
53	[51,60]		

很容易看出,等宽度划分形成的区间[31,40]没有任何数据,该区间是没有意义的。等深度划分形成的区间[7,20]和[22,50]把本来很靠近的数据 20 和 22 分开,而基于距离的划分方法比较合理,得到的三个区间[7,7]、[20,22]和[50,53]充分考虑了数据点之间的接近性,可能产生的离散化区间更有意义。

3.13　本章小结和文献注释

本章对关联规则挖掘中的概念、方法、算法及其主要问题进行了全面的分析和论述。由于关联规则挖掘是数据挖掘最早、研究成果最多、相对比较成熟的分支,因此本章内容较多。既有一些经典理论和算法(如 Apriori 算法)的阐述,也有近年来的一些焦点问题(如多维数量关联规则挖掘)的剖析和本书作者近年来的一些研究成果(如项目集格及其操作)的介绍。对一些经典理论和算法,尽量从理论分析和实际例子示意两个角度来帮助读者较全面地理解和掌握。有些问题的进一步学习,读者可以通过本书后面的参考文献来补充。

本章的主要内容和文献注释如下所述。

1. 关联规则挖掘的基本概念和解决方法

本章对关联规则挖掘的问题描述、支持度和可信度定义以及关联规则挖掘的基本步骤进行了概括性的阐述。

对关联规则挖掘的问题描述出现在 Agrawal 等人的一系列文章中,如[AIA93]、[AIS93]和[AS94]。[Par97]、[TU+97]、[MT+94]和[PCY95]也有好的解释性说明。[ZO98]对关联规则挖掘的理论基础给出了阐述。[MS98]对预测型关联规则挖掘的问题进行了讨论。实际上,这种形式化的描述的确太多了。值得注意的是,读者还是应尽量去查阅专业书籍和高层次刊物的文章。

2. 经典的关联规则挖掘方法论述和算法分析

Agrawal 等人建立的用于事务数据库挖掘的项目集空间理论及其 Apriori 算法,是掌握关联规则挖掘的基础。本章利用三节内容对 Agrawal 的经典算法进行系统化的阐述、对 Apriori 算法的性能瓶颈进行了剖析以及给出了基于 Agrawal 挖掘原理的改进算法和分析。

Apriori 算法可以说是引用最多的数据挖掘算法,[AS94]是 Apriori 算法的可靠信息源。对 Apriori 算法的性能瓶颈的分析也可以在许多文献中找到,[BMS98]、[HK00]和[ASY98]都有精彩的论述。关于基于 Hash 技术的关联规则挖掘问题和算法最早出现在[Par97]中。[Toi94]、[ZP+97]和[LCK98]对采样下的关联规则挖掘方法及其样本评价等问题进行了论述和算法设计。[BM+97]讨论了动态项目计数问题,[AM98]给出了动态项目计数算法 ADtrees。

3. 对项目集空间理论的发展的探讨

Agrawal 对项目集格空间理论的发展是关联规则挖掘研究的主要趋势之一,因此,本章对新型高效关联规则挖掘理论、算法的发展给出了说明。并且选取 Close 和 FP-tree 算法讨论了减少扫描数据库的次数、不产生中间频繁候选集来提高挖掘效率的技术和方法。

[AS96]、[Par95]和[CHX98]给出了并行关联规则挖掘的 CaD、PDM 和 FDM 算法。[CX98]、[MSM97]、[MSW97]、[铁治欣 99]、[ZO+96]和[HKK97]也是并行关联规则挖掘的一些有价值的参考源。[Chu96]、[CN+96]和[CH+96a]介绍了分布式关联规则挖掘技术。

基于语义层次的云模型和概念格的关联规则挖掘理论与方法可以参考[LD+00]、[LC+97]、[LC+98]、[SA95]、[李德毅 95]和[胡可云 00]。

Close 和 FP-tree 算法的原始资料来自于[Pas99]和[Han00b]。其他的一些推荐文献有[HCC93]、[SOS95]、[SR95]和[WZ98]。

4. 项目集格空间理论及其算法

这是作者提出的一种关联规则挖掘的新理论,原始的文献是[毛国君 02b]。

5. 改善关联规则挖掘质量问题的讨论

衡量关联规则挖掘结果的有效性需要从多种角度来考虑。本章从用户主观和系统客观两个层面上介绍了提高关联规则挖掘质量的相应问题和对策。

[TK+95]和[LWC97]讨论了关联规则的优化问题。关于关联规则的动态增量式维护技术可以查阅[CLK97]、[CTL99]、[TB+97]、[LCK97]、[HLS99]和[CH+96b]。[FH95]和[DT93]给出了基于元规则和概念抽象导引的挖掘方法。[RMS98]、[周欣 00]、[杨明 02]、[杨炳儒 02]对基于兴趣度和多值属性的关联规则挖掘问题进行了较深入的

讨论。

6. 约束数据挖掘的概念和方法

在数据挖掘和知识发现中使用约束是提高挖掘效率和精度的有效途径之一。本章在对约束在数据挖掘中的作用进行剖析的基础上,对约束的类型和特点进行了形式化的阐述,并以时态约束的关联规则挖掘为例,讨论了约束数据挖掘的形式化、在数据预处理中的使用等关键问题。

[SVA97]对基于项约束的关联规则进行了阐述。[MY97]讨论了区间数据的约束关联规则挖掘问题。[Pei00]给出了约束条件下的 FP-tree 树的生成方法。[NL+98]讨论了约束关联规则的裁剪和优化问题。[Han96]和[RMR97]讨论了基于模板约束的关联规则挖掘方法。其他的参考文献还有[Gra00]、[MZ97]、[HP96]和[崔立新 00]等。[毛国君 03b]和[欧阳为民 99]是本章中时态约束的关联规则挖掘讨论的主要参考资料。

7. 关联规则挖掘的更深入问题的讨论

针对关系型数据库中数据挖掘的特点,结合近年来讨论比较集中的多层次、多维以及数量关联规则挖掘等问题,对它们的基本问题描述、主要解决思路和流行的方法进行了论述。

多层关联规则挖掘的讨论可以参考[CNT96]、[FLG96]、[Han95a]和[程继华 98]。关于多维和多表的关联规则挖掘问题和方法读者可以进一步查阅[CN+96]、[DR97]和[FM+96]。[CF+98]讨论了具有权重项目的关联规则挖掘技术。

8. 数量关联规则挖掘方法

结合作者近年来在数量关联规则挖掘方面的研究积累,本章对数量关联规则挖掘问题、数量关联规则挖掘分类、一般步骤以及数值属性的离散化等技术进行了较为详细的论述。

[RS98]、[SA96]、[SR96]、[ZLZ97]和[FMM96]是进一步掌握数量关联规则挖掘概念和方法的理想参考资料。[AL99]和[ER99]对数值属性离散化的基本方法进行了详细的论述。[CC94]建立了数值属性的概念层次的提升技术。[RS98]和[HKC99]讨论了数量关联规则的优化问题。[苑森淼 00]给出了利用聚类技术进行数量关联规则合并和优化的方法。

习　题　3

1. 简单地描述下列英文缩写或短语的含义。

（1）Parallel Association Rule Mining

（2）Quantities Association Rule Mining

（3）Frequent Itemset

（4）Maximal Frequent Itemset

（5）Closed Itemset

2. 解释下列概念。

（1）多层次关联规则

（2）多维关联规则

（3）事务数据库

（4）购物篮分析

（5）强关联规则

3. 给出一个项目集 I_1 在数据集 D 上的支持度(Support)的定义,并直观地解释它的含义。

4. 从统计学的观点说明一个项目集 I_1 在数据集 D 上的支持度(Support)的含义。

5. 满足什么样条件的项目集是频繁项目集和最大频繁项目集?

6. 以购物篮应用为例说明挖掘频繁项目集所蕴含的商业价值。

7. 给出一个规则的可信度(Confidence)的定义,并直观地解释它的含义。

8. 以购物篮应用为例说明关联规则挖掘所蕴含的商业价值。

9. 一般地,在一个事务数据库中挖掘关联规则通过哪两个主要步骤完成?各步骤的主要任务和目标是什么?

10. 为什么事务数据库中挖掘关联规则一般要使用两个基本步骤?

11. 证明著名的 Agrawal 挖掘原理之一:频繁项目集的子集是频繁项目集。

12. 证明著名的 Agrawal 挖掘原理之一:非频繁项目集的超集是非频繁项目集。

13. 给定如表 A3-1 所示的一个事务数据库,写出 Apriori 算法生成频繁项目集的过程(假设 MinSupport＝50％)。

表 A3-1　事务数据库示例 1

TID	Itemset
1	a,c,d,e,f
2	b,c,f
3	a,d,f
4	a,c,d,e
5	a,b,d,e,f

14. 给定如表 A3-2 所示的一个事务数据库,写出 Apriori 算法生成频繁项目集的过程(假设 MinSupport＝40％)。

表 A3-2　事务数据库示例 2

TID	Itemset
1	1,3,4
2	2,3,4,5
3	1,3,5,7
4	2,5

TID	Itemset
5	1,2,4,6,7
6	2,4,6

15. 对上面的第 13 题所生成的最大频繁项目集,跟踪 Rule-generate 来生成对应的关联规则(设 minconfidence＝80％)。

16. 对上面的第 14 题所生成的最大频繁项目集,跟踪 Rule-generate 来生成对应的关联规则(设 minconfidence＝60％)。

17. Apriori 算法的主要性能瓶颈是什么?

18. 针对 Apriori 算法的主要性能瓶颈提出你的改进想法。

19. 基于数据分割(Partition)的方法可以改善 Apriori 算法的效率。阐述它的理由。

20. 基于采样(Sampling)的方法可以改善 Apriori 算法的效率。阐述它的理由。

21. 基于散列(Hash)的方法,可以改善 Apriori 算法的效率。阐述它的理由。

22. 除了上面提到的技术可以用于改善 Apriori 算法的效率以外,你认为还有哪些技术可以被应用来解决这个问题?

23. 一个项目集是闭合的(Closed),简单地讲它应该满足什么条件?

24. 为什么说在闭合项目集格空间里讨论关联规则挖掘问题要比 Apriori 算法效率高?

25. FP-tree 的算法是一个 2 次数据库扫描算法,这个算法的基本思想是什么?

26. 比较 Apriori 算法,阐述 FP-tree 算法的优缺点。

27. 给定如表 A3-3 所示的一个事务数据库,画出 FP-tree 树的生成过程。

表 A3-3　事务数据库示例 3

TID	Itemset
1	a,b,c
2	b,c,d,e
3	a,c,e
4	b,c,d
5	b,c,d,e

28. 给定如表 A3-4 所示的一个事务数据库,画出 FP-tree 树的生成过程。

表 A3-4　事务数据库示例 4

TID	Itemset
1	B,C,D,E
2	A,C,E
3	A,B,C,E
4	C,D,E,F
5	A,B,C,D,E,F

29. 衡量关联规则挖掘结果的有效性应该从哪些方面加以考虑? 简述其理由。

30. 为什么说用户从主观层面上为关联规则挖掘设定约束条件是必要的? 应该从几方面来考虑这个问题?

31. 简述约束在数据挖掘中的作用。

32. 从挖掘所使用约束的类型看,可以把用于关联规则挖掘的约束分为哪些类型? 通过实例来理解这些类型的应用。

33. 多层次关联规则挖掘有两种基本策略,简述它们可能存在的主要问题及相关对策。

34. 为什么多层次关联规则挖掘可能产生规则的冗余问题? 你认为应该如何有效地避免这些冗余问题可能带来的副作用?

35. 举例说明单维关联规则和多维关联规则的区别。

36. 思考多维关联规则挖掘所带来的主要挑战。

37. 数量关联数规则要解决什么样的问题? 简述处理数值属性的基本方法。

38. 简述数量关联规则挖掘的一般步骤。

CHAPTER 4

分类方法

　　分类在数据挖掘中是一项非常重要的任务。分类的目的是学会一个分类函数或分类模型(也常常称作分类器),该模型能把数据库中的数据项映射到给定类别中的某一个类别。分类可用于预测。预测的目的是从历史数据记录中自动推导出对给定数据的趋势描述,从而能对未来数据进行预测。统计学中常用的预测方法是回归。数据挖掘中的分类和统计学中的回归方法是一对相互联系又有区别的概念。一般地,分类的输出是离散的类别值,而回归的输出则是连续数值。分类具有广泛的应用,例如,医疗诊断、信用卡系统的信用分级、图像模式识别等。

　　分类器的构造方法有统计方法、机器学习方法、神经网络方法等。

- 统计方法:包括贝叶斯法和非参数法等。常见的邻近学习或基于事例的学习(Instance-Based Learning,IBL)属于非参数方法。对应的知识表示则为判别函数和原型事例(原型事例,即有代表性的典型的记录,它的表示是原始记录形式)。

- 机器学习方法:包括决策树法和规则归纳法。前者对应的表示为决策树或判别树,后者则有决策表(Decision List)和产生式规则等。

- 神经网络方法(主要是 BP 算法):它的模型表示是前向反馈神经网络模型(由代表神经元的结点和代表连接权值的边组成的一种体系结构),BP 算法本质上是一种非线性判别函数。

　　另外,许多技术(如粗糙集等)都可以用于分类器构造中。在前面绪论中也介绍了相关的情况。

　　本章把分类方法归结为四种类型:基于距离的分类方法、决策树分类方法、贝叶斯分类方法和规则归纳方法。在每种方法中,首先介绍各类方法的主要思想,然后具体介绍属于该类的几种典型分类方法。在基于距离的分类方法中主要介绍最邻近方法;决策树分类方法中主要介绍 ID3 算法和 C4.5 算法;贝叶斯分类方法中包括朴素贝叶斯法分类方法和 EM 算法;规则归纳方法中包括 AQ 算法、CN2 算法和 FOIL 算法。

　　本章内容安排如下:首先介绍分类的基本概念与步骤;然后介绍各种分类方法;最后介绍分类数据的预处理以及分类算法的性能评价问题。

4.1 分类的基本概念与步骤

定义 4-1 给定一个数据库 $D=\{t_1, t_2, \cdots, t_n\}$ 和一组类 $C=\{C_1, C_2, \cdots, C_m\}$,分类问题是去确定一个映射 $f: D \to C$,每个元组 t_i 被分配到一个类中。一个类 C_j 包含映射到该类中的所有元组,即 $C_j=\{t_i \mid f(t_i)=C_j, 1 \leqslant i \leqslant n, 且 t_i \in D\}$。

下面举一个简单例子,说明分类的基本概念。

例子 4-1 老师根据分数把学生分成 A、B、C、D、F 五类,这只要通过使用简单的分界线(60,70,80,90)就可以实现,如表 4-1 所示。

表 4-1 学生分数分类示意

条 件	类 别	条 件	类 别
90≤成绩	A	60≤成绩<70	D
80≤成绩<90	B	成绩<60	F
70≤成绩<80	C		

在上面的定义和例子中,把分类看作是从数据库到一组类别的映射。注意,这些类是被预先定义的、非交叠的。数据库的每个元组被精确地分配到一个类中。

要构造分类器,需要有一个训练样本数据集作为输入。分类的目的是分析输入数据,通过在训练集中的数据表现出来的特性,为每一个类找到一种准确的描述或者模型。

一般地,数据分类(Data Classification)分为两个步骤:建模和使用。

1. 建立一个模型,描述预定的数据类集或概念集

通过分析由属性描述的数据库元组来构造模型。数据元组也称作样本、实例或对象。为建立模型而被分析的数据元组形成训练数据集。训练数据集中的单个元组称作训练样本,并随机地从样本群选取。每个训练样本还有一个特定的类标签与之对应。由于提供了每个训练样本的类标号,该步也称作有指导的学习(即模型的学习在被告知每个训练样本属于哪个类的"指导"下进行)。它不同于无指导的学习(或聚类),那里每个训练样本的类标号是未知的,要学习的类集合或数量也可能事先不知道。

通常,学习模型用分类规则、决策树或等式、不等式、规则式等形式提供。这些规则可以用来为以后的数据样本分类,也能对数据库的内容提供更好的理解。

2. 使用模型进行分类

首先评估模型(分类法)的预测准确率。保持(Holdout)方法是一种使用类标号样本测试集的简单方法。这些样本随机选取,并独立于训练样本。模型在给定测试集上的准确率是被模型正确分类的测试样本的百分比。对于每个测试样本,将已知的类标号与该样本的学习模型类预测比较。注意,如果模型的准确率根据训练数据集进行评估,评估可能是乐观的,因为学习模型倾向于过分拟合数据。因此,使用交叉验证法来评估模型是比较合理的,有关内容将在本章后续内容中加以阐述。

如果认为模型的准确率可以接受,就可以用它对类标号未知的数据元组或对象进行分类。这种数据在机器学习文献中也称为"未知的"或"先前未见到的"数据。

总之,可以把分类归结为模型建立和使用模型分类进行分类两个步骤,其实模型建立的过程也就是使用训练数据进行学习的过程,第二个步骤是对类标号未知的数据进行分类的过程。下面举一个具体的例子说明分类的过程。

例子 4-2 给定一个顾客信用信息的数据库,可以根据他们的信誉度(优良或相当好)来识别顾客。首先需要学习分类规则,之后通过分析现有顾客数据学习得到的分类规则,可以用来预测新的或未来顾客的信誉度。图 4-1 给出了数据分类过程。

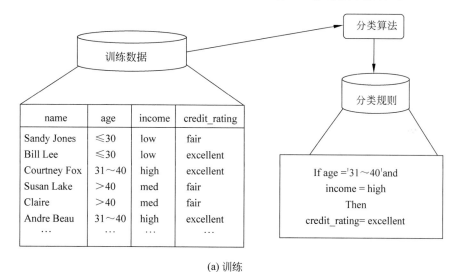

(a) 训练

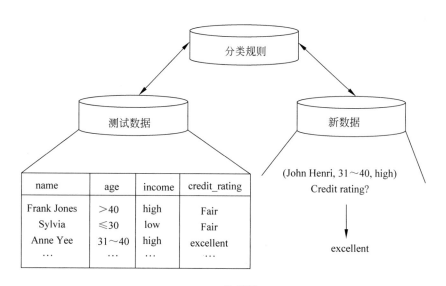

(b) 使用

图 4-1　数据分类过程

图 4-1 显示了分类的两个基本过程:(a)训练。用分类算法分析训练数据(这里,类标号属性是 credit_rating,学习模型或分类法以分类规则形式提供)。(b)使用。利用测试来评估分类规则的准确率(如果准确率是可以接受的,则规则可用于新的数据元组分类)。或者对未分类的数据进行标识。

4.2　基于距离的分类算法

基于距离的分类算法的思路比较简单直观。假定数据库中的每个元组 t_i 为数值向量,每个类用一个典型数值向量来表示,则能通过分配每个元组到它最相似的类来实现分类。具体定义由定义 4-2 来给出。

定义 4-2　给定一个数据库 $D = \{t_1, t_2, \cdots, t_n\}$ 和一组类 $C = \{C_1, C_2, \cdots, C_m\}$。对于任意的元组 $t_i = \{t_{i1}, t_{i2}, \cdots, t_{ik}\} \in D$,如果存在一个 $C_j \in C$,使得:

$$\text{sim}(t_i, C_j) \geqslant \text{sim}(t_i, C_p), \quad \forall C_p \in C, \quad C_p \neq C_j$$

则 t_i 被分配到类 C_j 中,其中,$\text{sim}(t_i, C_j)$ 称为相似性。

在实际的计算中往往用距离来表征,距离越近,相似性越大,距离越远,相似性越小。

为了计算相似性,需要首先得到表示每个类的向量。计算方法有多种,例如,代表每个类的向量可以通过计算每个类的中心来表示。另外,在模式识别中,一个预先定义的图像用于代表每个类,分类就是把待分类的样例与预先定义的图像进行比较。

算法 4-1 阐述了简单的基于距离寻找待分类数据类标识的搜索算法。假定每个类 C_i 用类中心来表示,每个元组必须和各个类的中心来比较,从而可以找出最近的类中心,得到确定的类别标记。基于距离分类算法的复杂性一般是 $O(n)$。

算法 4-1　基于距离的类标识搜索算法

输入:每个类的中心 $C_1, C_2, \cdots, C_m$;待分类的元组 t。

输出:输出类别 c。

(1) dist=∞; //距离初始化
(2) FOR i=1 to m DO
(3) 　　IF dis(c_i, t) < dist THEN BEGIN
(4) 　　　　c=i;
(5) 　　　　dist=dist(c_i, t);
(6) 　　END;
(7) flag t with c

下面举一个简单例子,说明基于距离的分类算法。

例子 4-3　有 A、B、C 三个类如图 4-2(a)所示,图 4-2(b)给出了 18 个待分类的样例,图 4-2(c)给出了一种分类结果。

在图 4-2(a)中,代表每个类的向量可以通过计算每个类所表示区域的中心来确定,即类 A 的中心 C_A 为 <4, 7.5>,类 B 的中心 C_B 为 <2, 2.5>,类 C 的中心 C_C 为 <6, 2.5>。这样,通过计算每个元组到各类中心的距离就可以找出最相似的类,从而实现简单的分类技术。图 4-2(c)给出了分类结果,虚线代表了从每个样例到类中心的距离。

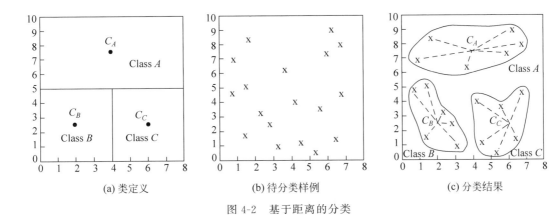

(a) 类定义　　　　　　　　　(b) 待分类样例　　　　　　　　　(c) 分类结果

图 4-2　基于距离的分类

前面给出了基于距离的分类算法的基本思想,在现实中经常采用的一种基于距离的分类算法是 k-最邻近方法(k-Nearest Neighbors,k-NN)。

k-最邻近分类算法的思想比较简单。假定每个类包含多个训练数据,且每个训练数据都有一个唯一的类别标记,k-最邻近分类的主要思想就是计算每个训练数据到待分类元组的距离,取和待分类元组距离最近的 k 个训练数据,k 个数据中哪个类别的训练数据占多数,则待分类元组就属于哪个类别。

算法 4-2 给出 k-NN 的具体描述。

算法 4-2　k-最邻近算法

输入:训练数据 T;
　　　　最邻近数目 k;
　　　　待分类的元组 t。

输出:输出类别 c。

(1) N=Φ;
(2) FOR each d∈ T DO BEGIN
(3) 　IF |N|⩽k THEN
(4) 　　N=N∪{d};
(5) 　ELSE
(6) 　　IF ∃ u∈ N such that sim(t,u)< sim(t,d) THEN
(7) 　　　BEGIN
(8) 　　　　N=N−{u};
(9) 　　　　N=N∪{d};
(10) 　　　END
(11) END
(12) c=class related to such u∈ N which has the most number;

在算法 4-2 中 T 表示训练数据,假如 T 中有 q 个元组,则使用 T 对一个元组进行分类的复杂度为 $O(q)$。

k-NN 对一个数据元素进行分类时,是通过它和训练集的每个元组进行相似度计算和比较完成的。因此,如果对 n 个未知元素进行分类,复杂度为 $O(nq)$。鉴于训练数据集容量是常数(尽管也许很大),复杂度看作 $O(n)$。

数据挖掘原理与算法(第 4 版)

例子 4-4 使用表 4-2 中给出的样本数据,采用最邻近方法对元组<范可可,女,1.6>进行分类。

表 4-2 训练数据

序号	姓名	性别	身高/m	类别
1	李莉	女	1.50	矮
2	吉米	男	1.92	高
3	马大华	女	1.70	中等
4	王小华	女	1.73	中等
5	刘敏杰	女	1.60	矮
6	包博	男	1.75	中等
7	张烨	女	1.50	矮
8	戴维	男	1.60	矮
9	马天雨	男	2.05	高
10	张晓晓	男	1.90	高
11	刘冰冰	女	1.68	中等
12	陶德德	男	1.78	中等
13	高洁洁	女	1.70	中等
14	张小艺	女	1.68	中等
15	徐甜甜	女	1.65	中等

假如只用高度参与距离计算,$k=5$。跟踪 k-最邻近算法的执行如下。

- 对 T 的前 $k=5$ 个记录,$N=\{<$李莉,女,1.50$>$,$<$吉米,男,1.92$>$,$<$马大华,女,1.70$>$,$<$王小华,女,1.73$>$,$<$刘敏杰,女,1.60$>\}$。
- 对 T 的第 6 个记录 $d=<$包博,男,1.75$>$,相比测试记录$<$范可可,女,1.50$>$,需要替换掉 N 中和测试记录差别最大的$<$吉米,男,1.92$>$,得到 $N=\{<$李莉,女,1.50$>$,$<$包博,男,1.75$>$,$<$马大华,女,1.70$>$,$<$王小华,女,1.73$>$,$<$刘敏杰,女,1.60$>\}$。
- 对 T 的第 7 个记录 $d=<$张烨,女,1.50$>$,需要替换掉 N 中和测试记录差别最大的$<$包博,男,1.75$>$,得到 $N=\{<$李莉,女,1.50$>$,$<$张烨,女,1.50$>$,$<$马大华,女,1.70$>$,$<$王小华,女,1.73$>$,$<$刘敏杰,女,1.60$>\}$。
- 对 T 的第 8 个记录 $d=<$戴维,男,1.60$>$,需要替换掉 N 中和测试记录差别最大的$<$王小华,女,1.73$>$,得到 $N=\{<$李莉,女,1.50$>$,$<$张烨,女,1.50$>$,$<$马大华,女,1.70$>$,$<$戴维,男,1.60$>$,$<$刘敏杰,女,1.60$>\}$。
- 对 T 的第 9、10 个记录,没变化。
- 对 T 的第 11 个记录 $d=<$刘冰冰,女,1.68$>$,需要替换掉 N 中和测试记录差别最大的$<$马大华,女,1.70$>$,得到 $N=\{<$李莉,女,1.50$>$,$<$张烨,女,1.50$>$,$<$刘冰冰,女,1.68$>$,$<$戴维,男,1.60$>$,$<$刘敏杰,女,1.60$>\}$。
- 对 T 的第 12~14 个记录,没变化。
- 对 T 的第 15 个记录 $d=<$徐甜甜,女,1.65$>$,需要替换掉 N 中和测试记录差别最大的$<$刘冰冰,女,1.68$>$,得到 $N=\{<$李莉,女,1.50$>$,$<$张烨,女,1.50$>$,$<$徐甜甜,女,1.65$>$,$<$戴维,男,1.60$>$,$<$刘敏杰,女,1.60$>\}$。

最后的输出 $N = \{<$李莉,女,1.50$>,<$张烨,女,1.50$>,<$徐甜甜,女,1.65$>,<$戴维,男,1.60$>,<$刘敏杰,女,1.60$>\}$。对照表 4-2,在这五项中,四个属于矮个,一个属于中等。最终 k-最邻近算法认为范可可为矮个。

注:例子 4-4 只考虑高度一个维度,因此两个对象的距离计算直接使用了它们的差的绝对值得到。如果在多维情况下,应该使用合适的距离公式(如欧氏距离)来计算和比较。此外,本例也没有考虑男女在身高上应该具有的差异,所以也不是完全合理的。读者可以尝试解决这个问题。

4.3 决策树分类方法

视频讲解

从数据中生成分类器的一个特别有效的方法是生成一个决策树(Decision Tree)。决策树表示方法是应用最广泛的逻辑方法之一,它从一组无次序、无规则的事例中推理出决策树表示形式的分类规则。决策树分类方法采用自顶向下的递归方式,在决策树的内部结点进行属性值的比较并根据不同的属性值判断从该结点向下的分支,在决策树的叶结点得到结论。所以从决策树的根到叶结点的一条路径就对应着一条合取规则,整棵决策树就对应着一组析取表达式规则。

基于决策树的分类算法的一个最大的优点就是它在学习过程中不需要使用者了解很多背景知识(这同时也是它的最大的缺点),只要训练例子能够用属性-结论式表示出来,就能使用该算法来学习。

决策树是一个类似于流程图的树结构,其中每个内部结点表示在一个属性上的测试,每个分支代表一个测试输出,而每个树叶结点代表类或类分布。树的最顶层结点是根结点。一棵典型的决策树如图 4-3 所示。它表示概念 buys_computer,它预测顾客是否可能购买计算机。内部结点用矩形表示,而树叶结点用椭圆表示。为了对未知的样本分类,样本的属性值在决策树上测试。决策树从根到叶结点的一条路径就对应着一条合取规则,因此决策树容易转换成分类规则。

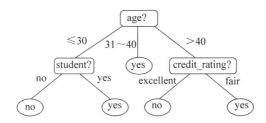

图 4-3 buys_computer 的决策树示意

决策树是应用非常广泛的分类方法,目前有多种决策树方法,如 ID3、CN2、SLIQ、SPRINT 等。大多数已开发的决策树是一种核心算法的变体,下面介绍一下决策树分类的基本核心思想,然后详细介绍 ID3 和 C4.5。

4.3.1 决策树基本算法概述

决策树分类算法通常分为两个步骤，决策树生成和决策树修剪。

1. 决策树生成算法

决策树生成算法的输入是一组带有类别标记的例子，构造的结果是一棵二叉树或多叉树。二叉树的内部结点（非叶子结点）一般表示为一个逻辑判断，如形式为 $(a_i = v_i)$ 的逻辑判断，其中，a_i 是属性，v_i 是该属性的某个属性值。树的边是逻辑判断的分支结果。多叉树的内部结点是属性，边是该属性的所有取值，有几个属性值，就有几条边。树的叶子结点都是类别标记。

构造决策树的方法是采用自上而下的递归构造。其思路是：

（1）以代表训练样本的单个结点开始建树（对应着算法 4-3 的步骤（1））。

（2）如果样本都在同一个类，则该结点成为树叶，并用该类标记（步骤（2）和步骤（3））。

（3）否则，算法使用称为信息增益的基于熵的度量作为启发信息，选择能够最好地将样本分类的属性（步骤（6））。该属性成为该结点的"测试"或"判定"属性（步骤（7））。值得注意的是，在这类算法中，所有的属性都是分类的，即取离散值的。连续值的属性必须离散化。

（4）对测试属性的每个已知的值，创建一个分支，并据此划分样本（步骤（8）～步骤（10））。

（5）算法使用同样的过程，递归地形成每个划分上的样本决策树。一旦一个属性出现在一个结点上，就不必考虑该结点的任何后代（步骤（13））。

（6）递归划分步骤，当下列条件之一成立时停止：

① 给定结点的所有样本属于同一类（步骤（2）和步骤（3））。

② 没有剩余属性可以用来进一步划分样本（步骤（4））。在此情况下，采用多数表决（步骤（5））。这涉及将给定的结点转换成树叶，并用 samples 中的多数所在的类别标记它。换一种方式，可以存放结点样本的类分布。

③ 分支 test_attribute $= a_i$ 没有样本。在这种情况下，以 samples 中的多数类创建一个树叶（步骤（12））。

算法 4-3 Generate_decision_tree //决策树生成算法

输入：训练样本 samples，由离散值属性表示；候选属性的集合 attribute_list。

输出：一棵决策树 //由给定的训练数据产生一棵决策树

（1）创建结点 N；

（2）IF samples 都在同一个类 C THEN

（3）　返回 N 作为叶结点，以类 C 标记；

（4）IF attribute_list 为空 THEN

（5）　返回 N 作为叶结点，标记为 samples 中最普通的类；//多数表决

（6）选择 attribute_list 中具有最高信息增益的属性 test_attribute；

（7）标记结点 N 为 test_attribute；

（8）FOR each test_attribute 中的已知值 a_i //划分 samples

（9）　由结点 N 长出一个条件为 test_attribute＝a_i 的分支；

（10）设 s_i 是 samples 中 test_attribute＝a_i 的样本的集合；//一个划分

（11）IF s_i 为空 THEN

（12）　加上一个树叶，标记为 samples 中最普通的类；

（13）ELSE 加上一个由 Generate_decision_tree(s_i, attribute_list-test_attribute)返回的结点；

构造好的决策树的关键在于如何选择好的逻辑判断或属性。对于同样一组例子，可以有很多决策树符合这组例子。研究结果表明，一般情况下，树越小则树的预测能力越强。要构造尽可能小的决策树，关键在于选择合适的产生分支的属性。由于构造最小的树是 NP-难问题，因此只能采用启发式策略来进行属性选择。属性选择依赖于对各种例子子集的不纯度（Impurity）度量方法。不纯度度量方法包括信息增益（Information Gain）、信息增益比（Gain Ratio）、Gini-index、距离度量（Distance Measure）、J-measure、G 统计、χ^2 统计、证据权重（Weight of Evidence）、最小描述长度（MLP）、正交法（Ortogonality Measure）、相关度（Relevance）和 Relief 等。不同的度量有不同的效果，特别是对于多值属性，选择合适的度量方法对于结果的影响是很大的。

2. 决策树修剪算法

现实世界的数据（数据挖掘的对象显然就是现实世界的数据）一般不可能是完美的，可能某些属性字段上缺值（Missing Values）；可能缺少必需的数据而造成数据不完整；可能数据不准确、含有噪声甚至是错误的。在此主要讨论噪声问题。

基本的决策树构造算法没有考虑噪声，因此生成的决策树完全与训练例子拟合。在有噪声情况下，完全拟合将导致过拟合（Overfitting），即对训练数据的完全拟合反而使对现实数据的分类预测性能下降。剪枝是一种克服噪声的基本技术，同时它也能使树得到简化而变得更容易理解。

有以下两种基本的剪枝策略。

- 预先剪枝（Pre-Pruning）：在生成树的同时决定是继续对不纯的训练子集进行划分还是停机。

- 后剪枝（Post-Pruning）：为一种拟合-化简（Fitting-and-Simplifying）的两阶段方法。首先生成与训练数据完全拟合的一棵决策树，然后从树的叶子开始剪枝，逐步向根的方向剪。剪枝时要用到一个测试数据集合（Tuning Set 或 Adjusting Set），如果存在某个叶子剪去后使得在测试集上的准确度或其他测度不降低（不变得更坏），则剪去该叶子；否则停机。

理论上讲，后剪枝好于预先剪枝，但计算复杂度大。

剪枝过程中一般要涉及一些统计参数或阈值（如停机阈值）。值得注意的是，剪枝并不是对所有的数据集都好，就像最小树并不是最好（具有最大的预测率）的树一样。当数据稀疏时，要防止过剪枝（Over-Pruning）带来的副作用。从某种意义上讲，剪枝也是一种偏向(Bias),对有些数据效果好而对另外一些数据则效果差。

4.3.2　ID3 算法

上面对决策树分类的两个基本步骤进行了介绍,接下来将介绍目前引用率很高的 ID3 算法。ID3 是 Quinlan 提出的一个著名决策树生成方法。

ID3 的基本概念如下。

- 决策树中每一个非叶结点对应着一个非类别属性,树枝代表这个属性的值。一个叶结点代表从树根到叶结点之间的路径对应的记录所属的类别属性值。
- 每一个非叶结点都将与属性中具有最大信息量的非类别属性相关联。
- 采用信息增益来选择出能够最好地将样本分类的属性。

1. 信息增益计算

信息增益基于信息论中熵(Entropy)的概念。熵是对事件对应的属性的不确定性的度量。一个属性的熵越大,它蕴含的不确定信息越大,越有利于数据的分类。因此,ID3 总是选择具有最高信息增益(或最大熵)的属性作为当前结点的测试属性。该属性使得对结果划分中的样本分类所需的信息量最小,并反映划分的最小随机性或"不纯性"。这种信息理论方法使得对一个对象分类所需的期望测试数目达到最小,并尽量确保找到一棵简单的(但不必是最简单的)树来刻画相关的信息。

设 S 是 s 个数据样本的集合。假定类标号属性具有 m 个不同值,定义 m 个不同类 $C_i (i=1,2,\cdots,m)$。设 s_i 是类 C_i 中的样本数。对一个给定的样本分类所需的期望信息由下式给出:

$$I(s_1,s_2,\cdots,s_m) = -\sum_{i=1}^{m} p_i \log_2(p_i)$$

其中,p_i 是任意样本属于 C_i 的概率,一般可用 s_i/s 来估计。注意,对数函数以 2 为底,因为信息用二进位编码。

设属性 A 具有 v 个不同值 $\{a_1,a_2,\cdots,a_v\}$。可以用属性 A 将 S 划分为 v 个子集 $\{S_1,S_2,\cdots,S_v\}$,其中,S_j 包含 S 中这样一些样本,它们在 A 上具有值 a_j。如果 A 作为测试属性(即最好的分裂属性),则这些子集对应于由包含集合 S 的结点生长出来的分支。

设 s_{ij} 是子集 S_j 中类 C_i 的样本数。根据由 A 划分成子集的熵由下式给出:

$$E(A) = -\sum_{j=1}^{v} \frac{s_{1j}+s_{2j}+\cdots+s_{mj}}{s} I(s_{1j},s_{2j},\cdots,s_{mj})$$

这里 $\dfrac{s_{1j}+s_{2j}+\cdots+s_{mj}}{s}$ 充当第 j 个子集的权,并且等于子集(即 A 值为 a_j)中的样本个数除以 S 中的样本总数。熵值越小,子集划分的纯度越高。

注意,根据上面给出的期望信息计算公式,对于给定的子集 S_j,其期望信息由下式计算:

$$I(s_{1j}, s_{2j}, \cdots, s_{mj}) = -\sum_{i=1}^{m} p_{ij} \, \mathrm{lb}(p_{ij})$$

其中, $p_{ij} = \dfrac{s_{ij}}{|s_j|}$ 是 S_j 中的样本属于类 C_i 的概率。

由期望信息和熵值可以得到对应的信息增益值。对于在 A 上分支将获得的信息增益可以由下面的公式得到：

$$\mathrm{Gain}(A) = I(s_1, s_2, \cdots, s_m) - E(A)$$

ID3 算法计算每个属性的信息增益,并选取具有最高增益的属性作为给定集合 S 的测试属性。对被选取的测试属性创建一个结点,并以该属性标记,对该属性的每个值创建一个分支,并据此划分样本。

例子 4-5　下面以一个例子来说明 ID3 算法挖掘分类的决策树的过程。所采用的数据集包含 4 个属性,前 3 个是条件属性,后 1 个是决策属性。表 4-3 给出了一个样本数据集。

表 4-3　样本数据集

序号	性别	学生	民族	电脑
1	1	1	0	1
2	0	0	0	1
3	1	1	0	1
4	1	1	0	1
5	1	0	0	0
6	1	0	1	0

性别：其值有 0 和 1,分别代表女和男。

学生：其值有 0 和 1,分别代表不是学生和是学生两种情况。

民族：其值有 0 和 1,分别代表不是少数民族和是少数民族两种情况。

电脑：其值有 0 和 1,分别代表没有电脑和有电脑两种决策。

分析和解答：

最终需要分类的属性为"电脑",它有两个不同值 0 和 1：1 有 4 个样本,0 有 2 个样本。

为计算每个属性的信息增益,首先给定样本电脑分类所需的期望信息：

$$I(s_1, s_2) = I(4, 2) = -\frac{4}{6}\log_2\frac{4}{6} - \frac{2}{6}\log_2\frac{2}{6} = 0.918$$

接下来计算每个属性的熵。从"性别"属性开始。观察性别的每个样本值的分布,对于"性别"$=1$,有 3 个"电脑"$=1$,2 个"电脑"$=0$；对于"性别"$=0$,有 1 个"电脑"$=1$,没有"电脑"$=0$。所以：

- 对于"性别"$=1$, $s_{11}=3$, $s_{21}=2$, $I(s_{11}, s_{21})=0.971$。
- 对于"性别"$=0$, $s_{12}=1$, $s_{22}=0$, $I(s_{12}, s_{22})=0$。

因此,如果样本按"性别"划分,对一个给定的样本分类对应的熵为：

$$E(性别) = \frac{5}{6}I(s_{11}, s_{21}) + \frac{1}{6}I(s_{12}, s_{22}) = 0.809$$

最后计算这种划分的信息增益是：

$$\mathrm{Gain}(性别) = I(s_1, s_2) - E(性别) = 0.109$$

类似地，可以计算：

- $\mathrm{Gain}(学生) = 0.459$。
- $\mathrm{Gain}(民族) = 0.316$。

由于"学生"在所有属性中具有最高的信息增益，所以它首先被选为测试属性。并以此创建一个结点，用"学生"标记，并对于每个属性值，引出一个分支，数据集被划分成两个子集。图 4-4 给出了"学生"结点及其分支。

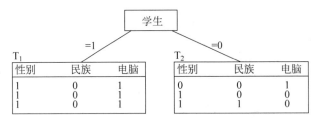

图 4-4　按"学生"属性获得的决策树结点及其分支

根据"学生"的取值，数据集被划分成两个子集，对于决策树生成过程来说，需要进一步进行子树生成。下面先看左子树的生成过程。

对于"学生"$=1$ 的所有元组，其类别标记均为 1。所以，根据决策树生成算法步骤(2)和(3)，得到一个叶子结点，类别标记为"电脑"$=1$。

对于"学生"$=0$ 的右子树中的所有元组，计算其他两个属性的信息增益：

- $\mathrm{Gain}(性别) = 0.918$。
- $\mathrm{Gain}(民族) = 0.318$。

因此，对于第一次划分后的右子树 T_2，选取最大熵的属性"性别"来扩展。以此类推，可以通过计算信息增益和选取当前最大的信息增益属性来扩展树。最后，得到如图 4-5 所示的决策树。

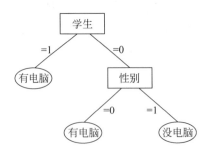

图 4-5　ID3 算法生成的决策树

通过上面的例子，可以清楚地看出 ID3 算法是如何对给定数据集进行分类的决策树学习的。下面将较正式地给出 ID3 算法的描述，最后再来分析一下 ID3 算法的性能。

2. 算法描述

算法 4-4　ID3

输入：T：table　　　　　　　　//训练数据

　　　C：classification attribute　//类别属性

输出：decision tree　　　　　　//决策树

（1）BEGIN

（2）IF（T is empty）THEN return（null）；

（3）N＝a new node；//创建结点 N

（4）IF（there are no predictive attributes in T）THEN //第一种情况

（5）　label N with most common value of C in T（deterministic tree）or with frequencies of C in T（probabilistic tree）；

//如没有剩余属性来进一步划分 T，把给定的结点转换成树叶，用 T 中多数元组所在的类标记它

（6）ELSE IF（all instances in T have the same value V of C）THEN //第二种情况

（7）　　　label N，"X. C＝V with probability 1"；

//如果 T 中所有样本的类别都一样，标记 N，类别为 V

（8）　　　ELSE BEGIN

（9）　　　FOR each attribute A in T compute AVG ENTROPY（A，C，T）；

//对 T 中每个属性 A 对其计算 AVG ENTROPY（A，C，T）

（10）　　　AS＝the attribute for which AVG ENTROPY（A，C，T）is minimal；

//把 AVG ENTROPY（A，C，T）最小的属性标记 AS

（11）IF（AVG ENTROPY（AS，C，T）is not substantially smaller than ENTROPY（C，T））THEN

　　　　　　　//第三种情况

（12）label N with most common value of C in T（deterministic tree）or with frequencies of C in T（probabilistic tree）；

//如果 AVG ENTROPY（AS，C，T）不比 ENTROPY（C，T）小，用 T 中多数元组所在的类标记 N

（13）　　　　ELSE BEGIN

（14）　　　　label N with AS；

（15）　　　　FOR each value V of AS DO BEGIN

（16）　　　　N1＝ID3（SUBTABLE（T，A，V），C）；//递归调用

（17）　　　　IF（N1 !＝null）THEN make an arc from N to N1 labelled V；

（18）　　　　END

（19）　　　END

（20）　　END

（21）return N；

（22）END

3. ID3 算法的性能分析

　　ID3 算法可以描述成从一个假设空间中搜索一个拟合训练样例的假设。被 ID3 算法搜索的假设空间就是可能的决策树的集合。ID3 算法以一种从简单到复杂的爬山算法遍历这个假设空间，从空的树开始，然后逐步考虑更加复杂的假设，目的是搜索到一个正确

分类训练数据的决策树。引导这种爬山搜索的评估函数是信息增益度量。

通过观察 ID3 算法的搜索空间和搜索策略,可以深入认识这个算法的优势和不足。

ID3 算法的假设空间包含所有的决策树,它是关于现有属性的有限离散值函数的一个完整空间。因为每个有限离散值函数可表示为某个决策树,所以 ID3 算法避免了搜索不完整假设空间的一个主要风险:假设空间可能不包含目标函数。

当遍历决策树空间时,ID3 仅维护单一的当前假设,失去了表示所有一致假设所带来的优势。

ID3 算法在搜索过程中不进行回溯,每当在树的某一层次选择了一个属性进行测试,它不会再回溯重新考虑这个选择。所以,它易受无回溯的爬山搜索中的常见风险影响:收敛到局部最优的答案,而不是全局最优的。对于 ID3 算法,一个局部最优的答案对应着它在一条搜索路径上搜索时选择的决策树。然而,这个局部最优的答案可能不如沿着另一条分支搜索到的更令人满意。

ID3 算法在搜索的每一步都使用当前的所有训练样例,以统计为基础决定怎样精化当前的假设。这与那些基于单独的训练样例递增做出决定的方法不同。使用所有样例的统计属性(如信息增益)的一个优点是大大降低了对个别训练样例错误的敏感性。因此,通过修改 ID3 算法的终止准则以接受不完全拟合训练数据的假设,它可以很容易地扩展到处理含有噪声的训练数据。

ID3 算法只能处理离散值的属性。首先,学习到的决策树要预测的目标属性必须是离散的。其次,树的决策结点的属性也必须是离散的。在 C4.5 算法中将克服 ID3 算法的这一缺陷,可以处理连续属性。

信息增益度量存在一个内在偏置,它偏袒具有较多值的属性。举一个极端的例子,如果有一个属性为日期,那么将有大量取值,太多的属性值把训练样例分割成非常小的空间。单独的日期就可能完全预测训练数据的目标属性,因此,这个属性可能会有非常高的信息增益。这个属性可能会被选作树的根结点的决策属性并形成一棵深度为一级但却非常宽的树,这棵树可以理想地分类训练数据。当然,这个决策树对于测试数据的分类性能可能会相当差,因为它过分完美地分割了训练数据,不是一个好的分类器。避免这个不足的一种方法是用其他度量而不是信息增益来选择决策树形。一个可以选择的度量标准是增益比率。增益比率在 C4.5 算法中将详细介绍。

ID3 算法增长树的每一个分支的深度,直到恰好能对训练样例完美地分类。然而这个策略并非总行得通。事实上,当数据中有噪声或训练样例的数量太少以至于不能产生目标函数的有代表性的采样时,这个策略便会遇到困难。在以上任何一种情况发生时,这个简单的算法产生的树会过度拟合训练样例。对于一个假设,当存在其他的假设对训练样例的拟合比它差,但事实上在实例的整个分布上表现得却更好时,我们说这个假设是过度拟合(Overfit)训练集。

有几种途径可被用来避免决策树学习中的过度拟合,它们分为以下两类。

- 预先剪枝,及早停止树增长,在 ID3 算法完美分类训练数据之前就停止树增长。
- 后剪枝,即允许树过度拟合数据,然后对这个树进行后修剪。

尽管第一种方法可能看起来更直接,但是对过度拟合的树进行后修剪的第二种方法在实践中更成功。这是因为在第一种方法中精确地估计何时停止树增长是很困难的。

无论是通过及早停止还是后剪枝来得到正确规模的树,一个关键的问题是使用什么样的准则来确定最终正确树的规模。解决这个问题的方法包括:

使用与训练样例截然不同的一套分离的样例来评估,通过后修剪方法从树上修剪结点的效用。

使用所有可用数据进行训练,但进行统计测试来估计扩展(或修剪)一个特定的结点是否有可能改善在训练集合外的实例上的性能。例如,Quinlan(1986)使用一种卡方法(Chi_square)测试来估计进一步扩展结点是否能改善在整个实例分布上的性能,还是仅仅改善了当前的训练数据上的性能。

使用一个明确的标准来衡量训练样例和决策树的复杂度,当这个编码的长度最小时停止树增长。这个方法基于一种启发式规则,称为最小描述长度规则。

4.3.3　C4.5 算法

C4.5 算法是从 ID3 算法演变而来,除了拥有 ID3 算法的功能外,C4.5 算法引入了新的方法和增加了新的功能。例如:

- 用信息增益比例的概念。
- 合并具有连续属性的值。
- 可以处理缺少属性值的训练样本。
- 通过使用不同的修剪技术以避免树的过拟合。
- k 交叉验证。
- 规则的产生方式等。

1. 信息增益比例的概念

信息增益比例是在信息增益概念基础上发展起来的,一个属性的信息增益比例用下面的公式给出:

$$\text{GainRatio}(A) = \frac{\text{Gain}(A)}{\text{SplitI}(A)}$$

其中,

$$\text{SplitI}(A) = -\sum_{j=1}^{v} p_j \log_2(p_j)$$

这里设属性 A 具有 v 个不同值 $\{a_1, a_2, \cdots, a_v\}$。可以用属性 A 将 S 划分为 v 个子集 $\{S_1, S_2, \cdots, S_v\}$,其中,$S_j$ 包含 S 中这样一些样本:它们在 A 上具有值 a_j。假如以属性 A 的值为基准对样本进行分割,$\text{SplitI}(A)$ 就是前面熵的概念。

2. 合并具有连续值的属性

ID3 算法最初假定属性离散值,但在实际环境中,很多属性值是连续的。对于连续属性值,C4.5 处理过程如下。

- 根据属性的值,对数据集排序。

- 用不同的阈值将数据集动态地进行划分。
- 当输出改变时确定一个阈值。
- 取两个实际值中的中点作为一个阈值。
- 取两个划分,所有样本都在这两个划分中。
- 得到所有可能的阈值、增益及增益比。
- 在每一个属性会变为两个取值,即小于阈值或大于或等于阈值。

针对属性有连续数值的情况,比如属性 A 有连续的属性值,则在训练集中可以按升序方式排列 $a_1, a_2, \cdots, a_m$(m 为训练集的个数)。如果 A 共有 n 种取值,则对每个取值 $v_j (j=1,2,\cdots,n)$ 将所有的记录进行划分。这些记录被划分成两部分:一部分落在 v_j 的范围内,而另一部分则大于 v_j。针对每个划分分别计算增益比率,选择增益最大的划分来对相应的属性进行离散化。

3. 处理含有未知属性值的训练样本

C4.5 处理的样本中可以含有未知属性值,其处理方法是用最常用的值替代或者是将最常用的值分在同一类中。具体采用概率的方法,依据属性已知的值,对属性和每一个值赋予一个概率,取得这些概率依赖于该属性已知的值。

4. 规则的产生

一旦树被建立,就可以把树转换成 if-then 规则。规则存储于一个二维数组中,每一行代表树中的一个规则,即从根到叶之间的一个路径。表中的每列存放着树中的结点。

例子 4-6 下面以实际的例子,更加详细清楚地说明 C4.5 分类实现的过程。所采用的数据集如表 4-4 所示,包含以下 5 个属性。

- Outlook(离散属性)。
- Temperature(离散属性)。
- Humidity(连续属性)。
- Wind(离散属性)。
- PlayTennis(类别属性)。

表 4-4 样本取值

Outlook	Temperature	Humidity	Wind	PlayTennis
Sunny	Hot	85	false	No
Sunny	Hot	90	true	No
Overcast	Hot	78	false	Yes
Rain	Mild	96	false	Yes
Rain	Cool	80	false	Yes
Rain	Cool	70	true	No
Overcast	Cool	65	true	Yes
Sunny	Mild	95	false	No

续表

Outlook	Temperature	Humidity	Wind	PlayTennis
Sunny	Cool	70	false	Yes
Rain	Mild	80	false	Yes
Sunny	Mild	70	true	Yes
Overcast	Mild	90	true	Yes
Overcast	Hot	75	false	Yes
Rain	Mild	80	true	No

首先对 Humidity 进行属性离散化,针对上面的训练集合,通过检测每个划分而确定最好的划分在 75 处,则这个属性的范围就变为 $\{(\leqslant 75, >75)\}$。

计算 PlayTennis 属性分类的期望信息得到:

$$I(s_1,s_2)=I(9,5)=-\frac{9}{14}\log_2\frac{9}{14}-\frac{5}{14}\log_2\frac{5}{14}=0.940$$

计算 Outlook 属性的 SplitI 值得到:

$$\text{SplitI}(\text{Outlook})=-\frac{5}{14}\log_2\frac{5}{14}-\frac{4}{14}\log_2\frac{4}{14}-\frac{5}{14}\log_2\frac{5}{14}=1.577$$

对于决策 PlayTennis 来说,计算 Outlook 属性每个分布的期望信息得到:

- 对于 Outlook=Sunny,$s_{11}=2,s_{21}=3,I(s_{11},s_{21})=0.9707$。
- 对于 Outlook=Overcast,$s_{12}=4,s_{22}=0,I(s_{12},s_{22})=0$。
- 对于 Outlook=Rain,$s_{13}=3,s_{23}=2,I(s_{13},s_{23})=0.9707$。

因此,得到 Outlook 属性的熵为:

$$E(\text{Outlook})=\frac{5}{14}\times0.9707+0+\frac{5}{14}\times0.9707=0.6933$$

对应的信息增益为:

$$\text{Gain}(\text{Outlook})=I(s_1,s_2)-E(\text{Outlook})=0.940-0.6933=0.2467$$

最后得到信息增益比例为:

$$\text{GainRatio}(\text{Outlook})=\frac{0.2467}{1.577}=0.156$$

同理,可以计算出 GainRatio(Wind)=0.049,GainRatio(Temperature)=0.0248,GainRatio(Humidity)=0.0483。

选取最大的 GainRatio(Outlook)=0.156。根据 Outlook 的取值,可以得到三个分支,同时数据集被划分成三个子集,如图 4-6 所示。

下面看各个子树的生成过程。

对于第一个子树,GainRatio(Humidity)=1,GainRatio(Temperature)=0.244,GainRatio(Wind)=0.0206。选择 Humidity 生成分支,得到两个叶结点。

第二个子树的生成过程中,这里所有样本都属于同一个类(PlayTennis=Yes),所以直接得到叶子结点。

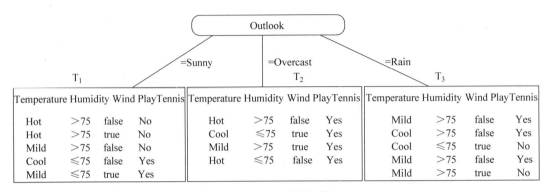

图 4-6　Outlook 结点及其分支

第三个子树的生成过程中，GainRatio(Humidity)＝0.446，GainRatio(Temperature)＝0.0206，GainRatio(Wind)＝1。选择 Wind 生成分支，得到两个叶结点。图 4-7 给出了最终生成的决策树。

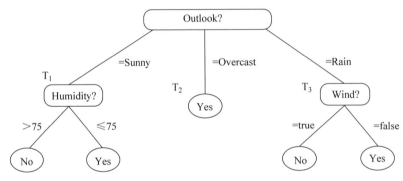

图 4-7　最终生成的决策树

5. C4.5 的工作流程

上面通过实例说明了 C4.5 算法解决问题的基本过程。为了使读者更全面地掌握这个算法，下面描述一下 C4.5 的工作流程。读者如果想进一步获得比较典型的 C4.5 算法可执行代码，可从文献[C4.5]中下载。

（1）取数据集的名字。

（2）读后缀为 .name 的文件以得到其类及属性的信息。

① 读原始的类的列表。

② 每一个类都给出与名字对应的类编号。

③ 所有的类存储在一个列表中。

④ 读取有关属性的信息。

⑤ 属性可以是 DISCRETE（离散的）或 CONTINUOUS（连续的），分别将属性注上这两种标记。

⑥ 若属性是 DISCRETE，读取其可能取的值。

⑦ 属性是 DISCRETE 的所有可能值都存储在一个列表中。

⑧ 每一个属性都有标记。一个给定的属性编号及初始化的取值列表,均存储于一个属性的数据结构中。

⑨ 所有属性的数据结构存储于一个哈希表中。

⑩ 将所有的属性均添加到哈希表中。

(3) 从后缀为.data 的文件中读取所有的训练样本。

① 以增量方式读取每一个样本。

② 对样本的每一个属性进行合法性检查,并标记为 DISCRETE,CONTINUOUS 或 UNKOWN。

③ 将所有的样本存储于一个表中,每一行代表一个样本。

(4) 利用数据集构建树。

① 基本算法与 ID3 相同。

② 利用其他附属功能计算增益,最好的属性、连续属性的阈值,跟踪丢失的属性,计算无赋值属性的概率。

③ 运行子程序 Buildtree,直至所有的样本分类完毕。

(5) 构建的树使用了 $k-1$ 个数据,留一个作为测试用。

将样本随机化方法如下。

① 生成第二个数组的存储训练样本的索引。

② 以小于最大值的随机数分配给这些索引。

③ 对数据集的所有引用都必须通过第二数组 FOLD。

④ 数据项的调用方法为:$i=$ 逻辑索引,程序中的调用为 getDataItem(i),在第二个数组中查找后将逻辑索引转换为实际的偏移量,因此,数据项 DataItem$[i]=$DataItem$\times$Fold$[i]$。

⑤ 对数据引用的数据索引的改动也依赖于当前验证后的封装。

(6) 生成树以后,下一步就是从树中抽取规则 RULES。

① 所有的叶存储在一个列表中,每一个结点也存储着指向父结点的指针。

② 利用叶列表及指向父结点的指针生成规则表。

③ 所有进一步的分类都以抽取的规则为基础。

(7) 测试生成的树。

① 每个训练 k-树都对应着 k-集。

② 每个树都产生对训练集及测试集分类的规则。

③ 产生分类错误的计数。

④ 分别对训练数据及测试数据的错误进行计算。

⑤ 训练错误数将非常低。

⑥ 为所有 k-树上的结果计算平均值,预测最终结果。

(8) 打印信息。

① 打印规则。

② 打印分类的详细信息。

4.4　贝叶斯分类

贝叶斯分类是统计分类方法。在贝叶斯学习方法中实用性很高的一种称为朴素贝叶斯分类方法。在某些领域，其性能与神经网络和决策树相当。本节介绍朴素贝叶斯分类方法的原理和工作过程，并给出一个具体的例子。

4.4.1　贝叶斯定理

定义 4-3　设 X 是类标号未知的数据样本。设 H 为某种假定，如数据样本 X 属于某特定的类 C。对于分类问题，我们希望确定 $P(H|X)$，即给定观测数据样本 X，假定 H 成立的概率。贝叶斯定理给出了如下计算 $P(H|X)$ 的简单有效的方法：

$$P(H \mid X) = \frac{P(X \mid H)P(H)}{P(X)}$$

其中，$P(H)$ 是先验概率（Prior Probability），或称 H 的先验概率。$P(X|H)$ 代表假设 H 成立的情况下，观察到 X 的概率。$P(H|X)$ 是后验概率（Posterior Probability），或称条件 X 下 H 的后验概率。

例如，假定数据样本域由水果组成，用它们的颜色和形状来描述。假定 X 表示红色和圆的，H 表示假定，X 是苹果，则 $P(H|X)$ 反映当我们看到 X 是红色并是圆的时，对 X 是苹果的确信程度。

从直观上看，$P(H|X)$ 随着 $P(H)$ 和 $P(H|X)$ 的增长而增长，同时也可看出 $P(H|X)$ 随着 $P(X)$ 的增加而减小。这是很合理的，因为如果 X 独立于 H 时被观察到的可能性越大，那么 X 对 H 的支持度越小。

从理论上讲，与其他所有分类算法相比，贝叶斯分类具有最小的出错率。然而，实践中并非如此。这是由于对其应用的假设（如类条件独立假设）的不准确性，以及缺乏可用的概率数据造成的。研究结果表明，贝叶斯分类器对两种数据具有较好的分类效果：一种是完全独立（Completely Independent）的数据，另一种是函数依赖（Functionally Dependent）的数据。

4.4.2　朴素贝叶斯分类

朴素贝叶斯分类的工作过程如下：

① 每个数据样本用一个 n 维特征向量 $\boldsymbol{X} = \{x_1, x_2, \cdots, x_n\}$ 表示，分别描述对 n 个属性 $A_1, A_2, \cdots, A_n$ 样本的 n 个度量。

② 假定有 m 个类 $C_1, C_2, \cdots, C_m$，给定一个未知的数据样本 X（即没有类标号），分类器将预测 X 属于具有最高后验概率（条件 X 下）的类。也就是说，朴素贝叶斯分类将未知的样本分配给类 C_i（$1 \leqslant i \leqslant m$）当且仅当 $P(C_i|\boldsymbol{X}) > P(C_j|\boldsymbol{X})$，对任意的 $j = 1, 2, \cdots, m$，$j \neq i$。这样，最大化的 $P(C_i|\boldsymbol{X})$ 对应的类 C_i 称为最大后验假定，而 $P(C_i|\boldsymbol{X})$ 可以根据下面的贝叶斯定理来确定：

$$P(C_i \mid \boldsymbol{X}) = \frac{P(\boldsymbol{X} \mid C_i)P(C_i)}{P(\boldsymbol{X})}$$

③ 由于 $P(X)$ 对于所有类为常数,只需要 $P(X|C_i)P(C_i)$ 最大即可。如果 C_i 类的先验概率未知,则通常假定这些类是等概率的,即 $P(C_1)=P(C_2)=\cdots=P(C_m)$,因此问题就转换为对 $P(X|C_i)$ 的最大化。$P(X|C_i)$ 常被称为给定 C_i 时数据 X 的似然度,而使 $P(X|C_i)$ 最大的假设 C_i 称为最大似然假设。否则,需要最大化 $P(X|C_i)P(C_i)$。注意,假设不是等概率,那么类的先验概率可以用 $P(C_i)=s_i/s$ 计算,其中,s_i 是类 C_i 中的训练样本数,而 s 是训练样本总数。

④ 给定具有许多属性的数据集,计算 $P(X|C_i)$ 的开销可能非常大。为降低计算 $P(X|C_i)$ 的开销,可以做类条件独立的朴素假定。给定样本的类标号,假定属性值相互条件独立,即在属性间不存在依赖关系。这样:

$$P(X \mid C_i) = \prod_{k=1}^{n} P(x_k \mid C_i)$$

其中,概率 $P(x_1|C_i),P(x_2|C_i),\cdots,P(x_n|C_i)$ 可以由训练样本估值。

如果 A_k 是离散属性,则 $P(x_k|C_i)=s_{ik}/s_i$,其中,s_{ik} 是在属性 A_k 上具有值 x_k 的类 C_i 的训练样本数,而 s_i 是 C_i 中的训练样本数。

如果 A_k 是连续值属性,则通常假定该属性服从高斯分布,即

$$P(x_k \mid C_i) = g(x_k, \mu_{c_i}, \sigma_{c_i}) = \frac{1}{\sqrt{2\pi}\sigma_{c_i}} e^{\frac{(x_k - \mu_{ci})^2}{2\sigma_{ci}^2}}$$

其中,$g(x_k, \mu_{c_i}, \sigma_{c_i})$ 是高斯分布函数,而 μ_{c_i}、σ_{c_i} 分别为平均值和标准差。

对未知样本 X 分类,也就是对每个类 C_i,计算 $P(X|C_i)P(C_i)$。样本 X 被指派到类 C_i,当且仅当 $P(C_i|X) \geqslant P(C_j|X), 1 \leqslant j \leqslant m, j \neq i$。换言之,$X$ 被指派到其 $P(X|C_i)P(C_i)$ 最大的类。

上面给出了朴素贝叶斯方法的主要思想,下面用一个具体例子来说明使用过程。

例子 4-7 对于表 4-5 给出的训练数据,使用朴素贝叶斯方法进行分类学习。

表 4-5 样本取值

RID	age	income	student	credit_rating	buys_computer
1	≤30	High	No	Fair	No
2	≤30	High	No	Excellent	No
3	31~40	High	No	Fair	Yes
4	>40	Medium	No	Fair	Yes
5	>40	Low	Yes	Fair	Yes
6	>40	Low	Yes	Excellent	No
7	31~40	Low	Yes	Excellent	Yes
8	≤30	Medium	No	Fair	No
9	≤30	Low	Yes	Fair	Yes
10	>40	Medium	Yes	Fair	Yes
11	≤30	Medium	Yes	Excellent	Yes
12	31~40	Medium	No	Excellent	Yes
13	31~40	High	Yes	Fair	Yes
14	>40	Medium	No	Excellent	No

解: 数据样本用属性 age, income, student 和 credit_rating 描述。类标号属性 buys_computer 具有两个不同值(即{yes, no})。设 C_1 对应于类 buys_computer = "yes", 而 C_2 对应于类 buys_computer = "no"。我们希望分类的未知样本为:

$$X = (\text{age} = "\leqslant 30", \text{income} = "medium", \text{student} = "yes", \text{credit\_rating} = "fair")$$

我们需要最大化 $P(X|C_i)P(C_i), i = 1, 2$。每个类的先验概率 $P(C_i)$ 可以根据训练样本计算。

- $P(\text{buys\_computer} = "yes") = 9/14 = 0.643$。
- $P(\text{buys\_computer} = "no") = 5/14 = 0.357$。

为计算 $P(X|C_i), i = 1, 2$, 计算下面的条件概率。

- $P(\text{age} \leqslant 30 | \text{buys\_computer} = "yes") = 2/9 = 0.222$。
- $P(\text{age} \leqslant 30 | \text{buys\_computer} = "no") = 3/5 = 0.600$。
- $P(\text{income} = "medium" | \text{buys\_computer} = "yes") = 4/9 = 0.444$。
- $P(\text{income} = "medium" | \text{buys\_computer} = "no") = 2/5 = 0.400$。
- $P(\text{student} = "yes" | \text{buys\_computer} = "yes") = 6/9 = 0.677$。
- $P(\text{student} = "yes" | \text{buys\_computer} = "no") = 1/5 = 0.200$。
- $P(\text{credit\_rating} = "fair" | \text{buys\_computer} = "yes") = 6/9 = 0.667$。
- $P(\text{credit\_rating} = "fair" | \text{buys\_computer} = "no") = 2/5 = 0.400$。

假设条件独立性, 使用以上概率, 得到:

- $P(X | \text{buys\_computer} = "yes") = 0.222 \times 0.444 \times 0.667 \times 0.667 = 0.044$。
- $P(X | \text{buys\_computer} = "no") = 0.600 \times 0.400 \times 0.200 \times 0.400 = 0.019$。
- $P(X | \text{buys\_computer} = "yes") P(\text{buys\_computer} = "yes") = 0.044 \times 0.643 = 0.028$。
- $P(X | \text{buys\_computer} = "no") P(\text{buys\_computer} = "no") = 0.019 \times 0.357 = 0.007$。

因此, 对于样本 X, 朴素贝叶斯分类预测 buys_computer = "yes"。

至此, 我们通过在全部时间基础上观察某事件出现的比例来估计概率。例如, 在例 4-7 中, 估计 $P(\text{age} \leqslant 30 | \text{buys\_computer} = "yes")$ 使用的是比值 n_c/n, 其中, $n = 9$ 为所有 buys_computer = "yes" 的训练样本数目, 而 $n_c = 2$ 是在其中 age $\leqslant 30$ 的数目。

显然, 在多数情况下, 观察到的比例是对概率的一个良好估计, 但当 n_c 很小时估计较差。设想 $P(\text{age} \leqslant 30 | \text{buys\_computer} = "yes")$ 的值为 0.08, 而样本中只有 9 个样本为 buys_computer = "yes", 那么对于 n_c 最有可能的值只有 0。这产生了两个难题:

- n_c/n 产生了一个有偏的过低估计(Underestimate)概率。
- 当此概率估计为 0 时, 如果将来的查询包括 age $\leqslant 30$, 此概率项会在贝叶斯分类器中占有统治地位。原因在于, 其他概率项乘以此 0 值后得到的最终结果为 0。

为避免这些难题, 可以采用一种估计概率的贝叶斯方法, 即如下定义的 m-估计:

$$m\text{-估计} = \frac{n_c + mp}{n + m}$$

这里, n_c 和 n 与前面定义相同, p 是将要确定的概率的先验估计, 而 m 是一个称为等效

样本大小的常量,它起到对于观察到的数据如何衡量 p 的作用。m 被称为等效样本大小的原因是:上式可被解释为将 n 个实际的观察扩大,加大 m 个按 p 分布的虚拟样本。在缺少其他信息时选择 p 的一种典型的方法是假定均匀的先验概率,也就是,如果某属性有 k 个可能值,那么设置 $p=1/k$。例如,为估计 $P(\text{age}\leqslant30\,|\,\text{buys\_computer}="yes")$,注意到属性 age 有三个可能值,因此均匀的先验概率为 $p=0.333$。如果 m 为 0,m-估计等效于简单的比例 n_c/n。如果 n 和 m 都非 0,那么观测到的比例 n_c/n 和先验概率 p 可按照权 m 合并。

4.4.3 EM 算法

如果知道总体 X 的分布类型,但分布中的参数未知,当需要确定这个未知参数时,可根据抽到的样本,对总体分布中的未知参数做出估计。极大似然估计就是一种常用的参数估计方法,它以观测值出现的概率最大作为准则。但是,如果训练数据集中的一些数据由于某些原因观测不完整,就必须借助于其他方法。任何含有隐含变量的模型都可以归纳为数据残缺问题,EM 算法是实际应用中解决数据残缺问题的一种有效方法。下面首先介绍 EM 算法的主要思想,然后给出两个具体的例子,最后对其性能进行评价。

1. EM 算法基本思想

EM 算法通过搜索使 $E[\ln P(Y|h')]$ 最大的 h' 来寻找极大似然假设 h'。此期望值在 Y 所遵守的概率分布上计算,此分布由未知参数 θ 确定。

$E[\ln P(Y|h')]$ 表达式的含义可以这样来解释:首先,$P(Y|h')$ 是给定假设 h' 下全部数据 Y 的似然度。其合理性在于要寻找一个 h' 使该量的某函数值最大化。其次,使该量的对数 $\ln P(Y|h')$ 最大化。再次,引入期望值 $E[\ln P(Y|h')]$。因为全部数据 Y 本身也是一个随机变量。Y 是观察到的 X 和未观察到的 Z 的合并,我们必须在未观察到的 Z 的可能值上取平均并以相应的概率为权值。换言之,要在随机变量 Y 遵循的概率分布上取期望值 $E[\ln P(Y|h')]$,该分布由完全已知的 X 值加上 Z 服从的分布来确定。

Y 遵从的概率分布是一个关键的问题。一般来说我们并不知道此分布,因为它是由待估计的 θ 参数确定的。然而,EM 算法使用其当前的假设 h 代替实际参数 θ,以估计 Y 的分布。

现定义一个函数 $Q(h'|h)$,它将 $E[\ln P(Y|h')]$ 作为 h' 的一个函数给出,有:

$$Q(h'\,|\,h)=E[\ln P(Y\,|\,h')]$$

将 Q 函数写成 $Q(h'|h)$ 是为了表示其定义是在当前 h 等于 θ 的假定下。

在 EM 算法的一般形式里,它重复以下两个步骤直至收敛。

（1）估计（E）步骤。

使用当前假设 h 和观察到的数据 X 来估计 Y 上的概率分布以计算 $Q(h'|h)$：

$$Q(h'\,|\,h)\leftarrow E[\ln P(Y\,|\,h')\,|\,h,X]$$

（2）最大化（M）步骤。

将假设 h 替换为使 Q 函数最大化的假设 h'：

$$h \leftarrow \underset{h'}{\operatorname{argmax}} Q(h' \mid h)$$

对于每个假设 h' 计算 Q，argmax 表示求使 Q 函数最大化的假设 h'。当函数 Q 连续时，EM 算法收敛到似然函数 $P(Y|h')$ 的一个不动点。若此似然函数有单个的最大值时，EM 算法可以收敛到对 h' 的全局的极大似然估计。否则，它只保证收敛到 一个局部最大值。

上面给出了 EM 算法的主要思想，为了帮助读者理解该算法，先给出 EM 步骤的简单直观解释。

在 E 步骤中，以 h 的特定设置为条件估计隐藏变量的分布。然后，保持 Q 函数固定，在 M 步骤中选取新的参数 h' 使观察到的数据的期望对数似然最大化。反过来，可以在给定新的参数 h 的条件下，寻找新的 Q 分布，然后再一次应用 M 步骤得到 h'，并以这种方式迭代下去。每一次应用 E 和 M 步骤都保证不会降低观察到的数据的似然度，而且这反过来也意味着在相当普通的条件下参数 h 会至少收敛到对数似然函数的局部最小值。

EM 算法本质上与多元参数空间中的局部爬山算法很相似，E 和 M 步骤隐含（或自动确定）每一步的方向和距离。因此，与爬山算法一样，EM 算法对初始条件很敏感，所以选取不同的初始条件会得到不同的局部最大值。正因为如此，实践中从不同的起始点多次运行 EM 算法是明智的，这样可以降低最终得到一个相当差的局部最大值的可能性。EM 算法可能相当慢地收敛到最终的参数值，所以可以把它与传统的优化技术一起使用来加速收敛。虽然如此，标准的 EM 算法因为具有宽广的适用范围和可以相当轻松地移植到各种不同的问题而被广泛应用。

2. 算法举例

例子 4-8　数据 X 是一个实例集合，它由 k 个不同正态分布的混合所得的分布生成。这里涉及 k 个不同正态分布的混合，而且我们不知道哪个实例是哪个分布产生的。因此这是一个涉及隐藏变量的典型例子。可把每个实例完整描述成 $y_i = (x_i, z_{i1}, z_{i2}, \cdots, z_{ik})$，其中，$x_i$ 是第 i 个实例的观测值，$z_{i1}, z_{i2}, \cdots, z_{ik}$ 表示 k 个正态分布中的哪一个用于生成 x_i。确切地讲，当 x_i 由第 j 个正态分布产生时，z_{ij} 值为 1，否则为 0。这里，x_i 是实例描述中已观察到的变量，$z_{i1}, z_{i2}, \cdots, z_{ik}$ 是隐藏的变量。

为了估计 k 个正态分布的均值 $\theta = (\mu_1, \mu_2, \cdots, \mu_k)$，应用 EM 算法搜索一个极大似然假设。方法是根据当前假设 $(\mu_1, \mu_2, \cdots, \mu_k)$ 不断地再估计隐藏变量 z_{ij} 的期望值，然后再利用这些隐藏变量的期望值重新计算极大似然假设。

要应用 EM 算法，必须推导出可用于上述问题的表达式 $Q(h'|h)$。首先推导出 $\ln P(Y|h')$ 的表达式。每个实例 $y_i = (x_i, z_{i1}, z_{i2}, \cdots, z_{ik})$ 的概率 $P(y_i|h')$ 可被写作：

$$P(y_i \mid h') = P(x_i, z_{i1}, z_{i2}, \cdots, z_{ik} \mid h') = \frac{1}{\sqrt{2\pi\sigma^2}} e^{-\frac{1}{2\sigma^2} \sum_{j=1}^{k} z_{ij}(x_i - \mu_j')^2}$$

注意只有一个 z_{ij} 的值为 1，其他的为 0。因此，该式给出了由所选的正态分布生成的 x_i 的概率分布。已知单个实例的分布 $P(y_i|h')$，所有 m 个实例的概率的对数 $\ln P(Y|$

h') 为：

$$\ln P(Y \mid h') = \ln \prod_{i=1}^{m} P(y_i \mid h') = \sum_{i=1}^{m} \ln P(y_i \mid h')$$

$$= \sum_{i=1}^{m} \left(\ln \frac{1}{\sqrt{2\pi\sigma^2}} - \frac{1}{2\sigma^2} \sum_{j=1}^{k} z_{ij} (x_i - \mu_j')^2 \right)$$

最后，必须在 Y 所遵从的概率分布上，也就是 Y 的未被观察到的部分 z_{ij} 遵从的概率分布上，计算 $\ln P(Y|h')$ 的均值。注意，上面 $\ln P(Y|h')$ 的表达式为这些 z_{ij} 的线性函数。一般情况下，对 z 的任意线性函数 $f(z)$ 来说，下面的等式成立：

$$E[f(z)] = f(E[z])$$

根据此等式，可得：

$$E[\ln P(Y \mid h')] = E\left[\sum_{i=1}^{m} \left(\ln \frac{1}{\sqrt{2\pi\sigma^2}} - \frac{1}{2\sigma^2} \sum_{j=1}^{k} z_{ij} (x_i - \mu_j')^2 \right) \right]$$

$$= \sum_{i=1}^{m} \left(\ln \frac{1}{\sqrt{2\pi\sigma^2}} - \frac{1}{2\sigma^2} \sum_{j=1}^{k} E[z_{ij}] (x_i - \mu_j')^2 \right)$$

由此，则函数 $Q(h'|h)$ 为：

$$Q(h' \mid h) = \sum_{i=1}^{m} \left(\ln \frac{1}{\sqrt{2\pi\sigma^2}} - \frac{1}{2\sigma^2} \sum_{j=1}^{k} E[z_{ij}] (x_i - \mu_j')^2 \right)$$

其中，$h' = (\mu_1', \mu_2', \cdots, \mu_k')$，而 $E[z_{ij}]$ 正是实例 x_i 由第 j 个正态分布生成的概率：

$$E[z_{ij}] = \frac{P(x = x_i \mid u = u_i)}{\sum_{n=1}^{k} P(x = x_i \mid u = u_n)} = \frac{e^{-\frac{1}{2\sigma^2}(x_i - \mu_j)^2}}{\sum_{n=1}^{k} e^{-\frac{1}{2\sigma^2}(x_i - \mu_j)^2}}$$

因此，由上可得基于估计的 $E[z_{ij}]$ 的 Q 函数。接着寻找使此 Q 函数最大的值 μ_1'，$\mu_2', \cdots, \mu_k'$。

在当前例子中：

$$\operatorname*{argmax}_{h'} Q(h' \mid h) = \operatorname*{argmax}_{h'} \sum_{i=1}^{m} \left(\ln \frac{1}{\sqrt{2\pi\sigma^2}} - \frac{1}{2\sigma^2} \sum_{j=1}^{k} E[z_{ij}] (x_i - \mu_j')^2 \right)$$

$$= \operatorname*{argmax}_{h'} \sum_{i=1}^{m} \sum_{j=1}^{k} E[z_{ij}] (x_i - \mu_j')^2$$

因此，这里的极大似然假设是平方误差的加权和最小化，其中每个实例 x_i 对误差的贡献 μ_j' 权为 $E[z_{ij}]$。由上式给出的量是通过将每个 μ_j' 设为加权样本均值来最小化，即

$$u_j \leftarrow \frac{\sum_{i=1}^{m} E[z_{ij}] x_i}{\sum_{i=1}^{m} E[z_{ij}]}$$

例子 4-9 给定一个样本，其中有 m 对男性双胞胎，f 对女性双胞胎和 o 对异性双胞胎。现在要估计为同卵双胞胎的概率 p 和至少一个孩子是男性的概率 q。$X = (m, f, o)$

数据挖掘原理与算法(第 4 版)

为观测信息,$\theta=(p,q)$ 是参数向量。

如果我们清楚地知道哪一对同性双胞胎为同卵,那么将会十分容易估计 p 和 q。其实这里面隐藏着一些信息:例如,男性同卵双胞胎的个数,男性非同卵双胞胎的个数,女性同卵双胞胎的个数,女性非同卵双胞胎的个数。因此,可以采用 EM 算法来估计有关参数。

假定完整的信息 $Y=(m_1,m_2,f_1,f_2,o)$,其中,m_1 代表男性同卵双胞胎的个数,m_2 表示男性非同卵双胞胎的个数,f_1 和 f_2 分别是女性同卵双胞胎的个数和女性非同卵双胞胎的个数(注意:$m=m_1+m_2$,$f=f_1+f_2$)。

完整数据的似然度的多项式为:

$$P(Y\mid h')=(p'q')^{m_1}\left[(1-p')q'^2\right]^{m_2}\left[p'(1-q')\right]^{f_1}$$
$$\times\left[(1-p')(1-q')^2\right]^{f_2}\left[(1-p')2q'(1-q')\right]^{o}$$

取对数为:

$$\ln P(Y\mid h')=(m_1+f_1)\ln p'+(m_2+f_2+o)\ln(1-p')$$
$$+(m_1+2m_2+o)\ln q'+(f_1+2f_2+o)\ln(1-q')+\text{constant}$$

计算期望值为:

$$E[\ln P(Y\mid h')]=E[(m_1+f_1)\ln p'+(m_2+f_2+o)\ln(1-p')$$
$$+(m_1+2m_2+o)\ln q'+(f_1+2f_2+o)\ln(1-q')+\text{constant}]$$
$$=(E[m_1]+E[f_1])\ln p'+(E[m_2]+E[f_2]+o)\ln(1-p')$$
$$+(E[m_1]+2E[m_2]+o)\ln q'+(E[f_1]+2E[f_2]$$
$$+o)\ln(1-q')+\text{constant}$$

(1) E 步骤。

$E[m_1]$、$E[m_2]$、$E[f_1]$、$E[f_2]$ 是根据当前的假设 $h=(p,q)$ 和观测信息 $X=(m,f,o)$,并应用贝叶斯公式得到的,具体如下。

$$E[m_1]=m\frac{pq}{pq+(1-p)q^2}$$

$$E[m_2]=m\frac{(1-p)q^2}{pq+(1-p)q^2}$$

$$E[f_1]=f\frac{p(1-q)}{p(1-q)+(1-p)(1-q)^2}$$

$$E[f_2]=f\frac{(1-p)(1-q)^2}{p(1-q)+(1-p)(1-q)^2}$$

(2) M 步骤。

用上一步得到的 $E[m_1]$、$E[m_2]$、$E[f_1]$、$E[f_2]$ 导出新的假设 $h'=(p',q')$:

$$p\leftarrow\frac{E[m_1]+E[f_1]}{m+f+o}$$

$$q\leftarrow\frac{E[m_1]+2E[m_2]+o}{m+f+o+m_2+f_2}$$

重复上述两个步骤,直到收敛,即找到使 Q 函数最大的值 p'、q':

$$\underset{h'}{\mathrm{argmax}}\, Q(h' \mid h) = \underset{h'}{\mathrm{argmax}}((E[m_1] + E[f_1]) \ln p' + (E[m_2] + E[f_2] + o) \ln (1 - p')$$
$$+ (E[m_1] + 2E[m_2] + o) \ln q' + (E[f_1] + 2E[f_2] + o) \ln (1 - q'))$$

3. EM 算法的性能

EM 算法的计算复杂度由两个因素共同决定：收敛所需迭代的次数；每一个 E 和 M 步骤的复杂度。实践中，经常发现当 EM 算法接近解时，它收敛得相当慢，不过实际的收敛速度依赖于很多不同的因素。尽管如此，对于简单的模型，该算法经常经过几次迭代（比如 5 或 10 次）就收敛到解的附近。每次迭代中 E 和 M 步骤的复杂度依赖于匹配到的数据模型的属性（也就是似然函数 $P(Y|h')$ 的特征）。对于很多简单的模型，E 和 M 步骤所需的时间关于 $|X|$（数据集的大小）是线性的，也就是每一次迭代需要访问每个数据点一次。

4.5　规则归纳

和其他表示方法相比，分类器采用规则形式表达具有易理解性。

常见的采用规则表示的分类器构造方法有：

- 利用规则归纳技术直接生成规则。
- 利用决策树方法先生成决策树，然后再把决策树转换为规则。
- 使用粗糙集方法生成规则。
- 使用遗传算法中的分类器技术生成规则等。

本节只讨论规则归纳方法。这里讨论的规则归纳算法，可以直接学习规则集合，这一点与决策树方法、遗传算法有两点关键的不同。

它们可学习包含变量的一阶规则集合。这一点很重要，因为一阶子句的表达能力比命题规则要强得多。

这里讨论的算法使用序列覆盖算法：一次学习一个规则，以递增的方式形成最终的规则集合。

规则归纳有四种策略：减法、加法、先加后减、先减后加策略。

- 减法策略：以具体例子为出发点，对例子进行推广或泛化，推广即减除条件（属性值）或减除合取项（为了方便，不考虑增加析取项的推广），使推广后的例子或规则不覆盖任何反例。
- 加法策略：起始假设规则的条件部分为空（永真规则），如果该规则覆盖了反例，则不停地向规则增加条件或合取项，直到该规则不再覆盖反例。
- 先加后减策略：由于属性间存在相关性，因此可能某个条件的加入会导致前面加入的条件没什么作用，因此需要减除前面的条件。
- 先减后加策略：道理同先加后减，也是为了处理属性间的相关性。

典型的规则归纳算法有 AQ、CN2 和 FOIL 等。以 AQ 为例简要说明，AQ 算法在归纳过程中使用的是"种子"和"星"的概念，种子即是一个正例，星是覆盖种子而同时排除所有反例的概念描述或规则。AQ 获取星的方法是通过在星（初始时在种子中，种子是一种特殊的星)中增加析取或去掉合取项,使其包含新的正例,然后又在该星中增加合取项使其排除所包含的反例。上面的过程反复进行(实际算法还存在很多技巧),直到所有正例都被覆盖。

4.5.1 AQ 算法

AQ 算法利用覆盖所有正例、排斥所有反例的思想来寻找规则。比较典型的有 Michalski 的 AQ11 方法,洪家荣改进的 AQ15 方法以及洪家荣的 AE5 方法。

AQR 是一个基于最基本 AQ 算法的归纳算法。其实,在很多的算法中,都采用了基本 AQ 算法,如 AQ11 和 GEM。但和其他方法比较而言,AQR 更加简单一些,如在 AQ11 中使用一种复杂的包括置信度的规则推导方法。下面首先对 AQR 算法进行概念描述,然后介绍算法描述和相关例子,最后分析其性能。

1. 相关概念

AQR 为每一个分类推导出一条规则,每一条规则形式如下。

if < cover > then predict < class >

在一个属性上的基本测试(Test)称为一个 Selector。下面是一些 Selector 的例子。

- < Cloudy = yes >。
- < Weather = wet ∧ stormy >。
- < Temp > 60 >。

AQR 允许测试做 $\{ = , \leqslant , \geqslant , \neq \}$。Selectors 的合取称为复合(Complex),Complexes 之间的析取称为覆盖(Cover)。如果一个表达式对某个样本为真,则称其为对这个样本的一个覆盖。这样,一个空 Complex 覆盖所有的样本,而一个空 Cover 不覆盖任何样本。

在 AQR 中,一个新样本被区分是看其属于哪个推导出来的规则。如果该样本只满足一条规则,则这个样本就属于这条规则;如果该样本满足多条规则,则这些规则所预测的最频繁的分类被赋予这条规则;如果该样本不属于任何规则,则其分类为样本集中最频繁的分类。

2. 算法描述

算法 4-5 AQR

输入:正例样本 POS。

反例样本 NEG。

输出:覆盖 COVER。

(1) COVER=Φ; //初始化 COVER 为空集

(2) WHILE COVER does not cover all positive examples in POS DO BEGIN

(3)   Select a SEED; //选取一个种子 SEED,例如没有被 COVER 覆盖的一个正样例

(4)   Call procedure STAR(SEED,NEG); //产生一个能覆盖种子而同时排除所有负样例的星

(5)   Select the best Complex BEST from the STAR according to user-defined criteria;

//从星中选取一个最好的复合

（6）　　Add BEST to COVER //把最好的复合添加到 COVER 中，形成新的 COVER

（7）END

（8）RETURN COVER

在算法 AQR 中调用了过程 STAR，来排除所有的负样例，产生覆盖种子的星。

算法 4-6　　STAR

输入：种子 SEED；负样例 NEG。

输出：星 STAR。

（1）初始化 STAR 为空 Complex；

（2）WHILE one or more Complexes in STAR covers some negative examples in NEG BEGIN

//如果 STAR 中的一个或多个 Complex 覆盖 NEG 中的负样例

（3）　　Select a negative example Enegy covered by a Complex in STAR；

//选取一个被 STAR 中的 Complex 覆盖的负样例

（4）　　Let EXTENSION be all Selectors that cover SEED but not ENEG；

//令 EXTENSION 为那些覆盖 SEED 但不覆盖 ENEG 的 Selectors

（5）　　Let STAR be the set $\{x \wedge y \mid x \in \text{STAR}, y \in \text{EXTENSION}\}$；

//令 STAR$=\{x \wedge y \mid x \in \text{STAR}, y \in \text{EXTENSION}\}$；

（6）　　Remove all Complexes in STAR subsumed by other Complexes in STAR；

//从 STAR 中除去被其他 Complexes 所包含的 Complexes；

（7）　　Remove the worst Complexes from STAR UNTIL size of STAR is less than or equal to user-defined maximum（maxstar）

//删除 STAR 中最坏的 Complex 直到 STAR 的大小等于或小于用户定义的最大数目 maxstar

（8）END

（9）RETURN STAR //返回一系列覆盖 SEED 但不覆盖 NEG 的规则

3. 算法举例

例子 4-10　　假设现有一个训练集，其包含两种属性：

- size（属性值：micro，tiny，mid，big，huge，vast）。
- type（属性值：bicycle，motorcycle，car，prop，jet，glider）。

现有正例、反例样本分别如表 4-6 和表 4-7 所示。

表 4-6　正例样本

size	type	Class
huge	bicycle	giant 2-wheeler
huge	motorcycle	giant 2-wheeler

表 4-7　反例样本

size	type	Class
tiny	motorcycle	conventional transportation
tiny	car	conventional transportation

续表

size	type	Class
mid	car	conventional transportation
micro	jet	fast plane
tiny	jet	fast plane
mid	jet	fast plane

下面给出用 AQR 算法对 giant 2-wheeler 类的规则进行获取的过程,具体步骤如下。

(1) COVER={}。

(2) 空 cover 不覆盖任何样本,进入循环。

(3) 一开始 COVER 并没有覆盖任何正例,假定从正例中选取的 SEED 为{ size=huge,type= bicycle }。

(4) 调用 STAR(SEED,NEG)产生一个覆盖 SEED 但不包含 NEG 的 STAR 集合。

    (4-1) 初始化 STAR 为空,即 STAR={}。

    (4-2) 空的 complex 覆盖所有样例,STAR 覆盖多个负样例,进入循环。

        (4-2-1) 选取一个被 STAR 中的复合覆盖的负样例 ENEG,假定选取的是 ENEG={size= tiny, type=motorcycle };

        (4-2-2) 使 EXTENSION 为所有覆盖 SEED 但不覆盖 ENEG 的选择,则 EXTENSION 包括 size=huge 和 type=bicycle,则又根据 STAR={x∧y|x∈STAR,y∈EXTENSION},因此, STAR={ size=huge∧type=bicycle };

        (4-2-3) 在这里定义 maxstar 为 2,可不对 STAR 进行精简;

        (4-2-4) 接着选取另一个被 STAR 中的复合覆盖的负样例 ENEG,显然已经没有这样的负样例,因此,STAR={ size=huge∧type=bicycle }。

    (4-3) 从 STAR(SEED,NEG)返回。

(5) BEST={ size=huge∧type=bicycle },COVER={ size=huge∧type=bicycle }。

(6) 显然 COVER 不能覆盖所有的正例,从正例中选取另一个 SEED={ size=huge,type= motorcycle}。

(7) 调用 STAR(SEED,NEG)产生一个覆盖 SEED 但不包含 NEG 的 STAR 集合。

    (7-1) 初始化 STAR 为空,即 STAR={}。

    (7-2) 空的 complex 覆盖所有样例,所以 STAR 覆盖负样例,进入循环。

        (7-2-1) 假定选取的是 ENEG={size=tiny,type=motorcycle };

        (7-2-2) 使 EXTENSION 为所有覆盖 SEED 但不覆盖 ENEG 的选择,则 EXTENSION 包括 size=huge,则又根据 STAR={x∧y|x∈STAR,y∈EXTENSION},因此,STAR={ size= huge};

        (7-2-3) 接着选取另一个被 STAR 中的复合覆盖的负样例 ENEG,显然已经没有这样的负样例,因此,STAR={size=huge}。

    (7-3) 从 STAR(SEED,NEG)返回。

(8) BEST={size=huge},将 BEST 添加到 COVER 中,COVER={size=huge∧type=bicycle∨size= huge}={size=huge};

(9) 这时,COVER 已经覆盖到全部的正例,则算法结束。输出规则为 gaint 2-wheeler←size= huge。

4. 算法性能

假定样例集合大小为 e，属性个数为 a，STAR 的最大尺度为 s。

在 AQR 算法中，基本操作是具体化 STAR 中的 Complex，主要使得负样例不被 STAR 中的 Complex 覆盖。对于每一个负样例，需要执行如下几个步骤。

- 假定负样例的数目占整个样例不低于一定的比例，则在负样例集合中寻找一个负样例的时间复杂度为 $O(e \cdot s)$。
- 从 SEED 中找出区别负样例的 Selector 的时间复杂度为 $O(a)$。
- 通过对 Selector 合取，使 STAR 中的 Complex 具体化，其时间复杂度为 $O(a \cdot s)$。
- 对所产生的 Complex 进行验证的时间复杂度为 $O(a \cdot s \cdot e)$。
- Complex 的存储以及 STAR 的修剪的复杂度为 $O(a \cdot s \cdot \log(a \cdot s))$。

因此，对于每一个负样例来说，其时间复杂度为 $O(a \cdot s \cdot (e + \log(a \cdot s)))$。也就是说，在 STAR 中增加合取项使其排除某一个反例的迭代次数，取决于属性的个数，而非样例的个数。

4.5.2 CN2 算法

在构造专家系统的过程中，从样本集中通过归约方法获取规则被证明是十分成功的，并且它很好地解决了知识获取中的瓶颈。尤其是基于 ID3 和 AQ 算法的系统是十分成功的。这些算法在假设领域中无噪声的情况下，能够十分完美地从训练数据中找到相应的概念描述。但是将这些算法应用到现实世界时就需要对噪声数据进行处理。尤其是需要有机制来避免出现在归约过程中的过度拟合。

ID3 算法可以通过简单的修改来放宽这种限制。树剪枝技术已经被证明是避免过度拟合的有效手段。对 AQ 算法来说，由于其对具体训练样例的依赖，因此很难进行修改。而 CN2 算法结合了 ID3 算法处理数据的效率和处理噪声数据的能力，以及 AQ 算法家族的灵活性。通过改进去除了对特定数据的依赖，且通过统计学类比，它可以达到与使用树剪枝方法的算法同样的效果。CN2 使用一种基于噪声估计的启发式方法来终止它的搜索过程。使用这种方法可以不用对所有的训练样本进行正确的区分，但是归约出的规则在对新数据的处理上有很好的表现。

下面首先阐述 CN2 算法的主要思想，并举例说明其执行过程，最后简单分析一下 CN2 算法的复杂性问题。

1. 算法描述

算法 4-7 CN2

输入：E　　　　　//E 为训练样本

输出：RULE_LIST //返回一个覆盖若干样例的规则

（1）Let RULE_LIST be the empty list；　　//初始化 RULES_LIST 为空

（2）REPEAT

（3）　　Let BEST_CPX be Find_Best_Complex(E)；

//寻找最佳的规则 Find_Best_Complex(E)并将其结果放入 BEST_CPX 中

(4)　　IF BEST_CPX is not nil THEN BEGIN

(5)　　　　Let E′ be the examples covered by BEST_CPX；//令 E′为 BEST_CPX 覆盖的所有样例

(6)　　　　Remove from E the examples E′ covered by BEST_CPX；

//从训练样本 E 中除去 E′,即 E=E-E′

(7)　　　　Let C be the most common class of examples in E′；

//令 C 为样本子集 E′中最频繁的分类标号

(8)　　　　Add the rule ′if BEST_CPX then class=C′ to the end of RULES_LIST；

//将规则′if BEST_CPX then class=C′添加到 RULES_LIST 中

(9)　　END

(10) UNTIL BEST_CPX is nil or E is empty；//直到 BEST_CPX 为空或者训练样本 E 为空

(11) RETURN RULE_LIST；

算法 CN2 需要通过调用函数 Find_Best_Complex,它的描述写成算法 4-8。

算法 4-8　Find_Best_Complex

输入：E　　　　　　//E 为训练样本

输出：BEST_CPX　//返回最佳的规则 BEST_CPX

(1) Let the set STAR contain only the empty Complex；　　//初始化集合 STAR 为空 Complex

(2) Let BEST_CPX be nil；//初始化 BEST_CPX 为空

(3) Let SELECTORS be the set of all possible Selectors；

//集合 SELECTOR 为所有可能的选择

(4) WHILE STAR is not empty DO BEGIN

(5)　　Let NEWSTAR be the set $\{x \land y | x \in \text{STAR}, y \in \text{EXTENSION}\}$；

//令 NEWSTAR=$\{x \land y | x \in \text{STAR}, y \in \text{EXTENSION}\}$

(6)　　Remove all Complexes in NEWSTAR that are either in STAR or are null；

//从 NEWSTAR 中除去包括在 STAR 中的 Complex 或者为空的 Complex

(7)　　FOR every complex C_i in NEWSTAR

(8)　　　　IF Ci is statistically significant when tested on E and better than BEST_CPX

　　　　　　according to user-defined criteria when tested on E //如果 C_i 在统计上有意义,

//并且对训练集 E 测试后符合用户定义的条件且优于 BEST_CPX

(9)　　　　THEN replace the current value of BEST_CPX by C_i；//将 BEST_CPX 替换为 C_i

(10)　　REPEAT remove worst Complexes from NEWSTAR

(11)　　UNTIL size of NEWSTAR is <=user-defined maximum maxstar；

//逐步移去在 NEWSTAR 中最坏的 complex 直到 NEWSTAR 的大小等于或小于用户定义的最

//大数目 maxstar

(12)　　Let STAR be NEWSTAR；//令 STAR=NEWSTAR

(13) END

(14) RETURN BEST_CPX；//返回 BEST_CPX

2. 算法举例

下面就通过一个具体的例子,来详细地说明 CN2 算法的实现过程。

例子 4-11　对表 4-8 给出的训练数据集,跟踪 CN2 算法的执行过程。

表 4-8　训练数据集（用于 CN2 算法）

skin_covering	milk	homeothermic	habitat	reproduction	breathing	Class
hair	yes	yes	land	viviporous	lungs	mammal
none	yes	yes	sea	viviporous	lungs	mammal
hair	yes	yes	sea	oviporous	lungs	mammal
hair	yes	yes	air	viviporous	lungs	mammal
scales	no	no	sea	oviporous	gills	fish
scales	no	no	land	oviporous	lungs	reptile
scales	no	no	sea	oviporous	lungs	reptile
feathers	no	yes	air	oviporous	lungs	bird
feathers	no	yes	land	oviporous	lungs	bird
none	no	no	land	oviporous	lungs	amphibian

表 4-8 中所涉及的属性及属性值如下。

- skin_covering(属性值：none,hair,feathers,scales)。
- milk(属性值：yes,no)。
- homeothermic(属性值：yes,no)。
- habitat(属性值：land,sea,air)。
- reproduction(属性值：oviporous,viviporous)。
- breathing(属性值：lungs,gills)。

表 4-8 中所涉及的类别为：mammal,fish,reptile,bird,amphibian。

CN2 算法对上述样例进行规则归纳的执行过程如下。

(1) 初始化 RULE_LIST＝{}。

(2) 调用 Find_Best_Complex。

　　(2-1) STAR＝{IF THEN class＝mammal}；注意：在 CN2 算法中,最初默认的类别是覆盖大多数例子的类别；

　　(2-2) BEST_CPX＝{}；

　　(2-3) SELECTOR＝{skin_covering＝none,skin_covering＝hair,skin_covering＝feathers,skin_covering＝scales,milk＝yes,milk＝no,homeothermic＝yes,homeothermic＝no,habitat＝land,habitat＝sea,habitat＝air,reproduction＝oviporous,reproduction＝viviporous,breathing＝lungs,breathing＝gills}；

　　(2-4) STAR 不为空时,执行如下步骤：

　　　　(2-4-1) NEWSTAR＝{skin_covering＝none,skin_covering＝hair,skin_covering＝feathers,skin_covering＝scales,milk＝yes,milk＝no,homeothermic＝yes,homeothermic＝no,habitat＝land,habitat＝sea,habitat＝air,reproduction＝oviporous,reproduction＝viviporous,breathing＝lungs,breathing＝gills}；

　　　　(2-4-2) 考察 NEWSTAR 中所有 Complex 的质量。CN2 采用熵来考察每个复合的质量,熵越小质量越高：$E[C_1]＝1$、$E[C_2]＝0$、$E[C_3]＝0$、$E[C_4]＝0.918$、$E[C_5]＝0$、$E[C_6]＝1.918$、$E[C_7]＝0.918$、$E[C_8]＝1.921$、$E[C_9]＝2$、$E[C_{10}]＝1.5$、$E[C_{11}]＝1$、$E[C_{12}]＝2.235$、$E[C_{13}]＝0$、$E[C_{14}]＝1.836$、$E[C_{15}]＝0$；

　　　　(2-4-3) 从中选取最佳的 Complex：C_5,令 BEST_CPX＝{milk＝yes}；

　　　　(2-4-4) 删除 NEWSTAR 中不好的 Complex,NEWSTAR＝{milk＝yes}；

　　　　(2-4-5) 令 STAR＝NEWSTAR 并返回 BEST_CPX＝{milk＝yes}。

(2-5) 这时 STAR 仍不为空,执行如下步骤:

(2-5-1) NEWSTAR = {skin_covering = none $\wedge$ milk = yes, skin_covering = hair $\wedge$ milk = yes, skin_covering = feathers $\wedge$ milk = yes, skin_covering = scales $\wedge$ milk = yes, milk = yes $\wedge$ homeothermic = yes, milk = yes $\wedge$ homeothermic = no, milk = yes $\wedge$ habitat = land, milk = yes $\wedge$ habitat = sea, milk = yes $\wedge$ habitat = air, milk = yes $\wedge$ reproduction = oviporous, milk = yes $\wedge$ reproduction = viviporous, milk = yes $\wedge$ breathing = lungs, milk = yes $\wedge$ breathing = gills};

(2-5-2) 考察 NEWSTAR 中所有 Complex 的质量。符合 C3、C4、C6、C13 的样本在 E 中不存在,$E[C_1]=0$、$E[C_2]=0$、$E[C_5]=0$、$E[C_7]=0$、$E[C_8]=0$、$E[C_9]=0$、$E[C_{10}]=0$、$E[C_{11}]=0$、$E[C_{12}]=0$;

(2-5-3) BEST_CPX = {milk = yes},NEWSTAR 中的 C_i 没有一个优于 BEST_CPX 中的 Complex;

(2-5-4) 删除 NEWSTAR 中不好的 Complex,NEWSTAR = { };

(2-5-5) STAR = NEWSTAR;

(2-5-6) STAR = { },退出循环,返回 BEST_CPX = {milk = yes}。

(3) BEST_CPX 不为空,则找出 E′,E′ 为被 BEST_CPX 覆盖的样本,具体如表 4-9 所示。

表 4-9　BEST_CPX 覆盖的样本

skin_covering	milk	homeothermic	habitat	reproduction	breathing	Class
hair	yes	yes	land	viviporous	lungs	mammal
none	yes	yes	sea	viviporous	lungs	mammal
hair	yes	yes	sea	oviporous	lungs	mammal
hair	yes	yes	air	viviporous	lungs	mammal

(4) 令 C′ 为样本 E′ 中最频繁的类标号的属性值,在这里 C′ = mammal。将 IF milk = yes THEN class = mammal 加入到 RULE_LIST 中,为 RULE_LIST = {IF milk = yes THEN class = mammal}。

(5) 从样本集 E 中删除被 BEST_CPX 覆盖的样本集 E′,其样本集如表 4-10 所示。

表 4-10　从样本集 E 中删除被 BEST_CPX 覆盖的样本集 E′

skin_covering	milk	homeothermic	habitat	reproduction	breathing	Class
scales	no	no	sea	oviporous	gills	fish
scales	no	no	land	oviporous	lungs	reptile
scales	no	no	sea	oviporous	lungs	reptile
feathers	no	yes	air	oviporous	lungs	bird
feathers	no	yes	land	oviporous	lungs	bird
none	no	no	land	oviporous	lungs	amphibian

(6) 样本集 E 不空,且 BEST_CPX 也不空,则进入下一次循环。

(7) 再次调用 Find_Best_Complex。

(7-1) STAR = { IF THEN class = bird };

(7-2) BEST_CPX = {};

(7-3) SELECTOR = { skin_covering = none, skin_covering = feathers, skin_covering = scales, milk = no, homeothermic = yes, homeothermic = no, habitat = land, habitat = sea, habitat = air, reproduction＝oviporous,breathing＝lungs,breathing＝gills｝；

（7-4）STAR 不为空时,执行如下步骤：

（7-4-1）NEWSTAR＝｛ skin_covering＝none,skin_covering＝feathers,skin_covering＝scales,milk＝no,homeothermic＝yes,homeothermic＝no,habitat＝land,habitat＝sea,habitat＝air,reproduction＝oviporous,breathing＝lungs,breathing＝gills｝；

（7-4-2）考察 NEWSTAR 中所有 Complex 的质量。$E[C_1]=0$、$E[C_2]=0$、$E[C_3]=0.918$、$E[C_4]=1.918$、$E[C_5]=0$、$E[C_6]=1.5$、$E[C_7]=1.584$、$E[C_8]=1$、$E[C_9]=0$、$E[C_{10}]=1.918$、$E[C_{11}]=1.5$、$E[C_{12}]=0$；

（7-4-3）从中选取最佳的 Complex 为 BEST_CPX＝｛ skin_covering＝feathers ｝；

（7-4-4）删除 NEWSTAR 中不好的 Complex,NEWSTAR＝｛ skin_covering＝feathers ｝；

（7-4-5）令 STAR＝NEWSTAR 并返回 BEST_CPX。

（7-5）这时 STAR＝｛ skin_covering＝feathers ｝,继续执行如下步骤：

（7-5-1）NEWSTAR＝｛ skin_covering＝feathers ∧ milk＝no,skin_covering＝feathers ∧ homeothermic＝yes,skin_covering＝feathers ∧ homeothermic＝no,skin_covering＝feathers ∧ habitat＝land,skin_covering＝feathers ∧ habitat＝sea,skin_covering＝feathers ∧ habitat＝air,skin_covering＝feathers ∧ reproduction＝oviporous,skin_covering＝feathers ∧ breathing＝lungs,skin_covering＝feathers ∧ breathing＝gills ｝；

（7-5-2）考察 NEWSTAR 中所有 Complex 的质量,NEWSTAR 中没有一个优于 BEST_CPX 的 Complex；

（7-5-3）删除 NEWSTAR 中不好的 Complex,NEWSTAR＝｛ ｝；

（7-5-4）STAR＝NEWSTAR；

（7-5-5）STAR＝｛ ｝,退出循环,返回 BEST_CPX＝｛ skin_covering＝feathers ｝。

（8）BEST_CPX 不为空,则找出 E′,E′为被 BEST_CPX 覆盖的样本,如表 4-11 所示。

表 4-11　被 BEST_CPX 覆盖的样本（续）

skin_covering	milk	homeothermic	habitat	reproduction	breathing	Class
feathers	no	yes	air	oviporous	lungs	bird
feathers	no	yes	land	oviporous	lungs	bird

（9）令 C′为样本 E′中最频繁的类标号的属性值,在这里 C′＝bird。将 IF skin_covering＝feathers THEN class＝bird 加入到 RULE_LIST 中,为 RULE_LIST＝｛IF skin_covering＝feathers THEN class＝bird ｝。

（10）从样本集 E 中删除被 BEST_CPX 覆盖的样本集 E′,其样本集如表 4-12 所示。

表 4-12　从样本集 E 中删除被 BEST_CPX 覆盖的样本集 E′（续）

skin_covering	milk	homeothermic	habitat	reproduction	breathing	Class
scales	no	no	sea	oviporous	gills	fish
scales	no	no	land	oviporous	lungs	reptile
scales	no	no	sea	oviporous	lungs	reptile
none	no	no	land	oviporous	lungs	amphibian

（11）样本集 E 不空,且 BEST_CPX 也不空,则进入下一次循环。

（12）再次调用 Find_Best_Complex。

（12-1）STAR＝｛ IF THEN class＝reptile ｝；

(12-2) BEST_CPX={ };

(12-3) SELECTOR={skin_covering=none,skin_covering=scales,milk=no,homeothermic=no,habitat=land,habitat=sea,reproduction=oviporous,breathing=lungs,breathing=gills };

(12-4) STAR 不为空时,执行如下步骤:

(12-4-1) NEWSTAR = {skin_covering = none, skin_covering = scales, milk = no, homeothermic = no, habitat = land, habitat = sea, reproduction = oviporous, breathing = lungs, breathing=gills };

(12-4-2) 考察 NEWSTAR 中所有 Complex 的质量;

(12-4-3) 从中选取最佳的 Complex 为 BEST_CPX={ breathing=lungs };

(12-4-4) 删除 NEWSTAR 中不好的 Complex 后,NEWSTAR={ breathing=lungs };

(12-4-5) 令 STAR=NEWSTAR 并返回 BEST_CPX。

(12-5) 这时 STAR={ breathing=lungs },执行如下步骤:

(12-5-1) NEWSTAR = {skin_covering = none ∧ breathing = lungs, skin_covering = scales ∧ breathing=lungs, milk=no ∧ breathing=lungs, homeothermic=no ∧ breathing=lungs, habitat=land ∧ breathing=lungs, habitat=sea ∧ breathing=lungs, reproduction=oviporous ∧ breathing= lungs };

(12-5-2) 考察 NEWSTAR 中所有 Complex 的质量,{ skin_covering=scales ∧ breathing= lungs }优于原先的 BEST_CPX={ breathing=lungs },所以 BEST_CPX 被更新;

(12-5-3) 删除 NEWSTAR 中的不好的 Complex,NEWSTAR={ };

(12-5-4) STAR=NEWSTAR;

(12-5-5) STAR={ },退出循环,返回 BEST_CPX={ skin_covering=scales ∧ breathing= lungs }。

(13) BEST_CPX 不为空,则找出 E′,E′ 为被 BEST_CPX 覆盖的样本,如表 4-13 所示。

表 4-13 被 BEST_CPX 覆盖的样本(续)

skin_covering	milk	homeothermic	habitat	reproduction	breathing	Class
scales	no	no	land	oviporous	lungs	reptile
scales	no	no	sea	oviporous	lungs	reptile

(14) 令 C′ 为样本 E′ 中最频繁的类标号的属性值,在这里为 C′ = reptile。将 IF skin_covering= scales ∧ breathing=lungs THEN class=reptile 加入到 RULE_LIST 中,为 RULE_LIST={IF skin_covering=scales ∧ breathing=lungs THEN class=reptile }。

(15) 样本集 E 中删除被 BEST_CPX 覆盖的样本集 E′,其样本集如表 4-14 所示。

表 4-14 从样本集 E 中删除被 BEST_CPX 覆盖的样本集 E′(续)

skin_covering	milk	homeothermic	habitat	reproduction	breathing	Class
scales	no	no	sea	oviporous	gills	fish
none	no	no	land	oviporous	lungs	amphibian

(16) 若样本集 E 不空,且 BEST_CPX 也不空,则进入下一次循环。

(17) 再次调用 Find_Best_Complex。

(17-1) STAR={ IF THEN class=amphibian };

(17-2) BEST_CPX={};

(17-3) SELECTOR={ skin_covering=none, skin_covering=scales,milk=no, homeothermic=

no,habitat＝land,habitat＝sea,reproduction＝oviporous,breathing＝lungs,breathing＝gills｝；

（17-4）STAR 不为空时,执行如下步骤：

（17-4-1）NEWSTAR＝｛skin_covering＝none,skin_covering＝scales,milk＝no,homeothermic＝no,habitat＝land,habitat＝sea,reproduction＝oviporous,breathing＝lungs,breathing＝gills｝；

（17-4-2）考察 NEWSTAR 中所有 Complex 的质量,从中选取最佳的 Complex,令 BEST_CPX＝｛skin_covering＝none｝；

（17-4-3）删除 NEWSTAR 中不好的 Complex,NEWSTAR＝｛skin_covering＝none｝；

（17-4-4）令 STAR＝NEWSTAR 并返回 BEST_CPX。

（17-5）这时 STAR＝｛skin_covering＝none｝,执行如下步骤：

（17-5-1）NEWSTAR＝｛skin_covering＝none∧milk＝no,skin_covering＝none∧homeothermic＝no,skin_covering＝none∧habitat＝land,skin_covering＝none∧habitat＝sea,skin_covering＝none∧reproduction＝oviporous,skin_covering＝none∧breathing＝lungs,skin_covering＝none∧breathing＝gills｝；

（17-5-2）考察 NEWSTAR 中所有 Complex 的质量,NEWSTAR 中没有一个优于 BEST_CPX 的 Complex；

（17-5-3）删除 NEWSTAR 中的不好的 Complex,NEWSTAR＝｛｝；

（17-5-4）STAR＝NEWSTAR；

（17-5-5）STAR＝｛｝,退出循环,返回 BEST_CPX＝｛skin_covering＝none｝。

（18）在样本集 E 中删除被 BEST_CPX 覆盖的样本集 E',其样本集如表 4-15 所示。

表 4-15 被 BEST_CPX 覆盖的样本（续）

skin_covering	milk	homeothermic	habitat	reproduction	breathing	Class
none	no	no	land	oviporous	lungs	amphibian

（19）令 C'为样本 E'中最频繁的类标号的属性值,在这里为 C'＝amphibian。将 IF skin_covering＝none THEN class＝amphibian 加入到 RULE_LIST 中,为 RULE_LIST＝｛skin_covering＝none THEN class＝amphibian｝。

（20）在样本集 E 中删除被 BEST_CPX 覆盖的样本集 E',其样本集如表 4-16 所示。

表 4-16 从样本集 E 中删除被 BEST_CPX 覆盖的样本集 E'（续）

skin_covering	milk	homeothermic	habitat	reproduction	breathing	Class
scales	no	no	sea	oviporous	gills	fish

此时,只剩下一个样例,且不同于前面给出的类别,最终产生的 RULE_LIST 如下。

IF milk＝yes THEN class＝mammal；
ELSE
IF skin_covering＝feathers THEN class＝bird；
ELSE
IF skin_covering＝scales∧breathing＝lungs THEN class＝reptile；
ELSE
IF skin_covering＝none THEN class＝amphibian；
ELSE
class＝fish；

3. 算法性能

假定样例集合大小为 e,属性个数为 a,STAR 的最大尺度为 s。

在 CN2 算法中,基本操作是对当前 STAR 中的 Complex 的具体化操作,同一时刻最多产生 $a \cdot s$ 个 Complex,在具体化操作中需要如下三个步骤。

- 在 STAR 中,从单一的选择变成 Complex,需要的时间复杂度为 $O(a \cdot s)$。
- 对所产生的 Complex 进行验证的时间复杂度为 $O(a \cdot s \cdot e)$。
- Complex 的存储以及 STAR 的修剪的复杂度为 $O(a \cdot s \cdot \log(a \cdot s))$。

因此,仅是具体化步骤其时间复杂度为 $O(a \cdot s \cdot (e + \log(a \cdot s)))$。

但 CN2 总体上比 AQR 要快,这是因为 CN2 进行具体化操作的迭代次数可能会比 AQR 少,CN2 可能在未完成对训练集合的很好测试以前终止对复合的具体化操作,另外,如果在统计意义上已经没有重要的规则可能产生的话,CN2 在所有训练例还没有都被覆盖以前可能终止对规则的搜索。

4.5.3 FOIL 算法

FOIL 学习系统已经被广泛地应用在逻辑归约领域。FOIL 是用来对无约束的一阶 Horn 子句进行学习。一个概念的定义是由一系列的子句组成。每个子句由一些文字的析取组成。

FOIL 由一系列的外部定义的断言开始,其中之一被确定为当前学习的概念,而其他作为背景文字。FOIL 从这些外部定义的断言中获取一系列包括文字的子句。

FOIL 算法由一个空子句开始查找,其不断地向当前的子句中追加文字直到没有负样例被子句所覆盖。之后,FOIL 重新开始一个子句的查找,直到所有的正样例均被已经生成的子句所覆盖。FOIL 计算每一个外部定义断言的信息熵(Information Gain)和合法的变量(Legal Variabilization)来决定哪一个文字添加到子句中。

1. 一阶 Horn 子句

所涉及的主要术语有:

- 所有表达式由常量(如 Mary、23 或 Joe)、变量(如 x)、谓词(如在 Female(Mary)中的 Female)和函数(如在 age(Mary)中的 age)组成。
- 项(Term)为任意常量、任意变量或任意应用到项集合上的函数。例如,Mary,x,age(Mary),age(x)。
- 文字(Literal)是应用到项集合上的任意谓词或其否定。例如,Female(Mary),Greater_than(age(Mary),20)。
- 基本文字(Ground Literal)是不包括任何变量的文字。
- 负文字(Negative Literal)是包括否定谓词的文字。
- 正文字(Positive Literal)是不包括否定谓词的文字。
- 子句(Clause)是多个文字的析取式,$M_1 \lor M_2 \lor \cdots \lor M_n$,其中所有变量是全程量

化的。

Horn 子句是一个如下形式的表达式：

$$H \leftarrow (L_1 \land L_2 \land \cdots \land L_n)$$

其中，$H, L_1, L_2, \cdots, L_n$ 为正文字。H 称为 Horn 子句的头(Head)或推论(Consequent)。文字合取式 $L_1 \land L_2 \land \cdots \land L_n$ 称为 Horn 子句的体(Body)或者先行词(Antecedents)。

置换(Substitution)是一个将某些变量替换为某些项的函数。例如，置换 $\{x/3, y/z\}$ 把变量 x 替换为项 3 并且把变量 y 替换为项 z。给定一个置换 θ 和一个文字 L，我们使用 $L\theta$ 代表应用置换 θ 到 L 得到的结果。

2. 算法描述

算法 4-9　FOIL (Target_predicate, Predicates, Examples)

输入：Examples　　　　　　//样本数据

　　　Predicates　　　　　//断言集合

　　　Target_predicate　　//目标断言

输出：规则。

(1) Pos←Examples 中 Target_predicate 为 True 的成员；

(2) Neg←Examples 中 Target_predicate 为 False 的成员；

(3) Learned_rules←{}；

(4) WHILE Pos 不空 DO BEGIN

　　//学习 NewRule

(5)　　NewRules←没有前件的谓词 Target_predicate 规则；

(6)　　NewRuleNeg←Neg；

(7)　　WHILE NewRuleNeg 不空 BEGIN

　　//增加新文字以特化 NewRule

(8)　　　Candidate_literals←对 NewRule 生成后选新文字，基于 Predicates；

(9)　　　Best_literal←argmax Foil_Gain(L, NewRule)；//获取最佳文字

(10)　　　把 Best_literal 加入到 NewRule 的前件；

(11)　　　NewRuleNeg←NewRuleNeg 中满足 NewRule 前件的子集

(12)　　END

(13)　　Learned_rules←Learned_rules+NewRule；

(14)　　Pos←Pos-{被 NewRule 覆盖的 Pos 成员}；

(15) END

(16) 返回 Learned_rules；

为理解由 FOIL 执行的假设空间搜索，最好将其看作是层次化的。FOIL 外层循环中每次将加入一条新的规则到其析取式假设 Learned_rules 中去。每个新规则的效果是通过加入一个析取项泛化当前的析取假设(即增加其分类为正例的实例数)。在这一层次上看，这是假设空间的特殊到一般的搜索过程，它开始于最特殊的空析取式，在假设足够一般以至覆盖所有正例时终止。FOIL 的内层循环执行的是细粒度较高的搜索，以确定每个新规则的确切定义。该内层循环在另一个假设空间中搜索，它包含文字的合取，以找

到一个合取式形成新的规则的前件。在这个假设空间中,它执行的是一般到特殊的爬山搜索,开始于最一般的前件(空前件),然后增加文字以使规则特化直到其避开所有的反例。

在 FOIL 和 CN2 算法之间有两个最本质的不同,它来源于此算法对一阶规则处理的需求。这些不同在于:

- 在学习每个新规则的一般到特殊的搜索中,FOIL 使用了不同的细节步骤来生成规则的候选特化式。这一不同是为了处理规则前件中含有的变量。
- FOIL 使用的性能度量 Foil_Gain 不同于 CN2 中的熵度量。这是由于 FOIL 只搜索覆盖正例的规则,以及为了区分规则变量的不同约束。

下面详细叙述这两个不同之处。

(1) FOIL 中的候选特征式的生成。

为生成当前规则的候选特征式,FOIL 生成多个不同的新文字,每个可被单独地加到规则前件中。更精确地讲,假定当前规则为:

$$P(x_1, x_2, \cdots, x_k) \leftarrow L_1, L_2, \cdots, L_n$$

其中,$L_1, L_2, \cdots, L_n$ 为当前规则前件中的文字,而 $P(x_1, x_2, \cdots, x_k)$ 为规则头(或后件)。

FOIL 生成该规则的候选特征式的方法是考虑符合下列形式的新文字 L_{n+1}。

- $Q(v_1, v_2, \cdots, v_r)$,其中,Q 为在 Predicates 中出现的任意谓词名,并且 v_i 既可为新变量,也可为规则中已有的变量。v_i 中至少一个变量必须是当前规则中已有的。
- $\mathrm{Equal}(x_j, x_k)$,其中,x_j 和 x_k 为规则中已有的变量。
- 上述两种文字的否定。

(2) Foil_Gain 函数。

FOIL 使用评估函数以估计增加新文字的效用,它基于加入新文字前后的正例和反例的约束数目。更精确地讲,考虑某规则 R 和一个可能被加到 R 的规则体的后选文字 L。令 R' 为加入文字 L 到规则 R 后生成的规则。Foil_Gain(L, R) 的值定义为:

$$\mathrm{Foil\_Gain}(L, R) = t \left(\log_2 \frac{p_1}{p_1 + n_1} - \log_2 \frac{p_0}{p_0 + n_0} \right)$$

其中,p_0 为规则 R 的正例约束数目,n_0 为 R 的反例约束数目,p_1 是规则 R' 的正例约束数目,n_1 为 R' 的反例约束数目。最后,t 是在加入文字 L 到 R 后仍旧能覆盖的规则 R 的正例约束数目。当加入 L 引入了一个新变量到 R 中时,只要在 R' 的约束中的某些约束扩展了原始的约束,它们仍然能被覆盖。

3. 算法举例

假设学习目标文字 father(A, B) 的规则集例子。训练数据包括下列简单的断言集合。

- Predicates: //断言集合
  male(christopher), male(arthur)
  female(victoria), female(penelope)

　　parent(christopher,arthur),parent(christopher,victoria)

　　parent(penelope,arthur),parent(penelope,victoria)

■ Examples：//样本数据

　　positive：

　　　　father(christopher,arthur)

　　　　father(christopher,victoria)

　　negative：

　　　　father(penelope,arthur)

　　　　father(christopher,penelope)。

则根据 FOIL 算法：

(1) Pos＝{father(christopher,arthur),father(christopher,victoria)}；

(2) Neg＝{father(penelope,arthur),father(christopher,penelope)}；

(3) Learned_rules＝{}；

(4) 当 Pos 不为空,则学习 NewRule：

(4-1) NewRule＝{father(A,B)←}；

(4-2) NewRuleNeg＝{father(penelope,arthur),father(christopher,penelope)}；

(4-3) 当 NewRuleNeg 不为空,则增加特征化文字：

　　(4-3-1) 由 FOIL 中的候选特征式的规则,根据 father(A,B)←可生成的候选文字为：male(A),not(male(A)),male(B),not(male(B)),female(A),not(female(A)),female(B),not(female(B)),parent(A,A),not(parent(A,A)),parent(B,B),not(parent(B,B)),parent(A,B),not(parent(A,B)),parent(B,A),not(parent(B,A)),parent(A,C),not(parent(A,C)),parent(C,A),not(parent(C,A)),parent(B,C),not(parent(B,C)),parent(C,B),not(parent(C,B))。因此,Candidate_literals＝{male(A),male(B),female(A),female(B),…}。

　　(4-3-2) 之后计算最佳文字 Best_literal,具体计算过程如表 4-17 所示($p_0 = 2, n_0 = 2$)。

表 4-17　文字的获益计算

Test	p_1	n_1	t	Gain
male(A)	2	1	2	0.83
not(male(A))	0	1	0	0.00
male(B)	1	1	1	0.00
not(male(B))	1	1	1	0.00
female(A)	0	1	0	0.00
not(female(A))	2	1	2	0.83
female(B)	1	1	1	0.00
not(female(B))	1	1	1	0.00
parent(A,A)	0	0	0	0.00
not(parent(A,A))	2	2	2	0.00
parent(A,B)	2	1	2	0.83
not(parent(A,B))	0	1	0	0.00
parent(B,B)	0	0	0	0.00
not(parent(B,B))	2	2	2	0.00
parent(B,A)	0	0	0	0.00

续表

Test	p_1	n_1	t	Gain
not(parent(B,A))	2	2	2	0.00
parent(A,C)	4	4	2	0.00
not(parent(A,C))	0	0	0	0.00
parent(C,B)	0	0	0	0.00
not(parent(C,B))	2	1	2	0.83

    (4-3-3) 根据给出的条件可知：father(A,B)←；

    (4-3-4) 选择文字 male(A) 添加到 Best_literal；

    (4-3-5) NewRule={ father(A,B)← male(A)}，其覆盖两个正例和一个反例；

    (4-3-6) NewRuleNeg 改写为 NewRuleNeg={father(penelope,arthur)}。

  (4-4) 当 NewRuleNeg 不为空，则增加特征化文字：

    (4-4-1) 则下一个文字应添加 parent(A,B)；

    (4-4-2) 再将 Best_literal 加为 NewRule 的前件，则 NewRule={ father (A,B)← male(A) ∧ parent(A,B)}；

    (4-4-3) 这时 NewRuleNeg 中的所有成员满足 NewRule 前件的子集，跳出内层循环。

  (4-5) Learned_rules=Learned_rules+{ father (A,B)← male(A) ∧ parent(A,B)}；

  (4-6) 再从 Pos 中减去被 NewRules 覆盖的成员。

（5）这时 Pos 为空，算法结束。

4. 算法效果

概括地说，FOIL 扩展了 CN2 的序列覆盖算法，处理类似于 Horn 子句的一阶规则学习问题。为学习这样的规则，FOIL 执行一般到特殊搜索，每步增加一个新文字到规则前件中。新的文字可为规则前件或后件中已有的变量，或者为新变量。通过 Foil_Gain 函数在候选新文字中进行选择。如果新文字可指向目标谓词，那么原则上，FOIL 可学习到递归规则集。虽然这样产生了另一复杂性，即避免规则集的无限递归，但 FOIL 已在某些情况下成功地用于学习递归规则集。

在训练数据无噪声的情况下，FOIL 可持续地增加新文字到规则中，直到它不覆盖任何反例为止。为处理有噪声的数据，搜索的终止需要在规则精度、覆盖度和复杂性之间做出折中。FOIL 使用最小描述长度的方法终止规则增长，新的文字只在它们的描述长度短于它们所解释的数据的描述长度时才被加入。

4.6 与分类有关的其他问题

为了便于分类，在分类前要对数据进行预处理，在形成模型以后要对模型进行评估。本节首先介绍分类数据的预处理，然后介绍分类方法的比较以及评估标准。

4.6.1 分类数据预处理

分类的效果一般和数据的特点有关，有的数据噪声大，有的有空缺值，有的分布稀疏，有的字段或属性间相关性强,有的属性是离散的而有的是连续值或混合式的。目前普遍认为不存在某种方法能适合于各种特点的数据。因此,在分类以前需要做一些数据的预处理。

1. 数据清理

主要是消除或减少数据噪声和处理空缺值。噪声是一个测量变量中的随机错误或偏差。使用数据平滑技术可以消除噪声。在训练和测试阶段,缺数据值都会产生一些问题。在训练阶段缺数据必须处理,有几种方法可以采用:

- 忽略缺的数据。
- 为缺的数据假定一个值。可以通过使用一些方法来预测值是什么。
- 为缺的数据设定一个特殊的值,这意味着缺的数据的值被一些特殊值代替。

注意:在分类问题和传统数据中空缺数据(NULL)的相似性。

2. 特征选择

在数据中有很多属性可能与分类的任务不相关,这些属性可能减慢或误导学习步骤。特征选择是指,从已知的一组特征集中按照某一准则选择出有很好的区分特性的特征子集,或按照某一准则对特征的分类性能进行排序,用于分类器的优化设计。特征选择在数据挖掘领域有着十分广泛的应用,同时也是需要有效解决的重要问题。

3. 数据变换

就是通过平滑、聚集、数据概化、规范化、特征构造等手段将数据转换为适合于挖掘的形式。

- 平滑:去掉数据中的噪声。
- 聚集:对数据进行汇总和聚集。例如,可以聚集日销售数据,进而得到月和年的销售额。
- 数据概化:使用概念分层,用高层次的概念替换低层次的"原始"数据。例如,数值性的年龄可以映射到较高的概念层次,如青年、中年和老年。
- 规范化:将属性数据按比例缩放,使之落入一个小的特定区间,如 0.0～1.0。
- 特征构造:构造新的属性值,帮助数据挖掘过程。

4.6.2 分类器性能的表示与评估

分类器性能是评价分类算法的一个非常重要的因素。对于同样的数据,不同的分类算法将产生不同的分类结果。表 4-18 显示了针对同一个数据集,使用两个不同的分类工具得到的两种分类结果。决定哪个是最好的依赖于用户对问题的解释。分类的性能通常用分类器的准确率来评价。然而,既然分类经常是一个模糊的问题,正确的答案可能依赖于使用者。传统算法的评估方法会考虑空间和时间的复杂度,但是这对分类算法来说是次要的。

表 4-18 分类结果

姓名	性别	身高/m	分类结果 1	分类结果 2
Kristina	女	1.6	矮	中等
Jim	男	2	高	中等
Maggie	女	1.9	中等	高
Martha	女	1.88	中等	高
Stephanie	女	1.7	矮	中等
Bob	男	1.85	中等	中等
Kathy	女	1.6	矮	中等
Dave	男	1.7	矮	中等
Worth	男	2.2	高	高
Steven	男	2.1	高	高
Debbie	女	1.8	中等	中等
Todd	男	1.95	中等	中等
Kim	女	1.9	中等	高
Amy	女	1.8	中等	中等
Wynette	女	1.75	中等	中等

分类准确率通常通过被正确分类的元组所占该类内的元组个数的百分比来表示。这里忽视了将不属于某类的元组归为该类的代价,这个因素也应该被考虑。分类器性能的表示方法类似信息检索系统的评价方法,可以采用 OC 曲线和 ROC 曲线、混淆矩阵等。

分类器性能的表示可以采用类似信息检索系统所采用的方法。假如只有两个类(A 类、B 类),分类器将产生四个可能的分类输出,如图 4-8 所示,左上角象限和右下角象限表示了正确的分类,剩余的两个象限是不正确的分类。

对上述问题更加规范化的表示形式如下。

定义 4-4 给定一个类 C_j 和一个数据库元组 t_i,t_i 可能被分类器判定为属于 C_j 或不属于 C_j,其实 t_i 本身可能属于 C_j 或不属于 C_j,这样就会产生如图 4-9 所示的一些情况。

- 真正(True Positive):判定 t_i 在 C_j 中,实际上的确在其中。
- 假正(False Positive):判定 t_i 在 C_j 中,实际上不在其中。
- 真负(True Negative):判定 t_i 不在 C_j 中,实际上不在其中。
- 假负(False Negative):判定 t_i 不在 C_j 中,实际上的确在其中。

A类的数据被 分入A类	A类的数据被 分入B类
B类的数据被 分入A类	B类的数据被 分入B类

图 4-8 分类器输出情况

真正	假负
假正	真负

图 4-9 分类器输出

在上述定义的基础上,人们经常使用 OC(Operation Characteristic)曲线和 ROC

(Receive Operation Characteristic)曲线表示"假正"和"真正"的关系。OC 曲线通常用于通信领域来测试误报率。OC 曲线的水平轴一般表示"假正"的百分比,另外一个轴表示"真正"的百分比。

混淆矩阵是另外一种表示分类准确率的方法。假定有 m 个类,混淆矩阵是一个 $m \times m$ 的矩阵,$C_{i,j}$ 表明了 D 中被分到类 C_j 但实际类别是 C_i 的元组的数量。显然,最好的解决方案是对角线以外的值全为零。表 4-19 给出对表 4-18 中的样本分类结果进行评价的混淆矩阵,假定分类结果 1 是实际的类别情况,分类结果 2 是某分类器分类的结果。

表 4-19 混淆矩阵示例

分　类	实　际　分　类		
	矮	中等	高
矮	0	4	0
中等	0	5	3
高	0	1	2

上面给出了一些分类器性能的表示方法,下面接着讨论分类器性能的评估方法。

分类器的性能和所选择的测试集和训练集有直接的关系。一般情况下,先用一部分数据建立模型,然后再用剩下的数据来测试和验证这个得到的模型。如果使用相同的训练和测试集,那么模型的准确度就很难使人信服。保持法和交叉验证是两种基于给定数据随机选样划分的、常用的评估分类方法准确率的技术。

1. 保持法

在保持方法中,把给定的数据随机地划分成两个独立的集合:训练集和测试集。通常,1/3 的数据分配到训练集,其余 2/3 分配到测试集。使用训练集得到分类器,其准确率用测试集评估。

2. 交叉验证

先把数据随机分成不相交的 n 份,每份大小基本相等,训练和测试都进行 n 次。例如,如果把数据分成 10 份,先把第一份拿出来放在一边用作模型测试,把其他 9 份合在一起来建立模型,然后把这个用 90% 的数据建立起来的模型用上面放在一边的第一份数据做测试。这个过程对每一份数据都重复进行一次,得到 10 个不同的错误率。然后把所有数据放在一起建立一个模型,模型的错误率为上面 10 个错误率的平均。

使用这些技术评估分类法的准确率增加了总体的计算时间,但是对于分类方法的选择是有意义的。

4.7 本章小结和文献注释

分类在数据挖掘中是一项非常重要的任务,是本书重点介绍的内容之一。本章对分类的基本概念与步骤、经典的分类方法以及与分类有关的问题进行了阐述。

本章把分类方法归结为四种类型：基于距离的分类方法、决策树分类方法、贝叶斯分类方法和规则归纳方法。在每种方法中，首先介绍各类方法的主要思想，然后具体介绍属于该类的几种典型分类方法。在基于距离的分类方法中主要介绍最邻近分类方法；决策树分类方法中主要介绍 ID3 算法和 C4.5 算法；贝叶斯分类方法中包括朴素贝叶斯法分类方法和 EM 算法；规则归纳方法中包括 AQ 算法、CN2 算法和 FOIL 算法。

本章的主要内容及相关的文献引用情况如下。

1. 分类的基本概念与步骤

分类可以看作是从数据库到一组预先定义的、非交叠的类别的映射。数据挖掘中分类的主要任务是构造分类器，需要有一个训练样本数据集作为输入。分类的目的是分析输入数据，为每一个类找到一种准确的描述或者模型。

数据分类应用有两个基本步骤：建立分类模型；使用模型对未分类数据进行分类。其中重点是建立模型阶段。

对于分类的概念，在许多文献中都给出了阐述，[Dun03]对分类的概念和基本方法及步骤进行了简要的概括，[HK+98]对分类的主要步骤进行了阐述，[WK91]对分类中的统计学、神经网络、机器学习和专家系统等技术应用进行了全面的分析。本章对分类概念与步骤的阐述中主要引用了上述文献。

2. 基于距离的分类算法

基于距离的分类方法是最直观的，也是了解分类技术的基础。对象之间的相似最简单的度量策略是用距离来表征，距离越近则相似性越大。本节对基于距离的分类算法的基本思想进行了介绍，并以 k-最邻近方法(k-NN)进行了算法描述和实际例子的展示。

本节的相关定义和算法主要参考[Mir96]、[CS96]和[HK00]。

3. 决策树分类方法

决策树是从数据中生成分类器的一个重要的、基本的和有效的方法。决策树分类方法采用自顶向下的递归方式，它把一组无次序的事例整理成树状结构，并由树结构导出分类规则。在决策树的内部结点进行属性值的比较并根据不同的属性值判断从该结点向下的分支，在决策树的叶结点得到结论。所以，从决策树的根到叶结点的一条路径就对应着一条合取规则，整棵决策树就对应着一组析取表达式规则。决策树分类的优点就是它在学习过程中不需要使用者了解很多背景知识，当然这也是它最大的缺点。有很多基于决策树的算法，许多是引用率很高的典型算法，如 ID3、C4.5 等。因此，首先从基本的决策树方法开始，对 ID3、C4.5 等算法给出描述和分析。

[BF+84]和[GS88]是决策树较早的文献之一，可以帮助读者更好地了解它的起源和目标。

决策树的算法主要包括两个步骤：决策树生成和剪枝。本章在决策树生成算法的描述中主要引用文献为[HK00]。此外，文献[史忠植 04]对决策树剪枝算法进行了详尽的描述，有兴趣的读者可参阅该文献。

文献[Qui86]给出了典型的 ID3 算法。文献[Mit97]针对 ID3 算法的归纳偏置、过度拟合等问题进行了详细的阐述。本章对 ID3 算法的性能分析方面主要引用了文献[Mit97]和[曾华军 03]。

C4.5 算法是对 ID3 方法的改进。文献[Qui93]给出了 C4.5 算法的基本思想和方法,同时该文献对决策树方法涉及的许多问题给予了很好的介绍。另外可用的文献有[QB96]、[Qui96]。本章对 C4.5 算法的工作流程描述主要引用了[邵峰晶 03]。

除了 ID3 和 C4.5 算法之外,还有一些其他决策树学习方法,例如 CART、QUEST、PUBLIC、CHAID、BOAT、Rainforest 等,有兴趣的读者可进一步参考文献[BF＋84]、[BFW97]、[LS97]、[Fay94]、[RS98b]、[Mag94]、[GG＋99]、[GRG98]、[KW＋97]、[LHP01]、[MA96]。关于分类的并行算法 SPRINT 可以参考 [SA96b]、[SAM96]。

4. 贝叶斯分类方法

贝叶斯分类是统计分类方法。文献[Mit97]、[DH73]和[Spe91]对贝叶斯分类提供了全面的阐述。[CS96a]对贝叶斯分类的理论和评价进行了详细的阐述。[DP96]分析了在什么条件下朴素贝叶斯方法可输出最优的分类以及独立性假定不成立时朴素贝叶斯的预测能力。

EM 算法是存在隐藏变量时广泛使用的一种学习方法,有兴趣的读者可进一步对文献[DLR77]和[Lau95]进行研究。

4.4.1 节和 4.4.2 节主要引用了[HK00]。4.4.3 节主要引用了[曾华军 03]。

5. 规则归纳

规则归纳算法可以直接学习规则集合。典型的规则归纳算法有 AQ、CN2 和 FOIL 等。

AQ 算法利用覆盖所有正例,排斥所有反例的思想来寻找规则。文献[Mic69]、[MMH86]、[ML78] 和[MMH86]在 AQ 算法上所做的系列工作是将逻辑表示用于学习问题开展较好的研究之一。在基本 AQ 算法的基础上,产生了一系列的改进算法,比较典型的有文献[ML78]提出的 AQ11,文献[MMH86]中提出的 AQ15 方法以及洪家荣的 AE5 方法[洪家荣 98]。

CN2 算法结合了 ID3 算法处理数据的效率和处理噪声数据的能力,以及 AQ 算法家族的灵活性。文献[CN89]对 CN2 算法的主要思想进行了详细的描述,并比较了 ID3、AQ 以及 CN2 算法。

随着 20 世纪 80 年代中期 Prolog 语言的普及,研究人员开始深入研究 Horn 子句表示的关系描述。FOIL 算法的经典文献为[Qui90],本章在该算法的叙述方面主要引用[曾华军 03]。另外,[BRS99]对数值属性的 Gain 规则挖掘问题进行了讨论。

6. 与分类有关的问题

为了便于分类,在分类前要对数据进行预处理,在形成模型以后要对模型进行评估。[Fay93]、[FI83]、[HK98]对数据的预处理技术进行了详细的阐述。涉及评估分类法准确率的问题在文献[WK91]有比较详细的介绍，感兴趣的读者可以进一步参考。

习 题 4

1. 简单地描述下列英文缩写或短语的含义。

(1) Data Classification

(2) k-Nearest Neighbors

(3) Decision Tree

(4) Entropy

(5) Posterior Probability

2. 简述数据分类的概念。

3. 数据分类分为哪两个步骤？简述每步的基本任务。

4. 简述基于距离的分类算法的主要思想。

5. 简述 k-最邻近方法的主要思想。

6. 简述决策树算法的主要步骤。

7. 决策树容易转换成分类规则，试把如图 A4-1 所示的决策树转换成分类规则（假定决策属性为 buys_computer）。

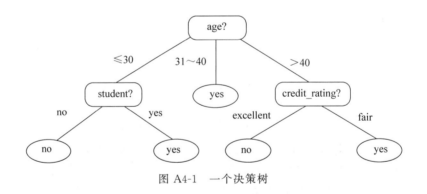

图 A4-1 一个决策树

8. 在决策树算法中，剪枝的作用是什么？

9. 表 A4-1 给出了关于配眼镜的一个决策分类所需要的数据。数据集包含 5 个属性：

(1) warm_blooded；

(2) feathers；

(3) fur；

(4) swims；

(5) lays_eggs。

手动模拟 ID3 算法来实现决策过程。

表 A4-1　训练数据集 1

No.	warm_blooded	feathers	fur	swims	lays_eggs
1	1	1	0	0	1
2	0	0	0	1	1
3	1	1	0	0	1
4	1	1	0	0	1
5	1	0	0	1	0
6	1	0	1	0	0

10. 分析题 9 结果,说明 ID3 算法的优缺点。

11. 表 A4-2 给出了关于配眼镜的一个决策分类所需要的数据。数据集包含 5 个属性。

（1）age：{young, pre-presbyopic, presbyopic}；

（2）astigmatism：{no, yes}；

（3）spectacle-prescrip：{myope, hypermetrope}；

（4）tear-prod-rate：{reduced, normal}；

（5）contact-lenses：{soft, none, hard}。contact-lenses 是决策属性,通过手动模拟 ID3 算法来实现决策过程。

表 A4-2　训练数据集 2

No.	age	spectacle-prescrip	astigmatism	tear-prod-rate	contact-lenses
1	young	myope	no	reduced	none
2	young	myope	no	normal	soft
3	young	myope	yes	reduced	none
4	young	myope	yes	normal	hard
5	young	hypermetrope	no	reduced	none
6	young	hypermetrope	no	normal	soft
7	young	hypermetrope	yes	reduced	none
8	young	hypermetrope	yes	normal	hard
9	pre-presbyopic	myope	no	reduced	none
10	pre-presbyopic	myope	no	normal	soft
11	pre-presbyopic	myope	yes	reduced	none
12	pre-presbyopic	myope	yes	normal	hard
13	pre-presbyopic	hypermetrope	no	reduced	none
14	pre-presbyopic	hypermetrope	no	normal	soft
15	pre-presbyopic	hypermetrope	yes	reduced	none
16	pre-presbyopic	hypermetrope	yes	normal	none
17	presbyopic	myope	no	reduced	none
18	presbyopic	myope	no	normal	none
19	presbyopic	myope	yes	reduced	none

续表

No.	age	spectacle-prescrip	astigmatism	tear-prod-rate	contact-lenses
20	presbyopic	myope	yes	normal	hard
21	presbyopic	hypermetrope	no	reduced	none
22	presbyopic	hypermetrope	no	normal	soft
23	presbyopic	hypermetrope	yes	reduced	none
24	presbyopic	hypermetrope	yes	normal	none

12. 用程序实现 ID3 算法,并测试上题的结果。

13. 下面的例子分为 3 类:{Short,Tall,Medium},Height 属性划分为$(0,1.6)$,$(1.6,1.7)$,$(1.7,1.8)$,$(1.8,1.9)$,$(1.9,2.0)$,$(2.0,\infty)$,数据集如表 A4-3 所示,请用贝叶斯分类方法对例子$t=(\text{Adam},\text{M},1.95\text{m})$进行分类。

表 A4-3　训练数据集 3

No.	name	Gender	Height	Output
1	Kristina	F	1.6m	Short
2	Jim	M	2m	Tall
3	Maggie	F	1.9m	Medium
4	Martha	F	1.88m	Medium
5	Stephanie	F	1.7m	Short
6	Bob	M	1.85m	Medium
7	Kathy	F	1.6m	Short
8	Dave	M	1.7m	Short
9	Worth	M	2.2m	Tall
10	Steven	M	2.1m	Tall
11	Debbie	F	1.8m	Medium
12	Todd	M	1.95m	Medium
13	Kim	F	1.9m	Medium
14	Amy	F	1.8m	Medium
15	Wynette	F	1.75m	Medium

14. 在应用贝叶斯方法解决实际问题时,可能会出现观察概率为 0 的情况,因此在贝叶斯分类中这项概率占有统治地位,如何解决上述问题?

15. EM 算法分为哪两个主要步骤?

16. 简述 EM 算法每个步骤的主要作用。

17. 简述 AQ 算法中"种子"与"星"的概念。

18. 假设有一个训练集,其包含三个属性:at1、at2、at3,现有正例反例样本分别如表 A4-4 和表 A4-5 所示,请用 AQ 算法对"+"类的规则进行获取。

表 A4-4　正例样本

at1	at2	at3	class
y	n	r	＋
x	m	r	＋
y	n	s	＋
x	n	r	＋

表 A4-5　反例样本

at1	at2	at3	class
x	m	s	－
y	m	t	－
y	n	t	－
z	n	t	－
z	n	r	－
x	n	s	－

19. 与 ID3 算法相比,CN2 算法有哪些特点?

20. 假设有一个训练集,用 CN2 算法对例子 4-11 进行分析,找出相应的规则。

21. 简述 FOIL 算法的主要特点。

22. 简述 FOIL 算法与 CN2 算法的主要不同点。

23. 简述分类数据预处理的主要方法。

24. 简述分类中数据清理的常用方法。

25. 简述分类器的性能表示与评估的主要方法。

26. 如何评价分类器的性能?

第 5 章   聚 类 方 法

    "物以类聚,人以群分",聚类是人类的一项最基本的认识活动。聚类的用途是非常广泛的。在生物学中,聚类可以辅助动、植物分类方面的研究,以及通过对基因数据的聚类,找出功能相似的基因;在地理信息系统中,聚类可以找出具有相似用途的区域,辅助石油开采;在商业上,聚类可以帮助市场分析人员对消费者的消费记录进行分析,从而概括出每一类消费者的消费模式,实现消费群体的区分。

    聚类就是将数据对象分组成为多个类或簇(Cluster),划分的原则是在同一个簇中的对象之间具有较高的相似度,而不同簇中的对象差别较大。与分类不同的是,聚类操作中要划分的类是事先未知的,类的形成完全是数据驱动的,属于一种无指导的学习方法。

    本章内容安排如下:首先对聚类方法进行一个简要、全面的概述,包括对聚类的概念、算法的分类方法、相似性度量等;然后详细介绍几种典型的聚类方法,包括划分方法 k-平均(k-means)和 k-中心点(k-medoids),层次聚类方法 AGNES 和 DIANA,密度聚类方法 DBSCAN;最后进行一个简单的小结。

5.1   概述

    聚类分析源于许多研究领域,包括数据挖掘、统计学、机器学习、模式识别等。它是数据挖掘中的一个功能,但也能作为一个独立的工具来获得数据分布的情况,概括出每个簇的特点,或者集中注意力对特定的某些簇做进一步的分析。此外,聚类分析也可以作为其他分析算法(如关联规则、分类等)的预处理步骤,这些算法在生成的簇上进行处理。

    数据挖掘技术的一个突出的特点是处理巨大的、复杂的数据集,这对聚类分析技术提出了特殊的挑战,要求算法具有可伸缩性、处理不同类型属性的能力、发现任意形状的类的能力、处理高维数据的能力等。根据潜在的各项应用,数据挖掘对聚类分析方法提出了不同要求。典型要求可以通过以下几方面来刻画。

1. 可伸缩性

可伸缩性是指聚类算法不论对于小数据集还是对于大数据集,都应是有效的。在很多聚类算法当中,数据对象小于几百个的小数据集合上鲁棒性很好,而对于包含上万个数据对象的大规模数据库进行聚类时,将会导致不同的偏差结果。研究大容量数据集的高效聚类方法是数据挖掘必须面对的挑战。

2. 具有处理不同类型属性的能力

既可处理数值型数据,又可处理非数值型数据;既可处理离散数据,又可处理连续域内的数据,如布尔型、序数型、枚举型或这些数据类型的混合。

3. 能够发现任意形状的聚类

许多聚类算法经常使用欧几里得距离来作为相似性度量方法,但基于这样的距离度量的算法趋向于发现具有相近密度和尺寸的球状簇。但对于一个簇可能是任意形状的情况,提出能发现任意形状簇的算法是很重要的。

4. 输入参数对领域知识的弱依赖性

在聚类分析当中,许多聚类算法要求用户输入一定的参数,如希望得到的簇的数目。聚类结果对于输入的参数很敏感,通常参数较难确定,尤其是对于含有高维对象的数据集更是如此。要求用人工输入参数不但加重了用户的负担,也使得聚类质量难以控制。一个好的聚类算法应该对这个问题给出一个好的解决方法。

5. 对于输入记录顺序不敏感

一些聚类算法对于输入数据的顺序是敏感的。例如,对于同一个数据集合,以不同的顺序提交给同一个算法时,可能产生差别很大的聚类结果。研究和开发对数据输入顺序不敏感的算法具有重要的意义。

6. 挖掘算法应具有处理高维数据的能力

既可处理属性较少的数据,又能处理属性较多的数据。很多聚类算法擅长处理低维数据,一般只涉及两到三维,人类对两三维数据的聚类结果很容易直观地判断聚类的质量。但是,高维数据聚类结果的判断就不是那样直观了。数据对象在高维空间的聚类是非常具有挑战性的,尤其是考虑到这样的数据可能高度偏斜并且非常稀疏。

7. 处理噪声数据的能力

在现实应用中绝大多数的数据都包含孤立点、空缺、未知数据或者错误的数据。如果聚类算法对于这样的数据敏感,将会导致质量较低的聚类结果。

8. 基于约束的聚类

在实际应用当中可能需要在各种约束条件下进行聚类。既要找到满足特定的约束,又要具有良好聚类特性的数据分组是一项具有挑战性的任务。

9. 挖掘出来的信息是可理解的和可用的

这一点是容易理解的,但在实际挖掘中有时往往不能令人满意。

5.1.1 聚类分析在数据挖掘中的应用

聚类分析在数据挖掘中的应用主要有以下几方面。

1. 聚类分析可以作为其他算法的预处理步骤

利用聚类进行数据预处理,可以获得数据的基本概况,在此基础上进行特征抽取或分类就可以提高精确度和挖掘效率。也可将聚类结果用于进一步关联分析,以进一步获得有用的信息。

2. 可以作为一个独立的工具来获得数据的分布情况

聚类分析是获得数据分布情况的有效方法。例如,在商业上,聚类分析可以帮助市场分析人员从客户基本库当中发现不同的客户群,并且用购买模式来刻画不同的客户群的特征。通过观察聚类得到的每个簇的特点,可以集中对特定的某些簇做进一步分析。这在诸如市场细分、目标顾客定位、业绩估评、生物种群划分等方面具有广阔的应用前景。

3. 聚类分析可以完成孤立点挖掘

许多数据挖掘算法试图使孤立点影响最小化,或者排除它们。然而孤立点本身可能是非常有用的。如在欺诈探测中,孤立点可能预示着欺诈行为的存在。

5.1.2 聚类分析算法的概念与基本分类

1. 聚类概念

定义 5-1 聚类分析的输入可以用一组有序对 (X,s) 或 (X,d) 表示,这里 X 表示一组样本,s 和 d 分别是度量样本间相似度或相异度(距离)的标准。聚类系统的输出是对数据的区分结果,即 $C=\{C_1,C_2,\cdots,C_k\}$,其中,$C_i(i=1,2,\cdots,k)$ 是 X 的子集,且满足如下条件:

(1) $$C_1 \bigcup C_2 \bigcup \cdots \bigcup C_k = X$$
(2) $$C_i \bigcap C_j = \varnothing, \quad i \neq j$$

C 中的成员 $C_1,C_2,\cdots,C_k$ 称为类或者簇。每一个类可以通过一些特征来描述。通常有如下几种表示方式。

- 通过类的中心或类的边界点表示一个类。
- 使用聚类树中的结点图形化地表示一个类。
- 使用样本属性的逻辑表达式表示类。

用类的中心表示一个类是最常见的方式,当类是紧密的或各向分布同性时用这种方法非常好,然而,当类是伸长的或各向分布异性时,这种方式就不能正确地表示它们了。

2. 聚类分析方法的分类

聚类分析是一个活跃的研究领域,已经有大量的、经典的和流行的算法涌现,例如 k-平均、k-中心点、PAM、CLARANS、BIRTH、CURE、OPTICS、DBSCAN、STING、CLIQUE、Wave Cluster 等。采用不同的聚类方法,对于相同的数据集可能有不同的划分结果。很多文献从不同角度对聚类分析方法进行了分类,概括来讲,有如下几种分类方法。

(1) 按聚类的标准划分。

按照聚类的标准,聚类方法可分为以下两种。

① 统计聚类方法。

统计聚类方法基于对象之间的几何距离。统计聚类分析包括系统聚类法、分解法、加入法、动态聚类法、有序样品聚类、有重叠聚类和模糊聚类等。这种聚类方法是一种基于全局比较的聚类,它需要考察所有的个体才能决定类的划分。因此,它要求所有的数据必须预先给定,而不能动态地增加新的数据对象。

② 概念聚类方法。

概念聚类方法基于对象具有的概念进行聚类。这里的距离不再是传统方法中的几何距离,而是根据概念的描述来确定的。典型的概念聚类或形成方法有 COBWEB、OLOC 和基于列联表的方法。

(2) 按聚类算法所处理的数据类型划分。

按照聚类算法所处理的数据类型,聚类方法可分为以下三种。

① 数值型数据聚类方法。

数值型数据聚类方法所分析的数据的属性为数值数据,因此可对所处理的数据直接比较大小。目前,大多数的聚类算法都是基于数值型数据的。

② 离散型数据聚类方法。

由于数据挖掘的内容经常含有非数值的离散数据,近年来人们在离散型数据聚类方法方面做了许多研究,提出了一些基于此类数据的聚类算法,如 k-模(k-mode)、ROCK、CACTUS、STIRR。

③ 混合型数据聚类方法。

混合型数据聚类方法是能同时处理数值数据和离散数据的聚类方法,这类聚类方法通常功能强大,但性能往往不尽如人意。混合型数据聚类方法的典型算法有 k-原型(k-prototypes)算法。

(3) 按聚类的尺度划分。

按照聚类的尺度,聚类方法可被分为以下三种。

① 基于距离的聚类算法。

距离是聚类分析常用的分类统计量。常用的距离定义有欧氏距离和马氏距离。许多聚类算法都是用各式各样的距离来衡量数据对象之间的相似度,如 k-平均、k-中心点、BIRCH、CURE 等算法。算法通常需要给定聚类数目 k,或区分两个类的最小距离。基于距离的算法聚类标准易于确定、容易理解,对数据维度具有伸缩性,但只适用于欧几里得空间和曼哈坦空间,对孤立点敏感,只能发现圆形类。为克服这些缺点,提高算法性能,k-中心点、BIRCH、CURE 等算法采取了一些特殊的措施。如 CURE 算法使用固定数目的多个数据点作为类代表,这样可提高算法处理不规则聚类的能力,降低对孤立点的敏感度。

② 基于密度的聚类算法。

从广义上说,基于密度和基于网格的算法都可算作基于密度的算法。此类算法通常需要规定最小密度门限值。算法同样适用于欧几里得空间和曼哈坦空间,对噪声数据不敏感,可以发现不规则的类,但当类或子类的粒度小于密度计算单位时,会被遗漏。

③ 基于互连性的聚类算法。

基于互连性(Linkage-Based)的聚类算法通常基于图或超图模型。它们通常将数据集映像为图或超图,满足连接条件的数据对象之间画一条边,高度连通的数据聚为一类。属于此类的算法有 ROCK、CHAMELEON、ARHP、STIRR、CACTUS 等。此类算法可适用于任意形状的度量空间,聚类的质量取决于链或边的定义,不适合处理太大的数据集。当数据量大时,通常忽略权重小的边,使图变稀疏,以提高效率,但会影响聚类质量。

(4) 按聚类算法的思路划分。

按照聚类分析算法的主要思路,它可以归纳为以下几种。

① 划分法(Partitioning Methods)。

给定一个 n 个对象或者元组的数据库,划分方法构建数据的 k 个划分,每个划分表示一个簇,并且 $k \leqslant n$。也就是说,它将数据划分为 k 个组,同时满足如下的要求:每个组至少包含一个对象;每个对象必须属于且只属于一个组。

属于该类的聚类方法有 k-平均、k-模、k-原型、k-中心点、PAM、CLARA、CLARANS 等。

② 层次法(Hierarchical Methods)。

层次法对给定数据对象集合进行层次的分解。根据层次的分解如何形成,层次法又可以分为凝聚的和分裂的。

分裂的方法,也称为自顶向下的方法,一开始将所有的对象置于一个簇中。在迭代的每一步中,一个簇被分裂成更小的簇,直到每个对象在一个单独的簇中,或者达到一个终止条件。如 DIANA 算法属于此类。

凝聚的方法,也称为自底向上的方法,一开始就将每个对象作为单独的一个簇,然后相继地合并相近的对象或簇,直到所有的簇合并为一个,或者达到终止条件。如 AGNES 算法即属于此类。

③ 基于密度的方法(Density-based Methods)。

基于密度的方法与其他方法的一个根本区别是:它不是用各式各样的距离作为分类统计量,而是看数据对象是否属于相连的密度域。属于相连密度域的数据对象归为一类。如 DBSCAN 即属于密度聚类方法。

④ 基于网格的方法(Grid-based Methods)。

这种方法首先将数据空间划分成为有限个单元(Cell)的网格结构,所有的处理都是以单个单元为对象的。这样处理的一个突出优点是处理速度快,通常与目标数据库中记录的个数无关,只与把数据空间分为多少个单元有关。但处理方法较粗放,往往影响聚类质量。代表算法有 STING、CLIQUE、WaveCluster、DBCLASD、OptiGrid 算法。

⑤ 基于模型的方法(Model-Based Methods)。

基于模型的方法给每一个簇假定一个模型,然后去寻找能够很好地满足这个模型的数据集。这样一个模型可能是数据点在空间中的密度分布函数或者其他函数。它的一个潜在的假定是:目标数据集是由一系列的概率分布所决定的。通常有两种尝试方案:统计的方案和神经网络的方案。基于统计学模型的方法有 COBWEB、Autoclass;基于神经网络模型的是 SOM。

5.1.3　距离与相似性的度量

一个聚类分析过程的质量取决于对度量标准的选择,因此必须仔细选择度量标准。

为了度量对象之间的接近或相似程度,需要定义一些相似性度量标准。本章用 $s(x, y)$ 表示样本 x 和样本 y 的相似度。当 x 和 y 相似时,$s(x,y)$ 的取值是很大的;当 x 和 y 不相似时,$s(x,y)$ 的取值是很小的。相似性的度量具有自反性 $s(x,y)=s(y,x)$。对于大多数聚类方法来说,相似性度量标准被标准化为 $0 \leqslant s(x,y) \leqslant 1$。

但是在通常情况下,聚类算法不是计算两个样本间的相似度,而是用特征空间中的距离作为度量标准来计算两个样本间的相异度。对于某个样本空间来说,距离的度量标准可以是度量的或半度量的,以便用来量化样本的相异度。相异度的度量用 $d(x,y)$ 来表示,通常称相异度为距离。当 x 和 y 相似时,距离 $d(x,y)$ 的取值很小;当 x 和 y 不相似时,$d(x,y)$ 就很大。

下面对这些度量标准进行简要介绍。

1. 距离函数

按照距离公理,在定义距离测度时需要满足距离公理的四个条件:自相似性、最小性、对称性以及三角不等性。常用的距离函数有如下几种。

(1) 明可夫斯基距离(Minkowski)。

假定 x,y 是相应的特征,n 是特征的维数。x 和 y 的明可夫斯基距离度量的形式如下:

$$d(x,y) = \left[\sum_{i=1}^{n} |x_i - y_i|^r \right]^{\frac{1}{r}}$$

当 r 取不同的值时,上述距离度量公式演化为一些特殊的距离测度。

■ 当 $r=1$ 时,明可夫斯基距离演变为绝对值距离:

$$d(x,y) = \sum_{i=1}^{n} |x_i - y_i|$$

■ 当 $r=2$ 时,明可夫斯基距离演变为欧氏距离:

$$d(x,y) = \left[\sum_{i=1}^{n} |x_i - y_i|^2 \right]^{\frac{1}{2}}$$

（2）二次型距离（Quadratic）。

二次型距离测度的形式如下：

$$d(x,y) = ((x-y)^{\mathrm{T}} \boldsymbol{A} (x-y))^{\frac{1}{2}}$$

其中，$\boldsymbol{A}$ 是非负定矩阵。

当 $\boldsymbol{A}$ 取不同的值时，上述距离度量公式演化为一些特殊的距离测度：

- 当 $\boldsymbol{A}$ 为单位矩阵时，二次型距离演变为欧氏距离。
- 当 $\boldsymbol{A}$ 为对角阵时，二次型距离演变为加权欧氏距离：

$$d(x,y) = \Big[\sum_{i=1}^{n} a_{ii} \mid x_i - y_i \mid^2 \Big]^{\frac{1}{2}}$$

- 当 $\boldsymbol{A}$ 为协方差矩阵时，二次型距离演变为马氏距离。

（3）余弦距离。

余弦距离的度量形式如下：

$$d(x,y) = \frac{\sum\limits_{i=1}^{n} x_i y_i}{\sqrt{\sum\limits_{i=1}^{n} x_i^2 \sum\limits_{i=1}^{n} y_i^2}}$$

（4）二元特征样本的距离度量。

前面所阐述的几种距离度量对于包含连续特征的样本是很有效的。但对于包含一些或全部不连续特征的样本，计算样本间的距离是比较困难的。因为不同类型的特征是不可比的，只用一个标准作为度量标准是不合适的。下面介绍几种二元类型数据的距离度量标准。假定 x 和 y 分别是 n 维特征，x_i 和 y_i 分别表示每维特征，且 x_i 和 y_i 的取值为二元类型数值 $\{0,1\}$，则 x 和 y 的距离定义的常规方法是先求出如下几个参数，然后采用 SMC、Jaccard 系数或 Rao 系数。

假设：

- a 是样本 x 和 y 中满足 $x_i = y_i = 1$ 的二元类型属性的数量。
- b 是样本 x 和 y 中满足 $x_i = 1, y_i = 0$ 的二元类型属性的数量。
- c 是样本 x 和 y 中满足 $x_i = 0, y_i = 1$ 的二元类型属性的数量。
- d 是样本 x 和 y 中满足 $x_i = y_i = 0$ 的二元类型属性的数量。

则：

- 简单匹配系数（Simple Match Coefficient，SMC）定义为：

$$S_{\mathrm{smc}}(x,y) = \frac{a+b}{a+b+c+d}$$

- Jaccard 系数定义为：

$$S_{\mathrm{jc}}(x,y) = \frac{a}{a+b+c}$$

- Rao 系数定义为：

$$S_{rc}(x,y)=\frac{a}{a+b+c+d}$$

上面所给出的距离函数，都是关于两个样本的距离的，为考察聚类的质量，有时需要计算类间的距离。下面介绍几种常用的类间距离计算方法。

2. 类间距离

设有两个类 C_a 和 C_b，它们分别有 m 和 h 个元素，它们的中心分别为 r_a 和 r_b。设元素 $x\in C_a,y\in C_b$，这两个元素间的距离记为 $d(x,y)$。可以采用不同的策略来定义类间距离，记为 $D(C_a,C_b)$。

（1）最短距离法。

定义两个类中最靠近的两个元素间的距离为类间距离：

$$D_S(C_a,C_b)=\min\{d(x,y)\mid x\in C_a,y\in C_b\}$$

（2）最长距离法。

定义两个类中最远的两个元素间的距离为类间距离：

$$D_L(C_a,C_b)=\max\{d(x,y)\mid x\in C_a,y\in C_b\}$$

（3）中心法。

定义两个类的两个中心间的距离为类间距离。

下面给出了类中心和类间距离的描述。

假如 C_i 是一个聚类，使用 C_i 的所有数据点 x，可以定义 C_i 的类中心 $\bar{x}_i$ 如下：

$$\bar{x}_i=\frac{1}{n_i}\sum_{x\in C_i}x$$

其中，n_i 是第 i 个聚类中的点数。基于类中心，可以进一步定义两个类 C_a 和 C_b 的类间距离为：

$$D_C(C_a,C_b)=d(r_a,r_b)$$

（4）类平均法。

它将两个类中任意两个元素间的距离的平均值定义为类间距离，即

$$D_C(C_a,C_b)=\frac{1}{mh}\sum_{x\in C_a}\sum_{y\in C_b}d(x,y)$$

其中，m 和 h 是两个类 C_a 和 C_b 的元素个数。

（5）离差平方和。

离差平方和用到了类直径的概念，下面首先介绍一下类直径。

类的直径反映了类中各元素间的差异，可定义为类中各元素至类中心的欧氏距离之和。或者说，其量纲为距离的平方，即类 C_a 的直径表示为：

$$r_a=\sum_{i=1}^{m}(x_i-\bar{x}_a)^{\mathrm{T}}(x_i-\bar{x}_a)$$

其中，$\bar{x}_a$ 为 C_a 的类中心。

假设类 C_a 和 C_b 的直径分别为 r_a 和 r_b，类 $C_{a+b}=C_a\bigcup C_b$ 直径为 r_{a+b}，则可定义

类间距离的平方为：

$$D_W^2(C_a, C_b) = r_{a+b} - r_a - r_b$$

视频讲解

5.2 划分聚类方法

划分聚类方法是最基本的聚类方法。像 k-平均、k-模、k-原型、k-中心点、PAM、CLARA 以及 CLARANS 等都属于划分聚类方法。

本节首先介绍划分聚类方法的主要思想，然后介绍经典的划分聚类方法 k-平均和 PAM 算法，最后介绍其他聚类方法。

1. 主要思想

定义 5-2 给定一个有 n 个对象的数据集，划分聚类技术将构造数据 k 个划分，每一个划分就代表一个簇，$k \leqslant n$。也就是说，它将数据划分为 k 个簇，而且这 k 个划分满足下列条件：

- 每一个簇至少包含一个对象。
- 每一个对象属于且仅属于一个簇。

对于给定的 k，算法首先给出一个初始的划分方法，以后通过反复迭代的方法改变划分，使得每一次改进之后的划分方案都较前一次更好。所谓好的标准就是：同一簇中的对象越近越好，而不同簇中的对象越远越好。目标是最小化所有对象与其参照点之间的相异度之和。这里的远近或者相异度/相似度实际上是聚类的评价函数。

2. 评价函数

大多数为聚类设计的评价函数都着重考虑两方面：每个簇应该是紧凑的，各个簇间的距离应该尽量远。实现这种概念的一种直接方法就是观察聚类 C 的类内差异（Within cluster variation）$w(C)$ 和类间差异（Between cluster variation）$b(C)$。类内差异衡量类内的紧凑性，类间差异衡量不同类之间的距离。

类内差异可以用多种距离函数来定义，最简单的就是计算类内的每一个点到它所属类中心的距离的平方和：

$$w(C) = \sum_{i=1}^{k} w(C_i) = \sum_{i=1}^{k} \sum_{x \in C_i} d(x, \bar{x}_i)^2$$

类间差异定义为类中心间的距离：

$$b(C) = \sum_{1 \leqslant j < i \leqslant k} d(\bar{x}_j, \bar{x}_i)^2$$

聚类 C 的总体质量可被定义为 $w(C)$ 和 $b(C)$ 的一个单调组合，比如 $b(C)/w(C)$。

针对上面的类内差异和类间差异计算方法，$w(C)$ 和 $b(C)$ 的复杂度是比较容易计算的。下面要讨论的 k-平均算法就是用类内的均值作为聚类中心、用欧氏距离定义 d，并使上述 $w(C)$ 最小化。

5.2.1 k-平均算法

k-平均（k-means），也被称为 k-均值，是一种得到最广泛使用的聚类算法。k-平均算

法以 k 为参数,把 n 个对象分为 k 个簇,以使簇内具有较高的相似度。相似度的计算根据一个簇中对象的平均值来进行。

算法首先随机地选择 k 个对象,每个对象初始地代表了一个簇的平均值或中心。对剩余的每个对象根据其与各个簇中心的距离,将它赋给最近的簇。然后重新计算每个簇的平均值。这个过程不断重复,直到准则函数收敛。

k-平均算法的准则函数定义为:

$$E = \sum_{i=1}^{k} \sum_{x \in C_i} | x - \bar{x}_i |^2$$

即 E 是数据库所有对象的平方误差的总和。其中,x 是空间中的点,表示给定的数据对象,$\bar{x}_i$ 是簇 C_i 的平均值。这个准则可以保证生成的结果簇尽可能的紧凑和独立。

1. 算法描述

算法 5-1 k-平均算法

输入:簇的数目 k 和包含 n 个对象的数据库。

输出:k 个簇,使平方误差准则最小。

(1) assign initial value for means; //任意选择 k 个对象作为初始的簇中心
(2) REPEAT
(3)　　FOR j=1 to n DO assign each xj to the cluster which has the closest mean;
//根据簇中对象的平均值,将每个对象赋给最类似的簇
(4) FOR i=1 to k DO $\bar{x}_i = \sum_{x \in C_i} x / | C_i |$;
//更新簇的平均值,即计算每个对象簇中对象的平均值
(5)　　Compute E;　　//计算准则函数 E
(6) UNTIL E 不再明显地发生变化;

2. 算法执行例子

例子 5-1　下面给出一个样本事务数据库(见表 5-1),并对它实施 k-平均算法。

表 5-1　样本事务数据库

序号	属性 1	属性 2	序号	属性 1	属性 2
1	1	1	5	4	3
2	2	1	6	5	3
3	1	2	7	4	4
4	2	2	8	5	4

根据所给的数据通过对其进行 k-平均算法(设 $n=8, k=2$),以下为算法的执行步骤。

第一次迭代:假定随机选择的两个对象,如序号 1 和序号 3 当作初始点,分别找到离两点最近的对象,并产生两个簇{1,2}和{3,4,5,6,7,8}。

对于产生的簇分别计算平均值,得到平均值点。

- 对于{1,2},平均值点为(1.5,1);
- 对于{3,4,5,6,7,8},平均值点为(3.5,3)。

第二次迭代:通过平均值调整对象所在的簇,重新聚类,即将所有点按离平均值点(1.5,1)、(3.5,1)最近的原则重新分配。得到两个新的簇:{1,2,3,4}和{5,6,7,8}。重新计算簇平均值点,得到新的平均值点为(1.5,1.5)和(4.5,3.5)。

第三次迭代:将所有点按离平均值点(1.5,1.5)和(4.5,3.5)最近的原则重新分配,调整对象,簇仍然为{1,2,3,4}和{5,6,7,8},发现没有出现重新分配,而且准则函数收敛,程序结束。

表 5-2 给出了整个过程中平均值计算和簇生成的过程和结果。

表 5-2 样本事务数据库

迭代次数	平均值(簇 1)	平均值(簇 2)	产生的新簇	新平均值(簇 1)	新平均值(簇 2)
1	(1,1)	(1,2)	{1,2},{3,4,5,6,7,8}	(1.5,1)	(3.5,3)
2	(1.5,1)	(3.5,3)	{1,2,3,4},{5,6,7,8}	(1.5,1.5)	(4.5,3.5)
3	(1.5,1.5)	(4.5,3.5)	{1,2,3,4},{5,6,7,8}	(1.5,1.5)	(4.5,3.5)

3. 算法的性能分析

(1) 优点。

- k-平均算法是解决聚类问题的一种经典算法,这种算法简单、快速。
- 对处理大数据集,该算法是相对可伸缩的和高效率的,因为它的复杂度大约是 $O(n \cdot k \cdot t)$,其中,n 是所有对象的数目,k 是簇的数目,t 是迭代的次数。通常地,$k \ll n$,且 $t \ll n$。这个算法经常以局部最优结束。
- 算法尝试找出使平方误差函数值最小的 k 个划分。当结果簇是密集的,而簇与簇之间区别明显时,它的效果较好。

(2) 缺点。

- k-平均方法只有在簇的平均值被定义的情况下才能使用。这可能不适用于某些应用,例如涉及有分类属性的数据。
- 要求用户必须事先给出 k(要生成的簇的数目)可以算是该方法的一个缺点。而且 k 值的选择对聚类的质量和效果影响很大。
- k-平均方法不适合于发现非凸面形状的簇,或者大小差别很大的簇。而且,它对于“噪声”和孤立点数据是敏感的,少量的该类数据能够对平均值产生极大影响。

(3) 改进措施。

为了实现对离散数据的快速聚类,k-模算法被提出,它保留了 k-平均算法的效率同时将 k-平均的应用范围扩大到离散数据。k-原型可以对离散与数值属性两种混合的数据进行聚类,在 k-原型中定义了一个对数值与离散属性都计算的相异性度量标准。

k-平均算法对于孤立点是敏感的。为了解决这个问题,不采用簇中的平均值作为参照点,可以选用簇中位置最靠近中心的对象,即中心点作为参照点。k-中心点算法的基本思路是:首先为每个簇任意选择一个代表对象;剩余的对象根据其与代表对象的距离分配给最近的一个簇。然后反复地用非代表对象来代替代表对象,以改进聚类的质量。这样划分方法仍然是基于最小化所有对象与其参照点之间的相异度之和的原则来执行的。

5.2.2 PAM

PAM(Partitioning Around Medoid,围绕中心点的划分)是最早提出的 k-中心点算法之一,它选用簇中位置最中心的对象作为代表对象,试图对 n 个对象给出 k 个划分。代表对象也被称为中心点,其他对象则被称为非代表对象。最初随机选择 k 个对象作为中心点,该算法反复地用非代表对象来代替代表对象,试图找出更好的中心点,以改进聚类的质量。在每次迭代中,所有可能的对象对被分析,每个对中的一个对象是中心点,而另一个是非代表对象。对可能的各种组合,估算聚类结果的质量。一个对象 O_i 可以被使最大平方-误差值减少的对象代替。在一次迭代中产生的最佳对象集合成为下次迭代的中心点。

为了判定一个非代表对象 O_h 是否是当前一个代表对象 O_i 的好的替代,对于每一个非中心点对象 O_j,下面的四种情况被考虑。

- 第一种情况:假设 O_i 被 O_h 代替作为新的中心点,O_j 当前隶属于中心点对象 O_i。如果 O_j 离某个中心点 O_m 最近,$i \neq m$,那么 O_j 被重新分配给 O_m。
- 第二种情况:假设 O_i 被 O_h 代替作为新的中心点,O_j 当前隶属于中心点对象 O_i。如果 O_j 离这个新的中心点 O_h 最近,那么 O_j 被分配给 O_h。
- 第三种情况:假设 O_i 被 O_h 代替作为新的中心点,但是 O_j 当前隶属于另一个中心点对象 O_m,$m \neq i$。如果 O_j 依然离 O_m 最近,那么对象的隶属不发生变化。
- 第四种情况:假设 O_i 被 O_h 代替作为新的中心点,但是 O_j 当前隶属于另一个中心点对象 O_m,$m \neq i$。如果 O_j 离这个新的中心点 O_h 最近,那么 O_j 被重新分配给 O_h。

每当重新分配发生时,平方-误差 E 所产生的差别对代价函数有影响。因此,如果一个当前的中心点对象被非中心点对象所代替,代价函数计算平方-误差值所产生的差别。替换的总代价是所有非中心点对象所产生的代价之和。如果总代价是负的,那么实际的平方-误差将会减小,O_i 可以被 O_h 替代。如果总代价是正的,则当前的中心点 O_i 被认为是可接受的,在本次迭代中没有变化。

总代价定义如下:

$$\mathrm{TC}_{ih} = \sum_{j=1}^{n} C_{jih}$$

其中,C_{jih} 表示 O_j 在 O_i 被 O_h 代替后产生的代价。

接下来将介绍上面所述的四种情况中代价函数的计算公式,所引用的符号中,O_i 和 O_m 是两个原中心点,O_h 将替换 O_i 作为新的中心点。

- 第一种情况:O_j 当前隶属于 O_i,但 O_h 替换 O_i 后 O_j 被重新分配给 O_m,则代价函数为:

$$C_{jih} = d(j,m) - d(j,i)$$

- 第二种情况:O_j 当前隶属于 O_i,但 O_h 替换 O_i 后 O_j 被重新分配给 O_h,则代价函数为:

$$C_{jih} = d(j,h) - d(j,i)$$

- 第三种情况:O_j 当前隶属于另一个中心点对象 $O_m(m \neq i)$,但 O_h 替换 O_i 后 O_j 的隶属不发生变化,则代价函数为:

$$C_{jih} = 0$$

- 第四种情况:O_j 当前隶属于另一个中心点对象 $O_m(m \neq i)$,但 O_h 替换 O_i 后 O_j 被重新分配给 O_h,则代价函数为:

$$C_{jih} = d(j,h) - d(j,m)$$

图 5-1(a)~图 5-1(d)分别表示上述情况。

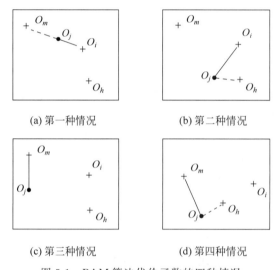

(a) 第一种情况   (b) 第二种情况

(c) 第三种情况   (d) 第四种情况

图 5-1 PAM 算法代价函数的四种情况

在 PAM 算法中,可以把过程分为两个步骤。

- 建立:随机寻找 k 个中心点作为初始的簇中心点。
- 交换:对于所有可能的对象对进行分析,找到交换后可以使平方-误差减少的对象,代替原中心点。

1. 算法描述

算法 5-2 PAM(k-中心点算法)

输入:簇的数目 k 和包含 n 个对象的数据库。

输出:k 个簇,使得所有对象与其最近中心点的相异度总和最小。

(1) 任意选择 k 个对象作为初始的簇中心点;

(2) REPEAT

(3) 　指派每个剩余的对象给离它最近的中心点所代表的簇;

(4) 　REPEAT

（5）　　选择一个未被选择的中心点 O_i；

（6）　　REPEAT

（7）　　　选择一个未被选择过的非中心点对象 O_h；

（8）　　　计算用 O_h 代替 O_i 的总代价并记录在 S 中；

（9）　　UNTIL 所有的非中心点都被选择过；

（10）　　UNTIL 所有的中心点都被选择过；

（11）IF 在 S 中的所有非中心点代替所有中心点后计算出的总代价有小于 0 的存在 THEN 找出 S 中的用非中心点替代中心点后代价最小的一个，并用该非中心点替代对应的中心点，形成一个新的 k 个中心点的集合；

（12）UNTIL 没有再发生簇的重新分配，即所有的 S 都大于 0

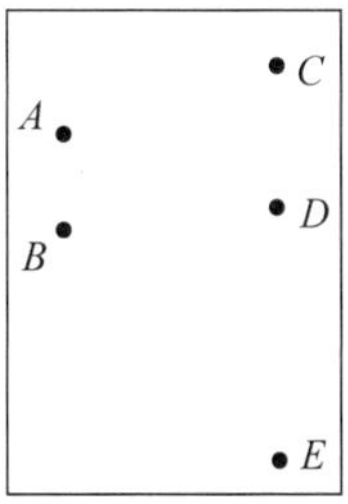

2. 算法执行例子

例子 5-2　假如空间中的五个点 $\{A,B,C,D,E\}$，如图 5-2 所示。各点之间的距离关系如表 5-3 所示，根据所给的数据对其运行 PAM 算法实现划分聚类（设 $k=2$）。

图 5-2　样本点

表 5-3　样本点间距离

样本点	A	B	C	D	E
A	0	1	2	2	3
B	1	0	2	4	3
C	2	2	0	1	5
D	2	4	1	0	3
E	3	3	5	3	0

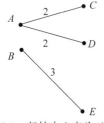

图 5-3　起始中心点为 A,B

算法执行步骤如下。

第一步　建立阶段：假如从 5 个对象中随机抽取的 2 个中心点为 $\{A,B\}$，则样本被划分为 $\{A,C,D\}$ 和 $\{B,E\}$，如图 5-3 所示。

第二步　交换阶段：假定中心点 A、B 分别被非中心点 $\{C、D、E\}$ 替换，根据 PAM 算法需要计算下列代价 TC_{AC}、TC_{AD}、TC_{AE}、TC_{BC}、TC_{BD}、TC_{BE}。

下面以 TC_{AC} 为例说明计算过程。

- 当 A 被 C 替换以后，看 A 是否发生变化：A 不再是一个中心点，C 成为新的中心点，属于上面的第一种情况。因为 A 离 B 比 A 离 C 近，A 被分配到 B 中心点代表的簇：

$$C_{AAC} = d(A,B) - d(A,A) = 1$$

- 当 A 被 C 替换以后，看 B 是否发生变化：属于上面的第三种情况。当 A 被 C 替换以后，B 不受影响：

$$C_{BAC} = 0$$

当 A 被 C 替换以后，看 C 是否发生变化：C 原先属于 A 中心点所在的簇，当 A 被 C

替换以后,C 是新中心点,符合如图 5-1 所示的第二种情况:
$$C_{CAC} = d(C,C) - d(C,A) = 0 - 2 = -2$$

- 当 A 被 C 替换以后,看 D 是否发生变化:D 原先属于 A 中心点所在的簇,当 A 被 C 替换以后,离 D 最近的中心点是 C,根据如图 5-1 所示的第二种情况:
$$C_{DAC} = d(D,C) - d(D,A) = 1 - 2 = -1$$

- 当 A 被 C 替换以后,看 E 是否发生变化:E 原先属于 B 中心点所在的簇,当 A 被 C 替换以后,离 E 最近的中心仍然是 B,根据如图 5-1 所示的第三种情况:
$$C_{EAC} = 0$$

因此,$\mathrm{TC}_{AC} = C_{AAC} + C_{BAC} + C_{CAC} + C_{DAC} + C_{EAC} = 1 + 0 - 2 - 1 + 0 = -2$。

同理,可以计算出 $\mathrm{TC}_{AD} = -2$,$\mathrm{TC}_{AE} = -1$,$\mathrm{TC}_{BC} = -2$,$\mathrm{TC}_{BD} = -2$,$\mathrm{TC}_{BE} = -2$。

在上述代价计算完毕后,要选取一个最小的代价,显然有多种替换可以选择,选择第一个最小代价的替换(也就是 C 替换 A),这样,样本点被重新划分为 $\{A,B,E\}$ 和 $\{C,D\}$ 两个簇,如图 5-4(a)所示。

图 5-4(b)和图 5-4(c)分别表示了 D 替换 A,E 替换 A 的情况和相应的代价。图 5-5(a)、(b)、(c)分别表示了用 C、D、E 替换 B 的情况和相应的代价。

通过上述计算,已经完成了 PAM 算法的第一次迭代。在下一迭代中,将用其他的非中心点 $\{A,D,E\}$ 替换中心点 $\{B,C\}$,找出具有最小代价的替换。一直重复上述过程,直到代价不再减小为止。关于后几次迭代过程,本章不再赘述,请读者自己完成。

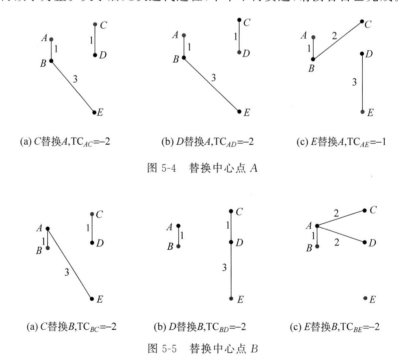

(a) C 替换 A,$\mathrm{TC}_{AC}=-2$　　(b) D 替换 A,$\mathrm{TC}_{AD}=-2$　　(c) E 替换 A,$\mathrm{TC}_{AE}=-1$

图 5-4　替换中心点 A

(a) C 替换 B,$\mathrm{TC}_{BC}=-2$　　(b) D 替换 B,$\mathrm{TC}_{BD}=-2$　　(c) E 替换 B,$\mathrm{TC}_{BE}=-2$

图 5-5　替换中心点 B

3. 算法的性能分析

- k-中心点算法消除了 k-平均算法对于孤立点的敏感性。

- 当存在"噪声"和孤立点数据时，k-中心点方法比 k-平均方法更健壮，这是因为中心点不像平均值那么容易被极端数据影响，但是，k-中心点方法的执行代价比 k-平均方法高。

- 算法必须指定聚类的数目 k，k 的取值对聚类质量有重大影响。

- PAM 算法对于小的数据集非常有效（例如 100 个对象聚成 5 类），但对于大数据集其效率不高。因为在替换中心点时每个点的替换代价都可能计算，因此，当 n 和 k 的值较大时，这样的计算代价相当高。

5.2.3　CLARANS 算法

CLARANS(a Clustering Algorithm based on RANdomized Search)被称为随机选择的聚类算法，是将采样算法（CLARA）和 PAM 算法结合起来的面向大型数据集的聚类方法。

前面讲述的 PAM 算法对小数据集非常有效，但对大的数据集合没有良好的可伸缩性。CLARA（Cluster LARger Application）也是一个基于 k-中心点类型的算法。CLARA 算法的主要贡献是：聚类中不是在整个数据集上进行，而是选择其中一小部分数据作为代表，因此可以处理大型的数据集。它的基本假设是：如果样本是以非常随机的方式选取的，那么它应当接近原来的数据集的数据分布，这样随机选出代表对象（中心点）很可能和从整个数据集合中选出的代表对象极其相似。CLARA 算法主要问题是需要极其苛刻的取样技巧，或者说取样过程对聚类结果有很大影响。如果任何取样得到的中心点不属于最佳的中心点，CLARA 就可能得不到最佳的聚类结果。

CLARAS 算法对 CLARA 的改进，只在增强聚类质量和可伸缩性。CLARAS 将聚类过程看作一个随机的数据搜索过程。

理论上，需要设计一个特殊的图 $G_{n,k}$ 来解释这个搜索过程：给定 n 个点，欲划分成 k 个簇，$G_{n,k}$ 的结点是所有可能的 k 个结点构成的所谓复合结点，即 $G_{n,k}$ 中的一个结点是原始数据的 k 个点。这样，$G_{n,k}$ 图中的每个复合结点都是潜在的解决方案。$G_{n,k}$ 中的边连接两个邻居的复合结点。$G_{n,k}$ 图的邻居结点是指它们中的 $k-1$ 个原始点相同、但有一个原始点是不同的。

CLARAS 算法可以看成是 $G_{n,k}$ 中搜索理想的复合结点（即 k 个中心点）的过程。粗略地说，如果在搜索中找到一个比之前更好的代表点（邻居），就用邻居点继续搜索，直到达到一个局部最优。当找到了一个局部最优后，还可以根据需要再随机选择一个点来寻找另一个局部最优，直到满意位置。算法 5-3 给出了 CLARAS 的描述。

算法 5-3　CLARAS 聚类算法

输入：数据集 $G_{n,k}$

抽样的次数 numlocal；

(比较)邻居点最大数目 maxneighbor；

输出：k 个最佳中心点。

(1) FOR i =1 TO numlocal

(2)　　在 $G_{n,k}$ 中随机选择结点 current；//当前的 k 个中心点

(3)　　FOR j =1 TO maxneighbor

(4)　　　随机选择 current 的邻居点 N；

(5)　　　IF cost(N) < cost(current) THEN //cost 函数可以有多种表达,不再赘述

(6)　　　　current←N；

(7)　　　GOTO (4)；

(8)　　　EDNIF

(9)　　EDNFOR

(10) ENDFOR

(11) RETURN current.

该算法的理论计算复杂度大约是 $O(n^2)$,n 是对象的数目。实际实现时由于并不需要完全实现生成 $G_{n,k}$ 复合图,而且随机选择的邻居结点数目也有进一步压缩的可能性,因此 CLARAS 聚类算法还是一个比较高效的算法,而且很适合大容量数据集的挖掘。在大型空间数据集聚类上也有很好的表现(见第 9 章)。

5.3 层次聚类方法

层次聚类方法对给定的数据集进行层次的分解,直到满足某种条件为止。具体又可分为凝聚的、分裂的两种方案。

- 凝聚的层次聚类是一种自底向上的策略,首先将每个对象作为一个簇,然后合并这些原子簇为越来越大的簇,直到所有的对象都在一个簇中,或者某个终结条件被满足,绝大多数层次聚类方法属于这一类,它们只是在簇间相似度的定义上有所不同。

- 分裂的层次聚类与凝聚的层次聚类相反,采用自顶向下的策略,它首先将所有对象置于一个簇中,然后逐渐细分为越来越小的簇,直到每个对象自成一簇,或者达到了某个终结条件。

层次凝聚的代表是 AGNES 算法。层次分裂的代表是 DIANA 算法。

5.3.1 AGNES 算法

AGNES(AGglomerative NESting)算法是凝聚的层次聚类方法。AGNES 算法最初将每个对象作为一个簇,然后这些簇根据某些准则被一步步地合并。例如,如果簇 C_1 中的一个对象和簇 C_2 中的一个对象之间的距离是所有属于不同簇的对象间欧氏距离中最小的,C_1 和 C_2 可能被合并。这是一种单链接方法,其每个簇可以被簇中所有对象代表,两个簇间的相似度由这两个不同簇中距离最近的数据点对的相似度来确定。聚类的合并过程反复进行直到所有的对象最终合并形成一个簇。在聚类中,用户能定义希望得到的

簇数目作为一个结束条件。

1. 算法描述

算法 5-4 AGNES(自底向上凝聚算法)

输入：包含 n 个对象的数据库，终止条件簇的数目 k。

输出：k 个簇，达到终止条件规定簇数目。

(1) 将每个对象当成一个初始簇；
(2) REPEAT
(3)   根据两个簇中最近的数据点找到最近的两个簇；
(4)   合并两个簇，生成新的簇的集合；
(5) UNTIL 达到定义的簇的数目；

2. 算法执行例子

例子 5-3 下面给出一个样本事务数据库(见表 5-4)，并对它实施 AGNES 算法。

表 5-4 样本事务数据库

序号	属性 1	属性 2	序号	属性 1	属性 2
1	1	1	5	3	4
2	1	2	6	3	5
3	2	1	7	4	4
4	2	2	8	4	5

在所给的数据集上运行 AGNES 算法，表 5-5 为算法的步骤(设 $n=8$，用户输入的终止条件为两个簇)。初始簇为{1},{2},{3},{4},{5},{6},{7},{8}。

表 5-5 执行过程

步骤	最近的簇距离	最近的两个簇	合并后的新簇
1	1	{1},{2}	{1,2},{3},{4},{5},{6},{7},{8}
2	1	{3},{4}	{1,2},{3,4},{5},{6},{7},{8}
3	1	{5},{6}	{1,2},{3,4},{5,6},{7},{8}
4	1	{7},{8}	{1,2},{3,4},{5,6},{7,8}
5	1	{1,2},{3,4}	{1,2,3,4},{5,6},{7,8}
6	1	{5,6},{7,8}	{1,2,3,4},{5,6,7,8}结束

在第 1 步中，根据初始簇计算每个簇之间的距离，随机找出距离最小的两个簇，进行合并，最小距离为 1，合并后 1、2 点合并为一个簇。

在第 2 步中，对上一次合并后的簇计算簇间距离，找出距离最近的两个簇进行合并，合并后 3、4 点成为一簇。

在第 3 步中，重复第 2 步的工作，5、6 点成为一簇。

在第 4 步中，重复第 2 步的工作，7、8 点成为一簇。

在第 5 步中，合并{1,2},{3,4}成为一个包含四个点的簇。

在第 6 步中,合并{5,6},{7,8},由于合并后的簇的数目已经达到了用户输入的终止条件,程序结束。

3. 算法的性能分析

AGNES 算法比较简单,但经常会遇到合并点选择的困难。这样的决定是非常关键的,因为一旦一组对象被合并,下一步的处理将在新生成的簇上进行。已做的处理不能撤销,聚类之间也不能交换对象。如果在某一步没有很好地合并选择,可能会导致低质量的聚类结果。而且,这种聚类方法不具有很好的可伸缩性,因为合并的决定需要检查和估算大量的对象或簇。

这种算法的复杂度到底是多大呢? 假定在开始的时候有 n 个簇,在结束时有 1 个簇,那么在主循环中有 n 次迭代,在第 i 次迭代中,必须在 $n-i+1$ 个簇中找到最靠近的两个聚类。另外,算法必须计算所有对象两两之间的距离,因此这个算法的复杂度为 $O(n^2)$,该算法对于 n 很大的情况是不适用的。

5.3.2　DIANA 算法

DIANA(Divisive ANAlysis)算法属于分裂的层次聚类。与凝聚的层次聚类相反,它采用一种自顶向下的策略,它首先将所有对象置于一个簇中,然后逐渐细分为越来越小的簇,直到每个对象自成一簇,或者达到了某个终结条件,例如达到了某个希望的簇数目,或者两个最近簇之间的距离超过了某个阈值。

在 DIANA 方法的处理过程中,所有的对象初始都放在一个簇中。根据一些原则(如簇中最邻近对象的最大欧氏距离),将该簇分裂。簇的分裂过程反复进行,直到最终每个新的簇只包含一个对象。

在聚类中,用户能定义希望得到的簇数目作为一个结束条件。同时,它使用下面两种测度方法。

- 簇的直径:在一个簇中的任意两个数据点都有一个欧氏距离,这些距离中的最大值是簇的直径。
- 平均相异度(平均距离):

$$d_{avg}(C_i, C_j) = \frac{1}{n_i n_j} \sum_{x \in C_i} \sum_{y \in C_j} |x - y|$$

1. 算法描述

算法 5-5　DIANA(自顶向下分裂算法)
输入:包含 n 个对象的数据库,终止条件簇的数目 k。
输出:k 个簇,达到终止条件规定簇数目。

(1) 将所有对象整个当成一个初始簇;
(2) FOR (i=1; i≠k; i++) DO BEGIN
(3)　　在所有簇中挑出具有最大直径的簇;
(4)　　找出所挑中簇里与其他点平均相异度最大的一个点放入 splinter group,剩余的放入 old party 中;
(5)　　REPEAT

(6)　　　　在 old party 里找出到 splinter group 中点的最近距离不大于到 old party 中点的最近距离的点,并将该点加入 splinter group;

(7)　　　UNTIL 没有新的 old party 的点分配给 splinter group;

(8)　　　splinter group 和 old party 为被选中的簇分裂成的两个簇,与其他簇一起组成新的簇集合;

(9)　END;

2. 算法执行例子

例子 5-4　下面给出一个样本事务数据库(见表 5-6),并对它实施 AGNES 算法。

表 5-6　样本事务数据库

序号	属性 1	属性 2	序号	属性 1	属性 2
1	1	1	5	3	4
2	1	2	6	3	5
3	2	1	7	4	4
4	2	2	8	4	5

对所给的数据进行 DIANA 算法,表 5-7 为算法的步骤(设 $n=8$,用户输入的终止条件为两个簇)。初始簇为 $\{1,2,3,4,5,6,7,8\}$。

表 5-7　执行过程

步骤	具有最大直径的簇	splinter group	old party
1	$\{1,2,3,4,5,6,7,8\}$	$\{1\}$	$\{2,3,4,5,6,7,8\}$
2	$\{1,2,3,4,5,6,7,8\}$	$\{1,2\}$	$\{3,4,5,6,7,8\}$
3	$\{1,2,3,4,5,6,7,8\}$	$\{1,2,3\}$	$\{4,5,6,7,8\}$
4	$\{1,2,3,4,5,6,7,8\}$	$\{1,2,3,4\}$	$\{5,6,7,8\}$
5	$\{1,2,3,4,5,6,7,8\}$	$\{1,2,3,4\}$	$\{5,6,7,8\}$终止

第 1 步,找到具有最大直径的簇,对簇中的每个点计算平均相异度(假定采用的是欧氏距离)。

- 1 的平均距离:$(1+1+1.414+3.6+4.24+4.47+5)/7=2.96$。
- 2 的平均距离:$(1+1.414+1+2.828+3.6+3.6+4.24)/7=2.526$。
- 3 的平均距离:$(1+1.414+1+3.16+4.12+3.6+4.47)/7=2.68$。
- 4 的平均距离:$(1.414+1+1+2.24+3.16+2.828+3.6)/7=2.18$。
- 5 的平均距离:2.18。
- 6 的平均距离:2.68。
- 7 的平均距离:2.526。
- 8 的平均距离:2.96。

这时挑出平均相异度最大的点 1 放到 splinter group 中,剩余点在 old party 中。

第 2 步,在 old party 里找出到最近的 splinter group 中的点的距离不大于到 old party 中最近的点的距离的点,将该点放入 splinter group 中,该点是 2。

第 3 步,重复第 2 步的工作,在 splinter group 中放入点 3。

第 4 步，重复第 2 步的工作，在 splinter group 中放入点 4。

第 5 步，没有新的 old party 中的点分配给 splinter group，此时分裂的簇数为 2，达到终止条件。如果没有到终止条件，下一阶段还会从分裂好的簇中选一个直径最大的簇按刚才的分裂方法继续分裂。

3. 算法的性能分析

层次聚类方法的缺点是已做的分裂操作不能撤销，类之间不能交换对象。如果在某步没有选择好分裂点，可能会导致低质量的聚类结果。而且，这种聚类方法不具有很好的可伸缩性，因为分裂的决定需要检查和估算大量的对象或簇。

5.3.3　其他层次聚类方法

层次聚类方法尽管简单，但经常会遇到合并或分裂点的选择的困难。改进层次方法的聚类质量的一个有希望的方向是将层次聚类和其他聚类技术进行集成，形成多阶段聚类。下面介绍两个改进的层次聚类方法 BIRCH 和 CURE。

1. BIRCH

BIRCH(利用层次方法的平衡迭代归约和聚类)是一个综合的层次聚类方法，它用聚类特征和聚类特征树(CF)来概括聚类描述。该算法通过聚类特征可以方便地进行中心、半径、直径及类内、类间距离的运算。CF 树是一个具有两个参数分支因子 B 和阈值 T 的高度平衡树，它存储了层次聚类的聚类特征。分支因子定义了每个非叶结点的最大数目，而阈值给出了存储在树的叶子结点中的子聚类的最大直径。

BIRCH 算法的工作过程包括两个阶段。

- 阶段一：BIRCH 扫描数据库，建立一个初始存放于内存的 CF 树，它可以被看作数据的多层压缩，试图保留数据内在的聚类结构。随着对象的插入，CF 树被动态地构造，不要求所有的数据读入内存，而可在外存上逐个读入数据项。因此，BIRCH 方法对增量或动态聚类也非常有效。
- 阶段二：BIRCH 采用某个聚类算法对 CF 树的叶结点进行聚类。在这个阶段可以执行任何聚类算法，例如典型的划分方法。

BIRCH 算法试图利用可用的资源来生成最好的聚类结果。通过一次扫描就可以进行较好的聚类，故该算法的计算复杂度是 $O(n)$，n 是对象的数目。BIRCH 算法在大型数据库中可以取得高的速度和伸缩性。

2. CURE

很多聚类算法只擅长处理球形或相似大小的聚类，另外有些聚类算法对孤立点比较敏感。CURE 算法解决了上述两方面的问题，选择基于质心和基于代表对象方法之间的中间策略，即选择空间中固定数目的具有代表性的点，而不是用单个中心或对象来代表一个簇。该算法首先把每个数据点看成一簇，然后再以一个特定的收缩因子向簇中心"收缩"它们，即合并两个距离最近的代表点的簇。

CURE 算法采用随机取样和划分两种方法的组合,具体步骤如下。

- 从源数据集中抽取一个随机样本。
- 为了加速聚类,把样本划分成 p 份,每份大小相等。
- 对每个划分局部地聚类。
- 根据局部聚类结果,对随机取样进行孤立点剔除。主要有两种措施:如果一个簇增长得太慢,就去掉它。在聚类结束的时候,非常小的类被剔除。
- 对上一步中产生的局部的簇进一步聚类。落在每个新形成的簇中的代表点根据用户定义的一个收缩因子 α 收缩或向簇中心移动。这些点代表和捕捉到了簇的形状。
- 用相应的簇标签来标记数据。

由于它回避了用所有点或单个质心来表示一个簇的传统方法,将一个簇用多个代表点来表示,使 CURE 可以适应非球形的几何形状。另外,收缩因子降低了噪声对聚类的影响,从而使 CURE 对孤立点的处理更加健壮,而且能识别非球形和大小变化比较大的簇。CURE 的复杂度是 $O(n)$,n 是对象的数目,所以该算法适合大型数据的聚类。

5.4　密度聚类方法

密度聚类方法的指导思想是,只要一个区域中的点的密度大于某个域值,就把它加到与之相近的聚类中去。这类算法能克服基于距离的算法只能发现“类圆形”聚类的缺点,可发现任意形状的聚类,且对噪声数据不敏感。但计算密度单元的计算复杂度大,需要建立空间索引来降低计算量,且对数据维数的伸缩性较差。这类方法需要扫描整个数据库,每个数据对象都可能引起一次查询,因此当数据量大时会造成频繁的 I/O 操作。代表算法有 DBSCAN、OPTICS、DENCLUE 算法等。

DBSCAN(Density-Based Spatial Clustering of Applications with Noise)是一个比较有代表性的基于密度的聚类算法。与划分和层次聚类方法不同,它将簇定义为密度相连的点的最大集合,能够把具有足够高密度的区域划分为簇,并可在有“噪声”的空间数据库中发现任意形状的聚类。

下面首先介绍密度聚类涉及的一些定义。

定义 5-3　对象的 ε-邻域:给定对象在半径 ε 内的区域。

定义 5-4　核心对象:如果一个对象的 ε-邻域至少包含最小数目 MinPts 个对象,则称该对象为核心对象。

例如,在图 5-6 中,$\varepsilon=1\mathrm{cm}$,$\mathrm{MinPts}=5$,q 是一个核心对象。

定义 5-5　直接密度可达:给定一个对象集合 D,如果 p 是在 q 的 ε-邻域内,而 q 是一个核心对象,我们说对象 p 从对象 q 出发是直接密度可达的。

例如,在图 5-6 中,$\varepsilon=1\mathrm{cm}$,$\mathrm{MinPts}=5$,q 是一个核心对象,对象 p 从对象 q 出发是直接密度可达的。

定义 5-6　密度可达的:如果存在一个对象链 $p_1,p_2,\cdots,p_n,p_1=q,p_n=p$,对 $p_i\in D$,$1\leqslant i\leqslant n$,p_i+1 是从 p_i 关于 ε 和 MitPts 直接密度可达的,则对象 p 是从对象 q 关于 ε

和 MinPts 密度可达的。

例如，在图 5-7 中，$\varepsilon = 1\text{cm}, \text{MinPts} = 5, q$ 是一个核心对象，p_1 是从 q 关于 ε 和 MitPts 直接密度可达；由于 p 是从 p_1 关于 ε 和 MitPts 直接密度可达，所以对象 p 是从对象 q 关于 ε 和 MinPts 密度可达的。

定义 5-7   密度相连的：如果对象集合 D 中存在一个对象 o，使得对象 p 和 q 是从 o 关于 ε 和 MinPts 密度可达的，那么对象 p 和 q 是关于 ε 和 MinPts 密度相连的，如图 5-8 所示。

定义 5-8   噪声：一个基于密度的簇是基于密度可达性的最大的密度相连对象的集合。不包含在任何簇中的对象被认为是"噪声"，如图 5-9 所示。

图 5-6   直接密度可达

图 5-7   密度可达

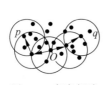

图 5-8   密度相连

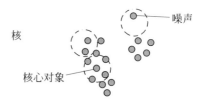

图 5-9   噪声

DBSCAN 通过检查数据集中每个对象的 ε-邻域来寻找聚类。如果一个点 p 的 ε-邻域包含多于 MinPts 个对象，则创建一个 p 作为核心对象的新簇。然后，DBSCAN 反复地寻找从这些核心对象直接密度可达的对象，这个过程可能涉及一些密度可达簇的合并。当没有新的点可以被添加到任何簇时，该过程结束。

1. DBSCAN 算法描述

算法 5-6   DBSCAN
输入：包含 n 个对象的数据库，半径 ε，最少数目 MinPts。
输出：所有生成的簇，达到密度要求。

（1）REPEAT
（2）   从数据库中抽取一个未处理过的点；
（3）   IF 抽出的点是核心点 THEN 找出所有从该点密度可达的对象，形成一个簇；
（4）   ELSE 抽出的点是边缘点（非核心对象），跳出本次循环，寻找下一点；
（5）UNTIL 所有点都被处理；

2. 算法执行例子

例子 5-5   下面给出一个样本事务数据库（见表 5-8），并对它实施 DBSCAN 算法。

表 5-8　样本事务数据库

序号	属性 1	属性 2	序号	属性 1	属性 2
1	1	0	7	4	1
2	4	0	8	5	1
3	0	1	9	0	2
4	1	1	10	1	2
5	2	1	11	4	2
6	3	1	12	1	3

对所给的数据进行 DBSCAN 算法,表 5-9 给出了算法执行过程示意(设 $n=12$,用户输入 $\varepsilon=1$,MinPts$=4$)。

表 5-9　DBSCAN 算法执行过程示意

步骤	选择的点	在 ε 中点的个数	通过计算可达点而找到的新簇
1	1	2	无
2	2	2	无
3	3	3	无
4	4	5	簇 C_1:{1,3,4,5,9,10,12}
5	5	3	已在一个簇 C_1 中
6	6	3	无
7	7	5	簇 C_2:{2,6,7,8,11}
8	8	2	已在一个簇 C_2 中
9	9	3	已在一个簇 C_1 中
10	10	4	已在一个簇 C_1 中
11	11	2	已在一个簇 C_2 中
12	12	2	已在一个簇 C_1 中

聚出的类为{1,3,4,5,9,10,12},{2,6,7,8,11}。具体过程如下。

第 1 步,在数据库中选择一点 1,由于在以它为圆心的,以 1 为半径的圆内包含 2 个点(小于 4),因此它不是核心点,选择下一个点。

第 2 步,在数据库中选择一点 2,由于在以它为圆心的,以 1 为半径的圆内包含 2 个点,因此它不是核心点,选择下一个点。

第 3 步,在数据库中选择一点 3,由于在以它为圆心的,以 1 为半径的圆内包含 3 个点,因此它不是核心点,选择下一个点。

第 4 步,在数据库中选择一点 4,由于在以它为圆心的,以 1 为半径的圆内包含 5 个点,因此它是核心点,寻找从它出发可达的点(直接可达 4 个,间接可达 3 个),聚出的新类为{1,3,4,5,9,10,12},选择下一个点。

第 5 步,在数据库中选择一点 5,已经在簇 1 中,选择下一个点。

第 6 步,在数据库中选择一点 6,由于在以它为圆心的,以 1 为半径的圆内包含 3 个点,因此它不是核心点,选择下一个点。

第 7 步,在数据库中选择一点 7,由于在以它为圆心的,以 1 为半径的圆内包含 5 个点,因此它是核心点,寻找从它出发可达的点,聚出的新类为{2,6,7,8,11},选择下一个点。

第 8 步,在数据库中选择一点 8,已经在簇 2 中,选择下一个点。

第 9 步,在数据库中选择一点 9,已经在簇 1 中,选择下一个点。

第 10 步,在数据库中选择一点 10,已经在簇 1 中,选择下一个点。

第 11 步,在数据库中选择一点 11,已经在簇 2 中,选择下一个点。

第 12 步,选择 12 点,已经在簇 1 中,由于这已经是最后一点(所有点都已处理),程序终止。

3. 算法的性能分析

DBSCAN 需要对数据集中的每个对象进行考察,通过检查每个点的 ε-邻域来寻找聚类,如果某个点 p 为核心对象,则创建一个以该点 p 为核心对象的新簇,然后寻找从核心对象直接密度可达的对象。如表 5-10 所示,如果采用空间索引,DBSCAN 的计算复杂度是 $O(n\log n)$,这里 n 是数据库中对象的数目。否则,计算复杂度是 $O(n^2)$。

表 5-10　DBSCAN 的性能

时间复杂度	一次邻居点的查询	DBSCAN
无索引	$O(n)$	$O(n^2)$
有索引	$\log n$	$n\log n$

DBSCAN 算法将具有足够高密度的区域划分为簇,并可以在带有"噪声"的空间数据库中发现任意形状的聚类。

但是,该算法对用户定义的参数是敏感的,ε、MinPts 的设置将影响聚类的效果。设置的细微不同,会导致聚类结果的很大差别。为了解决上述问题,OPTICS(Ordering Points To Identify the Clustering Structure)被提出,它通过引入核心距离和可达距离,使得聚类算法对输入的参数不敏感。

5.5　其他聚类方法

前面主要介绍了常用的几种聚类方法,包括划分聚类方法、层次聚类方法和密度聚类方法。

划分聚类方法通过评价函数把数据集分割成 k 个部分,主要有两种类型:k-平均和 k-中心点。k-平均在处理大数据集方面非常有效,特别是对于数值属性。k-中心点算法消除了 k-平均算法对于孤立点的敏感性。PAM 是最早提出的 k-中心点算法之一,其计算复杂度为 $O(n(n-k)^2)$。PAM 算法对小数据集非常有效,但对大的数据集合没有良好的可伸缩性。CLARA 能处理更大的数据集合,复杂度是 $O(ks^2+k(n-k))$,s 是样本的大小,k 是簇的数目,而 n 是所有对象的总数。CLASNS 采用了随机搜索改进了 k-中心点算法,对 CLARA 的聚类质量和可伸缩性进行了改进,计算复杂度大约是 $O(n^2)$。

层次的方法对给定数据对象集合进行层次的分界。根据层次分界的形成方式,层次的方法又可以分为凝聚的和分裂的。5.3 节介绍了两种简单的层次聚类方法 AGNES 和

DIANA 算法。这两种算法的缺点是已做的合并或分裂操作不能撤销,类之间不能交换对象,如果在某步没有选择好合并或分裂点,可能会导致低质量的聚类结果。而且,这两种聚类方法不具有很好的可伸缩性,因为合并或分裂的决定需要检查和估算大量的对象或簇。一个有望改进层次方法的聚类质量的方向是将层次聚类和其他聚类技术进行集成,形成多阶段聚类。接着介绍两个改进的层次聚类方法 CURE 和 BIRCH。BIRCH 用聚类特征和聚类特征树(CF)来概括聚类描述,通过一次扫描就可以进行较好的聚类,计算复杂度是 $O(n)$,在大型数据库中取得了高的速度和伸缩性。CURE 对孤立点的处理更加健壮,而且能识别非球形和大小变化比较大的簇。CURE 的复杂度是 $O(n)$。

密度聚类方法利用数据密度函数进行聚类,克服了基于距离的算法只能发现"类圆形"的聚类的缺点,可发现任意形状的聚类,且对噪声数据不敏感。DBSCAN 是一个比较有代表性的基于密度的聚类算法,当采用空间索引时,该算法的复杂度为 $O(n\log n)$。

下面简单介绍一些其他聚类方法,例如网格聚类方法 STING、基于模型的聚类方法 SOM 和 COBWEB、概念聚类方法和模糊聚类方法。

5.5.1　STING 算法

STING(Statistical Information Grid-based Method)是一种基于网格的多分辨率聚类技术,它将空间区域划分为矩形单元。针对不同级别的分辨率,通常存在多个级别的矩形单元,这些单元形成了一个层次结构:高层的每个单元被划分为多个第一层的单元。高层单元的统计参数可以很容易地从底层单元的计算得到。这些参数包括属性无关的参数 count、属性相关的参数 m(平均值)、s(标准偏差)、min(最小值)、max(最大值)以及该单元中属性值遵循的分布类型。STING 算法中由于存储在每个单元中的统计信息提供了单元中的数据不依赖于查询的汇总信息,因而计算是独立于查询的。

STING 算法采用了一种多分辨率的方法来进行聚类分析,该聚类算法的质量取决于网格结构最底层的粒度。如果粒度比较细,处理的代价会显著增加;但如果粒度较粗,则聚类质量会受到影响。

STING 算法的主要优点是效率高,通过对数据集的一次扫描来计算单元的统计信息,因此产生聚类的时间复杂度是 $O(n)$。在建立层次结构以后,查询的时间复杂度是 $O(g)$,g 远小于 n。此外,STING 算法并行采用网格结构,有利于并行处理和增量更新。

5.5.2　SOM 算法

SOM 神经网络是一种基于模型的聚类方法。SOM 神经网络由输入层和竞争层组成。输入层由 N 个输入神经元组成,竞争层由 $m \times m = M$ 个输出神经元组成,且形成一个二维平面阵列。输入层各神经元与竞争层各神经元之间实现全互连接。该网络根据其学习规则,通过对输入模式的反复学习,捕捉住各个输入模式中所含的模式特征,并对其进行自组织,在竞争层将聚类结果表现出来,进行自动聚类。竞争层的任何一个神经元都可以代表聚类结果。如图 5-10 给出了 SOM 神经网络基本结构,图 5-11 给出了结构中各输入神经元与竞争层神经元 j 的连接情况。

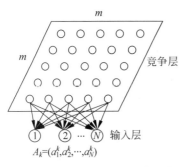

图 5-10　SOM 神经网络基本结构

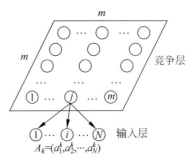

图 5-11　输入神经元与竞争层神经
元 j 的连接情况

设网络的输入模式为 $A_k=(a_1^k,a_2^k,\cdots,a_N^k),k=1,2,\cdots,p$；竞争层神经元向量为 $\boldsymbol{B}_j=(b_{j1},b_{j2},\cdots,b_{jm}),j=1,2,\cdots,m$；其中，$A_k$ 为连续值，$\boldsymbol{B}_j$ 为数字量。网络的连接权为 $\{w_{ij}\},i=1,2,\cdots,N;j=1,2,\cdots,M$。

SOM 网络寻找与输入模式 A_k 最接近的连接权向量 $\boldsymbol{W}_g=(w_{g1},w_{g2},\cdots,w_{gN})$，将该连接权向量 $\boldsymbol{W}_g$ 进一步朝与输入模式 A_k 接近的方向调整，而且还调整邻域内的各个连接权向量 $\boldsymbol{W}_j,j\in N_g(t)$。随着学习次数的增加，邻域逐渐缩小，最终得到聚类结果。

SOM 类似于大脑的信息处理过程，对二维或三维数据的可视是非常有效的。SOM 网络的最大局限性是，当学习模式较少时，网络的聚类效果取决于输入模式的先后顺序，且网络连接权向量的初始状态对网络的收敛性能有很大影响。

5.5.3　COBWEB 算法

概念聚类是机器学习中的一种聚类方法，大多数概念聚类方法采用了统计学的途径，在决定概念或聚类时使用概率度量。COBWEB（简单增量概念聚类算法）以一个分类树的形式创建层次聚类，它的输入对象用分类属性-值对来描述。

分类树和判定树不同。分类树中的每个结点对应一个概念，包含该概念的一个概率描述，概述被分在该结点下的对象。概率描述包括概念的概率和形如 $P(A_i=V_{ij}\mid C_k)$ 的条件概率，这里 $A_i=V_{ij}$ 是属性-值对，C_k 是概念类。在分类树某层次上的兄弟结点形成了一个划分。

COBWEB 采用了一个启发式估算度量——分类效用来指导树的构建。分类效用定义如下：

$$C_f=\frac{\sum_{k=1}^{n}P(C_k)\left[\sum_i\sum_j P(A_i=V_{ij}\mid C_k)^2-\sum_i\sum_j P(A_i=V_{ij})^2\right]}{n}$$

其中，n 是在树的某个层次上形成一个划分 $\{C_1,C_2,\cdots,C_n\}$ 的结点、概念或"种类"的数目。

分类效用用回报类内相似性和类间相异性进行评定：

- 概率 $P(A_i=V_{ij}\mid C_k)$ 表示类内相似性。该值越大，共享该"属性-值"对的类成员比例就越大,就更能预见该"属性-值"对是类成员。

■ 概率 $P(C_k|A_i=V_{ij})$ 表示类间相异性。该值越大,在对照类中的对象共享该"属性-值"对就越少,便更能预见该"属性-值"对是类成员。

5.5.4 模糊聚类算法 FCM

前面介绍的几种聚类算法可以导出确定的聚类,也就是说,一个数据点或者属于一个类,或者不属于一个类,而不存在重叠的情况。可以称这些聚类方法为"确定性分类"。在一些没有确定支持的情况中,聚类可以引入模糊逻辑概念。对于模糊集来说,一个数据点都是以一定程度属于某个类,也可以同时以不同的程度属于几个类。常用的模糊聚类算法是模糊 C 平均值 FCM(Fuzzy C-Means)算法。该算法是在传统 C 均值算法中应用了模糊技术。

5.6 本章小结和文献注释

聚类在数据挖掘中是一项非常重要的任务,是本书重点介绍内容之一。本章对聚类简单概括,然后重点介绍了划分聚类方法、层次聚类方法和密度聚类方法,最后对其他方法进行了简要介绍。

本章的主要内容及相关的文献引用情况如下所述。

1. 概述

关于聚类介绍方面的文献很多,[KR90]、[JMF99]对聚类做了全面的综述。[HK00]对聚类分析的概念、聚类中的数据类型以及主要的聚类方法进行了简要概述。[邵峰晶 03]对聚类中采用的各种距离函数进行了全面的介绍。另外,[NH94]对空间数据挖掘中的聚类方法进行了综述。

5.1.1 节和 5.1.2 节主要引用了文献[HK00]和[张云涛 04]。5.1.3 节主要参考了文献[邵峰晶 03]。

2. 划分聚类方法

划分聚类方法方面的文献比较多。[ARS98]和 [BF98b] 探讨了 k-平均方法,[BF98b]对 k-平均初始点的确定进行了详细讨论。[Hua98]提出了 k-平均的改进算法 k-模和 k-原型。

文献[KR90]提出了 k-中心点算法 PAM,文献[NH94]比较了 CLARANS 与 CLARA 及 PAM 算法,对这些算法感兴趣的读者可参阅此文献。

本章在划分聚类方法的定义方面主要引用了文献[HK00],在评价函数方面引用了文献[张银奎 03],在 PAM 算法、CLARA 以及 CLARANS 算法介绍中引用了文献[HK00]和[Dun03]。

3. 层次聚类方法

文献[KR90]提出了凝聚的层次聚类算法 AGNES 和分裂的层次聚类算法。

文献[ZRL96]提出了 BIRCH 算法,文献[GRS98]提出了 CURE 算法。

文献[Guh99]提出了 ROCK 算法,文献[KHK99]提出了 CHAMELEON 算法等。

另外,文献[HK00]对上述层次聚类算法做了详尽的介绍。本章在上述算法的介绍中主要引用了文献[KR90]和[HK00]。

4. 密度聚类方法

文献[EK+96]最先提出了密度聚类方法 DBSCAN,为密度聚类的研究奠定了基础。但是,算法对用户定义的参数是敏感的。文献[AB+99]提出的 OPTICS 通过引入核心距离和可达距离,解决了 DBSCAN 存在的问题。

本章在上述算法的介绍中主要引用了文献[HK00]。

5. 其他聚类方法

针对不同的应用需求许多其他聚类方法被提出,例如,基于模型的聚类方法和基于网格的聚类方法。

基于网格的聚类方法 STING 由文献[WYM97]提出,它是一种基于网格的多分辨率聚类方法,它将空间区域划分为矩形,从不同的层次实现数据分析。文献[SCZ98]提出了一种密度与网格方法相结合的多分辨率聚类方法 WaveCluster,它采用小波实现空间的转换,在变换后的空间中找到高密度的区域。CLIQUE 是另外一种综合密度与网格的聚类方法,可以实现高维空间的聚类,感兴趣的读者请参阅文献[AG+98]。

基于模型的聚类方法包括统计方法和神经网络方法。统计的模型聚类方法有[Fis87]提出的概念聚类方法 COBWEB,文献[CS96a]提出的 Autoclass。神经网络方法的典型代表是文献[Koh82]提出的 SOM。

此外,文献[KR90]介绍了模糊聚类方法,并对模糊聚类与一般聚类方法进行了比较。

习　题　5

1. 简单地描述下列英文短语的含义。

(1) Partitioning method

(2) Hierarchical method

(3) Density-based method

(4) Grid-based method

2. 简单地描述下列英文缩写的含义。

(1) PAM

(2) STING

(3) DBSCAN

3. 简述聚类的基本概念。

4. "物以类聚,人以群分",请举例说明聚类的基本概念。

5. 聚类分析具有重要的作用,简述聚类分析在数据挖掘中的应用。

6. 举例说明聚类分析的用途。

7. 你认为一个好的聚类算法应该具备哪些特性?

8. 简述基于距离的聚类算法的主要特点。

9. 在对数据进行聚类的时候,会遇到二元特征样本,简述对二元特征样本进行距离度量的主要方法。

10. 哪种聚类算法对噪声数据不明显,可以发现不规则的类?

11. 给定两个对象,分别用元组(22,1,42,10),(20,0,36,8)表示。①计算两个对象之间的欧氏距离。②计算两个对象之间的绝对距离。

12. 请说出在聚类分析中常用的距离度量方法。

13. 简述划分聚类方法的主要思想。

14. 请说出划分聚类与层次聚类的主要特点。

15. 请用 k-平均算法把表 A5-1 中的 8 个点聚为 3 个簇,假设第一次迭代选择序号 1、序号 4 和序号 7 当作初始点,请给出第一次执行后的 3 个聚类中心以及最后的 3 个簇。

表 A5-1 样本数据 1

序号	属性 1	属性 2	序号	属性 1	属性 2
1	2	10	5	7	5
2	2	5	6	6	4
3	8	4	7	1	2
4	5	8	8	4	9

16. 举例说明 k-平均算法的主要思想。

17. 请说出 k-平均算法的优点和缺点。

18. 试比较 k-平均算法与 k-中心点算法的特点。

19. 简述 k-中心点算法的主要思路。

20. 简述 PAM 算法的主要步骤。

21. 简述凝聚的层次聚类方法的主要思路。

22. 在表 A5-2 中给定的样本上运行 AGNES 算法,假定算法的终止条件为 3 个簇,初始簇为{1},{2},{3},{4},{5},{6},{7},{8}。

表 A5-2　样本数据 2

序号	属性 1	属性 2	序号	属性 1	属性 2
1	2	10	5	7	5
2	2	5	6	6	4
3	8	4	7	1	2
4	5	8	8	4	9

23. 在表 A5-3 中给定的样本上运行 DIANA 算法,假定算法的终止条件为 3 个簇,初始簇为$\{1,2,3,4,5,6,7,8\}$。

表 A5-3　样本数据 3

序号	属性 1	属性 2	序号	属性 1	属性 2
1	2	10	5	7	5
2	2	5	6	6	4
3	8	4	7	1	2
4	5	8	8	4	9

24. 请分析 DIANA 和 AGNES 算法的特点。

25. 简述密度聚类方法的主要思路。

26. 请举例说明 DBSCAN 算法的主要思想。

27. 简述 STING 算法的主要特点。

28. 简述聚类挖掘与分类挖掘的联系与区别。

提 高 篇

　　网络平常是人与人的联系,数据挖掘可以让人与其他东西联系起来,有人有物,这样比较容易找到系统性的准确的知识。

——数据挖掘概念先驱者之一,美籍华人,韩家炜

　　数据是 21 世纪的石油,而分析则是内燃机。

——Gartner 研究院高级副总裁,美国,皮特·桑德加德

　　我们处在一个巨大的时代,这是一个可以共同展望未来的时代,不是去改变别人,而是改变自己。大数据,我们应该共同把它变成人类未来的巨大能源所在。

——阿里巴巴创始人,中国,马云

第6章 时间序列和序列模式挖掘

时间序列(Time Series)挖掘是数据挖掘中的一个重要研究分支,有着广泛的应用价值。近年来,时间序列挖掘在宏观的经济预测、市场营销、客流量分析、太阳黑子数、月降水量、河流流量、股票价格变动等众多领域得到应用。事实上,社会、科学、经济、技术等领域中广泛存在着大量的时间序列数据有待进一步地分析和处理。时间序列数据挖掘通过研究信息的时间特性,深入洞悉事物进化的机制,成为获得知识的有效途径。

序列挖掘(Sequential Mining)或称序列模式挖掘,是指从序列数据库中发现相对时间或者其他顺序所出现的高频率子序列。作为一般性的方法和技术,已经成为数据挖掘的新的研究分支,被广泛地讨论。因此,本章将对时间序列和序列模式挖掘的概念以及常用的方法和算法进行阐述。

6.1 时间序列及其应用

视频讲解

从统计意义上来讲,所谓时间序列就是将某一指标在不同时间上的不同数值,按照时间的先后顺序排列而成的数列。这种数列由于受到各种偶然因素的影响,往往表现出某种随机性,彼此之间存在着在统计上的依赖关系。虽然每一时刻上的取值或数据点的位置具有一定的随机性,不可能完全准确地用历史值来预测将来。但是,前后时刻的数值或数据点的相关性往往呈现某种趋势性或周期性变化。这是时间序列挖掘的可行性所在。

时间序列挖掘通过对过去历史行为的客观记录分析,揭示其内在规律(如波动的周期、振幅、趋势的种类等),进而完成预测未来行为等决策性工作。人们希望通过对时间序列的分析,从大量的数据中发现和揭示某一现象的发展变化规律或从动态的角度刻画某一现象与其他现象之间的内在数量关系,以掌握和控制未来行为。

简言之,时间序列数据挖掘就是要从大量的时间序列数据中提取人们事先不知道的、但又是潜在有用的与时间属性相关的信息和知识,并用于短期、中期或长期预测,指导人们的社会、经济、军事和生活等行为。从经济到工程技术,从天文到地理和气象,几乎在各种领域都会遇到时间序列。

例如,某地区的逐月降水量,其实际记录结果,按月份先后排列,便是一个时间序列。再如,心电图和脑电图是典型的按时间的活动记录,包含着关于人健康状况的丰富信息,对其进行时间序列分析具有很重要的价值。还有,证券公司的计算机积累了大量的股票信息,商场的 POS 系统搜集了大量的销售信息,人造卫星观测的气象信息和科学仪器所检测到的大量生物、地矿等信息等,越来越多的直接或间接时间序列信息为人们提供了丰富而有效的分析和挖掘的数据源。

从数学意义上来讲,如果对某一过程中的某一变量进行 $X(t)$ 观察测量,在一系列时刻 $t_1, t_2, \cdots, t_n$(t 为自变量,且 $t_1 < t_2 < \cdots < t_n$)得到的离散有序数集合 $X_{t1}, X_{t2}, \cdots, X_{tn}$ 称为离散数字时间序列。设 $X(t)$ 是一个随机过程,X_{ti}($i = 1, 2, \cdots, n$)称为一次样本实现,也就是一个时间序列。

时间序列的研究必须依据合适的理论和技术进行,时间序列的多样性表明其研究必须结合序列特点来找到合适的建模方法。

- 一元时间序列:如某种商品的销售量数列等,可以通过单变量随机过程的观察获得规律性信息。
- 多元时间序列:如包含气温、气压、雨量等在内的天气数据,通过多个变量描述变化规律。时间序列挖掘需要揭示各变量间相互依存关系的动态规律性。
- 离散型时间序列:如果某一序列中的每个序列值所对应的时间参数为间断点,则该序列就是一个离散时间序列。
- 连续型时间序列:如果某一序列中的每个序列值所对应的时间参数为连续函数,则该序列就是一个连续时间序列。
- 序列的分布规律:序列的统计特征可以表现平稳或者有规律的振荡,这样的序列是分析的基础点。此外,如果序列按某类规律(如高斯型)分布,那么序列的分析就有了理论根据。

6.2　传统的时间序列分析方法

传统的时间序列分析主要是基于趋势分解体系的。一般地,可以将随时间变动的趋势分解成长期趋势、季节变动趋势、循环变动趋势和随机型变动趋势等,因此可以将时间序列隐藏的知识模式看成是长期趋势、季节变动趋势、循环变动趋势和随机型变动趋势全部或者部分共同作用的结果。

(1)长期趋势:长期趋势是在较长时间内呈现出来的某种持续发展的基本状态,即按照某种规则稳步增长、下降或基本保持的规律。例如,1978 年以后中国的国内生产总值持续增长。这种规律可能是简单线性的,也可能是非线性的。

(2)季节变动趋势:在一定时间内(一般以年为周期)的周期性变化规律,如冬季羽绒服销售增加、冰淇淋销售下降。也就是说,季节变动是观察值在一年之内随季节变化而呈现出来的周期性波动。季节变动主要考虑由自然因素影响产生的,但是可以衍生到更广泛的社会、政治、经济等场合,如夏季的治安多发、失业变少等。

(3)循环变动趋势:循环波动主要指在较长时间内呈现出的波浪式的规律性的起伏变动情况。与长期趋势变动不同的是,循环波动不是朝着一个方向的持续运动,而是涨落相间的交替变动。如经济周期波动呈现出上升、顶峰、下降、低谷的循环往复。

(4) 随机型变动趋势:由偶然因素引起的时间序列波动,如自然灾害、战争、流行病、突发事件等导致的数据不规则。它们往往是不可预测的、不可重复的,而且在短时期内产生影响。

设 T_t 表示长期趋势,S_t 表示季节变动趋势项,C_t 表示循环变动趋势项,R_t 表示随机干扰项。假设 y_t 是待预测目标,则常见的确定性时间序列模型有以下几种类型。

(1) 加法模型:$y_t = T_t + S_t + C_t + R_t$。

(2) 乘法模型:$y_t = T_t \cdot S_t \cdot C_t \cdot R_t$。

(3) 混合模型:$y_t = T_t \cdot S_t + R_t$ 或 $y_t = S_t + T_t \cdot C_t \cdot R_t$。

当然,这些模型后面的表达只是一个示例,实际利用模型时要根据实际情况进行组合,根据需要改变计算方式。

简言之,传统的时间序列分析就是设法消除随机型干扰项、分解季节性变化、拟合确定的长期趋势,因而形成对发展水平分析、趋势变动分析、周期波动分析等一系列确定性时间序列预测方法。

毋庸置疑,传统的时间序列方法可以灵活控制时间序列变动的基本样式,但是它对各种变动因素的分析缺少可靠的理论基础和客观的评估方法。因此,基于统计学的理论和方法得到研究,而且更实用、更客观,其中应用最广泛的是随机分析模型。

6.3　随机时间序列分析方法

通过建立随机模型,对随机时间序列进行分析。如果时间序列是平稳的,可以用自回归(Auto Regressive,AR)模型、移动回归模型(Moving Average,MA)或自回归移动平均(Auto Regressive Moving Average,ARMA)模型。对于非平稳的时间序列而言,最流行的模型是自回归差分移动平均模型(Auto Regressive Integrated Moving Average,ARIMA)。

6.3.1　时间序列的平稳性

时间序列的平稳性是指一组时间序列数据看起来很平坦,各类统计特征(如均值、方差、协方差)基本不随时间的变化而变化。平稳性的定义在不同文章中的描述略有不同,但它们的意思大致相当,基本分为"严平稳"和"宽平稳"。

1. 严平稳

顾名思义,严平稳是数学上严格定义的时间序列的平稳性。给定随机过程 $X_t, t \in T$。如果对任意的 $n \geqslant 1, t_1, t_2, \cdots, t_n \in T$ 和实数 τ,满足:随机向量 $\{X_{t_1}, X_{t_2}, \cdots, X_{t_n}\}$ 和 $\{X_{t_{1+\tau}}, X_{t_{2+\tau}}, \cdots, X_{t_{n+\tau}}\}$ 有相同的联合分布函数,则称随机过程 X_t 是一个严平稳过程。

严平稳是一种条件比较苛刻的平稳性定义。只有当时间序列的所有统计性质都不会随着时间的推移而发生变化时,该序列才能被认为平稳。这在实际应用中是很难满足的。

2. 宽平稳

宽平稳重点关注序列的均值、方差和自相关结构,只要这些统计值不随时间变化就认为是平稳的时间序列。很显然,宽平稳的可操作性很强,可以基本表达没有明显趋势(均值相当)、没有定期波动(方差基本不变)、自相关结构不变(协方差基本不变)的时间序列。

给定随机过程 $X_t, t \in T$。如果满足下面的条件:

(1) 均值 $E(X_t) = \mu$ 是与时间 t 无关的常数;

(2) 方差 $\mathrm{Var}(X_t) = \sigma^2$ 是与时间无关的常数;

(3) 协方差 $\mathrm{Cov}(X_t, X_t + k) = \gamma_k$ 只与时间间隔 k 有关,而与时间 t 无关。

则该时间序列是宽平稳的。

当然,宽平稳时间序列也是一种理想状态,但是许多时间序列数据是有可能转变为宽平稳序列的。从这个意义上说,平稳的时间序列主要是基于宽平稳随机过程概念的。

6.3.2　平稳的随机时间序列分析模型

对于平稳变化特征的时间序列来说,未来行为与现在的行为有关,所以利用现在的属性值就可以预测将来的属性值。例如,要预测下周某种商品的销售额,可以用最近一段时间的实际销售量来建立预测模型。

ARMA 模型是目前使用最多的平稳的随机时序分析模型,它实际是 AR 和 MA 两种模型的集成模型。早在 1927 年,G. U. Yule 就提出了 AR 模型,此后,AR 模型逐步发展为 ARMA 模型。ARMA 通常被广泛用于时序序列数据预测。由于 ARMA 模型是一个信息的凝聚器,可将系统的特性与系统状态的所有信息凝聚在其中,因而它也可以用于时间序列的匹配。

1. ARMA 模型

对于平稳、正态、零均值的时序 $X = \{x_t \mid t = 0, 1, 2, \cdots, n-1\}$,若 X 在 t 时刻的取值不仅与其前 n 步的值 $x_{t-1}, x_{t-2}, \cdots, x_{t-n}$ 有关,而且还与前 m 步的各个干扰 $\alpha_{t-1}, \alpha_{t-2}, \cdots, \alpha_{t-m}$ 有关 $(n, m = 1, 2, \cdots)$,则根据多元线性回归的思想,可得到最一般的 ARMA(n, m) 模型:

$$x_t = \sum_{i=1}^{n} \varphi_i x_{t-i} - \sum_{j=1}^{m} \theta_j \alpha_{t-j} + \alpha_t$$

其中,$\alpha_t \sim \mathrm{NID}(0, \delta_a^2)$。

2. AR 模型

AR(n) 模型是 ARMA(n, m) 模型的一个特例。在上面 ARMA(n, m) 模型表达中,当 $\theta_j = 0$ 时,有

$$x_t = \sum_{i=1}^{n} \varphi_i x_{t-i} + \alpha_t$$

其中,$\alpha_t \sim \mathrm{NID}(0, \delta_a^2)$。由于此时模型中没有滑动平均部分,所以称为 n 阶自回归模型,记为 AR(n)。

3. MA 模型

MA(m) 模型是 ARMA(n, m) 模型的另一个特例。在上面的 ARMA(n, m) 模型表达中,当 $\varphi_i = 0$ 时,有

$$x_t = \alpha_t - \sum_{j=1}^{m} \theta_j \alpha_{t-j}$$

其中,$\alpha_t \sim \mathrm{NID}(0, \delta_a^2)$。由于模型中没有自回归部分,所以称为 m 阶滑动平均(Moving Average)模型,记为 MA(m)。

从上面这些模型形式上就可以看出,AR 模型描述的是系统对过去自身状态的记忆,MA 模型描述的是系统对过去时刻进入系统的噪声的记忆,而 ARMA 模型则是系统对过去自身状态以及各时刻进入的噪声的记忆。

6.3.3　非平稳的随机时间序列分析模型

非平稳时间序列是指随着时间变化序列的重要统计值发生变化。特别地,如果一个时间序列不能全部满足上面宽平稳的三个条件,那么基本上就可被看作一个非平稳时间序列。非平稳时间序列可能存在明显的发展趋势、周期性波动等。的确,直接处理非平稳时间序列很难,可行的方法是消除随机过程中的趋势因素、季节等波动因素,使之转换成平稳的或者准平稳的时间序列来进行处理。

ARIMA 是分析非平稳时间序列的代表性模型,又叫差分整合移动平均自回归模型,它是 ARMA 模型的改造使之适应非平稳序列分析。顾名思义,ARIMA 通过差分技术将非平稳序列转换成平稳序列来联合使用自回归 AR 和滑动平均 MA,其中,ARIMA(n, d, m)中的参数 n 是自回归项数、d 是差分次数、m 是滑动平均项数。

时间序列分析研究和应用最多的是序列预测,而且许多文献都对时间序列的预测问题进行了充分讨论。事实上,上面介绍的时间序列的随机分析方法都可以直接用于时间序列预测。除此之外,神经网络也是比较成功地实现时间序列预测的方法。神经网络是通过对某段历史数据的训练来实现序列预测的,相比较而言,随机序列分析精度极大依赖于序列数据本身的数据分布假设,比如正态分布数据可能效果就很好,而神经网络对数据分布假设要求不高,使用范围会更广。关于利用神经网络进行时间序列预测的相关成果,读者可以通过本章后面的文献注释得到更为丰富的参考资料。

6.3.4　时间序列中相似性及其序列匹配方法

序列的相似度计算是序列分析的基础性技术,是时间序列预测和子序列匹配等算法的基本计算。给定待检序列 φ_X 和参考序列 φ_Y,它们的序列相似度一般与它们的距离 $d(\varphi_X, \varphi_Y)$ 成反比。因为向量的距离公式不同,相似度的含义也会有差异,倾向于解决的问题就会不同。常见的距离主要有:

(1) 欧氏(Euclidean)距离。

φ_X 与 φ_Y 之间的欧氏距离表示如下:

$$D_{\mathrm{E}}^2(\varphi_X, \varphi_Y) = (\varphi_X - \varphi_Y)^{\mathrm{T}}(\varphi_X - \varphi_Y)$$

如果待检序列与某个参考序列的欧氏距离最小,则它和这个参考序列最相似。欧氏距离的最大缺陷是未考虑模式向量 φ 中各元素的差异,即将 φ 中的所有元素均等同对待。为了克服这一缺陷,可将欧氏距离进行加权处理,加权后欧氏距离函数形式为:

$$D_w^2(\varphi_X, \varphi_Y) = (\varphi_X - \varphi_Y)^{\mathrm{T}} \boldsymbol{W} (\varphi_X - \varphi_Y)$$

其中,$\boldsymbol{W}$ 为相应的加权矩阵。

（2）残差偏移距离。

φ_X 与 φ_Y 之间的残差偏移距离函数为：

$$D_a^2(\varphi_X,\varphi_Y)=N(\varphi_X-\varphi_Y)^{\mathrm{T}}\boldsymbol{r}_X(\varphi_X-\varphi_Y)$$

其中，$\boldsymbol{r}_X$ 是待检序列的协方差矩阵，N 表示待检序列的长度。

（3）马氏（Mahalanobis）距离判别。

φ_X 与 φ_Y 之间的 Mahalanobis 距离函数为：

$$D_{\mathrm{Mh}}^2(\varphi_X,\varphi_Y)=\frac{N}{\delta_Y^2}(\varphi_X-\varphi_Y)^{\mathrm{T}}\boldsymbol{r}_Y(\varphi_X-\varphi_Y)$$

其中，$\boldsymbol{r}_Y$ 是参考序列的协方差矩阵。

（4）Mann 距离判别。

φ_X 与 φ_Y 之间的 Mann 距离函数为：

$$D_{\mathrm{Mn}}^2(\varphi_Y,\varphi_X)=\frac{N}{\delta_X^2}(\varphi_Y-\varphi_X)^{\mathrm{T}}\boldsymbol{r}_X(\varphi_Y-\varphi_X)$$

其中，$\boldsymbol{r}_X$ 为待检序列的协方差矩阵，δ_X^2 为待测时序的方差。

上面介绍的四个距离函数，均具有明显的几何距离的形式，其实质都是加权的欧氏距离函数，只不过是形式不同而已。欧氏距离 D_E^2 的权矩阵是单位矩阵 $\boldsymbol{I}$。残差偏移距离 D_a^2 的权矩阵是待检序列的协方差矩阵。Mann 距离中还含有待测时序的方差 δ_X^2 这一特性，所以其判别能力一般较残差距离强。

基于序列的相似性度量就可以完成序列预测及其序列匹配等挖掘任务。一般地，基于时间序列的数据挖掘需要随机建模和模式挖掘两个基本过程。

1. 构建随机分析模型

以 AR 模型为例。AR(n)的 t 时刻的序列就是

$$x_t=\varphi_1 x_{t-1}+\varphi_2 x_{t-2}+\cdots+\varphi_n x_{t-n}+\alpha_t,\quad \alpha_t\sim\mathrm{NID}(0,\delta_a^2)$$

用以下线性方程组表示为：

$$x_{n+1}=\varphi_1 x_n+\varphi_2 x_{n-1}+\cdots+\varphi_n x_1+\alpha_{n+1}$$
$$x_{n+2}=\varphi_1 x_{n+1}+\varphi_2 x_n+\cdots+\varphi_n x_2+\alpha_{n+2}$$
$$\cdots\cdots$$
$$x_N=\varphi_1 x_{N-1}+\varphi_2 x_{N-2}+\cdots+\varphi_n x_{N-n}+\alpha_N$$

写成如下矩阵形式：

$$\boldsymbol{Y}=\boldsymbol{X}\boldsymbol{\varphi}+\boldsymbol{\alpha}$$

其中：

$$\boldsymbol{Y}=\begin{bmatrix}x_{n+1}&x_{n+2}&\cdots&x_N\end{bmatrix}^{\mathrm{T}}$$
$$\boldsymbol{\varphi}=\begin{bmatrix}\varphi_1&\varphi_2&\cdots&\varphi_n\end{bmatrix}^{\mathrm{T}}$$
$$\boldsymbol{\alpha}=\begin{bmatrix}\alpha_{n+1}&\alpha_{n+2}&\cdots&\alpha_N\end{bmatrix}^{\mathrm{T}}$$
$$\boldsymbol{X}=\begin{bmatrix}x_n&x_{n-1}&\cdots&x_1\\x_{n+1}&x_n&\cdots&x_2\\\vdots&\vdots&\ddots&\vdots\\x_{N-1}&x_{N-2}&\cdots&x_{N-n}\end{bmatrix}$$

假如使用最小二乘估计就可以得到待检序列 X 参考 Y 的参数矩阵：

$$\boldsymbol{\varphi}_X = (\boldsymbol{X}^T \boldsymbol{X})^{-1} \boldsymbol{X}^T \boldsymbol{Y}$$

$\boldsymbol{\varphi}_X = [\varphi_{X1}, \varphi_{X2}, \cdots, \varphi_{Xn}]^T$ 就是 AR 模型学习出的参数向量，利用它就可以完成待检序列 X 分析。

2. 模式挖掘

对于上面的待检序列 $X = \{x_i \mid i = 0, 1, 2, \cdots, N-1\}$ 来说，许多数据挖掘任务可以通过建立的 AR 模型来完成，例如：

假设预测未来的 x_N 的值，即可以利用上面构建的 AR 模型来计算 $x_N = \varphi_{X1} x_{N-1} + \varphi_{X2} x_{N-2} + \cdots + \varphi_{Xn} x_{N-n} + \alpha_N$；

假设要在 X 中寻找一个 n 长的最佳匹配子序列 $y = \{x_j \mid j = 0, 1, 2, \cdots, n-1\}$ $(n \ll N)$，那么需要通过上面的 AR 模型为所有的 k 取值 $\{n+1, n+2, \cdots, N\}$，来计算 $x_k = \varphi_{X1} x_{k-1} + \varphi_{X2} x_{k-2} + \cdots + \varphi_{Xn} x_{k-n} + \alpha_k$，找到 X 中最相似的 n 长的子序列，即 $\min_k d(x_k, y)$。

如上所述，像 AR 这样的随机序列分析模型对序列的长度要求并不是很苛刻，只要序列足够长，就可以获得相应的参数模型。然而，这些模型在解决子序列匹配及其查找问题时，由于基本是长序列简单切割成短序列来实现相似度计算，使用范围还是比较受限。

6.4 基于离散傅里叶变换的时间序列相似性查找

在时间序列挖掘的研究中，目前比较集中的问题之一是时间序列的快速查询以及相应的存取结构设计。早期的工作着重于精确查找。但是，大多数新型的数据库应用，特别是数据挖掘应用，需要数据库具备相似（Similarity）查找能力。对于在几兆甚至几十兆的时间序列数据库中发现两个模式相似的序列，手工处理很难胜任这样的工作，传统的数据库查找方法也难以完成此类任务，因此时间序列相似性查找成为目前数据挖掘领域的一个新的研究课题。

为了方便讨论，首先给出一些符号来表示序列及序列的相似性：

- $X = \{x_t \mid t = 0, 1, 2, \cdots, n-1\}$ 表示一个序列。
- $\text{Len}(X)$ 表示序列 X 的长度。
- $\text{First}(X)$ 表示序列 X 的第一个元素。
- $\text{Last}(X)$ 表示序列 X 的最后一个元素。
- $X[i]$ 表示 X 在 i 时刻的取值，$X[i] = x_i$。
- 序列上元素之间的"$<$"关系，在序列 X 上，如果 $i < j$，那么 $X[i] < X[j]$。
- 本文用 X_S 表示 X 的子序列，如果序列 X 有 k 个子序列，则把这些子序列分别表示为 $X_{S1}, X_{S2}, \cdots, X_{Sk}$。
- 子序列间的 $<$ 关系：X_{Si}, X_{Sj} 为 X 的子序列，如果 $\text{First}(X_{Si}) < \text{First}(X_{Sj})$，则称 $X_{Si} < X_{Sj}$。
- 子序列重叠（Overlap）：假定 X_{S1}, X_{S2} 为 X 的两个子序列，如果 $\text{First}(X_{S1}) \leqslant \text{First}(X_{S2}) \leqslant \text{Last}(X_{S1})$ 或 $\text{First}(X_{S2}) \leqslant \text{First}(X_{S1}) \leqslant \text{Last}(X_{S2})$ 成立，则 X_{S1} 与 X_{S2} 重叠。

序列的相似性查找就是在序列数据库中发现与给定序列的模式很相似的序列。在进行序列的相似性查找之前要给定一个相似性评价函数和一个阈值 ε，如果函数值小于或等于 ε，则表明序列相似。通常用 X 与 Y 之间的距离函数 $D(X,Y)$ 来作为序列 X 与 Y 的相似性判别函数。

一般地，相似性匹配可分为以下两类。

- 完全匹配（Whole Matching）。给定 n 个序列 $Y_1,Y_2,\cdots,Y_n$ 和一个查询序列 X，这些序列有相同的长度，如果存在 $D(X,\vec{Y}_i)\leqslant\varepsilon$，那么称 X 与 Y_i 完全匹配。
- 子序列匹配（Subsequence Matching）。给定 n 个具有任意长度的序列 $Y_1,Y_2,\cdots,Y_n$ 和一个查询序列 X 以及参数 ε。子序列匹配就是在 $Y_i(1\leqslant i\leqslant N)$ 上找到某个子序列，使这个子序列与 X 之间的距离小于或等于 ε。

傅里叶变换是一种重要的积分变换，早已被广泛应用。在时间序列分析方面，离散傅里叶变换具有独特的优点。例如，给定一个时间序列，可以用离散傅里叶变换把其从时域空间变换到频域空间。根据 Parseval 的理论，时域能量函数与频域能量谱函数是等价的。这样就可以把比较时域空间的序列相似性问题转换为比较频域空间的频谱相似性问题。另外，因为频域空间的大部分能量集中在前几个系数上，因此可以不考虑离散傅里叶变换得到的其他系数。把这些保留系数看作从时间序列上提取的特征，就可以从每个序列中获得若干（记为 k）特征，进而可以进一步把它们映射到 k 维空间上。这样就可以用一些目前被广泛采用的多维索引方法（如 R^* 树、k 维 B 树、线性四叉树（Linear Quad tree）、网格文件（Grid File））来存储和检索这些多维空间的点。

下面分别描述如何进行基于离散傅里叶变换的完全匹配和子序列匹配。

6.4.1　完全匹配

所谓完全匹配必须保证被查找的序列与给出的序列有相同的长度。因此，与子序列匹配相比，工作就相对简单一些。

1. 特征提取

给定一个时间序列 $X=\{x_t\,|\,t=0,1,2,\cdots,n-1\}$，对 X 进行离散傅里叶变换，得到：

$$X_f=1/\sqrt{n}\sum_{t=0}^{n-1}x_t\exp(-i2\pi ft/n),\quad f=0,1,\cdots,n-1$$

这里 X 与 x_t 代表时域信息，而 $\vec{X}$ 与 X_f 代表频域信息，$\vec{X}=\{X_f\,|\,f=0,1,2,\cdots,n-1\}$，$X_f$ 为傅里叶系数。

2. 首次筛选

根据 Parseval 的理论，时域能量谱函数与频域能量谱函数相同，得到：

$$\|X-Y\|^2\equiv\|\vec{X}-\vec{Y}\|^2$$

衡量两个序列是否相似的一般方法是用欧氏距离。如果两个序列的欧氏距离小于 ε，则认为这两个序列相似，即满足如下式子：

$$\|X-Y\|^2=\sum_{f=0}^{n-1}|x_t-y_t|^2\leqslant\varepsilon^2$$

按照 Parseval 的理论，下面的式子也应该成立：

$$\| \vec{X} - \vec{Y} \|^2 = \sum_{f=0}^{n-1} | X_f - Y_f |^2 \leqslant \varepsilon^2$$

对大多数序列来说，能量集中在傅里叶变换后的前几个系数，也就是说，一个信号的高频部分相对来说并不重要。因此只取前面 f_c 个系数，即

$$\sum_{f=0}^{f_c-1} | X_f - Y_f |^2 \leqslant \sum_{f=0}^{n-1} | X_f - Y_f |^2 \leqslant \varepsilon^2$$

因此

$$\sum_{f=0}^{f_c-1} | X_f - Y_f | \leqslant \varepsilon^2$$

首次筛选所做的工作就是，从提出特征后的频域空间中找出满足上面式子的序列。这样就滤掉一大批与给定序列的距离大于 ε 的序列。

3. 最终验证

在首次筛选后，已经滤掉了一大批与给定序列的距离大于 ε 的序列。但是，由于只考虑了前面几个傅里叶系数，所以并不能保证剩余的序列就相似。因此，还需要进行最终验证工作，即计算每个首次被选中的序列与给定序列在时域空间的欧氏距离，如果两个序列的欧氏距离小于或等于 ε，则接受该序列。

实践表明，上述完全匹配查找方法非常有效，而且只取 1～3 个系数就可以达到很好的效果，随着序列数目的增加和序列长度的增加执行效果更好。

6.4.2　子序列匹配

子序列匹配比完全查找要复杂。它的目标是在 n 个长度不同的序列 $Y_1, Y_2, \cdots, Y_n$ 中找到与给定的查询序列 X 相似的子序列。如果对 $Y_1, Y_2, \cdots, Y_n$ 的任何一个可能匹配的位置都扫描，则其复杂度为 $O(n^2 l^2)$（l 为 $Y_1, Y_2, \cdots, Y_n$ 的平均长度），所以在子序列匹配处理中必须考虑效率问题。因此设计准确、快速、适合任意查找长度的子序列匹配算法是非常必要的。由于离散傅里叶变换在完全匹配方面非常成功，所以基于离散傅里叶变换的子序列匹配方法也是一个较好的选择。

滑动窗口技术是实现子序列匹配的一种成功方法。通过设定滑动窗口，不需要对整个序列进行特征提取，而是对滑动窗口内的子序列进行特征提取。滑动窗口的长度依据查找长度而定。

Christos 给出了利用滑动窗口实现子序列匹配的大致过程：

- 先定义一个查找长度 $\omega(\omega \geqslant 1)$。$\omega$ 的选定与具体的应用有关。例如，在股票分析中，人们所感兴趣的往往是一周或一个月的模式（时间太短，容易受噪声的影响），所以相应的 ω 为 7 天或 30 天。
- 把长度为 ω 的滑动窗口放置在每一个序列上的起始位置，此时滑动窗口对应序列上的长度为 ω 的一段子序列，对这段序列进行傅里叶变换，这样每一个长度为 ω 的子序列对应 f 维特征空间上的一个点。
- 滑动窗口向后移，再以序列的第二个点为起始单位，形成另一个长度为 ω 的子序

列,并对这段序列进行傅里叶变换。

■　以此类推,一共可以得到 $\text{Len}(s)-\omega+1$ 个 f 维特征空间上的点。

显然,由特征空间上的点组成的数据库远远大于原来的序列数据库,几乎序列上的每个点都要对应 f 维空间上的一个点,这样带来了索引的困难。为了方便计算,可以只取前 f_c 个(通常 2～3 个就足够了)傅里叶系数,因为能量主要集中在前 f_c 个系数上。每个傅里叶系数都有一个模,f_c 个傅里叶系数就有 f_c 个模,把 f_c 个模映射到 f_c 维空间,这样每个滑动窗口对应的序列就转换为 f_c 维空间上的点。因为相邻的滑动窗口内的序列内容非常相似,所以得到的模的轨迹应该是很平滑的。

为了加快查找速度,把模的轨迹分成几段子轨迹,每一段用最小边界矩形 MBR 来代替,用 R* 树来存储和检索这些 MBR。当提出一个查找子序列请求的时候,首先在 R* 上进行检索,找到包含该子序列的 MBR,从而避免了对整个轨迹的搜索。

如何将模的轨迹转换为 MBR,也就是如何把轨迹分段,一种非常直观的方法是:根据一个事先给定的长度(例如 50)来将模的轨迹分段,还可以用一些简单的函数(如 $\sqrt{\text{Len}(s)}$)来分段。一般地,这样简单的静态分段结果是不会太理想的。图 6-1 和图 6-2 显示了一个有 9 个点的轨迹的分段情况,如果按 $\sqrt{\text{Len}(s)}$ 来划分轨迹,则分段如图 6-1 所示,显然它不如如图 6-2 所示的情况。图 6-2 中每个 MBR 所包含的点的个数并不固定,而是自适应的(Adaptive)。

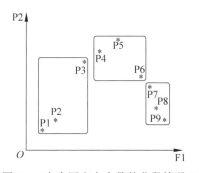
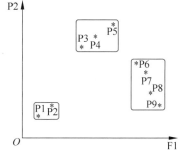

图 6-1　事先固定点个数的分段情况 P　　　　图 6-2　自适应分段 P

为得到类似如图 6-2 所示的自适应分段,Christos 给出了一个贪心算法。具体做法是:以模的轨迹的第一个点和第二个点为基准建立第一个 MBR(此时 MBR 仅包括这两个点),计算出边界代价函数值 mc,然后考虑第三个点,并计算新的边界代价函数值 mc,如果 mc 增大,则开始另外一个 MBR,否则把这个点加入到原来的 MBR 中,继续。

Christos 给出的边界代价函数如下:

$$\text{mc}=\text{DA}(\vec{L})/k$$

其中,$\text{DA}(\vec{L})=\prod_{i=1}^{n}(L_i+0.5)$,$\vec{L}=(L_1,L_2,\cdots,L_n)$ 表示 MBR 的边。

上面讨论了如何建立索引的问题,下面讨论如何查找。

如果查找长度正好等于 ω,待查找序列 X 被映射为 f_c 维特征空间上的点 X',查找结果是一个以 X' 为中心,以 ε 为半径的球体。如果待查找序列 X 的长度大于 ω,处理起来就相对复杂些,因为从 R^* 树上只能索引到长度等于 ω 的子序列。目前在解决这一问题上采用了两种方法:一种方法是前缀查找(Prefix Search);另外一种是二次分段查找法,设想 Len(s)是 ω 的整倍数,把 X 分为 p 段长度为 ω 的子序列,处理每一段子序列,并将查找结果合并起来。

尽管离散傅里叶变换较好地解决了时间序列的完全匹配与子序列匹配问题。但是该方法并没有考虑序列取值问题,有些情况下两个序列的取值相差很大,而变化趋势却很相似。例如,有两种股票的历史数据,一个价格是在 10 元附近波动,另一个价格是在 100 元附近波动,但是它们却可能有类似的变化趋势。因此在比较这两个序列是否相似之前,应该适当做一些偏移变换(Offset Translation)和幅度调整(Amplitude Scaling)。

6.5 基于规范变换的查找方法

针对基于距离的比较方法和基于离散傅里叶变换时间序列查找方法的缺点,Agrawal 提出了一种新的方法,他认为在比较序列时应该考虑噪声、幅度和偏移问题。当比较两个序列是否相似时,首先应适当做一些幅度调整和偏移变换,并且还可以忽略一些不匹配的小区域。

例如如图 6-3 所示的两个序列,在序列 X 上有非常小的区域 g_1(这个区域相对于序列 X 来说很短,通常称这种区域为 Gap)。如果把这部分忽略(如图 6-4 所示),而且做相应的偏移变换(如图 6-5 所示)与幅度缩放(如图 6-6 所示),则这两个序列很相似。

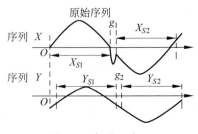

图 6-3 序列 X 与 Y

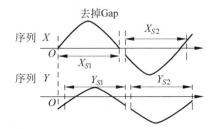

图 6-4 去掉 Gap 后的序列 X 与 Y

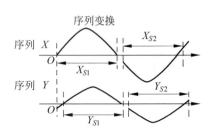

图 6-5 偏移变换后的序列 X 与 Y

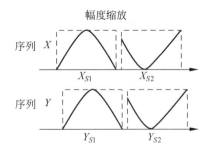

图 6-6 幅度缩放后的序列 X 与 Y

6.5.1 基本概念

Agrawal 认为,如果两个序列有足够多的、不相互重叠的、按时间顺序排列的、相似的子序列,则这两个序列相似。基于这样的概念,对序列相似的形式化描述如定义 6-1 所示。

定义 6-1 如果序列 X 所包含的不相互重叠的子序列 $X_{S1}, X_{S2}, \cdots, X_{Sm}$ 和与 Y 所包含的不相互重叠的了序列 $Y_{S1}, Y_{S2}, \cdots, Y_{Sm}$ 满足如下 3 个条件,可以认为 X 与 Y 是 ξ-similar:

(1) 对任意的 $1 \leq i < j \leq m$,$X_{Si} < X_{Sj}$ 与 $Y_{Si} < Y_{Sj}$ 都成立。

(2) 存在一些比例因子 λ 和一些偏移 θ 使得下式成立:

$$\forall_{i=1}^{m} \theta(\lambda(X_{Si})) \approx Y_{Si}$$

其中,"$\approx$"表示两个子序列相似,$\theta(\lambda(X_{Si}))$ 表示对子序列 X_{Si} 以 λ 为比例因子进行缩放,按照 θ 进行偏移变换。

(3) 给定 ξ,下式成立:

$$\frac{\sum_{i=1}^{m} \text{Len}(X_{Si}) + \sum_{i=1}^{m} \text{Len}(Y_{Si})}{\text{Len}(X) + \text{Len}(Y)} \geq \xi$$

这个定义意味着,如果序列 X 与 Y 匹配的长度之和与这两个序列的长度之和的比值不小于 ξ,则认为序列 X 与 Y 是 ξ-similar。这样事先给定的阈值 ξ,就找到一个序列相似的评价函数。

上面是对序列相似的一般性定义,根据具体的应用可以对上述公式进行适当修改。例如,当被比较的序列 X 与 Y 的长度非常悬殊时,可以用以下函数来评价相似度:

$$\frac{\sum_{i=1}^{m} \text{Len}(X_{Si}) + \sum_{i=1}^{m} \text{Len}(Y_{Si})}{2 \times \min(\text{Len}(X), \text{Len}(Y))} \geq \xi$$

6.5.2 查找方法

Agrawal 把 X 与 Y 的相似性比较问题分为三个子问题:原子序列匹配、窗口缝合、子序列排序。

1. 原子序列匹配

与基于离散傅里叶变换的时间序列查找方法相同,原子序列匹配(Atomic Matching)也采用了滑动窗口技术。根据用户事先给定的一个 ω(通常为 5~20),将序列映射为若干长度为 ω 的窗口,然后对这些窗口进行幅度缩放与偏移变换。

首先讨论窗口中点的标准化问题。通过下面的转换,可以将窗口内不规范的点转换成标准点:

$$\widetilde{W}[i] = \frac{W[i] - \dfrac{W_{\min} + W_{\max}}{2}}{\dfrac{W_{\max} - W_{\min}}{2}}$$

其中,$W[i]$ 表示窗口中第 i 个点的值,$W_{\max}$、$W_{\min}$ 分别表示窗口内所有点的最大值与最小值。通过上面的公式使得窗口内的每个点的值落在 $(-1, +1)$ 区间。把这种标准化后的窗口称为原子。

定义 6-2 给定阈值 ε，如果 $\forall_i$，$|\widetilde{W}_1[i]-\widetilde{W}_2[i]|\leqslant\varepsilon$，则可认为原子 $\widetilde{W}_1$、$\widetilde{W}_2$ 是 ε-similar。

有了关于原子匹配的定义，相似匹配工作就是将所有相似的原子找出来。为了提高查找速度，把每个原子看作 ω 维空间上的一个点，可以采用 R^* 树来建立索引。

2. 窗口缝合

窗口缝合(Window Stitching)，即子序列匹配，其主要任务是将相似的原子连接起来形成比较长的彼此相似的子序列。

$\widetilde{X}_1,\widetilde{X}_2,\cdots,\widetilde{X}_m$ 和 $\widetilde{Y}_1,\widetilde{Y}_2,\cdots,\widetilde{Y}_m$ 分别为 X 与 Y 上 m 个标准化后的原子，将 $\widetilde{X}_1,\widetilde{X}_2,\cdots,\widetilde{X}_m$ 和 $\widetilde{Y}_1,\widetilde{Y}_2,\cdots,\widetilde{Y}_m$ 缝合，使它们形成一对相似的子序列的条件如下：

(1) 对于任意的 i 都有相似。

(2) 对于任何 $j>i$，$\mathrm{First}(X_{wi})\leqslant\mathrm{First}(X_{wj})$，$\mathrm{First}(Y_{wi})\leqslant\mathrm{First}(Y_{wj})$。

(3) 对任何 $i>1$，如果 $\widetilde{X}_i$ 不与 $\widetilde{X}_{i-1}$ 重叠，且 $\widetilde{X}_i$ 与 $\widetilde{X}_{i-1}$ 之间的 Gap 小于或等于 γ，同时 Y 也满足这个条件；如果 $\widetilde{X}_i$ 与 $\widetilde{X}_{i-1}$ 重叠，重叠长度为 d，$\widetilde{Y}_i$ 与 $\widetilde{Y}_{i-1}$ 也重叠且重叠长度也为 d。

(4) X 上的每个窗口进行标准化时所用的比例因子大致相同，Y 上的每个窗口进行标准化时所用的比例因子也大致相同。

例如，有 X 与 Y 两个序列，在原子匹配过程中，得到 3 个相似的原子对 $(\widetilde{X}_1,\widetilde{Y}_1)$、$(\widetilde{X}_2,\widetilde{Y}_2)$、$(\widetilde{X}_3,\widetilde{Y}_3)$，并且满足上述窗口缝合的条件，因此可以把它们缝合起来得到一对相似的子序列。图 6-7～图 6-9 描述了窗口缝合的过程。在图 6-7 中，原子 $\widetilde{X}_1$ 与 $\widetilde{X}_2$ 重叠，重叠长度为 d，$\widetilde{Y}_1$ 与 $\widetilde{Y}_2$ 也重叠，重叠长度也为 d，满足上面的条件(3)，同时它们满足窗口缝合的其他条件，可以把 $\widetilde{X}_1$ 与 $\widetilde{X}_2$ 缝合，$\widetilde{Y}_1$ 与 $\widetilde{Y}_2$ 缝合。图 6-8 中，原子 $\widetilde{X}_2$ 与 $\widetilde{X}_3$ 不重叠，两者之间有一个长度不大于 γ 的 Gap，$\widetilde{Y}_2$ 与 $\widetilde{Y}_3$ 也不重叠，两者之间也有一个长度不大于 γ 的 Gap，满足上面的条件(3)，同时它们满足窗口缝合的其他条件，把 $\widetilde{X}_2$ 与 $\widetilde{X}_3$ 缝合，$\widetilde{Y}_2$ 与 $\widetilde{Y}_3$ 缝合。图 6-9 表示了窗口缝合过程对相似的原子对 $(\widetilde{X}_1,\widetilde{Y}_1)$、$(\widetilde{X}_2,\widetilde{Y}_2)$、$(\widetilde{X}_3,\widetilde{Y}_3)$ 的缝合结果。

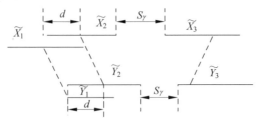

图 6-7　有重叠的情况

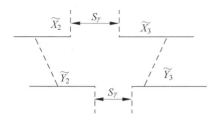

图 6-8　不重叠/Gap 小于或等于 γ

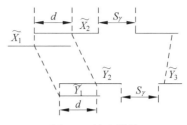

图 6-9　缝合结果

窗口缝合技术中考虑了 Gap,这样就把一些噪声数据和两个序列上有差异但在相似性比较时可以忽略的部分过滤掉。

3. 子序列排序

通过对窗口缝合得到一些相似的子序列,再对这些子序列排序(Subsequence Ordering),则可以找到两个彼此匹配的序列。子序列排序的主要任务是从没有重叠的子序列匹配中找出匹配得最长的那些序列。如果把所有相似的原子对看作图论中的顶点,两个窗口的缝合看作两个顶点之间的边,那么从起点到终点有多条路径,子序列排序就是寻找最长路径。

经过原子匹配与窗口缝合就找出了相似的子序列,通过对子序列排序完成了序列的相似查找,因此该方法不仅适用于完全匹配,而且适用于子序列匹配。另外,这种方法过滤掉了一些 Gap,而且对序列做幅度缩放和偏移变换,所以该方法具有良好的鲁棒性,在算法的具体执行中用户可以设定 $\omega,\gamma,\varepsilon$,增加了算法的适用性。

上面三节讨论了目前数据挖掘领域中主要采用的三种时序匹配方法:ARMA 模型、基于傅里叶变换的时间序列查询和基于规范变换的时间序列查询方法。对于 ARMA 模型,要求对待检模型 φ_X 的阶数与所有参考模型 φ_Y 的阶数相同。基于傅里叶变换的时间序列查询方法,不仅适用于完全匹配查找,而且还适用于子序列匹配查找。基于规范变换的方法考虑了噪声、幅度和偏移问题,从而使查找的适应性增强。

6.6　序列挖掘

序列挖掘或称序列模式挖掘,是指从序列数据库中发现蕴含的序列模式。时间序列分析和序列模式挖掘有许多相似之处,在应用范畴、技术方法等方面也有很大的重合度。但是,序列挖掘一般是指相对时间或者其他顺序出现的序列的高频率子序列的发现,典型的应用还是限于离散型的序列。

序列模式挖掘最早是由 Agrawal 等人提出的,它的最初动机是想通过在带有交易时间属性的交易数据库中发现频繁项目集以发现某一时间段内客户的购买活动规律。近年来,序列模式挖掘已经成为数据挖掘的一个重要方面,其应用范围也不局限于交易数据库,在 DNA 分析等尖端科学研究领域、Web 访问等新型应用数据源等众多方面得到针对性研究。鉴于这样的研究现状,从本节开始,将从序列挖掘的一般性概念入手、形式化地讨论序列挖掘的一般过程和常用的算法。

6.6.1　基本概念

为了下面讨论方便，先给出一些主要的概念，这些概念是序列挖掘中发现高频率子序列技术的基本出发点，也是本书下面讨论算法的基础。

定义 6-3　一个序列（Sequence）是项集的有序表，记为 $\alpha = \alpha_1 \rightarrow \alpha_2 \rightarrow \cdots \rightarrow \alpha_n$，其中每个 α_i 是一个项集（Itemset）。一个序列的长度（Length）是它所包含的项集。具有 k 长度的序列称为 k-序列。

定义 6-4　设序列 $\alpha = \alpha_1 \rightarrow \alpha_2 \rightarrow \cdots \rightarrow \alpha_n$，序列 $\beta = \beta_1 \rightarrow \beta_2 \rightarrow \cdots \rightarrow \beta_m$。若存在整数 $i_1 < i_2 < \cdots < i_n$，使得：

$$\alpha_1 < \beta_{i1}, \alpha_2 < \beta_{i2}, \cdots, \alpha_n < \beta_{in}$$

则称序列 α 是序列 β 的子序列，或序列 β 包含序列 α。在一组序列中，如果某序列 α 不包含在其他任何序列中，则称 α 是该组中最长序列（Maximal Sequence）。

定义 6-5　给定序列 S，序列数据库 D_T，序列 S 的支持度（Support）是指 S 在 D_T 中相对于整个数据库元组而言所包含 S 的元组出现的百分比。支持度大于最小支持度（min-sup）的 k-序列，称为 D_T 上的频繁 k-序列。

6.6.2　数据源的形式

序列挖掘可以适合很广泛的数据源形式，由于序列模式与关联模式有许多相似之处，而且目前讨论的算法以基于项目集排序为主，加之许多文献都不专门讨论源数据的预处理，因此在开始对序列模式挖掘的形式化介绍之前，有必要对一些常用的数据源形式和背景加以介绍。当然，这里的介绍是举例，不意味着序列挖掘只限于本章介绍的这些形式。

1. 带交易时间的交易数据库

带交易时间的交易数据库的典型形式是包含客户号（Cust-id）、交易时间（Tran-time）以及在交易中购买的项（Item）等的交易记录表。表 6-1 给出了一个这样数据表的示例（为了清楚起见，对所有的交易按照客户号和交易时间进行了排序）。

表 6-1　带交易时间的交易数据源示例

客户号（Cust_id）	交易时间（Tran_time）	项（Item）
1	June 25'99	30
1	June 30'99	90
2	June 10'99	10,20
2	June 15'99	30
2	June 20'99	40,60,70
3	June 25'99	30,50,70
4	June 25'99	30
4	June 30'99	40,70
4	July 25'99	90
5	June 12'99	90

这样的数据源需要进行形式化的整理,其中一个理想的预处理方法就是转换成顾客序列,即将一个顾客的交易按交易时间排序成项目集。例如,表 6-2 给出了表 6-1 对应的所有顾客序列表。

表 6-2　顾客序列表示例

客户号(Cust_id)	顾客序列(Customer Sequence)
1	<(30)(90)>
2	<(10,20)(30)(40,60,70)>
3	<(30,50,70)>
4	<(30)(40,70)(90)>
5	<(90)>

于是,对顾客购买行为的分析可以通过对顾客序列的挖掘得到实现。

2. 系统调用日志

操作系统及其系统进程调用是评价系统安全性的一个重要方面。通过对正常调用序列的学习可以预测随后发生的系统调用序列、发现异常的调用。因此,序列挖掘是从系统调用等操作系统审计数据中发现有用模式的一个理想的技术。表 6-3 给出了一个系统调用数据表示例,它是利用数据挖掘技术进行操作系统安全性审计的常用数据源。

表 6-3　系统进程调用数据示例

进程号(Pro_id)	调用时间(Call_time)	调用号(Call_id)
744	04：01：10：30	23
744	04：01：10：31	14
1069	04：01：10：32	4
9	04：01：10：34	24
1069	04：01：10：35	5
744	04：01：10：38	81
1069	04：01：10：39	62
9	04：01：10：40	16
—1		

这样的数据源可以通过适当的数据整理使之成为调用序列,再通过相应的挖掘算法达到跟踪和分析操作系统审计数据的目的。表 6-4 给出了一个可能的调用序列生成结果,它把每个进程的所有调用按照调用时间组织成序列。

表 6-4　系统调用序列数据表示例

进程号(Pro_id)	调用序列(Call_sequence)
744	<(23,14,81)>
1069	<(4,5,62)>
9	<(24,16)>

3. Web 日志

Web 服务器中的日志文件记录了用户访问信息,这些信息包括客户访问的 IP 地址、访问时间、URL 调用以及访问方式等。考察用户 URL 调用顺序并从中发现规律,可以为改善站点设计和提高系统安全性提供重要的依据。对 URL 调用的整理可以构成序列数据。如果这些序列数据是通过固定时间间隔整理而成,那么其整理后的序列数据库可能如表 6-5 所示。

表 6-5　Web 日志文件对应序列整理示例

IP 地址	URL 调用序列
192.168.120.10	$<(a)(b,c)(d)>$
192.168.120.20	$<(b)(c)(d,e)>$
192.168.120.30	$<(a,b)(d)>$

在表 6-5 中,诸如(b,c)这类含有一个以上的序列元素记录了在采集的时间间隔内被访问的 URL 的全体。当然,由于受采集间隔的限制,这里的 b 和 c 对应的 URL 的调用顺序就无法再区分了。

6.6.3　序列模式挖掘的一般步骤

我们分五个具体阶段来介绍基于上面概念发现序列模式的方法。这些步骤分别是排序阶段、大项集阶段、转换阶段、序列阶段以及选最大阶段。

1. 排序阶段

对数据库进行排序(Sort),排序的结果将原始的数据库转换成序列数据库(比较实际的可能需要其他的预处理手段来辅助进行)。例如,上面介绍的交易数据库,如果以客户号(Cust_id)和交易时间(Tran-time)进行排序,那么通过对同一客户的事务进行合并就可以得到对应的序列数据库。

2. 大项集阶段

这个阶段要找出所有频繁的项集(即大项集)组成的集合 L。实际上,也同步得到所有大 1-序列组成的集合,即 $\{\langle l \rangle \mid l \in L\}$。

在表 6-2 给出的顾客序列数据库中,假设支持数为 2,则大项集分别是(30),(40),(70),(40,70)和(90)。实际操作中,经常将大项集映射成连续的整数。例如,上面得到的大项集映射成表 6-6 对应的整数。当然,这样的映射纯粹是为了处理的方便和高效。

表 6-6　大项集映射成整数示例

Large Itemsets	Mapped To
(30)	1
(40)	2
(70)	3
(40,70)	4
(90)	5

3. 转换阶段

在寻找序列模式的过程中,要不断地检测一个给定的大序列集合是否包含于一个客户序列中。

为了使这个过程尽量快,我们用另一种形式来替换每一个客户序列。在转换完成的客户序列中,每条交易(Transaction)被其所包含的所有大项集所取代。如果一条交易不包含任何大项集,在转换完成的序列中它将不被保留。但是,在计算客户总数时,它仍将被计算在内。

表 6-7 给出了表 6-2 数据库经过转换后的数据库。例如,在对 ID 号为 2 的客户序列进行转换时,交易(10,20)被剔除了,因为它并没有包含任何大项集;交易(40,60,70)则被大项集的集合{(40),(70),(40,70)}代替。

表 6-7　转换后的序列数据库示例

Cust_id	Original Customer Sequence	Transformed Customer Sequence	After Mapping
1	<(30)(90)>	<{(30)}{(90)}>	<{1}{5}>
2	<(10,20)(30)(40,60,70)>	<{(30)}{(40),(70),(40,70)}>	<{1}{2,3,4}>
3	<(30,50,70)>	<{(30),(70)}>	<{1,3}>
4	<(30)(40,70)(90)>	<{(30)}{(40),(70),(40,70)}{(90)}>	<{1}{2,3,4}{5}>
5	<(90)>	<{(90)}>	<{5}>

4. 序列阶段

利用转换后的数据库寻找频繁的序列,即大序列(Large Sequence)。

5. 选最大阶段

在大序列集中找出最长序列(Maximal Sequences)。

6.7　AprioriAll 算法

AprioriAll 算法源于频繁集算法 Apriori,它把 Apriori 的基本思想扩展到序列挖掘中,也是一个多遍扫描数据库的算法。在每一遍扫描中都利用前一遍的大序列来产生候选序列,然后在完成对整个数据库的遍历后测试它们的支持度。在第一遍扫描中,利用大项目集阶段的输出来初始化大 1-序列的集合。在每次遍历中,从一个由大序列组成的种子集开始,利用这个种子集,可以产生新的潜在的大序列。在第一次遍历前,所有在大项集阶段得到的大 1-序列组成了种子集。

1. AprioriAll 算法描述

算法 6-1　AprioriAll 算法
输入:大项集阶段转换后的序列数据库 D_T。

输出：所有最长序列。

(1) $L_1 = \{$large 1-sequences$\}$；　　//大项集阶段得到的结果
(2) FOR($k = 2$；$L_{k-1} \neq \varnothing$；$k++$)　DO BEGIN
(3)　　$C_k = $ AprioriAll-generate(L_{k-1})；　　　//C_k 是从 L_{k-1} 中产生的新的候选者
(4)　　FOR each customer-sequence c in DT DO　　//对于在数据库中的每一个顾客序列 c
(5)　　　Sum the count of all candidates in C_k that are contained in c; //被包含于 c 中 C_k 内的所
　　　　　　　　　　　　　　　　　　　　　　　　　　　　　　//有候选者计数
(6)　　　$L_k = $ Candidates in C_k with minimum support；　　//$L_k = C_k$ 中满足最小支持度的候选者
(7) END
(8) Answer = Maximal Sequences in $\bigcup_k L_k$；

由于我们在关联规则一章对 Apriori 算法进行了详尽的介绍,因此上面给出的算法流程很容易理解。它的关键仍然是候选集的产生,具体候选者的产生如下。

算法 6-2　AprioriAll_generateApriori　//候选者的产生

输入：所有的大$(k-1)$序列的集合 L_{k-1}。

输出：候选 C_k。

(1) 进行 L_{k-1} 与 L_{k-1} 的连接运算,并且得到 C_k；
　　//SELECT　p. litemset1, p. litemset2,$\cdots$, p. litemset$_{k-1}$, q. litemset$_{k-1}$
　　　　FROM　L_{k-1} p,　L_{k-1} q　　//注意,p,q 是 L_{k-1} 中不同的序列串
　　　　WHERE　　p. litemset1 = q. litemset1, p. litemset2 = q. litemset2, $\cdots$, litemset$_{k-2}$ = q.
　　litemset$_{k-2}$；
(2) 删除 C_k 的那些$(k-1)$序列不在 L_{k-1} 中的元素
　　(2-1) FOR　所有 $c \in C_k$ 的序列　DO
　　(2-2)　　FOR　所有 c 的$(k-1)$序列　DO
　　(2-3)　　　IF（s 不属于 L_{k-1}）　THEN　Delete 来自于 C_k 的 c；

2. 算法举例

例子 6-1　对于如下所示的长度为 3 的序列集合。若将其作为函数 AprioriAll_generate 的输入参数,在连接之后将如图 6-10(b)所示。再修剪掉子序列不在 L_3 中的序列后,得到的序列如图 6-10(c)所示。在修剪的过程中,对于$<1,2,4,3>$,因为$<2,4,3>$不在 L_3 大 3 序列中,所以$<1,2,4,3>$将被修剪掉。同理对其他序列的修剪也是如此。此外,需要说明的是,在产生候选 4 序列时不会产生长度大于 4 的序列,比如$<1,2,4>$和$<1,3,5>$连接时,程序中的 WHERE 条件语句将终止此操作。

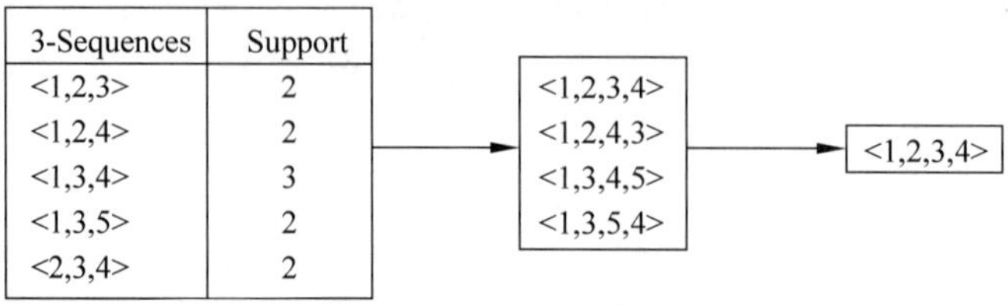

3-Sequences	Support
$<1,2,3>$	2
$<1,2,4>$	2
$<1,3,4>$	3
$<1,3,5>$	2
$<2,3,4>$	2

$<1,2,3,4>$
$<1,2,4,3>$
$<1,3,4,5>$
$<1,3,5,4>$

$<1,2,3,4>$

(a) 大3序列　　　(b) 候选4序列(连接运算后) (c) 候选4序列(修剪后)

图 6-10　AprioriAll_generate 过程

下面给出一个具体的 AprioriAll 算法例子,来帮助读者进一步理解。

例子 6-2　给出一个客户序列组成的数据库如图 6-11(a)所示,在这里没有给出源数据库的形式,即客户序列已经以转换的形式出现。假如最小支持度为 40%(也就是至少两个客户序列),那么在大项集阶段可以得到大 1-序列,之后应用 AprioriAll 算法可以逐步演变成最终的大序列集。图 6-11 给出了整个过程。

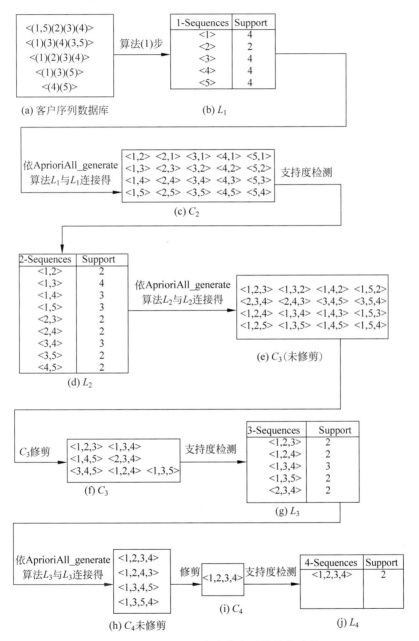

图 6-11　AprioriAll 产生大序列的整个过程

至此，AprioriAll 算法找到了所有的大 k-序列集，即 L_1、L_2、L_3、L_4，对于大 k-序列集进行 Answer＝Maximal Sequences in $\bigcup_k L_k$ 运算，最终得到最大的大序列。例 6-2 结果如表 6-8 所示。

表 6-8　最大的大序列

Sequences	Support
<1,2,3,4>	2
<1,3,5>	2
<4,5>	2

AprioriAll 利用了 Apriori 算法的思想，但是在候选产生和生成频繁序列方面需要考虑序列元素有序的特点进行相应的处理。表 6-8 只给出了最终的频繁序列，实际上，在候选产生过程中有大量序列产生。例如图 6-11 中，在由 L_2 产生 C_3 过程中，诸如<2,3,4>和<2,4,3>都作为候选被测试，只不过因为<2,4,3>不满足支持度要求而在演化 L_3 过程中被裁剪掉。

3．算法性能缺陷

（1）缺少时间限制：用户可能需要指定序列模式的相邻元素之间的时间间隔。例如，一个序列模式可能会发现客户在购买了物品 A 后的第三年购买物品 B。我们需要的却是给定时间间隔内用户的购买意向。

（2）事务的定义过于严格：一个事务中包含在客户的一次购买行为中所购买的所有物品。可能需要指定一个滑动时间窗口，客户在滑动时间窗口的时间段内的所有的购买行为均作为一个事务。

（3）缺少分类层次：只能在项目的原始级别上进行挖掘。

6.8　AprioriSome 算法

AprioriSome 算法可以看作 AprioriAll 算法的改进，具体过程分为以下两个阶段。
- 前推阶段：此阶段用于找出指定长度的所有大序列。
- 回溯阶段：此阶段用于查找其他长度的所有大序列。

1．AprioriSome 算法描述

算法 6-3　AprioriSome 算法
输入：大项集阶段转换后的序列数据库 D_T。
输出：所有最长序列。

//Forward Phase（前推阶段）

(1) $L_1 = \{$large 1-sequences$\}$；　　　//大项目集阶段的结果

(2) $C_1 = L_1$；

(3) last＝1；　　　　　　　　//最后计数的 last

(4) FOR($k = 2$；$C_{k-1} \neq \varnothing$ and $L_{last} \neq \varnothing$；k＋＋) DO BEGIN

(5)　　IF (L_{k-1} know) THEN　$C_k =$ New candidates generated from L_{k-1}；

//$C_k =$ 产生于 L_{k-1} 新的候选集

(6)　　ELSE　$C_k =$ New candidates generated from C_{k-1}；//C_k 为产生于 C_{k-1} 新的候选集

(7)　　IF　(k＝next(last))　THEN　BEGIN

(8)　　　FOR　each customer-sequence c in the database　DO　　//对于在数据库中的每一个客
　　　　　　　　　　　　　　　　　　　　　　　//户序列 c

(9)　　　　Sum the count of all candidates in C_k that are contained in c；

//求包含在 c 中的 C_k 的候选者的数目之和

(10)　　$L_k =$ Candidates in C_k with minimum support；//L_k 为在 C_k 中满足最小支持度的候选者

(11)　　last＝k；

(12)　END

(13) END

//Backward Phase (回溯阶段)

(14) FOR　(k－－；k >＝1；k－－) DO

(15) IF　(L_k not found in forward phase) THEN　BEGIN　　//L_k 在前推阶段没有确定的情况

(16)　　Delete all sequences in C_k contained in Some L_i，i > k；

//删除所有在 C_k 中包含在 L_k 中的序列，i > k

(17)　　FOR each customer-sequence c in D_T DO　　//对于在 D_T 中的每一个客户序列 c

(18)　　　Sum the count of all candidates in C_k that are contained in c；

//对在 C_k 中包含在 c 中的所有的候选者计数

(19)　　$L_k =$ Candidates in C_k with minimum support；//L_k 为在 C_k 中满足最小支持度的候选者

(20) END

(21) ELSE Delete all sequences in L_k contained in Some L_i，i > k；　　//L_k 已知

(22) Answer＝$\bigcup \cup_k L_k$；　　//从 k 到 m 求 L_k 的并集

在前推阶段(forward phase)中，只对特定长度的序列进行计数。例如，前推阶段对长度为 1、2、4 和 6 的序列计数(计算支持度)，而长度为 3 和 5 的序列则在回溯阶段中计数。next 函数以上次遍历的序列长度作为输入，返回下次遍历中需要计数的序列长度。

算法 6-4　next(k：integer)

(1) IF　(hitk < 0.666)THEN return　k＋1；

(2) ELSEIF　(hit k < 0.75)THEN return　k＋2；

(3) ELSEIF　(hit k < 0.80)THEN return　k＋3；

(4) ELSEIF　(hit k < 0.85)THEN return　k＋4；

(5) ELSE THEN return　k＋5；

数据挖掘原理与算法(第 4 版)

hit_k 被定义为大 k-序列(large k-sequence)和候选 k-序列(candidate k-sequence)的比率,即 $|L_k|/|C_k|$。这个函数的功能是确定对哪些序列进行计数,在对非最大序列计数时间的浪费和计算扩展小候选序列之间做出权衡。一种极端情形是 $\text{next}(k)=k+1$(k 是最后计数候选者的长度),这时所有非最大序列都被计算,而扩展小序列都没有被计算。在这种情形下,AprioriSome 算法就退化为 AprioriAll 算法。另一种极端的情形是 $\text{next}(k)=100\,000\times k$,这时可能没有非最大序列被计算,但有许多扩展小序列被计算。

AprioriSome 算法中产生新的候选序列的方法和 AprioriAll 算法有所不同。在第 k 次扫描时,可能没有 L_{k-1},因为没有计算过 $(k-1)$-候选序列。在这种情形下,只能利用 $k-1$ 候选集 C_{k-1} 来产生 C_k。在回溯阶段,对那些在前推阶段忽略长度的序列进行计算。因为需要的是最大序列,所以可以在前推阶段就删除所有包含在其他大序列中的序列,那些序列不属于需要找的答案集。同时,也删除在前推阶段找到的那些非最长的大序列。

2. 算法举例

例子 6-3 仍然采用 AprioriAll 算法用过的图 6-11(a)数据库例子来说明 AprioriSome 算法。在大项集阶段可以找出 L_1(和图 6-11(b)的 L_1 相同)。假设 $\text{next}(k)=2k$,则通过计算 C_2 可以得到 L_2(和图 6-11(d)中的 L_2 相同)。第三次遍历后,AprioriAll_generate 函数以 L_2 作为输入参数来产生 C_3。图 6-12(e)给出了 C_3 中的候选序列。我们不计算 C_3,因此也不产生 L_3。下一步 AprioriAll_generate 函数以 C_3 来产生 C_4,在经过剪枝后,得到的结果和如图 6-11(i)所示的 C_4 相同。在以 C_4 计算 L_4(图 6-12(i))之后,试图产生 C_5,这时结果为空。前推阶段的具体运行如图 6-12 所示。

回溯阶段的具体运行如图 6-13 所示。

3. AprioriAll 和 AprioriSome 比较

AprioriAll 用 L_{k-1} 去算出所有的候选 C_k,而 AprioriSome 会直接用 C_{k-1} 去算出所有的候选 C_k,因为 C_{k-1} 包含 L_{k-1},所以 AprioriSome 会产生比较多的候选。

虽然 AprioriSome 跳跃式计算候选,但因为它所产生的候选比较多,可能在回溯阶段前就占满内存。

如果内存满了,AprioriSome 就会被强迫去计算最后一组的候选(即使原本是要跳过此项)。这样,会影响并减少已算好的两个候选间的跳跃距离,而使 AprioriSome 变得跟 AprioriAll 一样。

对于较低的支持度,有较长的大序列,也因此有较多的非最大序列,所以 AprioriSome 比较好。

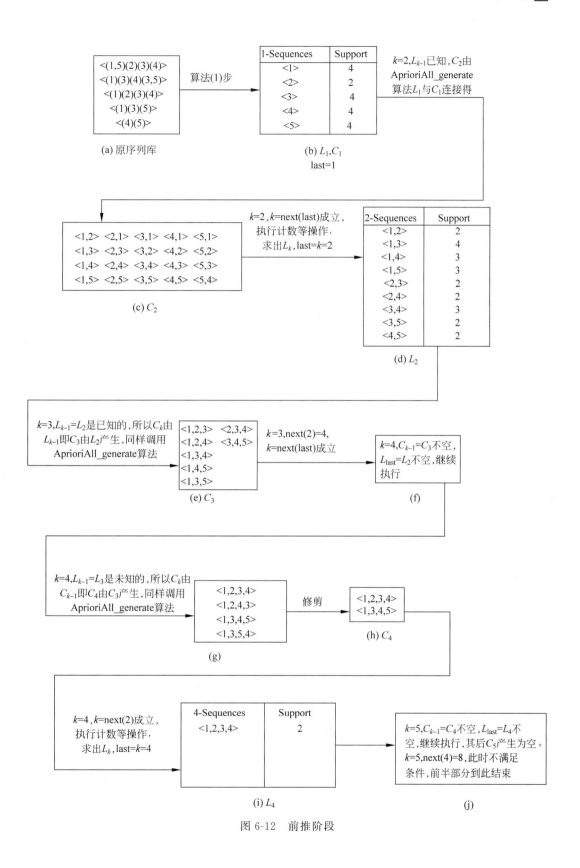

图 6-12 前推阶段

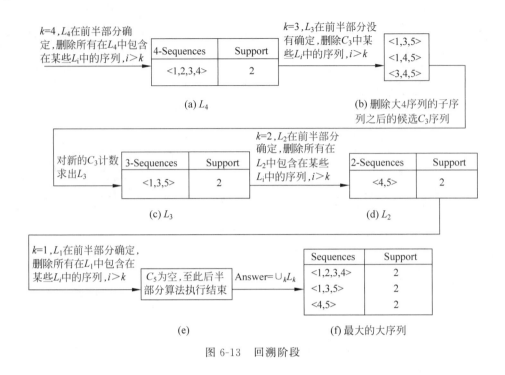

图 6-13　回溯阶段

6.9　GSP 算法

GSP(Generalized Sequential Patterns)算法,类似于 Apriori 算法,大体分为候选集产生、候选集计数以及扩展分类三个阶段。与 AprioriAll 算法相比,GSP 算法统计较少的候选集,并且在数据转换过程中不需要事先计算频繁集,这是 GSP 算法的优越之处。此外,GSP 算法时间复杂度与序列中的元素个数成线性比例关系;GSP 算法的执行时间随数据序列中字段的增加而增加,但是其增长并不显著。

1. GSP 算法描述

GSP 算法主要包括三个步骤。

① 扫描序列数据库,得到长度为 1 的序列模式 L_1,作为初始的种子集。

② 根据长度为 i 的种子集 L_i 通过连接操作和剪切操作生成长度为 $i+1$ 的候选序列模式 C_{i+1};然后扫描序列数据库,计算每个候选序列模式的支持数,产生长度为 $i+1$ 的序列模式 L_{i+1},并将 L_{i+1} 作为新的种子集。

③ 重复第②步,直到没有新的序列模式或新的候选序列模式产生为止。

其中,产生候选序列模式主要分为以下两步。

① 连接阶段:如果去掉序列模式 S_1 的第一个项目与去掉序列模式 S_2 的最后一个项目所得到的序列相同,则可以将 S_1 与 S_2 进行连接,即将 S_2 的最后一个项目添加到 S_1 中。

② 剪切阶段：若某候选序列模式的某个子序列不是序列模式,则此候选序列模式不可能是序列模式,将它从候选序列模式中删除。

候选序列模式的支持度计算按照如下方法进行。

对于给定的候选序列模式集合 C,扫描序列数据库 D_T,对于其中的每一条序列 d,找出集合 C 中被 d 所包含的所有候选序列模式,并增加其支持度计数。

算法 6-5 GSP 算法

输入：大项集阶段转换后的序列数据库 D_T。

输出：最大序列。

(1) $L_1 = \{$large 1-sequences$\}$;　　//大项集阶段得到的结果
(2) FOR 　($k=2$; $L_{k-1} \neq \varnothing$; $k++$)　 DO BEGIN
(3) 　　$C_k = $GSP_generate($L_{k-1}$);
(4) 　　FOR 　each customer-sequence c in the database D_T DO
(5) 　　　　Increment the count of all candidates in C_k that are contained in c;
(6) 　　　　$L_k = $Candidates in C_k with minimum support;
(7) END
(8) Answer = Maximal Sequences in $\bigcup_k L_k$;

在上述算法中,GSP_generate(L_{k-1})是比较关键的一步,下面通过举例说明该步骤的主要思想。

2. 算法举例

例子 6-4 表 6-9 演示了从长度为 3 的序列模式产生长度为 4 的候选序列模式的过程。

表 6-9　GSP 算法举例

Sequential patterns With Length 3	Candidate 4-Sequences	
	After Join	After Pruning
<(1,2),3>	<(1,2),(3,4)>	<(1,2),(3,4)>
<(1,2),4>	<(1,2),3,5>	
<1,(3,4)>		
<(1,3),5>		
<2,(3,4)>		
<2,3,5>		

在连接阶段,序列 <(1,2),3> 可以与 <2,(3,4)> 连接,因为 <(* ,2),3> 与 <2,(3, *)> 是相同的,两序列连接后为 <(1,2),(3,4)>,<(1,2),3> 与 <2,3,5> 连接,得到 <(1,2),3,5>。剩下的序列是不能和任何长度为 3 的序列连接的,如 <(1,2),4> 不能与任何长度为 3 的序列连接,这是因为其他序列没有 <(2),(4, *)> 或者 <(2),(4)(*)> 的形式。

在修剪阶段,<(1,2),3,5> 将被剪掉,这是因为 <1,3,5> 并不在 L_3 中,而 <(1,2),(3,4)> 的长度为 3 的子序列都在 L_3 因而被保留下来。

3. GSP 算法分析

- 如果序列数据库的规模比较大，则有可能会产生大量的候选序列模式。
- 需要对序列数据库进行循环扫描。
- 对于序列模式的长度比较长的情况，由于其对应的短的序列模式规模太大，算法很难处理。

6.10 本章小结和文献注释

时间序列和序列模式挖掘是数据挖掘中的一个较新的而且重要的研究分支，有着广泛的应用价值。它们通过研究信息的时间特性或事件的发生顺序，挖掘事物进化的规律，从而获得有用的知识。本章对时间序列和序列模式挖掘的概念以及常用的方法和算法进行了阐述。

本章的主要内容及相关的文献引用情况如下。

1. 时间序列及其应用

所谓时间序列就是将某一指标在不同时间上的不同数值，按照时间的先后顺序排列而成的数列。由于前后时刻的数值或数据点的相关性往往呈现某种趋势性或周期性变化，因此时间序列里蕴藏着其他信息形式所不能代替的有用知识。所谓时间序列挖掘就是从时间序列数据中提取人们事先不知道的、但又是潜在有用的与时间属性相关的信息和知识，并用于短期、中期或长期预测。从经济到工程技术，从天文到地理和气象，几乎在各种领域都会遇到时间序列，因此时间序列挖掘有着广泛的数据基础和广阔的应用前景。

关于时间序列分析方法的基础性的中文文献有［杨叔子 95］、［安鸿志 92］和［顾岚 99］等。对时间序列挖掘进行正式讨论的较早文献包括［AFS93］、［FRM94］。

2. 时间序列预测的常用方法

时间序列分析的一个重要应用是预测，因此本章对时间序列预测的主要方法加以归纳。分别针对确定性时间序列、随机时间序列等预测技术加以讨论。

- 确定性时间序列预测方法：对于平稳变化特征的时间序列，可以利用属性现在的值预测将来的值。对于具有明显季节变动的时间序列来说，需要先将最近的观察值去掉季节性因素的影响产生变化趋势，然后结合季节性因素进行预测。一种更科学的评价时间序列变动的方法是把数据的变动看成是长期趋势、季节变动和随机性变动共同作用的结果。时间序列分析就是设法消除随机性波动、分解季节性变化、拟合确定性趋势，因而形成对发展水平分析、趋势变动分析、周期波动分析和长期趋势加周期波动分析等一系列确定性时间序列预测方法。
- 随机性时间序列预测方法：通过建立随机模型，对随机时间序列进行分析，可以预测未来值。
- 其他方法：许多技术，如神经网络、遗传算法，都可用于时间序列的预测。由于大量的时间序列是非平稳的,因此探讨多种技术结合来实现时间序列挖掘是必要的。

关于时间序列预测的一般性方法,可以从[顾岚 97]和[安鸿志 98]中得到更详细的论述。另外,[蒋嵘 00]对时间序列预测的常用方法进行了归纳和总结。

关于神经网络在时间序列预测上的应用模型和方法有许多成功的例子可以说明。[CSL90]建立了自适应的用于水消费的神经网络模型;[VV90]给出经济时间序列预测方法;[FBC99]建立了简单模型、积木式模型和 Elman 的循环模型,并利用它们进行了太阳黑子活动的预测。

3. 基于 ARMA 模型的序列匹配方法

通过建立随机模型,对随机时间序列进行分析,可以预测未来值。若时间序列是平稳的,可以用自回归模型、移动回归模型或自回归移动平均模型进行分析预测。ARMA 模型是时序方法中最基本的、实际应用最广的时序模型。早在 1927 年,G. U. Yule 就提出了 AR 模型,此后,AR 模型逐步发展为 ARMA 模型、多维 ARMA 模型。ARMA 通常被广泛用于预测。由于 ARMA 模型是一个信息的凝聚器,可将系统的特性与系统状态的所有信息凝聚在其中,因而它也可以用于时间序列的匹配。

文献[杨叔子 95]、[安鸿志 92]和[顾岚 99]对此进行了全面的介绍,感兴趣的读者可以参阅这些文献。

4. 基于离散傅里叶变换的时间序列相似性查找

大多数新型的数据库应用,特别是数据挖掘应用需要数据库具备相似(similarity)查找能力,可参考[AIS93]、[AFS93]。通常,Euclidean Distance 或 City-block Distance 等距离函数作为序列的相似性判别函数。文献[AL+95]指出基于上述距离函数比较方法的致命弱点是对噪声太敏感。而且一般情况下,序列都很长,计算距离需要比较长的时间。[RM97]、[AFS93]指出如果能从序列中抽取少量的、主要的特征则可以大大提高序列的查找速度。

文献[AFS93]、[FRM94]、[RM98]把相似性匹配分为两类:完全匹配和子序列匹配。

基于傅里叶变换的时间序列查询方法,不仅适用于完全匹配查找,而且还适用于子序列匹配查找。根据 Parseval 的理论,时域能量函数与频域能量谱函数相同。文献[AFS93]、[FRM94]、[RM97]、[RM98]把时域空间的序列相似性问题转化为频域空间的频谱相似性问题,又因为频域空间的大部分能量集中在前几个系数上,因此可以不考虑离散傅里叶变换得到的其他系数。文献[AFS93]提出了一种基于完全匹配的查找方法,只取 1~3 个系数就可以达到很好的效果,随着序列的数目的增加和序列长度的增加执行效果更好。

[FRM94]提出了基于离散傅里叶子序列快速匹配的方法——滑动窗口方法。

5. 基于规范变换的查找方法

尽管离散傅里叶变换较好地解决了时间序列的完全匹配与子序列匹配问题，但是该方法并没有考虑序列取值问题，有些情况下两个序列的取值相差很大，而变化趋势却很相似。

针对基于距离的比较方法和基于离散傅里叶变换时间序列查找方法的缺点，文献[AL+95]提出了一种新的方法，假定两个序列有足够多的、不相互重叠的、按时间顺序排列的、相似的子序列，则这两个序列相似。当比较两个序列是否相似时，首先适当做一定幅度调整和偏移变换，并且还可忽略一些不匹配的小区域，从而大大提高了查询效率。

6. 序列挖掘

序列挖掘或称序列模式挖掘，是指从序列数据库中发现蕴含的序列模式。时间序列分析和序列模式挖掘有许多相似之处，在应用范畴、技术方法等方面也有很大的重合度。但是，序列挖掘一般是指相对时间或者其他顺序出现的序列的高频率子序列的发现，典型的应用还是限于离散型序列。

序列模式挖掘最早是由文献[AS95]提出的，它的最初动机为发现某一时间段内客户的购买活动规律，在带有交易时间属性的交易数据库中发现频繁项目集。近年来，序列模式挖掘已经成为数据挖掘的一个重要方面，其应用范围也不局限于交易数据库，在 DNA 分析等尖端科学研究领域、Web 访问等新型应用数据源等众多方面已得到针对性研究。

7. AprioriAll 算法

文献[AS95]提出的 AprioriAll 算法源于频繁集算法 Apriori，它把 Apriori 的基本思想扩展到序列挖掘中，也是一个多遍扫描数据库的算法。在每一遍扫描中都利用前一遍的大序列来产生候选序列，然后在完成遍历整个数据库后测试它们的支持度。在第一遍扫描中，利用大项目集阶段的输出来初始化大 1-序列的集合。在每次遍历中，从一个由大序列组成的种子集开始，利用这个种子集，可以产生新的潜在的大序列。在第一次遍历前，所有在大项集阶段得到的大 1-序列组成了种子集。

8. AprioriSome 算法

文献[AS95]提出的 AprioriSome 算法可以看作 AprioriAll 算法的改进，具体过程分为两个阶段：前推阶段用于找出指定长度的所有大序列；回溯阶段用于查找其他长度的所有大序列。

9. GSP 算法

文献[AS96b]提出了 GSP(Generalized Sequential Patterns)算法，类似于 Apriori 算

法,大体分为候选集产生、候选集计数以及扩展分类三个阶段。与 AprioriAll 算法相比,GSP 算法统计较少的候选集,并且在数据转换过程中不需要事先计算频繁集,这是 GSP 算法的优越之处。此外,GSP 算法时间复杂度与序列中的元素个数成线性比例关系;GSP 算法的执行时间随数据序列中字段的增加而增加,但是其增长并不显著。

习　题　6

1. 简单地描述下列英文缩写或短语的含义。

(1) Sequential Mining

(2) Time Series

(3) Offset Translation

(4) Subsequence Ordering

2. 解释下列概念。

(1) 时间序列

(2) 偏移变换

(3) 多元时间序列

(4) 子序列匹配

3. 简述时间序列挖掘的概念。

4. 举例说明时间序列挖掘的意义。

5. 简述时间序列预测的常用方法。

6. 简述常见的确定性时间序列预测模型。

7. ARMA 模型是时序方法中最基本的、实际应用最广泛的时序模型,请简述该模型的主要思想。

8. 请简述 AR 模型参数矩阵估计的方法,以及判别函数的构造方法。

9. 在时间序列分析方面,离散傅里叶变换具有独特的优点。请简述采用该方法进行完全匹配的主要思想。

10. 在时间序列分析方面,离散傅里叶变换具有独特的优点。请简述采用该方法进行完全匹配的主要思想。

11. 与基于距离的比较方法和基于傅里叶变换时间序列查找方法相比,基于规范变换的查找方法具有哪些优点?

12. 请比较各种时间序列分析方法的特点。

13. 给定序列数据库 D_T,请说明 D_T 上的频繁 k-序列的具体含义。

14. 请举例说明序列的包含关系。

15. 简述序列模式挖掘的一般步骤。

16. 简述序列模式挖掘的各个步骤的主要任务。

17. 请简述 AprioriAll 算法的主要思想。

18. 请用 AprioriAll 算法在如表 A6-1 所示的数据库例子中找出大序列,假定最小支持度为 40%。

表 A6-1 特别数据库示例

3-Sequence	Support
<4,5,7>	2
<4,5,6>	2
<4,6,7>	3
<5,6,7>	2
<4,6,8>	2

19. AprioriSome 算法的执行过程可以分为两个步骤,请简述每个步骤的主要任务。

20. 请用 AprioriSome 算法在第 18 题给出的数据库例子中找出大序列,假定最小支持度为 40%。

21. 请简述 GSP 算法的主要思想。

22. 与 AprioriSome 和 AprioriAll 相比,GSP 算法具有哪些优点?

23. 基于表 A6-2 中的数据,利用 GSP 算法进行序列模式挖掘,最小支持数设为 2(最小支持度为 50%)。

表 A6-2 习题 23 使用的项目序列库

用 户	访问序列
10	<a(abc)(ab)d(cf)>
20	<(ad)c(bc)(ae)>
30	<(ef)(ab)(df)cb>
40	<eg(af)cbc>

24. 基于表 A6-3 中的数据,利用 GSP 算法进行序列模式挖掘,自己设定最小支持度。

表 A6-3 习题 24 使用的项目序列库

用 户	访问序列
U1	<a(abc)d(cef)>
U2	<(ad)cb(ae)>
U3	<(ef)(ab)dcb>

神经网络与深度学习 第7章

从有限观测数据中挖掘或学习出具有一般性的规律或模式,并进一步应用所得规律或模式于新的数据,这是数据挖掘的主要任务。前文述及的分类方法就是其中的典型代表,与回归方法等构成机器学习中有监督学习的主体。数学上,此类问题可以描述为寻求输入到输出的函数(映射)关系,其函数关系的具体表征则成为统计、机器学习与人工智能等学科领域的重要研究内容。传统方法主要关注输入特征到输出间函数关系的表征与学习,输入表示为特征的过程主要依靠人工经验与特征转换方法完成,此类方法可视为浅层学习。深度学习则将输入特征化的过程纳入学习本身,实现"端到端"整体上的学习,近年受到学界与业界的广泛关注。

本章从线性网络入手,介绍多层感知器、卷积神经网络、典型深度卷积神经网络模型及实现等。

- 线性网络:包括线性回归与 softmax 回归模型,求解模型参数的随机梯度下降方法,以及线性网络模型实践,等等。
- 多层感知器:包括隐含层结构、常用激活函数与信息的正反向传播等基础知识,实现隐式正则、提升模型泛发性能的暂退法,以及多层感知器实践,等等。
- 卷积神经网络:包括卷积与互相关操作、填充操作、步幅概念与池化操作等基础知识,经典卷积神经网络模型 LeNet 及其实现,等等。
- 深度卷积神经网络:包括现代深度卷积神经网络 AlexNet、GoogleNet、ResNet 及其 PyTorch 实现,等等。
- PyTorch 简介:包括 Anaconda、PyTorch 的简单安装及其基础性实践,等等。

本章内容安排如下:首先以线性网络为导入,介绍神经网络与深度学习学习表征输入到输出间映射关系的基础性任务,然后讲述经典神经网络多层感知器。进而,面向视觉与图像处理等含有空间关联信息的任务介绍卷积神经网络的基本原理与典型模型,紧接着导入几种典型的现代深度卷积神经网络模型,最后对当前通行的深度学习实践平台 PyTorch 做了简单导论。各节除讲述相关原理与方法外，均有基于 PyTorch 的动手实践环节，以方便读者迅速掌握常用深度学习模型。读者实践前，建议先阅读 PyTorch 简介章节。

7.1　线性网络

视频讲解

本章中，线性回归模型与 softmax 回归模型被视为线性网络，除其独立应用之外也作为理解神经网络与深度学习的基础。

7.1.1　线性回归模型

不失一般性，以 $\boldsymbol{x}=[x_1,x_2,\cdots,x_d]^\mathrm{T}$ 表示输入特征，y 表示其对应输出。回归是为输入特征（自变量）与输出（因变量）之间关系建模的典型方法，即寻找适当的函数 $f(\cdot)$ 使得 $y=f(\boldsymbol{x})$。其严格表述应是 $y=f(\boldsymbol{x})+\varepsilon$，其中，$\varepsilon$ 为模型所不能解释的部分。线性回归（linear regression）以线性函数来表征函数 $f(\cdot)$，即 $f(\boldsymbol{x})=\boldsymbol{w}^\mathrm{T}\boldsymbol{x}+b$，其中，$\boldsymbol{w}=[w_1,w_2,\cdots,w_d]^\mathrm{T}$ 为权重（系数）向量，b 为偏置，后文统称参数。例如，现希望以二手车原价格及其行驶里程为输入特征，预测二手车价格（输出），假设其间关系为线性，则可构建如下线性模型：

二手车价格＝w_原价×二手车原价＋w_里程×二手车行驶里程＋b

线性模型形式简单、数学性质好，易于实现与解释，也是理解或构建复杂模型的基础。例如，通过引入高维（或层级结构）构建表征能力更为强大的模型：$f(\boldsymbol{x})=\boldsymbol{w}^\mathrm{T}\phi(\boldsymbol{x})+b$，其中，$\phi(\cdot)$ 表示某种映射。线性模型是建模的一个自然起点，为模型选择提供了一个基线模型。不难理解，复杂模型较之线性模型应有明显优势。为表述方便，下文以 y 表示真实输出，$\hat{y}$ 表示模型输出。

假设现有 n 个样本，以矩阵 $\boldsymbol{X}\in\mathbb{R}^{n\times d}$ 表示，对应真实输出与模型输出分别以 $y,\hat{y}\in\mathbb{R}^n$ 表示。由前述线性模型，则有

$$\hat{\boldsymbol{y}}=\boldsymbol{X}\boldsymbol{w}+\boldsymbol{b}$$

上述模型中，权重 $\boldsymbol{w}$ 与偏置 $\boldsymbol{b}=[b,b,\cdots,b]^\mathrm{T}$ 待定，需要通过学习或训练求得。此处涉及两个基本问题：一是如何评价所建模型质量；二是如何更新模型参数以提升模型质量。

针对第一个问题，可以引入损失函数以度量模型输出与真实输出间的差异。例如，线性回归模型中的最小二乘法就以均方误差（二次损失函数）为度量基准，具体定义为：

$$L(\boldsymbol{w},b)=\frac{1}{n}\sum_i^n \ell^{(i)}(\boldsymbol{w},b)=\frac{1}{n}\sum_i^n \frac{1}{2}(\hat{y}^{(i)}-y^{(i)})^2$$

通过最小化均方误差可以求得“最佳”参数 $(\boldsymbol{w}^*,b^*)$，即

$$(\boldsymbol{w}^*,b^*)=\mathrm{argmax}_{(\boldsymbol{w},b)}L(\boldsymbol{w},b)$$

由微积分知识，为求解此问题，可基于 $L(\boldsymbol{w},b)$ 对参数求梯度（导数）并令之等于 0 而求得解析解。不失一般性，通过在 $\boldsymbol{X}$ 中增加一列元素为 1 的向量，偏置 b 可以纳入权重 $\boldsymbol{w}$，从而线性模型可简约表述为 $\boldsymbol{X}\boldsymbol{w}$。此情形下，其解析解为：

$$\boldsymbol{w}^*=(\boldsymbol{X}^\mathrm{T}\boldsymbol{X})^{-1}\boldsymbol{X}^\mathrm{T}\boldsymbol{y}$$

不难理解，上述解析解存在的前提是 $\boldsymbol{X}^\mathrm{T}\boldsymbol{X}$ 满秩（可逆）。实际数据挖掘中，$d>n$（特

征维度大于样本数)的情形并不少见,从而 X^TX 不可逆而存在多个可行解。一种通行解决方案是引入正则化项,即修订优化目标为:

$$L(w,b) + \frac{\lambda}{2} \parallel w \parallel^2$$

其中,正则参数 λ 用来权衡正则项与损失函数重要性,L_2 范数 $\parallel w \parallel^2 = \sum_i^d w_i^2$。此情形所对应的解析解为:

$$w^* = (X^TX + \lambda I)^{-1}X^Ty$$

此处 I 为单位矩阵,所得模型称为岭回归(ridge regression)模型。上述正则项也可使用 L_1 范数 $\parallel w \parallel_1 = \sum_i^d \mid w_i \mid$,所得模型称为 Lasso 模型。更多数学细节此处不展开讨论,有兴趣的读者可以参看本章末相关推荐文献。

解析解便于理论分析,计算上能一步到位。但对大规模问题,因其计算涉及矩阵求逆所以代价高昂。同时,实际应用中并非所有问题都存在上述解析解。数据挖掘与机器学习领域更多倾向于采用迭代方法,比如随机梯度下降方法求解上述优化问题。

7.1.2 随机梯度下降

梯度下降是常用优化方法。通过求解待优化目标函数(上述模型中带或不带正则项的损失函数)的梯度迭代更新参数,即

$$(w_{t+1}, b_{t+1}) = (w_t, b_t) - \eta \partial_{(w_t, b_t)} L(w_t, b_t)$$

此处,η 为学习率,又称步长,控制参数每次更新的幅度,是一个超参数(非学习或优化求解所得)。梯度下降法每次更新需要遍历整个样本一次以求得整个样本上的梯度,对大规模问题并不友好。一个替代方法是随机选取一个样本为"代表",计算其梯度进而更新参数。该方法即为随机梯度下降。由于随机梯度下降每次仅选取一个样本,其代表性不足(随机性很强)。作为折中,一个自然的做法是选择一小批样本,比如 B 个样本(记为 X_B)为"代表"计算其梯度。该方法被称为小批量随机梯度下降,其参数更新方式为:

$$(w_{t+1}, b_{t+1}) = (w_t, b_t) - \frac{\eta}{B} \partial_{(w_t, b_t)} \sum_{i \in X_B} \ell^{(i)}(w_t, b_t)$$

机器学习中,上述迭代更新参数的过程通常称为"学习"或"训练"。学习完成后,依据所得参数,将待预测输入特征代入模型即得其相应预测值。比如前文二手车价格预测例子中,将待预测价格的二手车的原价与其行驶里程与学习所得参数相乘再加上偏置即得其价格预测值。

7.1.3 神经网络

神经网络的基本组成部分是神经元模型,多个神经元相连构成神经网络。生物学上,当神经元电位超过某一阈值(相当于前文中的偏置 b)时就会被激活(兴奋)而向相连神经元发送信号(化学物质),进而改变相连神经元的电位,如此形成功能强大的神经网络。研究者们据此构造了人工神经元模型,如"M-P"神经元模型。当然,人类大脑的实际神经活

动更为丰富、复杂。

前述线性回归模型数学形式上就是线性(仿射)变换,可从神经网络角度进行解读,视其为神经网络的简化情形。图 7-1 展示了一个单输出的单层神经网络。

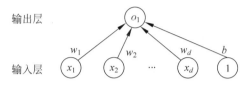

图 7-1　单输出的单层神经网络示例

图 7-1 中,实际计算发生在输出神经元 o_1 处($o_1 = x_1 w_1 + \cdots + x_d w_d + b$),输入层本身不涉及计算,因此神经网络层数计数中通常不统计在内,即图 7-1 所示神经网络为单层网络。不难发现,前述线性模型相当于激活函数(后文进一步解释)为恒等函数或不使用激活函数的单层单神经元神经网络模型。

7.1.4　softmax 回归

线性回归模型中,输出 y 通常是数值型变量,比如根据二手车原价及其行驶里程预测二手车价格。实际应用中存在诸多场景,人们关心的不是建模预测出某"数量"(数值型变量),而是比如这封邮件是否是垃圾邮件,又或是这张图像是猫、狗或者羊,这种分类问题。自然地,首先需要考虑分类情形下输出 y 的有效表示。例如,用"1"表示垃圾邮件,用"0"表示正常邮件,这是表征二分类问题的一种可行方法。更一般地,对于多分类问题,人们通常使用独热编码方法。例如,对于"猫""狗"和"羊"三类别的输出可以使用三位独热编码,具体可用{1,0,0}表示"猫",用{0,1,0}表示"狗",用{0,0,1}表示"羊"。可见,分类情形下其输出可能是多维向量,其元素取"0"或"1",与前述线性回归模型输出明显不同。机器学习中,还经常使用与前述"硬性"表述(非此即彼)不同的"柔性"表述。例如,以概率来表示属于其中某一类的可能性,此时的输出就对应于某一概率分布(属于某一类的概率非负,所有类别对应概率相加其和为 1)。

使用前文线性回归模型,其输出并不适合直接表示类别型变量,需要更具针对性的模型。此处存在两个基本问题:一是如何解决向量(多维)输出问题;二是如何适度限定输出取值范围。针对第一个问题,一个自然的做法是采用包含多个神经元的输出层。图 7-2 给出了多输出的单层神经网络的一个具体示例。

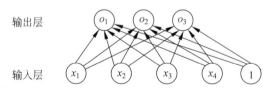

图 7-2　多输出的单层神经网络示例

如图 7-2 所示网络含有 3 个输出神经元,对应三组线性(仿射)变换,即

$$o_1 = x_1 w_{11} + x_2 w_{12} + x_3 w_{13} + x_4 w_{14} + b_1$$

$$o_2 = x_1 w_{21} + x_2 w_{22} + x_3 w_{23} + x_4 w_{24} + b_2$$
$$o_3 = x_1 w_{31} + x_2 w_{32} + x_3 w_{33} + x_4 w_{34} + b_3$$

进一步,上式可简约表示为 $\boldsymbol{o} = \boldsymbol{Wx} + \boldsymbol{b}$。此例中,权重 $\boldsymbol{W}$ 为 3×4 的矩阵,输出 $\boldsymbol{o}$ 与偏置 $\boldsymbol{b}$ 为 3 维列向量。

针对第二个问题,可以构造某种形式的"挤压"函数,将输出限定于某一适当范围。对于二分类问题,logit 变换能将无限范围内变化的输入转换到 $(0,1)$,其对应模型被称为 logistic 回归(logistic regression)。其具体变换形式为:

$$\mathrm{logit}(o) = \ln \frac{p(y=1 \mid \boldsymbol{x})}{1 - p(y=1 \mid \boldsymbol{x})}$$

即 $p(y=1 \mid \boldsymbol{x}) = \dfrac{\exp(o)}{1 + \exp(o)}$。对于更一般的多分类问题,机器学习领域的一般做法是采用 softmax($\cdot$)函数将输出向量变换为类别上的一个概率分布(各类概率之和为 1)。其具体形式为:

$$\hat{\boldsymbol{y}} = \mathrm{softmax}(\boldsymbol{o}), \quad \text{其中}, \hat{y}_j = \frac{\exp(o_j)}{\sum\limits_k \exp(o_k)}$$

注意,此时模型输出是一个概率分布,还不是最终类别的"硬性"预测。实际应用中可以通过选择最可能(预测概率最大)的类别为预测类别,即选择 $\max_j \hat{y}_j$($= \max_j o_j$)为最终预测。softmax($\cdot$)函数实现了"挤压"变换,同时也能保序($\hat{\boldsymbol{y}}$ 与 $\boldsymbol{o}$ 元素排序一致),其输出取决于输入特征的线性(仿射)变换,因此将其归入到线性模型。

与前文线性回归模型类似,softmax 回归(softmax regression)模型也需要选择适当的损失函数度量模型预测质量并据此求解参数($\boldsymbol{W}, \boldsymbol{b}$)。对于分类问题,机器学习领域通常采用交叉熵损失函数(存在诸如 hinge loss 等其他形式的损失函数),其具体形式为:

$$\ell(\boldsymbol{y}, \hat{\boldsymbol{y}}) = \sum_j y_j \log \hat{y}_j$$

不难发现,由于真实输出采用独热编码,也就是只有真实类别所对应的元素位取 1,其他元素位均取 0,从而上式计算并不需要进行多次乘法运算再求和,只需计算 $\log \hat{y}_{j^*}$(假定 j^* 所对应的类别为真实类别)即可。由于 softmax 变换前的输出 o_j 仅对输入特征进行线性变换,其对于参数的梯度易于求得。对于 softmax 变换关于 o_j 的梯度,不难求得:

$$\partial_{o_j} \ell(\boldsymbol{y}, \hat{\boldsymbol{y}}) = \frac{\exp(o_j)}{\sum\limits_k \exp(o_k)} - y_j = \mathrm{softmax}(\boldsymbol{o})_j - y_j$$

基于损失函数可以采用类似前述述及的随机梯度下降法求解模型参数。

7.1.5 线性回归模型实践

为方便理解,我们构造一个数据集,基于该数据集完成线性回归模型的构建。假设输入输出间的真实关系为:

$$\boldsymbol{y} = \boldsymbol{Xw} + b + \varepsilon$$

其中，$w=[-2.34,4.56]$，$b=1.23$，$\varepsilon \sim N(0,0.01)$。根据上述关系编写相应程序，生成数据集。这里的输入特征由 $N(1,1)$ 随机生成（真实情形则通过调查、观察、实验、传感器、监控等途径获取）。运行下面的代码：

```
%matplotlib inlinc
from matplotlib import pyplot as plt
from torch.utils import data
import random
import torch
```

做好相关库与工具的准备。给出真实权重与偏置，进而生成相关数据：

```
"""y=X * 权重+偏置+扰动"""
权重 = torch.tensor([-3.45,5.67])
偏置 = 2.34
样本数 = 2000
X = torch.normal(1, 1, (样本数, len(权重)))
y = torch.matmul(X, 权重) + 偏置
y += torch.normal(0, 0.01, y.shape)
y = y.reshape((-1,1))
```

运行下述代码以显示相关结果：

```
print('特征:', X[0:5],'\n 输出:', y[0:5])
```

可得：

```
特征: tensor([[1.8848, 1.8392],
        [2.1419, 2.1933],
        [1.9306, 0.3513],
        [0.1228, 1.5197],
        [2.7143, 1.1015]])
输出: tensor([[ 6.2685],
        [ 7.3888],
        [-2.3304],
        [10.5235],
        [-0.7843]])
```

再分别绘制输入特征上两个维度与输出之间的关系。具体运行下述程序。

```
plt.scatter(X[:, (0)].detach().numpy(), y.detach().numpy(), 1, c='r');
plt.scatter(X[:, (1)].detach().numpy(), y.detach().numpy(), 1, c='b');
```

可得如图 7-3 所示结果。在图 7-3 中，左下至右上的对角线附近的散点、右下至左上的对角线附近的散点都出现了明显的线性趋势。事实上，这两条对角线附近的散点分别对应输入的第一维度和第二维度特征，因此这样的问题使用线性模型建模有其合理性。

数据集准备好后即可开始建模。此处，不使用解析解，而是使用更具一般性的小批量随机梯度下降方法求解模型参数 w 与 b。为此，先构建一个数据迭代器，将数据分成小批量，方便以小批量方式"喂"给模型、计算梯度。

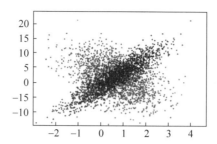

图 7-3　生成数据集上输入特征与输出间关系的展现

```
批量大小 = 5
数据 = (X, y)
数据集 = data.TensorDataset(* 数据)
# 将数据按批分割并打散顺序
批量化数据 = data.DataLoader(数据集，批量大小，shuffle＝True)
next(iter(批量化数据))
```

其中，"shuffle"指明是否要随机打乱样本顺序，一般训练时会将顺序打乱。可以运行上述命令进行验证，运行结果如下。

```
[tensor([[1.0312, 0.0926],
         [2.1576, 0.7572],
         [1.4129, 2.3923],
         [0.6553, 0.4804],
         [1.7806, 0.9008]]),
tensor([[-0.6796],
        [-0.8325],
        [11.0329],
        [ 2.8008],
        [ 1.3003]])]
```

由结果可见，该函数按指定的批量大小返回相应数量的样本对，即输入特征与输出（标签）。

数据问题解决后，通过直接调用 PyTorch 中自带的神经网络 nn 库的相关函数建立线性模型。如前文所述，线性模型相当于不使用激活函数的单层单神经元神经网络模型。具体地，运行下述代码完成模型构建：

```
from torch import nn
模型 = nn.Sequential(nn.Linear(2，1))
```

模型构建后还需要设置初始参数取值，即参数初始化。常用方法是使用均值为 0、方差较小的正态分布初始化权重参数，而偏置一半初始化为 0。初始化本身也是深度学习研究的热点之一，有兴趣的读者可搜索相关文献。运行下述命令：

```
模型[0].weight.data.normal_(0，0.01)
模型[0].bias.data.fill_(0)
```

即可完成参数初始化。模型[0]表示模型中的第一层，此处为单层网络，即指所建线性模型。接下来,选定损失函数(如均方误损失)与优化器(如随机梯度下降)。具体运行下述命令即可。

```
损失函数 = nn.MSELoss()
优化器 = torch.optim.SGD(模型.parameters(), lr=0.03)
```

其中,"lr"用来设置学习率,是需要根据具体问题与模型而调节的超参数。

前述工作准备完毕后即可进入训练环节。设置运行周期(epoch)数,定义下述训练函数运行即可。

```
周期数 = 5
for 周期 in range(周期数):
    for 输入,输出 in 批量化数据:
        损失 = 损失函数(模型(输入),输出)
        优化器.zero_grad()
        损失.backward()
        优化器.step()
    损失 = 损失函数(模型(X), y)
    print(f'迭代周期数 {周期 + 1}, 损失 {损失:f}')
```

函数中,在损失函数关于参数的梯度回溯完成后,优化器.step()按照批量随机梯度下降方法完成参数更新。作为验证,可以比较学习所得权重、偏置与真实权重和偏置两两间的差异。例如,运行

```
学到的权重 = 模型[0].weight.data
print('权重的估计误差:', 权重 — 学到的权重.reshape(权重.shape))
学到的偏置 = 模型[0].bias.data
print('偏置的估计误差:', 偏置 — 学到的偏置)
```

可得如下结果:

```
权重的估计误差:tensor([ 0.0007, —0.0010])
偏置的估计误差:tensor([0.0004])
```

7.1.6 softmax 回归模型实践

如前文所述,softmax 回归模型可以理解为采用交叉熵损失函数的线性模型,适用于分类问题。为此,我们下载图像分类数据集 Fashion_MNIST(参考 7.5 节)作为实验数据。该数据集包含 10 种不同类别的衣物类图像,分成训练集与测试集两部分。训练集每类包含 6000 张、共计 60 000 张图像;测试集每类包含 1000 张、共计 10 000 张图像。图像大小为 $28 \times 28 \text{px}$。

首先准备相应环境,运行下述代码。

```
%matplotlib inline
from matplotlib import pyplot as plt
import torch
import torchvision
```

```
from torch. utils import data
from torchvision import transforms
from IPython import display
```

接下来,定义下述数据集下载函数并运行。

```
def 加载 Fashion_MNIST 数据集(batch_size, resize=None):
    """下载 Fashion_MNIST 并加载到内存"""
    trans = [transforms. ToTensor()]
    if resize:
        trans. insert(0, transforms. Resize(resize))
    trans = transforms. Compose(trans)
    MNIST_训练集 = torchvision. datasets. Fashion_MNIST(
        root="data", train=True, transform=trans, download=True)
    MNIST_测试集 = torchvision. datasets. Fashion_MNIST(
        root="data", train=False, transform=trans, download=True)
    return (data. DataLoader(MNIST_训练集, batch_size, shuffle=True),
        data. DataLoader(MNIST_测试集, batch_size, shuffle=False))
```

代码中,参数"resize"指明是否按指定大小调整图像。该函数能根据指定大小按批量方式返回数据集,支持后续训练与测试。数据集下载完后可运行下述程序查看。

```
批量化训练集, 批量化测试集 = 加载 Fashion_MNIST 数据集(32, resize=56)
for 输入, 输出 in 批量化训练集:
    print("样本维度: ", 输入. shape, "样本类型: ", 输入. dtype, "\n 标签维度: ", 输出. shape,
"标签类型: ", 输出. dtype)
    break
```

该段程序返回第一批训练样本,运行结果为:

```
样本维度: torch. Size([32, 1, 56, 56]) 样本类型: torch. float32
标签维度: torch. Size([32]) 标签类型: torch. int64
```

开始模型训练前,需要先确定批量大小。此处设置批量大小为 256,正式载入训练集与验证集:

```
批量大小 = 256
批量化训练集, 批量化测试集 = 加载 Fashion_MNIST 数据集(批量大小)
```

然后加载神经网络库建立模型。注意,此处仍然使用线性网络层,只不过采用交叉熵损失函数。优化器使用内置随机梯度下降方法,参数初始化使用内置函数,具体采用均值为 0、标准差为 0.01 的正态分布初始化权重。因原图像数据是二维形式,需要将其变形为一维形式,故构建模型过程中使用了 nn. Flatten() 以实现展平操作。

```
from torch import nn
模型 = nn. Sequential(nn. Flatten(), nn. Linear(784, 10))

def 初始化权重(模型):
    if type(模型) == nn. Linear:
        torch. nn. init. normal_(模型. weight, std=0.01)
```

```
        模型. bias. data. fill_(0)
```

```
模型. apply(初始化权重);
损失函数 = nn. CrossEntropyLoss()
优化器 = torch. optim. SGD(模型. parameters(), lr=0.1)
```

为便于观察训练过程、评估模型质量,我们定义几个相关函数和类,计算模型评估指标,动态展现训练相关结果。

```
def 正确样本数(预测值, 真实值):
    """计算预测正确的样本数量"""
    if len(预测值. shape) > 1 and 预测值. shape[1] > 1:
        预测值 = 预测值. argmax(axis=1)
    判别 = 预测值. type(真实值. dtype) == 真实值
    return float(判别. type(真实值. dtype). sum())
```

```
def 计算模型精度(模型, 批量化数据):
```

```
"""计算模型精度"""
if isinstance(模型, torch. nn. Module):
    模型. eval()              # 设置成评估模式
性能指标 = 累加器(2)      # 评估指标,比如正确预测数、预测总数
with torch. no_grad():
    for 输入, 输出 in 批量化数据:
        性能指标. add(正确样本数(模型(输入), 输出), 输出. numel())
return 性能指标[0] / 性能指标[1]
```

```
class 累加器:
```

```
"""累加器,方便给出多个评估指标"""
def __init__(self, n):
    self. data = [0.0] * n
```

```
def add(self, * args):
    self. data = [a + float(b) for a, b in zip(self. data, args)]
```

```
def reset(self):
    self. data = [0.0] * len(self. data)
```

```
def __getitem__(self, idx):
    return self. data[idx]
```

```
def 设置轴(axes, xlabel, ylabel, xlim, ylim, xscale, yscale, legend):
```

```
axes. set_xlabel(xlabel)
axes. set_ylabel(ylabel)
axes. set_xscale(xscale)
axes. set_yscale(yscale)
axes. set_xlim(xlim)
axes. set_ylim(ylim)
if legend:
```

```
        axes. legend(legend)
```

class 绘制数据：

```
"""动态绘制数据"""
def __init__(self，xlabel=None，ylabel=None，legend=None，xlim=None，
            ylim=None，xscale='linear'，yscale='linear'，
            fmts=('-'，'r--'，'g-.'，'r:')，nrows=1，ncols=1，
            figsize=(3.5，2.5)):
    ♯递增式地绘制多条曲线
    if legend is None：
        legend = []
    display. set_matplotlib_formats('svg') ♯使用向量图格式
    self. fig, self. axes = plt. subplots(nrows, ncols, figsize=figsize)
    if nrows * ncols == 1：
        self. axes = [self. axes]
    ♯使用 lambda 函数捕获参数
    self. config_axes = lambda：设置轴(
        self. axes[0]，xlabel，ylabel，xlim，ylim，xscale，yscale，legend)
    self. X, self. Y, self. fmts = None, None, fmts


def add(self，x，y)：
    ♯添加数据点
    if not hasattr(y，"__len__")：
        y = [y]
    n = len(y)
    if not hasattr(x，"__len__")：
        x = [x] * n
    if not self. X：
        self. X = [[] for _ in range(n)]
    if not self. Y：
        self. Y = [[] for _ in range(n)]
    for i, (a, b) in enumerate(zip(x, y))：
        if a is not None and b is not None：
            self. X[i]. append(a)
            self. Y[i]. append(b)
    self. axes[0]. cla()
    for x, y, fmt in zip(self. X, self. Y, self. fmts)：
        self. axes[0]. plot(x, y, fmt)
    self. config_axes()
    display. display(self. fig)
    display. clear_output(wait=True)
```

现在定义训练函数，具体分成两步：首先定义周期内的模型训练函数，以批量方式遍历一遍数据集，可视为完整训练算法中的内循环；再定义整体训练函数，按指定周期数调用前述周期内训练函数，可视为完整训练算法中调用内循环的外循环。具体代码如下。

```
def 周期内训练(模型，批量化训练集，损失函数，优化器)：

"""训练模型一个周期"""
```

```
if isinstance(模型，torch. nn. Module)：
    模型. train()          ♯设置成训练模式
性能指标 ＝ 累加器(3)    ♯指标：训练损失总和、训练准确度总和、样本数
for 输入，输出 in 批量化训练集：
    ♯计算梯度并更新参数
    输出预测值 ＝ 模型(输入)
    损失 ＝ 损失函数(输出预测值，输出)
    优化器. zero_grad()
    损失. sum(). backward()
    优化器. step()
    性能指标. add(float(l. sum())，正确样本数(输出预测值，输出)，输出. numel())
♯返回训练损失和训练精度
return 性能指标[0] / 性能指标[2]，性能指标[1] / 性能指标[2]


plt. rcParams['font. sans－serif']＝['SimHei']
```

def cpu 训练模型(模型，批量化训练集，批量化测试机，损失函数，训练周期数，优化器)：

```
    """训练模型"""
    动态绘图 ＝ 绘制数据(xlabel='迭代周期数'，xlim＝[1, n_epochs]，ylim＝[0,1]，
                     legend＝['训练损失'，'训练精度'，'测试精度'])
    for 周期 in range(训练周期数)：
        训练性能指标 ＝ 周期内训练(模型，批量化训练集，损失函数，优化器)
        测试精度 ＝ 计算模型精度(模型，批量化测试集)
        动态绘图. add(周期 ＋ 1，训练性能指标 ＋ (测试精度))
    训练损失，训练精度 ＝ 训练性能指标
```

定义好相关函数并运行下述训练代码即可完成训练。注意，诸如学习率、周期数等可以进一步调节，以取得最佳学习效果。运行下述代码：

```
训练周期数 ＝ 5
cpu 训练模型(模型，批量化训练集，批量化测试集，损失函数，训练周期数，优化器)
```

相应结果如图 7-4 所示。图中，因为训练损失非常小，训练损失对应的曲线几乎紧贴横轴。

还可调用前述模型评估函数计算测试集上的平均准确率。注意，此处数据集只划分为训练集与测试集两部分，训练过程中测试集实际上被用作验证集(用来评估模型以便于调节参数等)，因此不是真正意义上的测试集(完全独立于训练过程)。运行下述代码：

```
计算模型精度(模型，批量化测试集)
```

我们有：

```
0.8279
```

通过调节参数(如迭代次数、学习率)可以得到更好的结果，如图 7-5 所示。

运行下述代码：

```
计算模型精度(模型，批量化测试集)
```

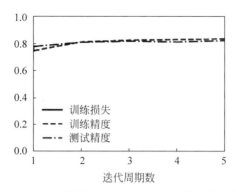

图 7-4　softmax 回归模型在 Fashion_MNIST 数据集上的学习效果

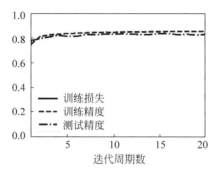

图 7-5　通过参数调节后的 softmax 回归模型在 Fashion_MNIST 数据集上的学习效果

我们有：

0.8315

更优结果或可通过参数调节而得（因随机性等原因，读者结果未必和上述结果一致），读者可自行验证，此处不再赘述。

7.2　多层感知器

视频讲解

线性网络本质上是对输入特征进行线性变换，输入输出间复杂关系的表征需要更具表示能力的模型。多层感知器是神经网络中的经典模型，即便当前现代神经网络模型层出不穷，其相关研究与应用仍然十分活跃。作为线性网络的一个自然延伸，本节讲述多层感知器（multilayer perception）的原理及其应用。

7.2.1　隐含层

7.1 节中，线性模型可理解为单层神经网络。为增强模型表示能力，人们尝试增加模型层数并引入非线性映射。

为方便理解，暂考虑引入一个隐含层，其具体模型如图 7-6 所示。不难发现，较之 7.1 节所示单层网络模型，图 7-6 增加了一个含有 5 个神经单元的隐含层。从信息传递流向

数据挖掘原理与算法（第 4 版）

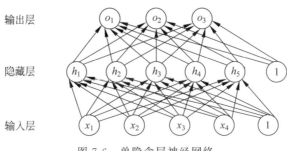

图 7-6　单隐含层神经网络

来看，输入特征首先经过隐含层单元计算得到相应输出，进而隐含层输出又经过输出层单元计算得到最终输出。不难发现，从输入到输出，输入特征共经历两次变换。然而，多次线性变换并不能增加模型表示能力。结合图 7-6，形式化表示上述变换如下。

$$H = XW^{(1)} + b^{(1)}, \quad O = HW^{(2)} + b^{(2)}$$

式中，$X \in \mathbb{R}^{n \times d}$ 表示 n 个样本所对应的输入，$H \in \mathbb{R}^{n \times h}$ 表示隐含层输出，$W^{(1)} \in \mathbb{R}^{d \times h}$ 表示隐含层权重，$b^{(1)} \in \mathbb{R}^{1 \times h}$ 表示隐含层偏置，$O \in \mathbb{R}^{n \times q}$ 表示输出层输出，$W^{(2)} \in \mathbb{R}^{h \times q}$ 表示输出层权重，$b^{(2)} \in \mathbb{R}^{1 \times q}$ 表示输出层偏置。偏置 $b^{(1)}$、$b^{(2)}$ 相关运算使用了广播机制，保持维度上的一致性。经简单计算，可得：

$$O = XW^{(1)}W^{(2)} + b^{(1)}W^{(2)} + b^{(2)} = XW + b$$

不难发现，经两次变换之后。输出 O 与输入 X 之间仍为线性关系。为此，人们引入非线性激活函数 $\sigma(\cdot)$ 进一步变换隐含层仿射变换之后的结果，即

$$H = \sigma(XW^{(1)} + b^{(1)}), \quad O = HW^{(2)} + b^{(2)}$$

此时，输出输入之间不再是线性关系。不难想象，通过堆叠多层神经网络，所得模型将更具表示能力。

7.2.2　激活函数

如前文所述，激活函数是丰富神经网络表示能力的重要环节，而其设计同时也关乎模型的训练效率与难度。例如，以随机梯度下降方法更新模型参数的情形下，损失函数对各层参数（权重与偏置）梯度的计算难易程度。早期激活函数的设计综合考虑了"挤压"作用及其光滑性，"挤压"作用对神经网络的输出做了一定限定，光滑性保证了其梯度的易得性。

前文提到过的 logit 变换就是其中一个选择。对 logit 变换，有：

$$p(y = 1 \mid x) = \frac{\exp(o)}{1 + \exp(o)} = \frac{1}{1 + \exp(-o)}$$

由此可得 sigmoid 激活函数，即 $\mathrm{sigmoid}(x) = \dfrac{1}{1 + \exp(-x)}$。对其求导，易得

$$\frac{\mathrm{d}}{\mathrm{d}x}\mathrm{sigmoid}(x) = \frac{\exp(-x)}{(1 + \exp(-x))^2} = \mathrm{sigmoid}(x)(1 - \mathrm{sigmoid}(x))$$

不难发现，在已求得 $\mathrm{sigmoid}(x)$ 的情形下其导数经简单计算即得。sigmoid 激活函数呈"S"形，其导数呈"钟"形，具体如图 7-7 所示。由图 7-7 可见，sigmoid 激活函数的导

数最大只能取 0.25。

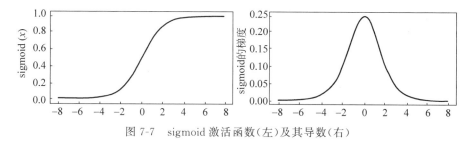

图 7-7　sigmoid 激活函数（左）及其导数（右）

早期神经网络中另一被广泛使用的激活函数是双曲正切 tanh 激活函数，其取值范围为（$-1,1$），亦呈"S"形。tanh 激活函数具体计算公式为：

$$\tanh(x) = \frac{\exp(x) - \exp(x)}{\exp(x) + \exp(x)} = 2\text{sigmoid}(2x) - 1$$

计算其导数可得：

$$\frac{\mathrm{d}}{\mathrm{d}x}\tanh(x) = 1 - \tanh^2(x)$$

图 7-8 展示了 tanh 激活函数及其导数。不难发现，tanh 激活函数的导数最大可取 1，但大部分情形下其取值较小。

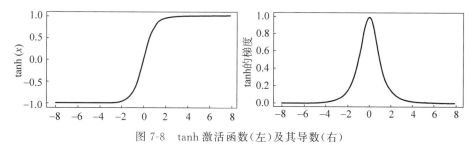

图 7-8　tanh 激活函数（左）及其导数（右）

上述两种激活函数在神经网络发展早期被广泛使用，进入深度学习时代后，其激活函数职能逐渐弱化，更多地被作为门限（如循环神经神经网络中的门控机制）使用。其中一个主要原因是其导数值偏小。不难想象，随神经网络层数加深，多次梯度计算之后其值将趋于 0，导致"梯度消失"进而模型难以有效更新。为此，相关研究者针对性设计了系列激活函数，其中，ReLU 是使用最为广泛的激活函数之一。其计算极为简单，具体形式为：

$$\text{ReLU}(x) = \max(0, x)$$

ReLU 激活函数是分段函数，输入为正时为恒等映射，其导数为 1，其他情形则取值为 0，导数也为 0（$x = 0$ 时定义其导数为 0）。图 7-9 展示了 ReLU 激活函数及其导数。

ReLU 激活函数形式简单、易于计算，能有效缓解多层神经网络模型训练中的梯度消失问题。实际应用中，其多种变体也被发展出来，有兴趣的读者可进一步查阅相关文献。

7.2.3　前向传播与反向传播

神经网络模型训练中有两类基本的信息流向。一类是信息的正向传播（forward-

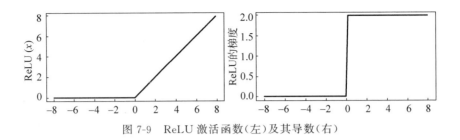

图 7-9　ReLU 激活函数(左)及其导数(右)

propagation),实现输入到输出的模型变换职能,并评价当前模型性能,即从输入特征起,按顺序计算、存储各层神经元相关结果,并根据模型最终输出计算目标函数(如带正则项的损失函数)。另一类是信息的反向传播(back-propagation),实现输出层到输入层参数更新信号的逐层分配,即根据链式法则计算、存储各层目标函数对参数的梯度。根据梯度信息进一步更新模型参数以期改善模型性能(降低目标函数取值),如此循环直至收敛或达到某类停机准则,完成神经网络的训练。

现以不带显式偏置项的两层神经网络为例,考虑输入 $x \in \mathbb{R}^d$,从输入到输出逐层计算可得:

$$z = W^{(1)} x, \quad h = \phi(z), \quad o = W^{(2)} h$$

式中,ϕ 是激活函数,$z \in \mathbb{R}^h$、$o \in \mathbb{R}^q$ 分别表示隐含层与输出层输出,$W^{(1)} \in \mathbb{R}^{h \times d}$、$W^{(2)} \in \mathbb{R}^{q \times h}$ 分别为隐含层与输出层权重。进一步,根据模型输出 o 基于损失函数 ℓ 计算输入样本 x 上的损失 $L = \ell(o, y)$。不失一般性,引入权重衰减,具体采用 L_2 正则化。考虑正则参数 λ,可得正则项

$$R = \frac{\lambda}{2} (\| W^{(1)} \|_F^2 + \| W^{(2)} \|_F^2)$$

式中,$\| \cdot \|_F^2$ 是向量上 L_2 范数在矩阵上的拓展,具体为矩阵各元素平方之和。综合损失函数与正则项即得模型目标函数 $J = L + R$。如此,即完成了样本 x 在模型中的正向传播。值得注意的是,实际应用中模型通常以批量样本方式进行训练。

为便于理解,引入计算图表述上述模型中信息的传播过程,具体如图 7-10 所示(参考文献[阿斯顿·张 2021]绘制)。图中方框表示变量,圆圈表示某种操作(运算),箭头指向表明信息正向传播。

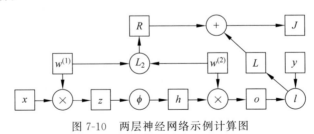

图 7-10　两层神经网络示例计算图

如图 7-10 所示计算图也有助于理解信息的反向传播(梯度计算)。首先回顾微积分中的链式求导法则。设有函数 $y = f(x)$、$z = g(y)$,则:

$$\frac{\mathrm{d}z}{\mathrm{d}x}=\frac{\mathrm{d}z}{\mathrm{d}y}\frac{\mathrm{d}y}{\mathrm{d}x}$$

更一般地,神经网络模型计算涉及高维变量(张量),上式中的"求导"操作需要替换为"求偏导"操作,同时还涉及一些"对齐"操作以保证运算上的合法性。为避免陷入过多的数学计算细节,参考[阿斯顿·张 2021],引入 prod(·,·)表示前述"对齐"操作,进而有:

$$\frac{\partial z}{\partial x}=\mathrm{prod}\Big(\frac{\partial z}{\partial y},\frac{\partial y}{\partial x}\Big)$$

前述两层示例神经网络待学习参数为 $\boldsymbol{W}^{(1)}$ 与 $\boldsymbol{W}^{(2)}$,反向传播即反向逐层计算目标函数 J 关于它们的梯度。

结合图 7-10 与链式法则,逐步展示参数梯度的具体计算(反向传播)过程。观察图 7-10 不难发现,从 J 到 $\boldsymbol{W}^{(2)}$ 有两条路径: $J\to +\to R\to L_2\to \boldsymbol{W}^{(2)}$ 以及 $J\to +\to L\to \ell\to o\to \times\to \boldsymbol{W}^{(2)}$。据此有, $\frac{\partial J}{\partial R}=1$, $\frac{\partial R}{\partial \boldsymbol{W}^{(2)}}=\lambda \boldsymbol{W}^{(2)}$, $\frac{\partial J}{\partial L}=1$, $\frac{\partial J}{\partial o}=\mathrm{prod}\Big(\frac{\partial J}{\partial L},\frac{\partial L}{\partial o}\Big)=\frac{\partial L}{\partial o}$, $\frac{\partial o}{\partial \boldsymbol{W}^{(2)}}=\boldsymbol{h}^{\mathrm{T}}$,从而最终可得:

$$\frac{\partial J}{\partial \boldsymbol{W}^{(2)}}=\mathrm{prod}\Big(\frac{\partial J}{\partial o},\frac{\partial o}{\partial \boldsymbol{W}^{(2)}}\Big)+\mathrm{prod}\Big(\frac{\partial J}{\partial R},\frac{\partial R}{\partial \boldsymbol{W}^{(2)}}\Big)=\frac{\partial J}{\partial o}\boldsymbol{h}^{\mathrm{T}}+\lambda \boldsymbol{W}^{(2)}$$

从 J 到 $\boldsymbol{W}^{(1)}$ 也存在两条路径: $J\to +\to R\to L_2\to \boldsymbol{W}^{(1)}$ 以及 $J\to +\to L\to \ell\to o\to \times\to \boldsymbol{h}\to \phi\to z\to \times\to \boldsymbol{W}^{(1)}$。类似地,有 $\frac{\partial R}{\partial \boldsymbol{W}^{(1)}}=\lambda \boldsymbol{W}^{(1)}$, $\frac{\partial J}{\partial \boldsymbol{h}}=\mathrm{prod}\Big(\frac{\partial J}{\partial o},\frac{\partial o}{\partial \boldsymbol{h}}\Big)=\boldsymbol{W}^{(2)}\frac{\partial J}{\partial o}$, $\frac{\partial J}{\partial z}=\mathrm{prod}$ $\Big(\frac{\partial J}{\partial \boldsymbol{h}},\frac{\partial \boldsymbol{h}}{\partial z}\Big)=\frac{\partial J}{\partial \boldsymbol{h}}\odot \phi'(z)$。式中, $\odot$ 表示哈达玛积,即相乘项对应元素相乘。经计算,最终可得:

$$\frac{\partial J}{\partial \boldsymbol{W}^{(1)}}=\mathrm{prod}\Big(\frac{\partial J}{\partial z},\frac{\partial z}{\partial \boldsymbol{W}^{(1)}}\Big)+\mathrm{prod}\Big(\frac{\partial J}{\partial R},\frac{\partial R}{\partial \boldsymbol{W}^{(1)}}\Big)=\frac{\partial J}{\partial z}\boldsymbol{x}^{\mathrm{T}}+\lambda \boldsymbol{W}^{(1)}$$

随模型层数加深,上述反向传播计算过程会变得复杂、琐碎。幸运的是,PyTorch 等计算平台能实现梯度的自动计算(自动微分),使得神经网络模型构建者更专注于模型设计本身。

7.2.4　暂退法

机器学习中,正则化方法常被用来抑制过拟合,增强所得模型的泛化(预测)性能。前文述及的在损失函数项上添加 L_2 或 L_1 等正则项便是一种显式正则化方法。深度学习中还有诸如 dropout(丢弃法也称暂退法)等隐式方法。通过在训练过程中随机掩蔽神经网络模型中部分神经元(将其置零)来人为引入噪声,无偏向地适度扰动模型训练过程。也就是平均来看,不加扰动与加入扰动其输出相等。

不失一般性,假设某神经元正常输出为 o,其丢弃概率为 p,则其实际输出 o' 以概率 p 取 0,以概率 $1-p$ 取 $\frac{o}{1-p}$。不难验证,有 $E[o']=o$。

暂退法是当前深度学习模型中的基础性操作,有其专门的实现组件,应用者可以根据需要灵活选择是否使用、在哪些层使用以及丢弃概率等。使用中,一般在浅层选择较小丢弃概率以保留输入信息的完整性,在深层选择较大丢弃概率以增强模型的正则性。此外,一般也只在训练阶段使用暂退法,测试阶段一般保留完整模型而不使用暂退法。

7.2.5 多层感知器模型实践

此处,构建一个多层感知器模型,实现对 Fashion_MNIST 数据集的分类。与前述章节中的线性网络模型相比,多层感知器模型增加了激活函数、权重衰减或 dropout 等操作。

具体地,构建一个三层(两个隐含层、一个输出层)感知器网络,采用 ReLU 激活函数并使用 dropout,代码如下:

```
模型 = nn. Sequential(nn. Flatten(),
                    nn. Linear(784, 256),
                    nn. ReLU(),
                    nn. Dropout(0. 2),
                    nn. Linear(256, 256),
                    nn. ReLU(),
                    nn. Dropout(0. 2),
                    nn. Linear(256, 10))
def 初始化权重(模型):
    if type(模型) == nn. Linear:
        torch. nn. init. normal_(模型. weight, std=0.01)
        模型. bias. data. fill_(0)

模型. apply(初始化权重);
```

由代码可见,第一、第二隐含层使用了 256 个神经元(可以自由设置,一般取 2 的幂);输出层 10 个神经元,对应 10 个类别;两个隐含层的 dropout 采用的丢弃概率为 0.2;模型权重参数采用均值为 0 标准差为 0.01 的正态分布进行初始化,偏置则初始化为 0。

采用前述章节定义的训练函数,载入数据,设置好学习率、批量大小与周期数等,具体代码如下。

```
批量大小,学习率,训练周期数 = 256, 0. 2, 5
损失函数 = nn. CrossEntropyLoss()
批量化训练集,批量化测试集 = 加载 Fashion_MNIST 数据集(批量大小)
优化器 = torch. optim. SGD(模型. parameters(), lr = 学习率, weight_decay = 0)
cpu 训练模型(模型, 批量化训练集, 批量化测试集, 损失函数, 训练周期数, 优化器)
```

运行结果如图 7-11 所示。

注意此处数据集只划分为训练集与测试集两部分,训练过程中测试集实际上被用作验证集,不是真正意义上的测试集。运行下述代码:

```
计算模型精度(模型, 批量化测试集)
```

有:

```
0. 8496
```

增加迭代次数，修改学习率为 0.1，批量大小为 128，可得到如图 7-12 所示结果。

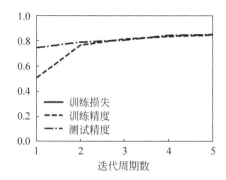

图 7-11　多层感知器模型在 Fashion_MNIST 数据集上的学习效果示例

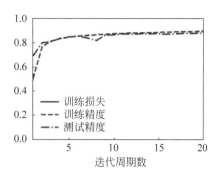

图 7-12　通过参数调节后的多层感知器模型在 Fashion_MNIST 数据集上的学习效果示例

运行下述代码：

计算模型精度（模型，批量化测试集）

有：

0.8822

读者可以进一步调节相关参数以提升模型性能，或者尝试搭建自己感兴趣的模型结构。

7.3　卷积神经网络

图像等数据天然具有空间结构信息，前文所述模型一般先将其向量化再进行学习或训练。如此一来，其空间结构信息就会丢失。为有效捕捉空间结构信息，研究者基于生物学等相关学科启发，提出了卷积神经网络（convolutional neural network）。卷积神经网络较之前述多层感知器（又称全连接神经网络），其参数量少，且易于并行计算，是计算机视觉领域的主打方法，通常被用来捕获原始图像中的边缘、纹理等信息。当前，卷积操作也被延拓至序列结构、图结构等更为广泛的应用场景。

卷积神经网络的设计基于视觉任务的两个基本特性，即平移不变性与局部性。平移不变性是指人们倾向于关注图像中感兴趣的对象而不是其在图像中的位置；局部性是指人们倾向于关注一定范围内的区域而忽略较远区域的关系。这与全局关系上的把握并不矛盾，实际应用中主要通过神经网络模型前几层来实现"平移不变性"与"局部性"，后几层通过某种方式进行适度集成获得图像上的全局关系。

7.3.1　卷积

直观上来说，卷积（convolution）是聚合邻域信息的一种操作，信号处理领域中卷积是一种滤波手段。数学上连续情形下卷积形式化的定义如下。

$$(f * g)(\boldsymbol{x}) = \int f(\boldsymbol{z}) g(\boldsymbol{x} - \boldsymbol{z}) \mathrm{d}\boldsymbol{z}$$

式中,$f, g : \mathbb{R}^d \to \mathbb{R}$。离散情形下,以求和运算替代前述积分运算,即

$$(f * g)(i) = \sum_a f(a) g(i - a)$$

不难发现,上述卷积操作某种意义上相当于以 f 为权对 g 进行加权求和。扩展至二维离散情形,则有:

$$(f * g)(i, j) = \sum_a \sum_b f(a, b) g(i - a, j - b)$$

为体现"局部性",可以限定兴趣(a, b 取值)范围,例如:

$$(f * g)(i, j) = \sum_{a = -\tau}^{\tau} \sum_{b = -\tau}^{\tau} f(a, b) g(i - a, j - b)$$

有趣的是,卷积网络中的"卷积"操作实际使用的是"互相关(cross-correlation)"操作,也就是上式中 $g(i-a, j-b)$ 替换为 $g(i+a, j+b)$。数学形式上两者有所区别,实际卷积神经网络应用中,卷积核参数为学习所得,互相关操作与卷积操作对学习任务而言无实质性区别。后文中如无特殊说明,不对"卷积"与"互相关"做刻意区分。

数值上,一张灰度图像对应某一矩阵,一张彩色图像则有 R、G、B 三个通道,对应三个矩阵(三维张量)。更一般地,多层神经网络中可以存在更高维度的张量,以此丰富特征提取与表示能力。为便于理解,从二维情形入手,直观上很容易和实际图像对应起来。图 7-13 展示了一个具体示例。具体运算中,卷积窗口依次从左至右、从上到下在输入张量上滑动,窗内对应元素相乘并求和作为对应位置上的张量输出。经计算,有:

$$1 \times 1 + 2 \times 2 + 4 \times 3 + 5 \times 4 = 37$$
$$2 \times 1 + 3 \times 2 + 5 \times 3 + 6 \times 4 = 47$$
$$4 \times 1 + 5 \times 2 + 7 \times 3 + 8 \times 4 = 67$$
$$5 \times 1 + 6 \times 2 + 8 \times 3 + 9 \times 4 = 77$$

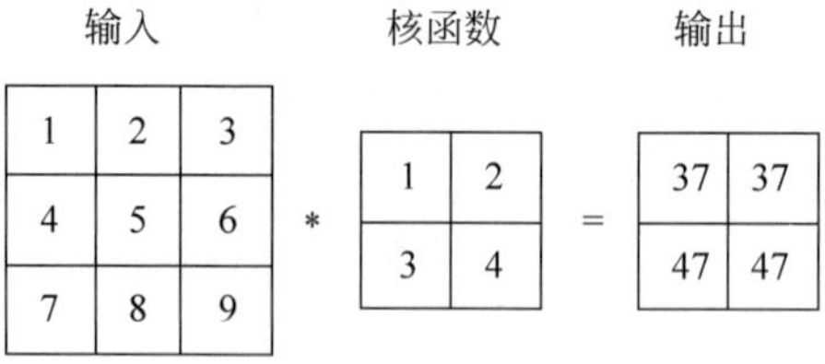

图 7-13 二维互相关操作示例

上述示例中,互相关操作前后张量大小不一致,输出张量大小与卷积核大小有关。具体地,设卷积核的大小(高、宽)为 $k_h \times k_w$,输入张量大小为 $n_h \times n_w$,则输出张量大小为:

$$(n_h - k_h + 1) \times (n_w - k_w + 1)$$

不难想象,如果不加控制,随卷积层数加深,输出会快速减小,导致原始图像边界信息丢失。为此,需要针对性操作以控制卷积操作的输出大小。

调控输出张量大小的常用操作有填充(padding)与步幅(stride)控制。填充操作就是

扩展原始输入张量,在其周边(高、宽)增加元素(一般为 0),以此调控输出张量大小。填充元素取 0,看上去并没有增加信息,那其意义何在?图 7-14 给出了填充操作的一个示例。图中,在原输入张量左右各填充了一列,上下各填充了一行,所得输出张量由原 2×2 增大到了 4×4。不难发现,输出张量边界元素并非全 0,如此可以保留原输入图像中的边界信息。设填充操作添加了 p_h 行、p_w 列(两者一般都是对称添加),对应输出张量大小则为:

$$(n_h - k_h + p_h + 1)\times(n_w - k_w + p_w + 1)$$

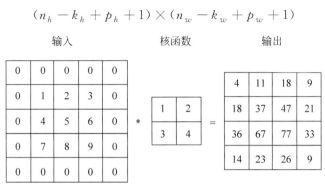

图 7-14   填充操作示例

实际应用中,卷积核高、宽一般取为奇数。若填充取 $p_h = k_h - 1$、$p_w = k_w - 1$,则可使得卷积操作前后张量大小不变。

前文述及的互相关操作每次滑动一个元素位,这个滑动幅度称为步幅。步幅大小可以调节,以此控制信息采集密度。图 7-15 展示了水平步幅为 2、垂直步幅为 3 的一个具体示例。一般地,设垂直步幅为 s_h、水平步幅为 s_w,对应输出张量大小为:

$$\lfloor(n_h - k_h + p_h + s_h)/s_h\rfloor \times \lfloor(n_w - k_w + p_w + s_w)/s_w\rfloor$$

实际使用中,一般以 (p_h, p_w)、(s_h, s_w) 二元组方式指定填充操作与步幅大小。当 $p_h = p_w = p$ 或 $s_h = s_w = s$ 时,指定 p 或 s 即可。默认情形下,填充取 0,步幅取 1,高、宽上两者相等。

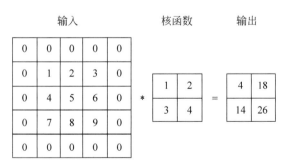

图 7-15   步幅控制示例

前文述及的操作均针对输入为单通道二维张量情形,实际使用中多通道情形更为常见。例如,前文述及的三通道彩色图像就对应于三维张量(可理解为多通道的二维张量)。此外,卷积操作之后的输出张量也可以是高维的,即多通道。实际上,典型深度卷积神经网络模型中,随层数加深,层中对应图像张量的高宽逐渐变小,其通道数则逐渐增加。为此,需要考虑多输入、多输出通道上的卷积操作。

图 7-16 给出了三输入通道、单输出通道的一个示例。由图可见,多输入通道情形下的互相关操作就是在各输入通道上与对应卷积核进行互相关操作,然后再将相应结果相加。对于多输入、多输出通道情形,互相关操作相当于在每个输出通道上进行多输入、单输出通道的互相关操作。引入多通道的意义相当于以多角度捕获相关特征,类似信号处理上的不同频段上的多个滤波器的组合。

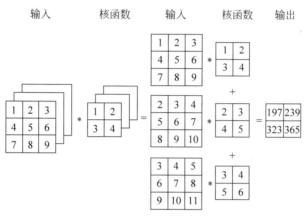

输入　　　核函数　　　输入　　　核函数　　　输出

图 7-16　三输入通道、单输出通道互相关操作示例

一个比较特殊的情形是现代深度学习网络中经常采用 1×1 卷积。直接看来,1×1 卷积没有起到聚合邻域信息的作用,其实际意义在哪里呢? 对于多输入通道而言,使用 1×1 卷积可以在通道上实现信息聚合,对于多输入、多输出通道而言,1×1 卷积则可以起到类似全连接网络的作用。如前文所述,全连接网络参数量大,现代深度神经网络常使用 1×1 卷积来替代。1×1 卷积也常被作为"转接头",实现不同通道数之间的灵活转换。

7.3.2　池化

卷积可以有效捕获空间上的局部特性,而全局特性需要在更粗的信息粒度上提取。针对图像处理的神经网络建模中,通常随层数加深会降低空间上的分辨率,从而扩大后层神经元的感受野(receptive filed),在更大范围上聚合信息。具体地,在卷积操作的基础上引入池化(pooling,又译作汇聚)操作。

池化操作与卷积类似,从左至右、从上到下滑动完成局部范围内的信息聚合(降低信息粒度)。常用方式有最大池化与平均池化两种。图 7-17 给出了最大池化操作的一个示例。平均池化与之类似,只需将取大操作换成取平均即可。此外,类似卷积操作,池化操作也可在高、宽上不等,和填充操作结合,又或采用不同步幅等。值得注意的是,多通道上的池化操作则与卷积不同,池化操作在各个通道上独立完成,并不跨通道聚合信息。也就是,对池化操作而言,输入通道数与输出通道数相等。

图 7-17 最大池化操作示例汇聚换成池化

7.3.3 经典卷积神经网络 LeNet

LeNet 由 Yann LeCun(图灵奖获得者)在 1989 年提出,是最早的卷积神经网络模型之一。该网络被用来识别手写数字,至今仍在部分实际场景中使用。LeNet 虽不是现代意义上的深度学习网路,但其结构简洁而行之有效,以之为起点学习卷积神经网络、了解现代深度学习模型仍不失为一个好选择。

如前文所述,较之浅层学习方法,深度学习将输入特征化的过程纳入学习本身,实现"端到端"整体上的学习。LeNet 整体上可以分成两部分:一是卷积层部分,实现(手写数字)特征的自动学习,具体由两个"卷积+池化"层构成;二是全连接层部分,实现(手写数字)特征到输出(数字识别)的映射学习,具体由三个全连接层组成。图 7-18 给出了 LeNet 架构图(来源于文献[阿斯顿·张 2021])。

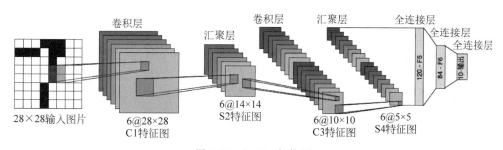

图 7-18 LeNet 架构图

图 7-18 中,卷积层使用大小为 5×5 的卷积核,第一个卷积层填充为 2,采用 6 个输出通道,第二个卷积层则增加到 16 个输出通道,无填充。每层卷积之后接 sigmoid 激活函数实现非线性变换,再紧跟一个步幅为 2 的 2×2 平均池化,使其输出大小缩小 4 倍。第二个池化操作之后使用展平操作,将高维特征转换成全连接网络适用的向量式特征。接下来是三个全连接层,其神经元个数分别为 120、84 和 10。最后的 10 对应于输出的类别数(数字识别问题中,数字类别数为 10)。

为方便模型构建,转换图 7-18 展示方式,以图 7-19([2021,阿斯顿·张]阿斯顿·张,等.动手学习深度学习. https://zh-v2.d2l.ai/d2l-zh-pytorch.pdf.)重述如下(与原始模型有细微差别,最后一层为未采用高斯激活函数)。

7.3.4 LeNet 实践

此处,根据如图 7-19 所示架构搭建 LeNet。相关操作直观、简单,具体可以运行下述

数据挖掘原理与算法(第 4 版)

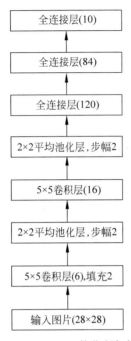

全连接层(10)

全连接层(84)

全连接层(120)

2×2平均池化层,步幅2

5×5卷积层(16)

2×2平均池化层,步幅2

5×5卷积层(6),填充2

输入图片(28×28)

图 7-19 LeNet 简化版架构

代码。

```
模型 = nn. Sequential(
    nn. Conv2d(1, 6, kernel_size=5, padding=2),
    nn. Sigmoid(),
    nn. AvgPool2d(kernel_size=2, stride=2),
    nn. Conv2d(6, 16, kernel_size=5),
    nn. Sigmoid(),
    nn. AvgPool2d(kernel_size=2, stride=2),
    nn. Flatten(),
    nn. Linear(16 * 5 * 5, 120),
    nn. Sigmoid(),
    nn. Linear(120, 84),
    nn. Sigmoid(),
    nn. Linear(84, 10))
```

与前述章节类似,设置批量大小,使用定义好的相关函数读取数据:

```
批量大小 = 256
批量化训练集, 批量化测试集 = 加载 Fashion_MNIST 数据集
(批量大小)
```

随神经网络规模加大,其计算成本必然上升。在设备资源许可条件下,可利用 GPU 加速相关计算。具体可运行下述命令指定运行设备。

```
if torch. cuda. is_available():
    设备 = torch. device("cuda")
```

相应修订评估函数为:

```
def 在 GPU 上评估模型精度(模型, 批量化数据, 设备=设备):
    """使用 GPU 计算模型在数据集上的精度"""
    if isinstance(模型, nn. Module):
        模型. eval() ♯ 设置为评估模式
        if not 设备:
            设备 = next(iter(模型. parameters())). 设备
    ♯ 正确预测的数量,总预测的数量
    计算标准 = 累加器(2)
    with torch. no_grad():
        for 输入, 输出 in 批量化数据:
            输入 = 输入. to(设备)
            输出 = 输出. to(设备)
            计算标准. add(正确样本数(模型(输入), 输出), 输出. numel())
    return 计算标准[0] / 计算标准[1]
```

基于前述函数与相关准备,定义 GPU 支持情形下的训练函数,并且定义计时器用于计算训练时间。

```
import time
♯ 绘图显示中文
```

```
plt. rcParams['font. sans-serif']=['SimHei']
def 在 gpu 中训练模型(模型，批量化训练集，批量化测试集，周期数，学习率，设备):
    """设备支持情况下用 GPU 训练模"""
    def 初始化权重(m):
        if type(m) == nn. Linear or type(m)==nn. Conv2d:
            torch. nn. init. xavier_uniform_(m. weight)
    模型. apply(初始化权重)
    模型. to(设备)
    优化器 = torch. optim. SGD(模型. parameters()，lr=学习率)
    损失函数 = nn. CrossEntropyLoss()
    绘制数据器 = 绘制数据(xlabel='迭代周期数'，xlim=[1，周期数]，
                        legend=['训练损失'，'训练精度'，'测试精度'])
    批量大小 = len(批量化训练集)
    ♯ 计时器
    since = time. time()
    for epoch in range(周期数):
        ♯ 训练损失之和，训练准确率之和，样例数
        计算标准 = 累加器(3)
        模型. train()
        for i，(输入，输出) in enumerate(批量化训练集):
            优化器. zero_grad()
            输入，输出 = 输入. to(设备)，输出. to(设备)
            输出预测值 = 模型(输入)
            损失 = 损失函数(输出预测值，输出)
            损失. backward()
            优化器. step()
            with torch. no_grad():
                计算标准. add(损失 * 输入. shape[0]，正确样本数(输出预测值，输出)，输
入. shape[0])
            训练损失 = 计算标准[0] / 计算标准[2]
            训练精度 = 计算标准[1] / 计算标准[2]
            if (i + 1) % (批量大小 // 5) == 0 or i == 批量大小 - 1:
                绘制数据器. add(epoch + (i + 1) / 批量大小，
                              (训练损失，训练精度，None))
        测试精度 = 在 GPU 上评估模型精度(模型，批量化测试集)
        绘制数据器. add(epoch + 1，(None，None，测试精度))
        time_end = time. time() - since
    print(f'损失 {训练损失:.3f}，训练精度 {训练精度:.3f}，'
        f'测试精度 {测试精度:.3f}')
    print('训练总耗时 {:.0f}m {:.0f}s'. format(time_end // 60，time_end % 60))
```

上述函数中也调用了相关章节中的绘制数据等函数。设定相关参数，运行训练函数即可得学习结果。例如，运行下述代码：

```
学习率，周期数 = 0.9，10
在 gpu 中训练模型(模型，批量化训练集，批量化测试集，周期数，学习率，设备)
```

结果如下所示(含图 7-20)。

```
损失 0.458，训练精度 0.830，测试精度 0.820
```

训练总耗时 1m 7s

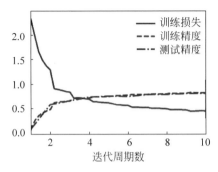

图 7-20　LeNet 在 Fashion_MNIST 数据集上的学习效果示例

7.4　深度卷积神经网络

前文述及的卷积神经网络出现的时间并不晚，但是规模更大的深度卷积网络滞后了数十年才发展起来。深度学习除需要现代意义上的深度学习理论、方法外，其崛起需要几个基础条件。一是大规模的训练数据，其原因是小数据不足以支撑有效训练一个参数量巨大的复杂模型；二是"大算力"——具有成本与并行计算优势的 GPU 尚未被有效引入大模型训练。多重因素综合发展的时代背景下，大数据、大算力支撑起的高性能大模型一并促进了深度学习的迅猛成长。

7.4.1　现代卷积神经网络 AlexNet

深度学习史上的一个标志性事件是 AlexNet 在 2012 年度 ImageNet 挑战赛上取得了惊人表现，显著提升了当时的赛事成绩记录。ImageNet 数据集由斯坦福李飞飞教授研究组开发，2009 年发布，同时发起了 ImageNet 挑战赛。其任务是基于 100 万个样本，建模识别 1000 种类别对象。ImageNet 数据集在数据规模上有数量级上的飞跃，为推动深度学习发展提供了数据基础，至今仍是检验模型性能的基准数据集之一。

在大规模训练数据的支撑下，AlexNet 采用了较之 LeNet 更深、更宽（通道）的架构设计（可视为当时的大模型），并使用了 GPU 来实现卷积的快速运算。受限于当时的硬件条件，原模型采用了 2 个 GPU 来并行实现。以 AlexNet 诞生为标志，后期相关研究者相继构造了系列深度学习模型，自此深度学习以新姿态登上历史舞台。

AlexNet 架构设计思路与 LeNet 类似，通过多个卷积层实现输入的特征学习，再通过后续的全连接网络实现特征到输出的映射学习。为避免双 GPU 的复杂设计（当前 GPU 的算力已远超当时的 GPU），本文采用文献［阿斯顿·张 2021］所构造的简化构架设计。具体如图 7-21 所示。由图可见，AlexNet 与 LeNet 设计思想上的相似性。不同的是，AlexNet 采用了更深、更多通道的卷积层，全连接网络的规模也更大（更多神经元），同时也采用了诸如 ReLU 激活函数、dropout、最大池化等诸多现代意义上的深度学习技术。具体地，AlexNet 采用了 5 个卷积层，由于其处理的 ImageNet 图像较大，其浅层卷积核也相应较大。此外，AlexNet 还采用数据增强技术，比如图像裁剪、旋转与变色等，使得所得模型更具鲁棒性。

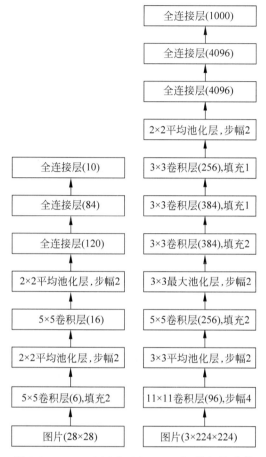

图 7-21 LeNet(左)与 AlexNet(右)的架构比较

7.4.2 AlexNet 实践

我们基于图 7-21 搭建 AlexNet 模型。类似前述章节，直接调用相关库堆叠相关结构即可。具体运行下述命令。

```
模型 = nn.Sequential(
    nn.Conv2d(1, 96, kernel_size=11, stride=4, padding=1), nn.ReLU(),
    nn.MaxPool2d(kernel_size=3, stride=2),
    nn.Conv2d(96, 256, kernel_size=5, padding=2), nn.ReLU(),
    nn.MaxPool2d(kernel_size=3, stride=2),
    nn.Conv2d(256, 384, kernel_size=3, padding=1), nn.ReLU(),
    nn.Conv2d(384, 384, kernel_size=3, padding=1), nn.ReLU(),
    nn.Conv2d(384, 256, kernel_size=3, padding=1), nn.ReLU(),
    nn.MaxPool2d(kernel_size=3, stride=2),
    nn.Flatten(),
```

nn. Linear(6400，4096)，nn. ReLU()，
nn. Dropout(p＝0.5)，
nn. Linear(4096，4096)，nn. ReLU()，
nn. Dropout(p＝0.5)，
♯我们实验使用 Fashion_MNIST 数据集，其类别数为 10，而非 ImageNet 的 1000 类
nn. Linear(4096，10))

基于上述定义的网络模型，准备好数据，设置相关参数，然后按照 7.5.1 节的模型进行编码实现即可。具体示例代码如下。

批量大小 ＝ 128
批量化训练集，批量化测试集 ＝ 加载 Fashion_MNIST 数据集(批量大小，resize＝224)
学习率，周期数 ＝ 0.01，10
在 gpu 中训练模型(模型，批量化训练集，批量化测试集，周期数，学习率，设备)

上述代码中，批量大小可根据算力条件适当调节；resize 将 Fashion_MNIST 原 28×28 调整为 224×224 以便直接在该数据集上使用 AlexNet。

运行可得如下结果(含图 7-22)。

损失 0.328，训练精度 0.880，测试精度 0.873
训练总耗时 17m 32s

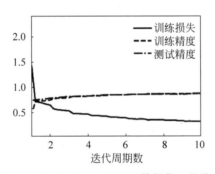

图 7-22 AlexNet 在 Fashion_MNIST 数据集上的学习效果示例

7.4.3 含并行连接的卷积神经网络 GoogleNet

卷积神经网络设计中如何选择卷积核大小是一个很重要的问题。对此 GoogleNet 做了一个有趣回答——并行多个不同大小的卷积核。该网络在 2014 年度上的 ImageNet 挑战赛上取得佳绩。

GoogleNet 网络模型中的并行块被称为 Inception 块，其具体结构如图 7-23 所示。由图可见，Inception 块采用了 4 条路径并行的结构。卷积核上，采用了 1×1、3×3 以及 5×5 三种尺度。另一条路径是先经过最大池化再做 1×1 卷积，也可理解为另一尺度上的卷积。4 条路径通过适当的填充操作保证输入输出大小一致。中间两条路径及最右边路径上的 1×1 卷积核用来实现通道数的灵活转换。此外，各条路径上的输出通道数会根据 Inception 块所处模型中的具体阶段来灵活设计，其输出最后在通道上合并。

GoogleNet 模型采用 9 个 Inception 块，外加最大池化与平均池化，以及全连接输出

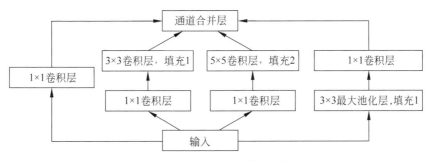

图 7-23　Inception 块并行架构

层与前端卷积层。其具体架构如图 7-24(参考文献[阿斯顿·张 2021]绘制)所示,模型整体可分成 5 个阶段。

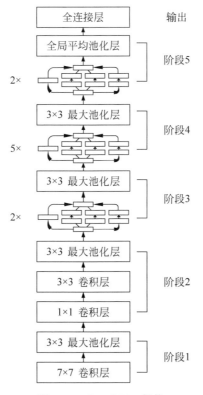

图 7-24　GoogleNet 架构

7.4.4　GoogleNet 实践

首先基于图 7-23 分为四路构建好 Inception 块,再基于图 7-24 分为五个阶段外加一个全连接输出层搭建 GoogleNet。具体地,运行下述代码即可完成 Inception 类构建。

```
class Inception(nn. Module):
    def __init__(self, in_channels, c1, c2, c3, c4, ** kwargs):
```

```
        super(Inception, self).__init__(**kwargs)
        self.p1_1 = nn.Conv2d(in_channels, c1, kernel_size=1)
        self.p2_1 = nn.Conv2d(in_channels, c2[0], kernel_size=1)
        self.p2_2 = nn.Conv2d(c2[0], c2[1], kernel_size=3, padding=1)
        self.p3_1 = nn.Conv2d(in_channels, c3[0], kernel_size=1)
        self.p3_2 = nn.Conv2d(c3[0], c3[1], kernel_size=5, padding=2)
        self.p4_1 = nn.MaxPool2d(kernel_size=3, stride=1, padding=1)
        self.p4_2 = nn.Conv2d(in_channels, c4, kernel_size=1)

    def forward(self, x):
        路径1 = F.relu(self.p1_1(x))
        路径2 = F.relu(self.p2_2(F.relu(self.p2_1(x))))
        路径3 = F.relu(self.p3_2(F.relu(self.p3_1(x))))
        路径4 = F.relu(self.p4_2(self.p4_1(x)))
        return torch.cat((路径1, 路径2, 路径3, 路径4), dim=1)
```

基于 Inception 块,运行下述代码即可完成 GoogleNet 模型构建。

```
模块1 = nn.Sequential(nn.Conv2d(1, 64, kernel_size=7, stride=2, padding=3),
            nn.ReLU(),
            nn.MaxPool2d(kernel_size=3, stride=2, padding=1))
模块2 = nn.Sequential(nn.Conv2d(64, 64, kernel_size=1),
            nn.ReLU(),
            nn.Conv2d(64, 192, kernel_size=3, padding=1),
            nn.ReLU(),
            nn.MaxPool2d(kernel_size=3, stride=2, padding=1))
模块3 = nn.Sequential(Inception(192, 64, (96, 128), (16, 32), 32),
            Inception(256, 128, (128, 192), (32, 96), 64),
            nn.MaxPool2d(kernel_size=3, stride=2, padding=1))
模块4 = nn.Sequential(Inception(480, 192, (96, 208), (16, 48), 64),
            Inception(512, 160, (112, 224), (24, 64), 64),
            Inception(512, 128, (128, 256), (24, 64), 64),
            Inception(512, 112, (144, 288), (32, 64), 64),
            Inception(528, 256, (160, 320), (32, 128), 128),
            nn.MaxPool2d(kernel_size=3, stride=2, padding=1))
模块5 = nn.Sequential(Inception(832, 256, (160, 320), (32, 128), 128),
            Inception(832, 384, (192, 384), (48, 128), 128),
            nn.AdaptiveAvgPool2d((1,1)),
            nn.Flatten())
```

模型 = nn.Sequential(模块1, 模块2, 模块3, 模块4, 模块5, nn.Linear(1024, 10))

基于前述代码,设置好相关参数即可进行训练。具体运行(此处调整原图像大小为 96×96 以便于直接在 Fashion_MNIST 上使用 GoogleNet):

```
学习率,周期数,批量大小 = 0.1, 10, 64
批量化训练集,批量化测试集 = load_data_fashion_mnist(批量大小, resize=96)
在 gpu 中训练模型(模型,批量化训练集,批量化测试集,周期数,学习率,设备)
```

结果如下(含图 7-25)。

损失 0.214，训练精度 0.919，测试精度 0.908

训练总耗时 14m 23s

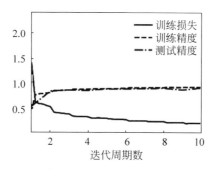

图 7-25　GoogleNet 在 Fashion_MNIST 数据集上的学习效果示例

7.4.5　残差网络 ResNet

深度学习中的"深度"是一个备受关注的问题，如何有效训练更深层的网络、提升其泛化性能？2015 年 ImageNet 挑战赛上，何凯明团队开发的 ResNet 一举夺魁，为深层网络的构建给出了一个一般性方案。其意义是多方面的：一是提供了一个基准模型 ResNet 系列；二是残差连接给出了神经网络设计的一种基本思路(为后期多种模型所采用)；三是推动了微分方程等数理驱动的深度学习模型设计与理论研究，等等。

现设有待学习映射 $f(\boldsymbol{x})$，它与恒等映射(输入＝输出＝$\boldsymbol{x}$)相近。直接学习 $f(\boldsymbol{x})$(缺乏学习参照)较之学习 $f(\boldsymbol{x})$ 与恒等映射之差(以恒等映射为参照)要更为困难，因此转而去学习残差 $f(\boldsymbol{x})-\boldsymbol{x}$。也就是，我们将学习目标分成了两部分：

$$f(\boldsymbol{x})=\boldsymbol{x}+(f(\boldsymbol{x})-\boldsymbol{x})$$

用某网络 $\varPhi(\boldsymbol{x};\boldsymbol{w})$ 去近似残差 $f(\boldsymbol{x})-\boldsymbol{x}$，用 $\varPhi(\boldsymbol{x};\boldsymbol{w})+\boldsymbol{x}$ 去逼近 $f(\boldsymbol{x})$。图 7-26 展示了直接学习与残差学习两种模式。

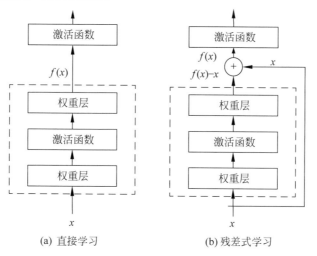

图 7-26　直接学习映射 $f(\boldsymbol{x})$ 与残差式学习映射 $f(\boldsymbol{x})-\boldsymbol{x}$

　　具体实施中,网络 $\Phi(x;w)$ 可以灵活设计,采用不同大小的卷积核,堆叠不同数目的卷积层,调整卷积、批量标准化以及激活函数顺序等。为增强通道数目上的灵活性,还可以进一步引入 1×1 卷积。图 7-27 展示了带和不带 1×1 卷积的两种残差块结构。ResNet 包含不同层数规模的系列模型,如 ResNet-18、ResNet-34、ResNet-50、ResNet-101 以及 ResNet-152 等。应用者可根据具体应用场景需要在算力许可的条件下择优选用。

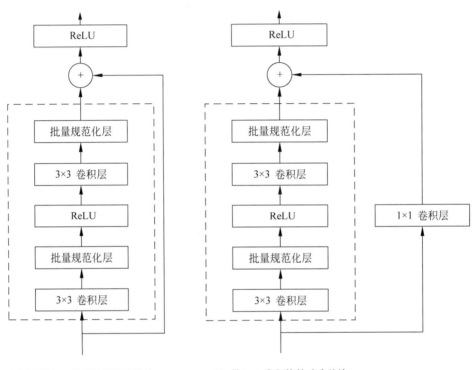

(a) 不带 1×1 卷积的基础残差块　　　(b) 带 1×1 卷积的基础残差块

图 7-27　两种具体的基础残差块结构示例

　　以 ResNet-18 模型为例,剖析其架构细节。该模型具体包含一个 7×7 卷积的前置卷积层、中间 4 个残差块以及最后一个全连接输出层,每个残差块包含两个基础残差块,而每个基础块包含两个卷积层(不包括转换通道数目的 1×1 卷积)。如此,共计 18 层。其具体架构如图 7-28 所示(参考文献[阿斯顿·张 2021]绘制)。图中可见,除第一个残差块外,其他三个残差块中的第一个基础块中的直连路径上均包含 1×1 卷积。

7.4.6　ResNet-18 实践

　　首先基于图 7-28 构建基础残差块,残差块则由两个基础残差块组成,再基于图 7-28 分为四段外加输入卷积块、全局平均池化与输出全连接层搭建 ResNet-18 模型。具体地,运行下述代码完成残差块(含内残差块)构建。

```
class 内残差块(nn. Module):
    def __init__(self,输入通道数,输出通道数,使用 11 卷积=False,步幅=1):
```

```
        super(内残差块，self).__init__()
        self.conv1 = nn.Conv2d(输入通道数，输出通道数，
kernel_size＝3，padding＝1，stride＝步幅)
        self.conv2 = nn.Conv2d(输出通道数，输出通道数，
kernel_size＝3，padding＝1)
        if 使用 11 卷积：
            self.conv3 = nn.Conv2d(输入通道数，输出通道
数，kernel_size＝1，stride＝步幅)
        else：
            self.conv3 = None
        self.bn1 = nn.BatchNorm2d(输出通道数)
        self.bn2 = nn.BatchNorm2d(输出通道数)

    def forward(self，输入)：
        残差 = 输入
        输出 = self.conv1(输入)
        输出 = self.bn1(输出)
        输出 = F.relu(输出)
        输出 = self.conv2(输出)
        输出 = self.bn2(输出)
        if self.conv3：
            残差 = self.conv3(输入)
        return F.relu(输出 ＋ 残差)

def 残差块(输入通道数，输出通道数，内残差块数，第一层＝
False)：
    块 = []
    for i in range(内残差块数)：
        if i ＝＝ 0 and not 第一层：
            块.append(内残差块(输入通道数，输出通道数，
                        使用 11 卷积＝True，步
幅＝2))
        else：
            块.append(内残差块(输出通道数，输出通道数))
    return 块
```

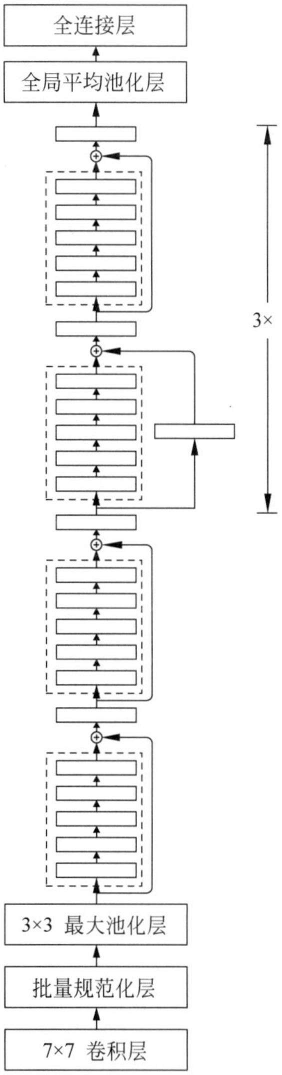

图 7-28　ResNet-18 架构

基于定义好的残差块分段堆叠相关结构再进行组合。具体地，运行下述代码即可完成 ResNet-18 的搭建。

```
模块 1 = nn.Sequential(nn.Conv2d(1，64，kernel_size＝7，stride＝2，padding＝3)，
                nn.BatchNorm2d(64)，nn.ReLU()，
                nn.MaxPool2d(kernel_size＝3，stride＝2，padding＝1))
模块 2 = nn.Sequential(＊残差块(64，64，2，第一层＝True))
模块 3 = nn.Sequential(＊残差块(64，128，2))
模块 4 = nn.Sequential(＊残差块(128，256，2))
模块 5 = nn.Sequential(＊残差块(256，512，2))

模型 = nn.Sequential(模块 1，模块 2，模块 3，模块 4，模块 5，
                nn.AdaptiveAvgPool2d((1,1))，
                nn.Flatten()，nn.Linear(512，10))
```

设置相关参数，运行定义好的模型网络模型，例如：

> 学习率，周期数，批量大小 $= 0.05, 10, 256$
> 批量化训练集，批量化测试集 $=$ 加载 Fashion_MNIST 数据集（批量大小，resize$=96$）
> 在 gpu 中训练模型（模型，批量化训练集，批量化测试集，周期数，学习率，设备）

可得下述结果（含图 7-29）。

> 损失 0.018，训练精度 0.995，测试精度 0.914
> 训练总耗时 13m 9s

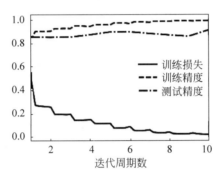

图 7-29　ResNet-18 在 Fashion_MNIST 数据集上的学习效果示例

7.5　PyTorch 简介

当前深度学习框架有很多，如 PyTorch、TensorFlow、Caffe、MXNet、PaddlePaddle 以及 Keras 等。PyTorch 与 TensorFlow 是其中最流行的两大学习框架，整体上两者有相互借鉴融合的趋势。归纳来说，PyTorch 具有几点优势：一是延续了 Python 语言的优势，方便程序开发；二是支持动态计算，能方便地实现大计算图；三是能自动微分，支持梯度反传；四是张量运算友好，GPU 运行简单；等等。因此，PyTorch 在科研学术领域很受欢迎。

7.5.1　PyTorch 安装

PyTorch 与 Python 自然关联，两者的结合、交叉使用使得神经网络与深度学习实践更加方便、灵活。Python 本身有诸如 NumPy、ScipPy、pandas、Matplotlib 以及 scikit-learn 等开源库与工具包的支持，对数据分析与挖掘、机器学习等十分友好。为避免花费过多时间在资源安装与环境配置，Anaconda 提供了一个友好平台，支持包含前述资源库在内的 300 多种可用于科学与工程计算的库，是初学者一个不错的选择。因此，建议安装 Anaconda（如果没有安装）。此处只考虑 Windows 系统中的安装。

搜索"Anaconda"很容易找到下载网址，具体所见页面可能会略有差异。如图 7-30 中，单击 Get Started 按钮，进入下载页面（见图 7-31），选择相应版本（见图 7-32）下载安装即可。安装过程相对简单，按照提示勾选，连续单击 Next 按钮（见图 7-33）即可。

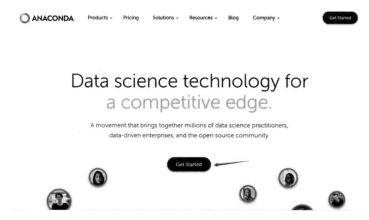

图 7-30　Anaconda 起始页面

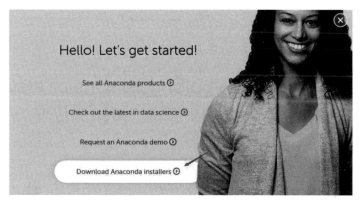

图 7-31　Anaconda 下载页面

图 7-32　Anaconda 不同版本页面

　　安装完毕后单击桌面上"开始"按钮,查看是否安装成功。安装成功后可以看到如图 7-34 所示的相关工具,如 Spyder、Jupyter Notebook 等。可单击 Spyder 打开它进一步验证,在如图 7-35 所示的 Spyder 界面中输入几个简单命令(如"Hello world!")观察是否报错。

　　Anaconda 安装成功后即可安装 PyTorch。搜索"PyTorch"很容易找到下载页面(见图 7-36)。安装前,建议先了解所用设备 GPU 相关情况。右击桌面空白处,可见如图 7-37

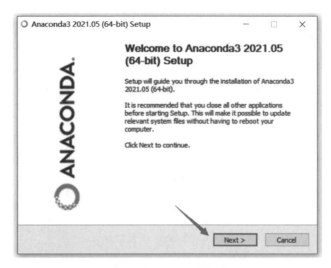

图 7-33　Anaconda 安装页面

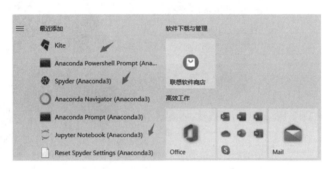

图 7-34　Anaconda 安装后查看页面

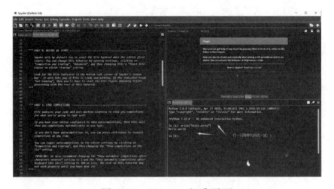

图 7-35　Spyder 查看页面

所示界面,查看 NVIDIA CUDA 版本。如无 GPU 支持,则选择安装 CPU 版本,具体如图 7-38 所示。复制最下方那一栏安装命令,在 Anaconda Powershell Prompt 中运行即可(见图 7-39)。如果有 GPU 支持,选择与设备所支持的 CUDA 版本相近的版本(见图 7-40),类似 CPU 版本,复制命令运行安装即可。安装后可运行几行简单命令(如"import torch""torch.cuda.is_available()"等)进行检查,如图 7-41 所示。也可以在 Spyder 中输入简单命令（如"import torch""torch. Tensor(2,4)"等）进行验证，如图 7-42 所示。

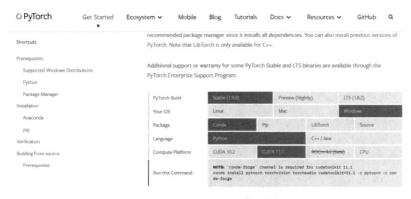

图 7-36　PyTorch 下载页面

图 7-37　NVIDIA CUDA 版本查看页面

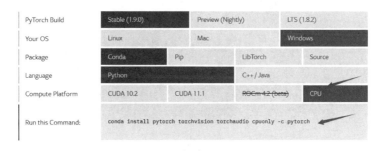

图 7-38　PyTorch CPU 版安装命令页面

Anaconda Powershell Prompt (Anaconda3)
(base) PS C:\Users\hwwhb>
复制命令，输入，回车...

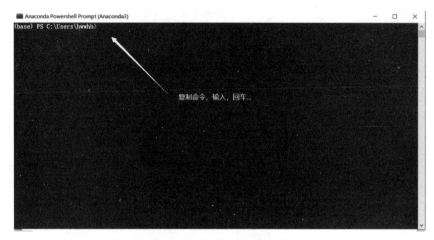

图 7-39　PyTorch 安装页面

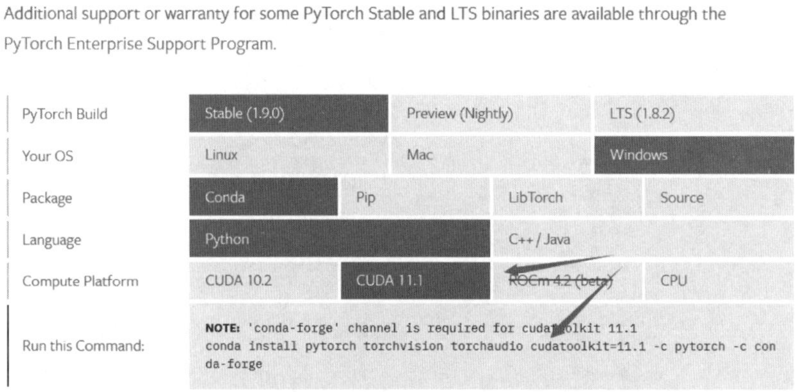

Additional support or warranty for some PyTorch Stable and LTS binaries are available through the PyTorch Enterprise Support Program.
PyTorch Build
Stable (1.9.0)
Preview (Nightly)
LTS (1.8.2)
Your OS
Linux
Mac
Windows
Package
Conda
Pip
LibTorch
Source
Language
Python
C++ / Java
Compute Platform
CUDA 10.2
CUDA 11.1
ROCm 4.2 (beta)
CPU
Run this Command:
NOTE: 'conda-forge' channel is required for cudatoolkit 11.1
conda install pytorch torchvision torchaudio cudatoolkit=11.1 -c pytorch -c conda-forge

图 7-40　PyTorch GUP 版安装命令页面

Anaconda Powershell Prompt (Anaconda3)
(base) PS C:\Users\hwwhb> python
Python 3.8.8 (default, Apr 13 2021, 15:08:03) [MSC v.1916 64 bit (AMD64)] :: Anaconda, Inc. on win32
Type "help", "copyright", "credits" or "license" for more information.
>>> import torch
>>> torch.cuda.is_available()
True
>>>

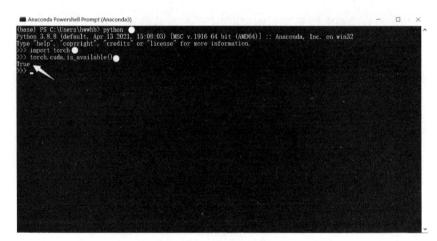

图 7-41　PyTorch 安装验证页面

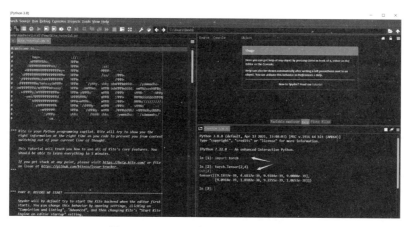

图 7-42　Spyder 中 PyTorch 运行页面

7.5.2　Jupyter Notebook 中 PyTorch 的初步实践

Jupyter Notebook 是一个交互式笔记本，使用非常方便，支持实时代码编写、运行、注释等。为方便学习，可以先创建一个"Notebook"。单击 Jupyter Notebook 进入网页，如图 7-43 所示，创建一个文件夹，并在其中创建一个"Notebook"（见图 7-44）。注意选择适当的环境，图中所示创建环境为"Python[conda env Anaconda3]"。

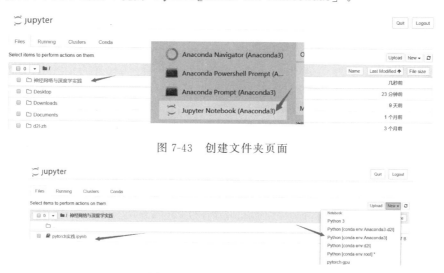

图 7-43　创建文件夹页面

图 7-44　Notebook 创建页面

进入 Notebook 即可开始工作，如图 7-45 所示。可通过选择"＋"增加栏目，栏目内容可以是代码或文本注释与说明（markdown）等。单击上方"运行"按钮即可运行相关命令。关于 Jupyter Notebook 的更多使用细节可以上网浏览相关文档说明，文献[阿斯顿·张 2021]附录也提供了基础性指导。

PyTorch 中有个高频术语——张量。简单来说（非数理上的严格概念），张量可以理解为多维数组的推广。例如，零阶张量就是标量，一阶张量就是向量，二阶张量就是矩阵，

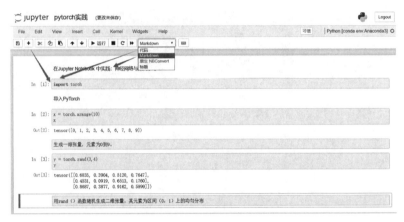

图 7-45　Notebook 工作页面

三阶张量成了立方体,更高维张量相应于高维数组,等等。物理学上,张量是向量的推广。数学上,张量可以是一种几何实体,或者某种广义上的数量。从实践角度,引入张量是必要的。比如一张灰度图像可对应一个二阶张量,一张彩色图像(RGB 格式或者 HSV 格式)是三通道的,对应一个三阶张量。深度卷积神经网络中,中间层可以有远超三个的多通道以丰富特征信息,如此则对应高阶张量。

在创建的 Notebook 中,首先通过命令导入 PyTorch(注意导入的是"torch"而不是"pytorch"),再根据需要创建某张量。例如,利用 rand()函数创建一个元素取自 (0,1)上均匀分布、大小为 3×4 的二阶张量。输入下面的命令:

```
import torch
y = torch. rand(3,4)
y
```

运行可得:

```
tensor([[0.7604, 0.2660, 0.0369, 0.6045],
        [0.1414, 0.1655, 0.2340, 0.1519],
        [0.3023, 0.4228, 0.5661, 0.5829]])
```

通过函数 zeros()可以实现零填充,生成指定大小、指定数据类型、元素为 0 的张量,例如:

```
x = torch. zeros(3,4,dtype = torch. long)
x
```

结果为:

```
tensor([[0, 0, 0, 0],
        [0, 0, 0, 0],
        [0, 0, 0, 0]])
```

查看数据类型,运行:

x. dtype

结果为：

torch. int64

还可以通过 ones() 函数生成元素为 1 的张量，例如：

x = torch. ones(3,4,dtype = torch. double)
x. dtype

结果为：

torch. float64

运行：

y. dtype

有：

torch. float32

张量可以进行相关运算，注意相应张量大小应该一致，原则上数据类型应该一致。运行：

z = x + y
z

有：

tensor([[1. 7604，1. 2660，1. 0369，1. 6045]，
        [1. 1414，1. 1655，1. 2340，1. 1519]，
        [1. 3023，1. 4228，1. 5661，1. 5829]]，dtype=torch. float64)

z 的数据类型变为"torch. float64"，结果向更精细的数据类型看齐。字符串和数值则不能直接相加。运行下述命令可以查看张量大小，输入：

z. shape

运行，有：

torch. Size([3，4])

运行：

z. numel()

有：

12

注意两者区别，一个返回形状，另一个而返回元素数量。可以创建一个三阶张量，例如：

```
torch.zeros((2,3,4))
```

运行,有:

```
tensor([[[0., 0., 0., 0.],
         [0., 0., 0., 0.],
         [0., 0., 0., 0.]],

        [[0., 0., 0., 0.],
         [0., 0., 0., 0.],
         [0., 0., 0., 0.]]])
```

直观上,可以看到所示结果中有三对"[ ]"。

PyTorch 中常见运算是按元素进行运算,例如:

```
x = torch.tensor([1.3, 2,5, 6])
y = torch.tensor([3, 2, 2, 3])
x + y, x - y, x * y, x / y, x ** y
```

运行结果为:

```
(tensor([4.3000, 4.0000, 7.0000, 9.0000]),
 tensor([-1.7000, 0.0000, 3.0000, 3.0000]),
 tensor([ 3.9000, 4.0000, 10.0000, 18.0000]),
 tensor([0.4333, 1.0000, 2.5000, 2.0000]),
 tensor([ 2.1970, 4.0000, 25.0000, 216.0000]))
```

运行:

```
torch.exp(x)
```

结果为:

```
tensor([  3.6693,   7.3891, 148.4132, 403.4288])
```

除了上述按元素运算,还可以执行点积、矩阵乘法等代数运算,比如下述操作:

```
A = torch.arange(12).reshape(3, 4)
A
```

运行结果为:

```
tensor([[ 0, 1, 2, 3],
        [ 4, 5, 6, 7],
        [ 8, 9, 10, 11]])
```

运行:

```
A.T
```

结果为:

```
tensor([[ 0, 4, 8],
        [ 1, 5, 9],
```

$$
\begin{bmatrix} 2,6,10 \end{bmatrix}, \\
\begin{bmatrix} 3,7,11 \end{bmatrix}])
$$

运行：

B = A. clone()
A,A+B,A * B,torch. mm(A,B. T)

有：

(tensor([[0, 1, 2, 3],
　　　　[4, 5, 6, 7],
　　　　[8, 9, 10, 11]]),
tensor([[0, 2, 4, 6],
　　　　[8, 10, 12, 14],
　　　　[16, 18, 20, 22]]),
tensor([[0, 1, 4, 9],
　　　　[16, 25, 36, 49],
　　　　[64, 81, 100, 121]]),
tensor([[14, 38, 62],
　　　　[38, 126, 214],
　　　　[62, 214, 366]])

注意"＊"执行的是阿达马积，即张量对应元素相乘。"torch. mm()"执行代数运算中的矩阵乘法。还有"torch. dot()""torch. mv()"等运算，读者可以进一步了解并练习。

实际计算中，还经常需要调整张量维度大小，比如将矩阵变成向量，或者改变行列数值，等等。可以使用 view()函数，例如：

print(y. view(12))

运行结果为：

tensor([0. 7604, 0. 2660, 0. 0369, 0. 6045, 0. 1414, 0. 1655, 0. 2340, 0. 1519, 0. 3023, 0. 4228, 0. 5661, 0. 5829])

再如：

print(y. view(4,−1))

运行结果为：

tensor([[0. 7604, 0. 2660, 0. 0369],
　　　　[0. 6045, 0. 1414, 0. 1655],
　　　　[0. 2340, 0. 1519, 0. 3023],
　　　　[0. 4228, 0. 5661, 0. 5829]])

上述命令中"−1"表示对应维度数目根据其他维度数目自动计算得到。上例中，张量共有 12 个元素，指定行数为 4，则相应列数为 12/4＝3。还可以通过 reshape()函数指定张量形状。例如，运行：

x = torch. arange(3). reshape((3, 1))

```
y = torch. arange(2). reshape((1, 2))
x, y
```

结果为:

```
(tensor([[0],
         [1],
         [2]]),
 tensor([[0, 1]]))
```

前文述及,张量相关运算要求形状一致,实际计算中有一种广播机制,在一定规则下自动补全运算对象使得计算符合规则。例如,基于上述结果,运行:

```
x + y
```

有:

```
tensor([[0, 1],
        [1, 2],
        [2, 3]])
```

原本相加的两个张量形状并不一致,通过广播机制,x 通过复制自身增加一列成为 3×2 的张量,y 通过复制自身成为 3×2 的张量,进而执行加法运算。还有诸如切片之类的常用操作,与 Python 相似,建议读者自行练习。

函数. item()可以取出只含有一个元素的张量。运行下述命令,可以观察相应结果。

```
x = torch. rand(1)
x
```

结果为:

```
tensor([0. 8073])
```

运行:

```
y = x. item()
y
```

则有:

```
0. 8073433041572571
```

y 不再是张量,而是 64 位的浮点型。

Numpy 数据类型可以与 PyTorch 张量通过相关命令相互转换。比如运行:

```
x = torch. ones(3,4)
x
```

结果为:

```
tensor([[1. , 1. , 1. , 1. ],
        [1. , 1. , 1. , 1. ],
```

```
                    [1., 1., 1., 1.]])
```

运行:

```
y = x.numpy()
y
```

结果为:

```
array([[1., 1., 1., 1.],
       [1., 1., 1., 1.],
       [1., 1., 1., 1.]], dtype=float32)
```

再运行:

```
x = torch.tensor(y)
x
```

有:

```
tensor([[1., 1., 1., 1.],
        [1., 1., 1., 1.],
        [1., 1., 1., 1.]])
```

某种意义上,PyTorch 中的张量可以理解为 NumPy 在 GPU 支持下的推广。通过使用 device()函数可以将计算移动到指定的"device"上运行。在有 GPU 支持的条件下,应该优先考虑在 GPU 上执行张量相关运算。is_available() 函数可以判断是否有 cuda 使用 torch.device() 指定设备,.to()函数则可以移动张量所在设备。例如,运行:

```
if torch.cuda.is_available():
    device = torch.device("cuda")
    y = torch.ones(3,4,device = device)
    x = torch.zeros_like(y).to(device)
    z = x + y
print(z)
s = z.to("cpu",torch.float32)
print(s)
```

有:

```
tensor([[1., 1., 1., 1.],
        [1., 1., 1., 1.],
        [1., 1., 1., 1.]], device='cuda:0')
tensor([[1., 1., 1., 1.],
        [1., 1., 1., 1.],
        [1., 1., 1., 1.]])
```

如果此时再执行"t = s +z"的运算则会报错,因为 s 与 z 不在同一设备上。

7.5.3　自动微分

深度神经网络模型训练涉及大量梯度信息的计算,而 PyTorch 其中的一个优势便是自动微分。此处,通过一些简单计算进一步了解其自动微分功能。系统会根据所涉模型构建计算图,进入计算图的相关计算环节会被跟踪以方便信息的反向传播。

假设要计算 $5\boldsymbol{x}^{\mathrm{T}}\boldsymbol{x}$ 关于列向量 $\boldsymbol{x}$ 的梯度。随机生成一个列向量并计算其梯度。运行下述代码:

```
import torch
x = torch.rand(5)
print(x)
x.requires_grad_(True)
x.grad
y = 5 * torch.dot(x, x)
print(y)
```

有:

```
tensor([0.6377, 0.6646, 0.1486, 0.2105, 0.8817])
tensor(8.4604, grad_fn=<MulBackward0>)
```

此处 .requires_grad_(True)表明将跟踪 x 启动梯度传递。进一步,通过 .backward()进行回溯,调用反向传播函数计算 y 关于 x 的梯度。运行:

```
y.backward()
x.grad
```

有结果:

```
tensor([6.3767, 6.6463, 1.4862, 2.1052, 8.8165])
```

.grad 读取相应梯度信息。数值上不难验证上述所得结果的正确性。

值得注意的是,PyTorch 默认情况下会自动累加梯度。因此有时需要使用如下清零命令:

```
x.grad.zero_()          # 梯度清零
y = x.sum()
y.backward()
x.grad
```

运行结果为:

```
tensor([1., 1., 1., 1., 1.])
```

作为对比,如果直接运行:

```
y = x.sum()
y.backward()
x.grad
```

其结果为:

```
tensor([7.3767, 7.6463, 2.4862, 3.1052, 9.8165])
```

不难发现,所得结果为前两次运算之和。

批量随机梯度下降中涉及多个样本,往往表现为多个样本上的损失函数求和再对参数求导。比如运行:

```
x. grad. zero_()
y = 0.5 * x * x
y. sum(). backward()
x. grad
```

其结果为:

```
tensor([0.6377, 0.6646, 0.1486, 0.2105, 0.8817])
```

我们知道,神经网络训练中,参数基于多次梯度计算而更新。某些情形下,可能还希望部分计算环节只参与计算而不参与自动微分。如此,就需要某种操作设置,将该计算独立于自动微分计算。实际计算中,可以通过.detach()来具体实现。例如,运行下面的命令:

```
x. grad. zero_()
y = 0.5 * x * x
s = y. detach()
t = s * x
print(y)
t. sum(). backward()
print(x. grad)
x. grad. zero_()
print(x)
y. sum(). backward()
print(x. grad)
```

有:

```
tensor([0.2033, 0.2209, 0.0110, 0.0222, 0.3887], grad_fn=< MulBackward0 >)
tensor([0.2033, 0.2209, 0.0110, 0.0222, 0.3887])
tensor([0.6377, 0.6646, 0.1486, 0.2105, 0.8817], requires_grad=True)
tensor([0.6377, 0.6646, 0.1486, 0.2105, 0.8817])
```

手工计算可以验证计算上的正确性。原本 y 依赖于 x,而 s 依赖于 y,t 依赖于 s 进而也会通过 y 依赖于 x,但是"y. detach()"使得 s 类似于常数。因此 t. sum() 关于 x 求导只直接与 s 相关而不再往前追溯。

7.5.4 数据集读写及相关自定义函数

Pandas 是 Python 体系中常用的数据分析工具,可以与张量兼容。此处学习基础性的读写操作,创建一个 CSV 格式的数据集,存放在当前工作目录中的 data 文件夹中。本节代码编写有参考文献[阿斯顿·张 2021]。

```
import os

os. makedirs(os. path. join( 'data'), exist_ok=True)
data_file = os. path. join('data', 'house_example. csv')
```

数据挖掘原理与算法（第 4 版）

```
with open(data_file, 'w') as f:
    f. write('NumRooms,Alley,Price\n')        # 列名
    f. write('NA,Pave,123456\n')              # 每行表示一个数据样本
    f. write('2,NA,234567\n')
    f. write('3,NA,345678\n')
    f. write('NA,NA,456789\n')
```

查看可以发现，所在工作目录下增加了文件夹 data，其中新增了数据集 house_example（见图 7-46）。

图 7-46　数据集创建查看页面

进一步，使用 pandas 加载所创建的数据集，查看相关细节。运行：

```
import pandas as pd

data = pd. read_csv(data_file)
print(data)
```

有：

	NumRooms	Alley	Price
0	NaN	Pave	123456
1	2.0	NaN	234567
2	3.0	NaN	345678
3	NaN	NaN	456789

对于数据集中的缺失值，可以根据实际情况与需要选择插值填充或直接删除等操作。典型地，对于数值型变量可以用均值来替代，对于类别型变量则可以直接将缺失值"NaN"本身当作一种特征。例如，可以运行：

```
x, y = data. iloc[:, 0:2], data. iloc[:, 2]
x = x. fillna(x. mean())
print(x)
```

结果为：

	NumRooms	Alley
0	2.5	Pave
1	2.0	NaN
2	3.0	NaN
3	2.5	NaN

可见其中的房间数"NumRooms"的缺失项用存在项的对应特征的均值进行了插值填充，"Alley"是类别型变量，缺失值本身可以当作一种属性。为方便建模分析，对类别型变量可以使用独热编码。例如，可以运行：

```
x = pd.get_dummies(x, dummy_na=True)
print(x)
```

结果为：

```
   NumRooms Alley_Pave Alley_nan
0    2.5        1          0
1    2.0        0          1
2    3.0        0          1
3    2.5        0          1
```

作为应用示例，本章导入图像分类数据集 Fashion_MNIST，较之 MNIST 数字识别数据集，其识别难度更大。运行下述代码，下载数据集并存放于当前目录下的 data 文件夹中。

```
%matplotlib inline
import torch
import torchvision
from torch.utils import data
from torchvision import transforms
trans = transforms.ToTensor()
MNIST_训练集 = torchvision.datasets.Fashion_MNIST(
root="data", train=True, transform=trans, download=True)
MNIST_测试集 = torchvision.datasets.Fashion_MNIST(
root="data", train=False, transform=trans, download=True)
```

运行情况如图 7-47 所示。

图 7-47 Fashion_MNIST 数据集下载运行示例

下载后，可以在当前目录下看到数据集，如图 7-48 所示。

程序代码中，"ToTensor()"能转换图形数据格式，将图像数据从 PIL 类型变换成 32 位浮点数格式，并除以 255 使得所有像素的数值均在 0～1。进一步，可以查看数据集大小。运行：

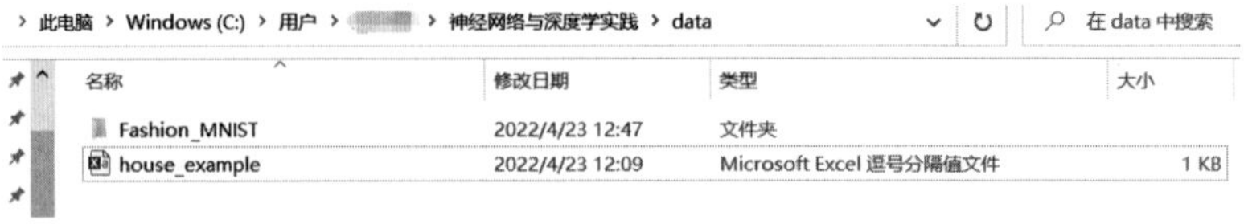

图 7-48　Fashion_MNIST 数据集下载查看页面

len(MNIST_训练集)，len(MNIST_测试集)

有：

(60000，10000)

运行：

MNIST_训练集[0][0]. shape

可得：

torch. Size([1，28，28])

该数据集实际由 10 个类别的图像组成，每类含有 6000 个训练样本，1000 个测试样本。图像的大小为 28×28。所含类别具体为 t-shirt(T 恤)、trouser(裤子)、pullover(套衫)、dress(连衣裙)、coat(外套)、sandal(凉鞋)、shirt(衬衫)、sneaker(运动鞋)、bag(包)以及 ankle boot(短靴)。运行下述函数，可以得到类别对应的文本描述。

```python
def 获得 fashion_mnist 的标签(labels)：
    """返回 Fashion_MNIST 数据集的文本标签"""
    text_labels = ['t-shirt', 'trouser', 'pullover', 'dress', 'coat',
                   'sandal', 'shirt', 'sneaker', 'bag', 'ankle boot']
    return [text_labels[int(i)] for i in labels]
```

为方便绘制相关图形，预先定义下列函数。

```python
from matplotlib import pyplot as plt
def 使用 SVG 向量图()：
    """使用 SVG 向量图格式在 Jupyter 中显示"""
    display. set_matplotlib_formats('SVG')

def 设置图表大小(figsize=(4，3))：
    """设置图表大小"""
    使用 SVG 向量图()
    plt. rcParams['figure. figsize'] = figsize

def 设置轴(axes, xlabel, ylabel, xlim, ylim, xscale, yscale, legend)：
    """设置轴"""
    axes. set_xlabel(xlabel)
    axes. set_ylabel(ylabel)
    axes. set_xscale(xscale)
    axes. set_yscale(yscale)
    axes. set_xlim(xlim)
    axes. set_ylim(ylim)
    if legend：
```

```
        axes.legend(legend)

def 绘制(X, Y=None, xlabel=None, ylabel=None, legend=None, xlim=None,
         ylim=None, xscale='linear', yscale='linear',
         fmts=('-', 'm--', 'g-.', 'r:'), figsize=(4, 3), axes=None):
    """绘制数据点"""
    if legend is None:
        legend = []

    设置图表大小(figsize)
    axes = axes if axes else plt.gca()

    # 如果 X 有一个轴,输出 True
    def has_one_axis(X):
        return (hasattr(X, "ndim") and X.ndim == 1 or isinstance(X, list)
                and not hasattr(X[0], "__len__"))

    if has_one_axis(X):
        X = [X]
    if Y is None:
        X, Y = [[]] * len(X), X
    elif has_one_axis(Y):
        Y = [Y]
    if len(X) != len(Y):
        X = X * len(Y)
    axes.cla()
    for x, y, fmt in zip(X, Y, fmts):
        if len(x):
            axes.plot(x, y, fmt)
        else:
            axes.plot(y, fmt)
    设置轴(axes, xlabel, ylabel, xlim, ylim, xscale, yscale, legend)
```

基于上述函数,进一步定义如下图像显示函数。

```
def 显示图像(imgs, num_rows, num_cols, titles=None, scale=1.5):
    """绘制图像列表"""
    figsize = (num_cols * scale, num_rows * scale)
    _, axes = plt.subplots(num_rows, num_cols, figsize=figsize)
    axes = axes.flatten()
    for i, (ax, img) in enumerate(zip(axes, imgs)):
        if torch.is_tensor(img):
            # 若为图像张量
            ax.imshow(img.numpy())
        else:
            # 若为 PIL 图像
            ax.imshow(img)
        ax.axes.get_xaxis().set_visible(False)
        ax.axes.get_yaxis().set_visible(False)
        if titles:
            ax.set_title(titles[i])
    return axes
```

运行下述命令：

X, y = next(iter(data. DataLoader(MNIST_训练集，batch_size＝20)))
显示图像(X. reshape(20, 28, 28),2, 10, titles＝获得 fashion_mnist 的标签(y))；

可得如图 7-49 所示结果。

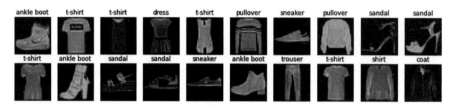

图 7-49　Fashion_MNIST 数据集中的部分图像

为方便计,可以专门定义一个函数去读取 Fashion_MNIST 数据集。该函数通过参数 resize 可将原图像根据需要调整大小,最终返回按指定批量大小分割过的训练集和验证集,即所谓数据迭代器,方便样本数据按批量方式训练模型。具体有：

```
def 加载 Fashion_MNIST 数据集(batch_size, resize＝None)：
    """下载 Fashion_MNIST 数据集,然后将其加载到内存中"""
    trans ＝ [transforms. ToTensor()]
    if resize：
        trans. insert(0, transforms. Resize(resize))
    trans ＝ transforms. Compose(trans)
    MNIST_训练集 ＝ torchvision. datasets. FashionMNIST(
        root＝"data"，train＝True, transform＝trans, download＝True)
    MNIST_测试集 ＝ torchvision. datasets. FashionMNIST(
        root＝"data"，train＝False, transform＝trans, download＝True)
    return (data. DataLoader(MNIST_训练集, batch_size, shuffle＝True),
            data. DataLoader(MNIST_测试集, batch_size, shuffle＝False))
```

基于该函数,运行：

```
批量化训练集,批量化测试集 ＝ 加载 Fashion_MNIST 数据集(32, resize＝56)
for 输入, 输出 in 批量化训练集：
    print(输入. shape, 输入. dtype, 输出. shape, 输出. dtype)
    break
```

可得：

torch. Size([32, 1, 56, 56]) torch. float32 torch. Size([32]) torch. int64

该函数中,通过 resize 将原本大小为 28×28 转换成 56×56 的图像,又因数据集前面已经下载过,运行该函数时实际不用再次执行下载操作。

7.6　本章小结和文献注释

神经网络与深度学习是实现数据挖掘的重要手段。本章将监督学习在数学上描述为寻求输入到输出的映射关系,将神经网络与深度学习视为表征该映射关系的有效手段,具体讲述了多层感知器、卷积神经网络、典型深度卷积神经网络模型及其 PyTorch 实现等。

　　本章以线性网络为导入,首先介绍神经网络与深度学习学习表征输入到输出间映射关系的基础性任务,然后讲述经典的多层感知器,进而面向视觉与图像处理等含有空间关联信息的任务介绍卷积神经网络及其经典模型,接下来具体讲述几种代表性现代深度卷积神经网络模型,最后对当前通行的深度学习实践平台 PyTorch 做了简单介绍。各节除讲述模型相关原理与方法外,均有基于 PyTorch 的实践环节。

　　本章撰写思路与实践环节主要参考了文献[阿斯顿·张 2021],在此表示衷心的感谢,也向有系统学习深度学习兴趣的读者推荐该著作。本章主要内容及相关文献引用与推荐如下。

1. 线性网络

　　线性模型是表示输入输出间映射关系的基础模型,一定意义上是建模的起点。经典线性回归模型将输入输出间关系建模为线性关系,其相关文献丰富,线性回归与多元统计分析等相关教程也均有讲解。softmax 回归通过 softmax 函数将线性映射后的输出转换成某概率分布,适用于多类问题。[邱锡鹏 20]给出了 softmax 回归的相关数学细节。神经元是神经网络模型的基本单元,相关介绍性文献很多,比如[周志华 16]给出了细致介绍。随机梯度下降方法是常用优化方法,也是训练神经网络与深度学习模型的基础性方法,有深入学习兴趣的读者可以参看文献[刘浩洋 21]。

2. 多层感知器

　　多层感知器是经典的神经网络模型之一,即便当前也在应用,并在深度学习时代被持续研究。经典教程[Haykin10]提供了学习神经网络的系统性基础,[邱锡鹏 20]对多层感知器做了细致介绍,对误差反传、暂退法及显式正则化也有系统阐述。

3. 卷积神经网络

　　卷积神经网络能有效提取空间特征,是图像处理与计算机视觉领域的通行方法,当前也在其他领域上得到了应用与持续研究。[邱锡鹏 20]提供了细致的卷积、池化及相关卷积神经网络模型的细致介绍,[翟中华 21]提供了不同卷积核作用下的图像变化示例,富于启发性。LeNet 是早期标志性卷积神经网络,[LBB98]给出了相关技术与应用细节。

4. 深度卷积神经网络

　　AlexNet 问世是深度学习史上的标志性事件,自此系列深度学习网络模型被持续提出。[翟中华 21]是一个很好的深度学习从基础到前沿的学习版本,[阿斯顿·张 2021]提供了 MXNet、PyTorch 及 TensorFlow 等多种深度学习框架下的深度学习实践的细致指导,是动手学习深度学习的最佳学习材料之一。

　　本章选择了三种代表性现代卷积神经网络进行讲述。AlexNet 原文[KSH12]给出了模型的架构设计细节。[SLJ15]给出了 GoogleNet 的构架设计思路与相关细节,[HZR16]给出了 ResNet 的相关技术细节。有兴趣的读者可查阅相关参考文献深度学习。本章讲述代表性卷积神经网络模型时参考了[阿斯顿·张 2021],对个别细节做了变化以方便当前学习与实践。

5. PyTorch 简介

PyTorch 是当前最流行的深度学习框架之一,语言上和 Python 自然相通,支持自动微分与 GPU 运算,对初学者友好。相关学习资料很多,[翟中华 21]将深度学习原理与实践结合较好,[阿斯顿·张 2021]提供了基于 PyTorch 深度学习细致而深入的指导。

习　题　7

1. 简单描述下述英文缩写或短语的含义。

(1) Linear regression

(2) Logistic regression

(3) Multilayer perception

(4) Convolutional neural network

2. 解释下列概念。

(1) softmax 回归

(2) 暂退法

(3) 卷积操作

(4) 填充惭作

(5) 池化操作

(6) 激活函数

3. 推导线性回归模型的解析解。

4. 推导岭回归模型的解析解。

5. 推导 softmax 回归模型下交叉熵损失的简易解。

6. 列述几种激活函数及其特点。

7. 引入暂退法对神经网络训练有什么好处?

8. 卷积操作与互相关操作有什么关联?

9. 卷积神经网络中引入池化操作有什么意义?

10. 试述 LeNet 对现代深度学习网络架构设计的启发性。

11. 试述 AlexNet 作为深度学习神经网络的先进性。

12. Inception 块中的多路设计有什么实际意义?

13. 试述残差块的设计理念及其对神经网络价格设计上的启发意义。

14. 试述 PyTorch 深度学习架构的特点。

15. 尝试调节相关参数,优化 softmax 回归的分类结果。

16. 尝试调节相关参数,优化多层感知器的分类结果。

17. 尝试调节相关参数,优化 LeNet 模型的分类结果。

18. 尝试调节相关参数,优化 AlexNet、GoogleNet 以及 ResNet 等模型的分类结果。

19. 尝试自己设计一类模型,并优化其在 Fashion_MNIST 上的分类结果。

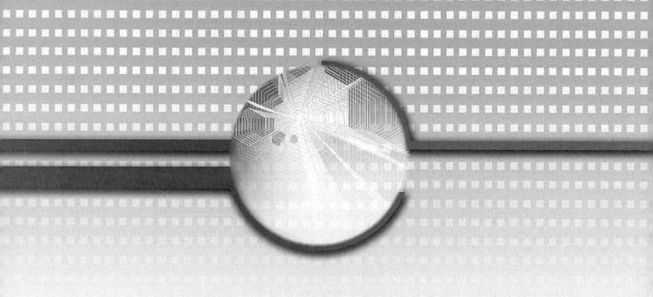

应用篇

用分析的角度、严格、系统地思考业务问题，然后得出能够影响这些数据的解决方案。

—— TIBCO 分析总监，美国，迈克尔·奥康奈尔

嘿，给我整点数据，来支撑我的观点吧！

——诺贝尔经济学奖获得者，美国，罗纳德·哈里·科斯

数据科学家是懂得获取、清洗、探索、建模、解释数据的人，还要融合入侵技术、统计学和机器学习。数据科学家不仅要处理数据，还要把数据本身作为一个五星产品。

—— Fast Forward Labs 创始人，美国，希拉丽·梅森

第 8 章　Web 挖掘技术

　　因特网是人们获得信息的一种常用的和重要的手段,但是它是巨大的、多样的和动态变化的。随着 Web 站点的规模和复杂度的增加,站点设计和维护工作变得越发困难。网站设计人员竭尽全力优化自己的站点以吸引和留住更多的用户,但是这必须依靠对网站信息的充分掌握。从站点经营方来说,他们需要好的自动辅助设计工具,可以根据用户的访问兴趣、访问频度、访问时间动态地调整页面结构,改进服务,开展有针对性的电子商务以便更好地满足访问者的需求。从访问者来说,他们希望用最简洁的方式得到最精确的信息,希望得到个性化的服务。而解决这两方面需求的一个有力工具就是 Web 数据挖掘,即利用数据挖掘的思想和方法,在 Web 上挖掘出有用的信息。

8.1　Web 挖掘的意义

　　WWW 上的一些主要工作,例如 Web 站点设计、Web 服务设计、Web 站点的导航设计、电子商务等工作正变得越来越复杂和越来越繁重。通过 Web 数据挖掘,可以从数以亿计存储着大量多种多样信息的 Web 页面及其链接和用户对页面的访问中挖掘出需要的有用知识。

1. 从大量的信息中发现用户感兴趣的信息

　　在因特网上,最常用的获得信息的方法是页面浏览和关键词搜索。浏览一个页面得到的是页面的孤立信息,即缺乏刻画相关页面关联的机制。基于关键词查询的搜索引擎可以帮助用户查找相关信息的页面,但是目前的搜索引擎至少有以下两个问题不可回避。

- 由于精确度低,使得搜索结果的可用性大打折扣。例如,要搜索 NBA 的太阳队,那么就会得到像太阳帽、太阳伞等这些根本与主题无关的信息。而且这些庞大的搜索结果对用户来说是新的负担,为获得可用的信息,用户不得不再做大量的尝试性工作。

■ 这些搜索结果是凌乱的、无组织的,因而无法反复使用。

这些问题足以说明需要新的、更有效的工具来挖掘 Web 上所蕴含的丰富信息。

2. 将 Web 上的丰富信息转变成有用的知识

如果说传统的基于关键词检索的搜索引擎是面向查询处理的话,那么 Web 挖掘就应该是面向 Web 数据进行分析和知识提取的。因特网中页面内部、页面间、页面链接、页面访问等都包含大量对用户有用的信息,但这些信息的深层次含义是很难被用户直接使用的,必须经过浓缩和提炼。从某种意义上讲,这正是 Web 挖掘所解决问题的出发点和目标。

3. 对用户进行信息个性化

因特网是一个开放的网络,信息可以说是无所不包,但是这并不意味着用户对信息是没有选择的。实际上,不同的用户、不同的用户群对信息的需求是不同的。在竞争日趋激烈的今天,对网站经营者来说,要想留住老客户、吸引新客户就必须提供针对性的服务。信息的个性化是将来的发展趋势,它取决于商家对客户信息的掌握程度。通过 Web 数据挖掘,对总的用户访问行为、频度、内容等的分析,可以得到关于群体用户访问行为和方式的普遍知识,用以改进 Web 服务方的设计。而更重要的是,通过对这些用户特征的理解和分析,可以有助于开展有针对性的电子商务活动。通过 Web 数据挖掘,可以对每个用户的访问行为、频度、内容等的分析,提取出每个用户的特征,给每个用户个性化的界面,提供个性化的电子商务服务。

8.2　Web 挖掘的分类

视频讲解

Web 挖掘依靠它所挖掘的站点信息来源可以分为 Web 内容挖掘(Web Content Mining)、Web 访问信息挖掘(Web Usage Mining)和 Web 结构挖掘(Web Structure Mining)三种主要类型。

1. Web 内容挖掘

Web 内容挖掘是指对站点的 Web 页面内容进行挖掘。目前包括以下一些主要方法。

■ 改进传统的 WWW 搜索引擎,包括 Lycos、Vista、WebCrawler、ALIWEB、MetaCrawler。

■ 在 WWW 上更智能地提取信息的搜索工具,包括 Intelligent Web Agent、Information Filtering/Categorization、Personalized Web Agents。

■ 数据库方法:把半结构化的 Web 信息重构得更结构化一些,然后就可以使用标准化的数据库查询机制和数据挖掘方法进行分析。

■ 对 HTML 页面内容进行挖掘,对页面中的文本进行文本挖掘,对页面中的多媒体信息进行多媒体信息挖掘,包括对页面内容摘要、分类、聚类以及关联规则发现等。

2. Web 访问信息挖掘

Web 访问信息挖掘是对用户访问 Web 时在服务器方留下的访问记录进行挖掘,即对用户访问 Web 站点的存取方式进行挖掘。挖掘的对象是在服务器上的包括 Server Log Data 等在内的日志文件记录。目前流行的挖掘手段包括:

- 路径分析。
- 关联规则和序列模式的发现。
- 聚类和分类等。

Web Usage Mining 可以从 Web 服务器那里自动发现用户存取 Web 页面的模式,进而得出群体用户或单个用户的访问模式和兴趣。Web 访问信息挖掘的意义可以概括如下。

- 改进 Web 站点的效率:通过对用户访问信息的挖掘,得到大多数用户的访问习惯、爱好和其他有用信息,利用这些信息可以指导网站提供商改进站点结构和布局,吸引更多用户。
- 实现个性化推荐:随着互联网的普及和电子商务的发展,电子商务系统在为用户提供越来越多选择的同时,其结构也变得更加复杂,用户经常会迷失在大量的商品信息空间中,无法顺利找到自己需要的商品。在日趋激烈的竞争环境下,个性化服务是包括电子商务在内的网站提供商争取更多用户、防止用户流失以及实现市场目标的重要手段。
- 商业智能的发现:通过对过去的访问信息特性的挖掘,发现新的商业智能,用于指导改进服务和扩展新的赢利点。通过结合日志数据和市场数据可以和 CRM 管理结合,在诸如顾客吸引(Customer Attraction)、顾客保留(Customer Retention)、跨区销售(Cross Sales)、顾客离开(Customer Departure)等市场活动中找到相应的最佳对策。
- 发现导航模式:用户的导航模式是指群体用户对 Web 站点内的页面的浏览顺序模式。在电子商务环境下发现商业智能的关键是发现用户的导航模式。这种导航模式也是个性化推销的基础。
- 抽取访问信息特性:通过对客户端、服务器端、代理服务器端等不同用户访问信息的挖掘可以得到关于用户交互情况和导航情况的详细信息。在此基础上可以提出模型,用于预测在一个给定站点上一个用户所访问的页面的概率分布。访问信息的特性可以用于在 Web 服务器上开展伸缩性和负载均衡的研究等方面。

3. Web 结构挖掘

Web 结构挖掘是对 Web 页面之间的链接结构进行挖掘。在整个 Web 空间里,有用的知识不仅包含在 Web 页面的内容之中,而且也包含在页面的链接结构之中。例如,如果发现一个论文页面经常被引用,那么,这个页面一定是非常重要的。发现的这种知识可以被用来改进搜索引擎,如 PageRank 和 Clever 方法等。

基于这样的分类,可以看出 Web 挖掘的核心是数据挖掘和 KDD 技术在 Web 相关的数据源上的延伸。

8.3　Web 挖掘的含义

通过上面对 Web 挖掘意义和基本分类的分析,可以对 Web 挖掘简单地定义为:针对包括 Web 页面内容、页面之间的结构、用户访问信息、电子商务信息等在内的各种Web 数据,应用数据挖掘方法以帮助人们从 WWW 中提取知识,为访问者、站点经营者以及包括电子商务在内的基于因特网的商务活动提供决策支持。

Web 挖掘像数据挖掘研究一样也是一个交叉研究领域,像人工智能、机器学习、概率统计以及数据库等仍然是 Web 挖掘的基础。另外,由于 Web 挖掘的特点,像信息检索(Information Retrieval,IR)和信息抽取(Information Extraction,IE)等这样的研究领域的交叉研究也值得关注。

8.3.1　Web 挖掘与信息检索

由于研究人员的技术背景、侧重点以及两者应用范围的不断延伸,它们之间的关系出现了两种截然不同的观点。

- Web 上的信息检索是 Web 挖掘的一个方面。Web 挖掘是针对 IR 技术的不足提出并发展起来的,它旨在解决信息检索、知识抽取以及更宽泛的商业问题。因此,应该看作 Web 上 IR 技术的延伸。这种观点大多来自于数据挖掘研究领域。
- Web 挖掘是智能化的信息检索。IR 技术比 Web 挖掘出现的早,而且一些应用已经很成功。对于 IR 领域的研究人员来说,IR 研究也在向着智能化的方向发展,只不过 Web 挖掘正好迎合了这种趋势。

这两种观点很具有代表性,而且至少到目前为止,也没有人能断定谁对谁错。其实这种断定也没有什么价值。如果从解决问题的角度来说,可以给出下面的观点。

- Web 挖掘是一个智能化的技术,符合 IR 向着智能化方向发展的策略。系统化的研究可以解决传统的 IR 技术无法解决的问题。
- Web 挖掘是一个交叉研究的领域,这种交叉也体现在吸收 IR 研究的已有成果上。
- 信息检索可能经常被说成是 Web 挖掘的初级阶段,那是为了强调 Web 挖掘不是简单的信息索引或关键词匹配技术,而是实现信息浓缩成知识的过程,它可以支持更高级的商业决策和分析。

8.3.2　Web 挖掘与信息抽取

Web 上的 IR 和 IE 的研究目的不同,前者希望在大量的 Web 数据源中找到相关的文档,而后者则希望从众多的 Web 文档中抽取可供分析的信息。因此,一般地讲,IE 需要产生文档的归纳或文档间的比较信息。Web 挖掘与信息抽取之间的研究也有交叉,因此对两者的关系也有不同的观点。

- IE 是 Web 挖掘整个过程的一部分。这是因为 Web 上的数据一般是半结构或无结构的,因此需要进行规格化的信息抽取这样的预处理。如果把 IR 和 IE 技术结合起来,在用 IR 获得相关文档集后再进行 IE,把这些文档信息进行归纳并整理成像数据库这样的结构化存储形式,那么就为 Web 挖掘提供了良好的数据格式。

- Web 挖掘是 IE 的一个特殊技术。既然 IE 希望把 Web 蕴藏的信息抽取出来,那么 Web 挖掘或者文本挖掘只不过是达到这个目的的特殊技术手段。从本质上讲,Web 挖掘或者文本挖掘和 IE 技术从目的上没什么不同。

当然这些观点也是来自不同的研究领域,也是由于研究的交叉和扩展引起的。我们归纳下面的问题供读者思考。

- 传统的 IE 研究主要是针对无结构文本的信息提取问题的,它起源于自然语言处理(NLP)研究,是比 Web 挖掘更早的研究领域。它更多依靠像语义分析、词法分析这样的 NLP 手段。这些研究可以为 Web 挖掘,特别是 Web 内容挖掘提供技术支持。
- Web 挖掘是由于因特网的迅速发展而提出的,Web 上的信息还是以半结构化信息为主。这种半结构化是通过诸如 HTML 标签以及必要分界符(如 E-mail 的域)等体现的。因此,Web 挖掘研究的重点在于半结构化信息转换成抽象知识的技术。当然,作为 IE 研究本身,近年也在半结构数据上开展工作。
- 信息抽取可能经常被说成是 Web 挖掘的一个预处理阶段,那是把 Web 挖掘作为一个完整的过程,而把信息抽取看成是从 Web 文档(作为半结构网页或无结构的文本)转换成结构化的数据库等形式的一个子步骤,是 Web 挖掘的步骤所引出的名词。

8.4 Web 挖掘的数据来源

从理论上讲,Web 挖掘的数据来源是很宽泛的。凡是在 Web 站点中对用户有价值的数据都可以成为它挖掘的数据源。但是由于这些对象的数据形式及含义的差异,它们的挖掘技术会不同。因此,本节选取一些比较有代表性的数据源进行分析。

8.4.1 服务器日志数据

个人浏览 Web 服务器时,服务器方将会产生三种类型的日志文件:Server logs、Error logs 和 Cookie logs,这些日志用于记录用户访问的基本情况,因此也是进行 Web 访问信息挖掘的主要数据源。

1. Server logs

表 8-1 给出了 Server logs 文件格式。按照这样的格式,可以分析 Server logs 文件格式蕴含的有用信息。

需要说明的是,URI(Uniform Resource Identifier)是一个比 URL(Uniform Resource Locator)更通用的定义,而且前者包括后者。因此本书采用前者来定义一个页面的地址。对于它的格式及意义的详细介绍,稍后进行。

表 8-1　Server logs 文件格式

Field	Description
Date	Date,time,and timezone of request
Client IP	Remote host IP and / or DNS entry
User name	Remote log name of the user
Bytes	Bytes transferred（sent and received）
Server	Server name,IP address and port
Request	URI query and stem
Status	http status code returned to the client
Service name	Requested service name
Time taken	Time taken for transaction to complete
Protocol version	Version of used transfer protocol
User agent	Service provider
Cookie	Cookie ID
Referrer	Previous page
…	…

2. Error logs

错误日志（Error logs）存取请求失败的数据,例如,丢失链接、授权失败或超时等。

3. Cookie logs

由于 HTTP 的特点,跟踪单个用户并非易事。服务器方可以采用 Cookie 的方式跟踪单个用户。Cookie 是由 Web 服务器产生的记号并由客户端持有。用于识别用户和用户的会话。Cookie 是一种标记,用于自动标记和跟踪站点 Web 的访问者。在电子商务的环境中,存储在 Cookie logs 中的信息可以作为交易信息。

通过对这三种日志的分析和挖掘,就可以开展 Web 访问信息挖掘。

8.4.2　在线市场数据

在线市场数据是指和市场活动相关的信息。例如一个电子商务站点,存储相关的电子商务信息。从内容上说,不同目的的商务网站有不同的商务信息。但是,这类数据通常是用传统的关系型数据库结构来存储数据。在线市场数据是业务数据,是进行业务相关分析的主体。用户的挖掘目标只有结合在线市场数据分析才能达到目的。

8.4.3　Web 页面

现有的 Web 数据挖掘方法大都是针对 Web 页面开展的。目前的 Web 页面大多满足 HTML 标准。

由于 HTML 页面包含文本和多媒体信息（包括图片、语音、图像）,所以涉及数据挖掘领域中的文本挖掘和多媒体挖掘。现有的 HTML 页面内容,缺乏标准的描述方式,难以挖掘。为了解决这个问题,1998 年 WWW 社团提出了 XML 标准（eXtensible Markup

Language)。该标准通过把一些描述页面内容的标记(tag)添加到 HTML 页面中,用于对 HTML 页面内容进行自描述,例如,对一个内容为科技论文的页面添加相关标记,描述其作者、关键词等。XML 的标记并不是限制死的,是由页面的创立者自己安排给出和定义的,但要遵循一定的规范。

8.4.4　Web 页面之间的超链接关系

Web 页面之间的超链接关系是一种重要的资源,页面的设计者把它们认为是重要的页面地址添加到自己的页面上。显然,如果一个页面被很多页面引用,那么它一定是重要的。这就是从中需要挖掘的知识。

8.4.5　其他信息

这些信息主要包括用户注册信息等一系列信息。为了更好地实现挖掘任务,适当地附加信息(如描述用户的基本情况和特征的信息)是必要的。

8.5　Web 内容挖掘方法

Web 内容挖掘可以认为是基本的 Web 检索工作的延伸。有许多不同的技术可以用于检索因特网信息。例如,大多数搜索引擎采用关键词匹配技术。Web 内容挖掘建立在信息检索基础之上,它通过采用概念层次、用户概貌、页面链接技术等对传统的搜索引擎进行改进。我们知道,传统的搜索引擎通过爬虫去检索网页和收集信息,采用索引技术来存储信息,在查询阶段则给用户提供快速而准确的信息。因此,数据挖掘技术可以帮助搜索引擎提供更高效、规模更大的服务。

一种 Web 挖掘的分类方法把 Web 内容挖掘分为代理人方法和数据库方法。

1. 代理人方法

使用软件系统(代理)来完成内容挖掘。在最简单的情况下,检索机制也属于这一类,包括智能检索代理、信息过滤和个性化 Web 代理等。智能检索代理超越了简单的检索机制,它通过关键词之外的技术来完成检索。例如,可以利用用户模板或其关心的知识领域。信息过滤利用信息检索技术、连接结构的知识和其他方法来分析和分类文档。个性化 Web 代理使用有关用户喜好的信息来指导它们的检索。

2. 数据库方法

将所有的 Web 数据描述为一个数据库。意味着 Web 是一个多级的数据库并有多种查询语言指向 Web。

Web 内容挖掘的基本技术是文本挖掘。文本挖掘的方式是有层次的系统,图 8-1 给出了一个文本挖掘的层次示意,顶端功能最简单,底层功能最复杂。

- 关键词检索:最上面的是最简单的方式,它和传统

图 8-1　文本挖掘体系示意

的搜索技术类似。

- 挖掘项目关联：它不仅将注意力放在孤立的词的相同或相似信息上，而且聚焦在页面的信息(包括关键词)之间的关联信息挖掘上，因而避免传统的信息检索技术带来的信息不精确和信息量过大等问题。

- 相似性检索：与信息检索方法中的相似性检索方法类似，目的是找到相似内容的网页。

- 信息分类和聚类：利用数据挖掘的分类和聚类技术实现页面的分类，将页面在一个更高层次上进行抽象和整理。

- 自然语言处理：最下面的是最复杂的方式，它希望揭示自然语言处理技术中的语义，实现 Web 内容的更精确处理。

8.5.1　爬虫与 Web 内容挖掘

爬虫(Crawler)是一个用来分解 Web 中超文本结构的工具。爬虫开始访问的这页(或者组页)称作种子 URL。从一个网页开始，通过查阅和记录这个网页的所有链接并把它们排列起来，然后再从找到的新页面继续开始重复工作，这种工作可以收集到每个页面的信息(如提取关键词和存储索引)。爬虫可能在访问一定数量的页面后停止搜索，产生索引，这个索引将覆盖旧的索引，上述爬虫叫作定期爬虫(Periodic crawler)。增量式爬虫(Incremental crawler)是最近研究的一种新技术，它不是完全重建索引，而是在旧索引的基础上仅增加一些新索引。

由于 Web 内容的数量相当巨大，一种兴趣爬虫(Focused crawler)技术被提出。它仅访问与主题相关的页面，一旦发现一个页面与主题无关或者一个链接不必被继续跟踪，则很多从这个页面(或链接)开始的其他链接就不再访问了。由于聚焦用户感兴趣的页面，因此在有限的资源下可以获得更多感兴趣的页面信息，使内容的覆盖面更大，内容挖掘的信息含量增大。

这种兴趣爬虫技术有下面一些重要方面。

- 利用超文本链接结构进行页面内容分类，使搜索引擎检索的页面符合用户的兴趣。

- 有些页面包含很多链接，而这些链接的页面是用户感兴趣的，因此它们需要被检索。注意，这些页面也许不包含与主题有关系的信息，但它们对继续搜索有非常重要的意义。

- 采用合理而高效的方法对所选择的页面进行内容分析和挖掘。

8.5.2　虚拟的 Web 视图

一个有效的处理在 Web 中的大量无结构数据的方法是在这些数据之上建立一个 MLDB(Multiple Layered Database)。这个数据库是多层次的，每一层都比它上面一层数据库有更显著的特点，最高层有着完善的结构并可以通过类似 SQL 的查询语言进行访问或挖掘。MLDB 提供一个被称为 VWV(Virtual Web View)的视图机制，Web 中的一部分感兴趣的结构被抽象和浓缩在这个视图中。

MLDB 的每层索引都比它下一层要小并且指向它。对于最底层来说,需要了解 Web 文档的结构并转换成标准格式(如 XML),把这些结构信息用专门的提取工具从 Web 页面中提取出来,再把信息摘要插入第一层 MLDB 中。

更高的层次随着其等级的提高而具有较少的细节和更多的描述。所以需要一个归纳工具,并且等级概念(如近义词组、词汇和语义联系等)将帮助归纳过程来架构更高层的 MLDB。

8.5.3　个性化与 Web 内容挖掘

另一个 Web 内容挖掘的例子体现在个性化领域。通过个性化,网页的内容和访问方式将修改以更适合用户的需要。这些应用包括为每个特定用户定制网页,或者根据用户的需要决定哪些网页会被检索到。

通过个性化,基于用户所关心内容的广告会被发送到潜在的用户。通过个性化,当一个特别的用户访问一个站点时,会有一个特别为他定制的广告出现,这对那些可能购买的用户来说是一个极大的诱惑。例如,张三经常在一个网站上购物,每次当他访问这个站点时,他必须先使用 ID 进行登录,这个 ID 可以用于跟踪他的消费行为和他所访问的网页,通过 Web 挖掘可以形成张三的用户描述信息,这个描述就可以用于定制他的个性化广告。因此当他登录时就会直接访问包含他所感兴趣的商品的广告。

Web 内容挖掘的目的之一是基于页面内容相似度进行用户分类或聚类,个性化的建立是通过用户过去的检索内容分析而建立起来的。自动的个性化技术可以通过过去的需要和相似用户的需要来预知特定用户将来的需要。

Web 页面信息主要包括文本信息和多媒体信息,所以,可以将其分为对 Web 页面文本信息的挖掘和对 Web 页面多媒体信息的挖掘。

8.5.4　对 Web 页面内文本信息的挖掘

挖掘的目标是对页面进行摘要和分类。在对页面进行摘要时,对每一个页面应用传统的文本摘要方法可以得到相应的摘要信息。在对页面进行分类时,分类器输入的是一个 Web 页面集(训练集),再根据页面文本信息内容进行监督学习,然后就可以把学成的分类器用于分类每一个新输入的页面。

在处理阶段,要把这个 Web 页面集合文本信息转换成一个二维的数据表,其中,列集为特征集,每一列是一个特征;行集为所有的页面集合,每一行为一个 Web 页面的特征集合。在文本学习中常用的方法是 TFIDF 向量表示法,它是一种文档的词集(Bag-of-Words)表示法,所有的词从文档中抽取出来,而不考虑词间的次序和文本的结构。

这种构造二维表的方法是:

- 每一列为一个词,列集(特征集)为辞典中的所有有区分价值的词,所以整个列集可能有几十万列之多。
- 每一行存储一个页面内词的信息,这时,该页面中的所有词对应到列集(特征集)上。列集中的每一个列(词),如果在该页面中不出现,则其值为 0;如果出现 k 次,那么其值就为 k;页面中的词如果不出现在列集上,就说明该词不具有区分价值,可以放弃。这种方法可以表征出页面中词的频度。

- 对中文页面来说,还需先分词然后再进行以上两步处理。

这样构造的二维表表示的是 Web 页面集合的词的统计信息,最终就可以采用朴素贝叶斯方法或 k-正邻等方法进行分类挖掘。在挖掘之前,一般要先进行特征子集的选取,以降低维数。

8.5.5　对 Web 页面内多媒体信息挖掘

总的挖掘过程是先要应用多媒体信息特征提取工具,形成特征二维表,然后就可以采用传统的数据挖掘方法进行挖掘。

在特征提取阶段,利用多媒体信息提取工具进行特征提取。一般地,信息提取工具能够抽取出 image 和 video 的文件名、URL、父 URL、类型、键值表、颜色向量等。对这些特征可以进行如下挖掘操作。

- 关联规则发现:例如,如果图像是"大"的而且与关键词"天空"有关,那么它是蓝色的概率为 68%。
- 分类:根据提供的某种类标,针对特征集,利用决策树可以进行分类。

8.5.6　Web 页面内容的预处理

站点的内容设置是依赖于商业文本的,和具体领域关系密切,是 Web 站点的内涵所在。Web 站点的功能最终都要落实到内容上来,因此对于挖掘而言,Web 内容既是重要的信息来源也是最难处理的部分。

Web 页面内容预处理的目的是把包括文本(Text)、图片(Image)、脚本(Script)和其他一些多媒体文件所包含的信息转换成可以实施 Web 挖掘算法的规格化形式。一般而言,分类或聚类是这样预处理的常用方法。

Web 页面本身的设置目的是不同的,常见的页面有如下几种。

- 首页(Head Page):站点的主页,用户对该站点进行访问的起始点。
- 内容页(Content Page):Web 站点的设计者在这种页面上向访问者提供详细的内容信息。
- 导航页(Navigation Page):该类页面的目的是提供超链接给用户以帮助用户到达内容页。
- 内容导航页(Content & Navigation Page):页面上既包含较为详细的内容信息,也包含到达其他内容页或内容导航页的信息。这种页面在站点中的比例最高。
- 查找页(Look Up Page):帮助用户查找站点内的特定内容。
- 数据入口页(Data Entry Page):用于从用户那里收集信息。

Web 页面内容预处理的首要工作是对页面的分类。分类信息或者可以由站点的设计者人工指定,或者由监督学习方法在对人工指定的训练集进行训练后自动进行。如果分类信息由人工指定,就意味着增加用户负担,有时由于网站设计者和挖掘系统设计者的利益点不同,很难实现 Web 挖掘。因此,自动化完成页面分类就是 Web 挖掘的基础性工作。具体采用的算法可以是 C4.5 或者朴素贝叶斯算法。另外,XML 也可以提供较为详细的分类知识。

对文本内容的预处理是开展 Web 内容预处理研究的主要内容。一些研究包括利用 Hypergraph Clustering 进行聚类;利用 Support Vector Machine 进行分类;特征空间缩减技术也被广泛地采用。

虽然 Web 页面内容挖掘的主要信息源是无结构或半结构的 Web 页面,但与其他信息的结合可以得到好的效果。同时,它和 Web 访问信息挖掘和 Web 结构或链接挖掘可以相互补充。

- 当 Web 结构挖掘得到站点的结构图后,每个 HTML 文件可以用页面内容挖掘算法进行相应的处理,以得到更有用的信息。
- 在 Web 访问信息挖掘的环境下,内容挖掘的结果有助于改进访问信息挖掘的成果。例如,内容分类算法的结果有助于限制导航模式发现算法的结果,使得发现的模式只包含特定的主题或特定的产品。
- 根据主题(Topic)和用户访问信息对页面视图进行分类或聚类,得到的结果可以更好地改进 Web 站点的访问效率。

8.6　Web 访问信息挖掘方法

Web 访问信息挖掘是 Web 挖掘中开展较早的分支。在 Web 访问过程中,用户的每一次访问都会记录在服务器中,并以日志的形式存储。Web 访问日志记录了用户和站点设计者之间的交流过程,隐藏着丰富的可以挖掘的数据。通过 Web 访问信息分析,可以提炼出设计者的领域知识、用户访问兴趣及其程度、用户的访问习惯等,进而得到优化站点结构、个性化服务以及用户访问控制等对站点设计者、经营者有用的决策性信息。

Web 访问信息挖掘,就是利用数据挖掘技术对 Web 访问信息进行知识发现,发现访问站点的用户的行为习惯等,并借助模式发现方法和工具,进一步地研究和分析用户访问的行为规律。

8.6.1　Web 访问信息挖掘的特点

1. Web 访问数据容量大、分布广、内涵丰富和形态多样

(1) 大规模海量数据信息:一个中等大小的网站每天可以记载几兆字节的用户访问信息,记载着数万次用户的访问,随着时间的推移,所记载的用户访问量信息更是非常庞大。

(2) 广泛分布于世界各处:世界上每一台 Web 服务器都会遵循 W3C 的 Web 访问信息标准。每一个访问信息日志记录了来自不同地区、种族、阶层等的访问者信息。

(3) 访问信息形态多样:访问信息的格式在遵循 W3C 标准的基础上,各个服务器可以根据各自的特定需求,制定新的格式,以记载更加详细的用户访问信息。访问信息格式的扩展是当前 Web 服务发展的一个新趋势。

(4) 访问信息具有丰富的内涵:访问信息记载了来访者、被访问者、访问时间等一系

列信息。当这些信息被事务化，提取出时间特性以及和网站原有的丰富的拓扑结构结合起来后，就具有了非常丰富的内涵。

2. Web 访问数据包含决策可用的信息

（1）数据记录的是每个用户的访问行为，代表每个用户的个性。每个用户的访问特点可以被用来识别该用户的特性。

（2）同一类用户的访问，代表同一类用户的个性。同一类用户的特性可以为该类中的每个用户对访问的要求提供推荐参考。

（3）一段时期的访问数据记载的是群体用户的行为和群体用户的共性。群体用户特性可以被用来改变站点的设计结构，以利于群体用户的访问。

（4）Web 访问信息数据是网站的设计者和访问者进行沟通的桥梁。由于 Web 网站的特点，网站的设计者不可能直接面对每一个访问者，设计者可以通过访问数据所蕴含的信息得到访问者的反馈意见以改进服务。

（5）Web 访问信息数据是开展数据挖掘研究的良好对象。数据挖掘的宗旨就是利用机器学习、模式识别、统计等一系列方法和手段对现实世界中的数据进行分析和研究。那么，这些 Web 访问数据自然成为数据挖掘的一个新兴的、重要的研究领域。

3. Web 访问信息挖掘有其自己的数据和知识模式的特点

和传统的基于事务的数据挖掘方法相比，Web 访问信息挖掘的挖掘对象有自己独特的特点。数据挖掘的本质是针对数据的特性，采取相应的方法进行挖掘。那么，传统的基于关系数据的挖掘方法（如分类、聚类、关联规则发现、统计方法等）需要在结合访问信息数据的特性的基础上，进行扩展、改进，以适应新的要求。

（1）在传统的关系型数据库中，一条记录的各个字段之间不存在结构关系，这使得传统的基于事务的挖掘方法不处理事务内部各元素之间的结构关系。而在 Web 访问信息挖掘中，访问事务的元素是 Web 页面，事务元素之间存在着丰富的结构信息，挖掘的对象是由这种丰富的结构信息所带来的新数据。

（2）在传统的关系型数据库中，一条记录的各个字段之间不存在顺序关系，这使得传统的基于事务的挖掘方法不处理事务内部各元素之间的顺序关系。而在 Web 访问信息挖掘中，访问事务的元素代表的是每个访问者的顺序关系，事务元素之间存在着丰富的顺序信息，这种顺序关系反映出用户的访问习惯和兴趣。挖掘的对象是由这种丰富的顺序信息所带来的新数据。

（3）在传统的关系型数据库中，一条记录的各个字段之间不可再分，这使得传统的基于事务的挖掘方法不处理事务内部各元素内部之间的关系。而在 Web 访问信息挖掘中，访问事务的元素是 Web 页面，每个页面的内容可以被抽象出不同的概念，用户实际上是对这些概念发生的兴趣，用户对页面的访问顺序和访问量的大小，实际上是对这些概念的访问顺序和访问量的大小，挖掘的对象是由这种丰富的概念访问顺序信息和概念访问量的不同所带来的新数据。

（4）在传统的关系型数据库中，一条记录的各个字段之间不存在时间关系，这使得传统的基于事务的挖掘方法不处理事务内部各元素之间的时间关系。而在 Web 访问信息挖掘中,访问事务的元素是 Web 页面,用户对每个页面存在一个不同的访问时长,访问时间的长短代表了用户对该页面的访问兴趣,那么,Web 访问信息挖掘的对象是由这种丰富的时长信息所带来的新数据。

8.6.2 Web 访问信息挖掘的意义

Web 访问信息是将数据挖掘技术作用于 Web 服务器日志文件等,以发现隐藏在其中的用户访问模式。实际上,对服务器日志进行简单的统计(如页面访问次数、日平均访问人数、最受用户欢迎的页面等)已经不能满足设计人员对站点结构进行优化的需求。设计人员不得不求助于 Web 日志挖掘工具,以获得更深层次的用户访问信息,如关联规则、序列模式和页面聚类等。

简而言之,通过对 Web 日志文件的挖掘,可以发现用户访问页面的特征、页面被用户访问的规律、用户频繁访问的页组等,以便其合理、有效地优化站点的结构,最终为用户提供一个方便、快捷的信息获取环境。例如,页面 1、2、3 相互之间没有链接,但是有相当数量的用户在访问站点时浏览了这三个页面,由于站点的不合理性,使得用户不得不进行多次回退后才能全部浏览到这三个页面。利用 Web 日志挖掘工具,可以解决上述问题。

在 Web 访问信息挖掘中,主要是解决下面三方面的需求。

(1) Web 服务方主要根据自己的知识设计 Web 页面的结构,而群体用户根据各自的访问兴趣访问这些页面,那么服务方的结构设计是否合理? 怎样的设计更有利于群体用户的访问,更加吸引访问者? 这些问题的解决是 Web 访问信息挖掘的主要目的。

(2) 群体用户的访问存在哪些特点? 如果掌握了这些特点,那么就可以利用其开展进一步的商务活动。

(3) 对于每一个新的 Web 站点的访问者,都会在曾经访问的群体用户中找到一些最相似的访问者,那么,这些访问者的访问就可以给这个新的访问者提供推荐,以便于新访问者的进一步访问。

由于 Web 访问信息存在于每一台 Web 服务器上,因此具有普遍性,并且遵循共同的标准,那么开展这项研究就具有普遍意义。理解用户访问行为的主要方式就是依靠对用户访问信息的挖掘。未来的世界是 Web 世界,双方通过访问信息互相了解、沟通,服务方据此改进服务,访问者由此提高访问效率。

1. 面向群体访问者

通过 Web 访问信息挖掘,对总的用户访问行为、频度、内容等的分析,可以得到关于群体用户访问行为和方式的普遍知识,用以改进 Web 服务方设计。更重要的是,通过对这些用户特征的理解和分析,有助于开展有针对性的电子商务活动。这些意义和作用可以归结如下。

(1) 提供高效访问。例如,对一个中等规模的网站而言,假定每天有 30 万人次前来访问,如果通过改进站点的拓扑结构设计对每个用户减少一次多余的访问,设定每次访问费时 10s,那么一年下来可以节约用户 30 多万小时的用户访问时间。而且利用基于 Web

访问信息挖掘的预推送技术,可以更好地设计服务器以提高在大负载下的性能。

（2）吸引访问者。对网站而言,吸引访问者是其最重要的生存之道。如果一个网站的设计不利于用户的访问,不了解自己网站的访问者的兴趣和偏好,那么必然在激烈的竞争中处于不利的地位。

（3）保持访问者。如果网站的结构设计与访问者的目的存在矛盾,大部分访问者的访问目的层次过深,那么网站就可能丧失它拥有的用户。如果网站具有更好的结构设计,那么访问者在访问数次后就可能选择它。

（4）寻找访问者离开的原因。访问者离开的主要原因是什么? 如果能找到这些原因,那么就可以有针对性地改进网站的结构设计,以防止新的用户离开,保持网站的活力。

（5）地区/行业/阶层的分析。在电子商务网站上,根据交易者留下的信息,可以知道访问者所在的地区、所属的行业或阶层。通过对这些信息和访问信息的分析可以提取相应的商业智能。

（6）防止访问者迷航。对于大的网站而言,如果访问者不能找到相应的访问目标,或者面对复杂的页面结构不知所措,就说明访问者遇到了迷航的问题。如果只有很少一部分访问者发生迷航问题,那么情况并不严重;如果大部分用户都发生访问迷航,就需要挖掘出访问者的迷航原因和可能的情况,改进页面的结构设计。

（7）群体推荐。推荐的基础是群体用户的访问信息,针对群体用户的访问偏好,可以为群体用户推荐他们感兴趣的东西。

（8）针对性服务。例如,网站的一个主要生存之道是广告收入,通过对访问信息进行挖掘,可以知道对某种东西感兴趣的用户的访问路径,在这些路径上,就可以放置相应内容的广告。

2. 面向群体的每一个访问者

通过 Web 访问信息挖掘,对每个用户的访问行为、频度、内容等的分析,提取出每个用户或每类用户的特征,可以发现每个用户的个性化需求和特征,以便改进站点设计和提高个性化的服务水平。这些意义和作用可以归结如下。

（1）个性化推荐:如果用户的访问兴趣与其他一些用户很相似,那么就考虑推荐给该用户其他用户也感兴趣的一些东西。

（2）用户建模:根据用户过去的访问,推断当前访问用户的特征或概貌文件。

（3）个性化推销(Direct Marketing):识别出对某种产品或服务的可能购买者,对其推荐相应的产品或服务。

8.6.3　Web 访问信息挖掘的数据源

由于 Web 世界的分布性,用户访问行为数据被广泛地分布记录在 Web 服务器、用户客户端和代理服务器中。不同分布地点的用户访问信息都有可以利用的数据及其可以挖掘的模式特征。挖掘工作必须针对数据的特点来决定相应的挖掘任务。

用户访问行为被分为以下四类。

■ 单个用户对单个站点的访问。

■ 单个用户对多个站点的访问。

■ 多个用户对单个站点的访问。

■ 多个用户对多个站点的访问。

用户访问信息的分布简单归结为如下内容。

① 服务器方：一般地，在一个 Web 服务器上，服务器日志记录了多个用户对单个站点的用户访问行为。

② 客户方：一般地，在客户端计算机上，客户端的代理记录了单个用户对单个站点或单个用户对多个站点的用户访问行为。客户端的 Cache 记录了用户访问内容。客户端的 BookMark 也记录了单个用户对单个站点的访问偏好。

③ 客户端代理服务器：代理服务器记录了多个用户对多个站点的访问行为，同时，代理服务器内部的 Cache 记录了多个用户对多个站点的访问内容。

从广义上说，Web 访问挖掘可用的数据源包括日志数据、在线市场数据、Web 页面、Web 页面之间的超链接关系、查询访问信息和其他一些信息等。Web 访问挖掘的数据分布在 Web 服务端和 Web 客户访问端。

1. 服务器方访问信息

当访问者浏览 Web 服务器时，服务器方将会产生 Server logs、Error logs 和 Çookie logs 等日志文件，这些日志是 Web 访问信息挖掘的主要数据源。

一个 Web 服务器日志（Server log）反映出多个用户对单个站点的访问行为。表 8-2 给出了一个 Web 服务器上的 log 文件片段，它基本上反映了日志文件的主要属性。

表 8-2　Web 服务器上 log 文件内容例子

IP Address	User ID	Time	Method/URI/Protocol	Status	Size
159.226.219.52	--	10/Dec/1998:12:34:16-0600	"GET /images/lchzhi.gif HTTP/1.1"	200	44851
159.226.219.52	--	10/Dec/1998:12:34:32-0600	"GET /graduate.htm HTTP/1.1"	200	7403
159.226.219.52	--	10/Dec/1998:12:34:32-0600	"GET /images/sxwys2.jpg HTTP/1.1"	200	18481
203.141.89.99	--	10/Dec/1998:12:34:48-0600	"GET /result.htm HTTP/1.0"	200	12302
159.226.219.52	--	10/Dec/1998:12:34:58-0600	"GET /structure.htm HTTP/1.1"	200	367
159.226.219.52	--	10/Dec/1998:12:34:58-0600	"GET /struc-index.htm HTTP/1.1"	200	4370
159.226.219.52	--	10/Dec/1998:12:34:58-0600	"GET /struc-content.htm HTTP/1.1"	200	12047
159.226.219.52	--	10/Dec/1998:12:34:58-0600	"GET /images/znkfsys.jpg HTTP/1.1"	200	22574

在日志文件中,每条记录被称为项或条目(Entry)。主要包含如下内容。

① 客户端 IP 地址(Client IP Address):发出该请求的客户端的 IP 地址,在 Proxy 代理服务器的环境下为代理服务器的 IP 地址。

② 用户标识符(User ID):一般不填写,只有当存取特定的文件,需要鉴别身份时才需要填写。

③ 时间戳(Date or Time):表示 Web 服务器接受该请求的时间。一般地,在整个日志文件中以时间戳递增排列。

④ 请求域(Request):包括请求方法/URI/请求的协议。常见的请求方法有 GET、POST 和 HEAD 等。

- GET 从 Web 服务器得到对象。
- POST 向 Web 服务器发送信息。
- HEAD 仅请求一个对象的 HTTP 头。

URI 或者为服务器上文件系统上的一个静态的文件,或者为响应该请求的一个将要被调用的可执行程序。

⑤ 状态域:由 Web 服务器设置的、指示出响应某请求的行为。200～299 的代码一般指示成功响应;300～399 表征某种程度的重定向;400～499 指示错误;500～599 表示 Web 服务器有问题。常见的错误代码是 404,指示被请求的文件没有被找到。

⑥ 返回大小域(Size or Bytes):表示返回结果的字节数。

⑦ Referer 域表征上次被请求的页面,如果用户通过直接输入地址或通过书签(BookMark)访问,那么该域为空。代理域(Agent)能够指出客户端的操作系统和浏览软件。在某些日志中,Referer 域和代理域不被记录。

由于 Cache 的广泛存在和网络的时延,在服务器日志中的信息存在一定的失真。如果一个 Web 页面已存在于本地 Cache 中,那么当用户存取该页面时,实际上访问的是本地被缓存的页面,当然在服务器方,这种信息不被记录。在日志中,同一个用户的两次访问之间的时延,不仅包括用户看第一个 Web 页面的时间,还包括服务器发送第一个页面到客户端的时间,以及服务器从客户端接收到第二个页面请求的时间。

值得注意的是,不同软硬件环境可能导致 Web 服务器端的日志文件有所差异,因此实际应用时,需要根据具体情况加以处理。此外,在服务器端也有错误日志(Error logs)和来自于客户端的 Cookie 文件,它们也可以作为 Web 访问信息挖掘的数据对象。

2. 客户端访问信息

客户端的访问信息分为代理服务器端的访问信息和单个客户端的访问信息。

1) 代理服务器端

代理服务器端的访问信息包括用户访问日志和在 Cache 中被访问的页面信息。其中,代理服务器端用户访问同样遵循公共日志格式标准。一个代理服务器日志的例子(基于 Windows NT 4.0 的代理服务器)如下。

200.121.2.88,HEAD\SWANG,Mozilla/4.0(compatible; MSIE 4.0; Windows 95),Y,99-3-28, 15:57:44,W3Proxy,NTPROXY,-,www.ict.ac.cn,159.226.39.2,80,200,582,1376,http,tcp, GET,http://www.ict.ac.cn/cjc/cjcw2.html,-,Inet,304,0

200.121.2.88,HEAD\SWANG,Mozilla/4.0(compatible; MSIE 4.0; Windows 95),Y,99-3-28, 15:57:44,W3Proxy,NTPROXY,-,www.ict.ac.cn,159.226.39.2,80,270,2101,1254,http,tcp, GET,http://www.ict.ac.cn/cjc/introc.html,-,VCache,304,0

200.121.2.88,HEAD\SWANG Mozilla/4.0(compatible; MSIE 4.0; Windows 95),Y,99-3-28, 15:57:44,W3Proxy,NTPROXY,-,www.ict.ac.cn,159.226.39.2,80,171,449,1110,http,tcp, GET,http://www.ict.ac.cn/cjc/star.gif,-,Inet,304,0

200.121.2.88,HEAD\SWANG,Mozilla/4.0(compatible; MSIE 4.0; Windows 95),Y,99-3-28, 15:57:44,W3Proxy,NTPROXY,-,www.ict.ac.cn,159.226.39.2,80,211,455,826,http,tcp, GET,http://www.ict.ac.cn/cjc/INTROCG.JPG,-,Inet,304,0

客户端 IP 地址(Client IP Address)是发出该请求的通过代理服务器进行访问的客户端的 IP 地址。用户标识符(User ID 或 User Name)域为发出该请求的用户域和用户名称。

代理服务器 Cache 内页面的例子为(基于 Windows NT 4.0 的代理服务器):

- http://www.ustb.edu.cn/index.htm;
- http://www.ustb.edu.cn/tsgc.htm;
- http://www.usyd.edu.au/homepage/dept.html。

对代理服务器端访问信息的挖掘可以得到通过该代理服务器的用户的访问偏好。

2) 单个客户端

单个客户端的访问信息收集工作可以通过使用远程代理(如 JavaScript 或 Java Applets)或修改现有浏览器的源代码(如 Netscape 的 Navigator)来实现。这样做需要用户的协作或者允许执行 JavaScript 或 Java Applets,或者愿意使用源代码被修改的浏览器。

单个客户端的访问信息收集带来的主要益处为:提供单个用户较为精确的对一个站点或多个站点的访问偏好。这种偏好表现为对一个站点上的一些页面或一些站点的较为频繁的访问,或者通过收集该用户的书签(BookMark)内容来得到用户的兴趣爱好。如果得到的这种访问偏好只服务于该用户,即不向任何外界传递,那么用户一般可以接受;否则用户很难允许自己的访问兴趣被传给服务方。

对一般的 Web 服务方而言,要得到且确定单个客户端的访问信息并不是一件轻松的工作。因此,对 Web 服务端的访问数据的挖掘,对于开展基于群体特性的知识发现更有利。如果要实现单个用户的行为挖掘,通过相应的方法实现单个客户端的访问信息收集工作是必要的。

8.6.4　Web 访问信息挖掘的一般过程

Web 访问日志挖掘是一个比较新的研究领域,目前国内外的研究比较零散,仅就其一般过程达成了一些共识。一般地,Web 日志挖掘需要经过数据预处理、模式挖掘及模式分析等主要阶段。图 8-2 给出了一个 Web 访问挖掘的一般性的研究和应用体系示意图。

Web 访问信息挖掘的基础和最烦琐的工作是数据的预处理。预处理用户访问信息是整个数据准备的核心工作,也是开展下一阶段 Web 访问信息挖掘的基础。Web 访问挖掘一般也要经过数据清理、用户识别、会话识别等预处理过程。图 8-3 给出了 Web 访问挖掘的一般性的具体流程。

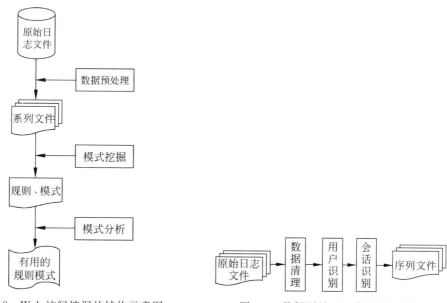

图 8-2   Web 访问挖掘的结构示意图   图 8-3   数据预处理工作原理示例图

8.6.5   Web 访问信息挖掘的数据清理

数据清理是整个数据挖掘工作的基础。对于 Web 日志中的数据,由于数据表示、写入的对象差异以及用户的兴趣和挖掘算法对数据的要求不同,需要确定合理的数据清理策略。

一般地,对 Web 访问信息挖掘的对应的数据清洗工作需要从以下一些方面考虑。

① 合并数据:在给定挖掘时间段后,数据清洗需要合并 Web 服务器上的多个日志文件,并且解析每个文件,将其转换到数据库或特定格式的数据文件中。

② 剔除不相关的数据:在 Web 日志中一些存取记录可能对挖掘来说是不必要的,例如,图形文件、压缩文件等的存取,可能对面向文本挖掘的用户不需要考虑,所以应该被剔除。这样的工作可以通过检查每项中的 URI 是否带有后缀 gif、jpeg、zip、ps 等来实现。

③ 代理访问的处理:由于搜索引擎或其他一些自动代理的存在,日志中存在大量的由它们发出的请求。如果不对这些项进行剔除,那么将会影响挖掘的结果。因此,从日志中识别代理(Agent)或网络爬虫(Crawler 或 Spider)对站点的访问是必需的。最简单的处理代理访问的方法是检查日志中每项的代理域,许多代理和爬虫会在这个域里声明自己。那么,通过字符串匹配方法可以很容易地删除这些项。另外一种方法是检查 robots. txt 文件,即代理服务器会检查该文件以确认是否有一些页不允许代理访问。当然,一些代理不会主动声明自己,对于这种情况,可以在用户访问事务识别完后,删除那些过长的用户

访问事务。这些事务很有可能是由代理发出的。

④ 正规化 URI：由于各种默认情况的存在,需要进一步正规化 URI。绝大多数的 Web 服务器把对目录的请求理解为对 default.htm 或 index.htm 的默认请求。另外,在 URI 前的 WWW 有时也是可选的。例如,www.ict.ac.cn、ict.ac.cn、www.ict.ac.cn/、www.ict.ac.cn/index.htm 和"/",可能在一个日志中都是对同一个文件的访问。数据清理必须为这种情况选择一个公共的形式。另外,处理 URI 时必须删除 URI 前后的空格。

⑤ 数据项解析：CGI 数据项必须被解析在不同的域中,并被解析为<名字,值>对的形式。

8.6.6 用户识别方法

Web 上的用户在 Web 日志等文件中并不一定需要被标出,一般是要通过访问 IP 等信息进行识别。而且这个工作也并不是想象得那么简单。其复杂的主要原因在于：

① 相同的 IP 地址不一定代表相同的用户。因为不同的用户可能会使用同一个代理服务器去访问 Web 服务器。

② 不同的 IP 地址可能代表同一个用户。同一个用户有可能会使用不同的代理服务器或者在不同的计算机上访问 Web 服务器,虽然此时的 IP 地址不同,但却是同一个用户。

③ 用户使用的操作环境也对用户的识别产生影响。如同一个用户可能在同一台机器上,却使用不同的浏览器访问 Web 服务。

图 8-4 给出了一个用户识别的例子。在该例子中,用户的识别主要基于 IP 地址,但是同时考虑了客户端的运行环境(浏览器和操作系统等)。

Time	IP	URL	Ref	Envir
0:01	1.2.3.4	A	—	IE5;Windows 2000
0:09	1.2.3.4	B	A	IE5;Windows 2000
0:10	2.3.4.5	C	—	IE6;Windows XP;SP1
0:12	2.3.4.5	B	C	IE6;Windows XP;SP1
0:15	2.3.4.5	E	C	IE6;Windows XP;SP1
0:19	1.2.3.4	C	A	IE5;Windows 2000
0:22	2.3.4.5	D	B	IE6;Windows XP;SP1
0:22	1.2.3.4	A	—	IE6;Windows XP;SP2
0:25	1.2.3.4	E	C	IE5;Windows 2000
0:25	1.2.3.4	C	A	IE6;Windows XP;SP2
0:33	1.2.3.4	B	C	IE6;Windows XP;SP2
0:58	1.2.3.4	D	B	IE6;Windows XP;SP2
1:10	1.2.3.4	E	D	IE6;Windows XP;SP2
1:15	1.2.3.4	A	—	IE5;Windows 2000
1:16	1.2.3.4	C	A	IE5;Windows 2000
1:17	1.2.3.4	F	C	IE6;Windows XP;SP2
1:26	1.2.3.4	F	C	IE5;Windows 2000
1:30	1.2.3.4	B	A	IE5;Windows 2000
1:36	1.2.3.4	D	B	IE5;Windows 2000

User 1

0:01	1.2.3.4	A	—
0:09	1.2.3.4	B	A
0:19	1.2.3.4	C	A
0:25	1.2.3.4	E	C
1:15	1.2.3.4	A	—
1:26	1.2.3.4	F	C
1:30	1.2.3.4	B	A
1:36	1.2.3.4	D	B

User 2

0:10	2.3.4.5	C	—
0:12	2.3.4.5	B	C
0:15	2.3.4.5	E	C
0:22	2.3.4.5	D	B

User 3

0:22	1.2.3.4	A	—
0:25	1.2.3.4	C	A
0:33	1.2.3.4	B	C
0:58	1.2.3.4	D	B
1:10	1.2.3.4	E	D
1:17	1.2.3.4	F	C

图 8-4 用户识别例子

相对来说,如图 8-4 所示的方法还是比较简单的,但是效率很高,对一些情况也具有很好的实用性。简而言之,用户识别需要根据具体情况进行处理,最好的方法就是利用启发式规则来指导用户的识别过程。

识别用户的技术已经出现一些，其中有些需要用户配合，可能多或少地影响用户的隐私及使用效率。表 8-3 给出了一些用户识别方法的特点。

表 8-3　用户识别方法及其特点

方　法	解　释	私密性	优　点	缺　点	注　释
IP 地址或代理	假定每一个唯一的 IP 地址或者代理被认为是一个访问用户，适用于中小规模的站点	最低，不打扰用户	在任何站点均可利用。服务器、客户端都不必增加功能	不够精确，尤其对大的站点而言，通过代理同时进行访问的人多，那么就更不精确	在各种访问信息挖掘方法中都得到广泛应用
增强 IP 地址，或代理方法	利用站点结构知识，区分来自代理服务器的不同用户的访问	最低，不打扰用户	比上一种方法具有更高的识别精度	不能做到完全精确。需要站点的结构知识	可以改进上面的方法，但是识别难度大，使用并不广泛
嵌入会话 ID	页面地址加参数，服务器方可跟踪返回的 ID 而确定是哪一个用户	较低，用户不察觉	可以用于识别一次访问用户。精确度很高。与用户的 IP 地址无关，可以穿透用户端各级代理服务器	只能在动态 Web 服务器上使用	多用在实时个性化的方法中
用户注册	站点存在注册页，用户需要注册才能进行访问	中等，用户需要明确注册	精度最高。几乎可以确定用户本人，而不仅是一次访问用户	大部分站点不提供用户注册功能。或者站点只有一部分功能需要用户注册	假如不提供完整的用户注册功能，就没法应用
Cookie	在客户端需要存放一个标识符	较高	能够跟踪重复的访问	在客户端，该功能可能会被关闭	假如客户端关闭或者不支持 Cookie 功能，就没法应用
代理	通过 Java 或其他一些方法被装入客户端，发送用户的浏览信息到服务端	较高	能够精确地返回用户对不止一个服务器的访问行为	只能被用于一些特定的、用户能够得到明显利益的环境中	需要用户允许装入相应的软件工具才能使用
被修改的浏览器	由被增强的浏览器发送回用户的浏览信息到服务端	最高	能够精确、高效地返回用户对不止一个服务器的访问行为	只能被用于一些特定的、用户能够得到特定利益的环境中	需要用户允许装入相应的软件工具才能使用

对于得到广泛应用的第一种方法而言，能够用到的信息仅为 IP 地址、代理和 URI。该方法会遇到如下情况。

① 单个 IP 地址被多个用户使用。例如，互联网服务供应商(ISP)使用代理服务器服务方法使多个用户同时提供接入服务。如果这些用户中有一些用户同时访问一个 Web 服务器，那么就会出现问题。对小型 Web 服务器而言，一些用户通过代理服务器同时来访的概率较低，这种情况不是很严重。但是对于大中型网站来说，可能无法精确识别用户。

② 多个 IP 地址对单个服务器用户进行访问。当一些 ISP 给一个用户的每次请求一个随机 IP 地址时，就可能出现这种情况。

③ 多个 IP 地址对单个用户。一个用户从不同的机器(IP 地址各不相同)上对一个 Web 服务器发出请求，这样会使得跟踪一个用户的重复访问很困难。这种情况的确比较

难处理。如果采用广泛使用的一次访问用户界定方法,就只能认为是多个用户。

④ 单个客户端对多个用户。例如,在家庭环境下,在同一台机器上,一些家庭成员对一个 Web 站点进行访问。通过定义一次访问用户,可以解决该问题。

⑤ 缓存的影响。在用户浏览器中存在缓存,当用户回退操作时,一般访问的是被缓存的页面。因此没有客户端的跟踪,很难得到完整的用户访问路径。但是从另一方面来说,缓存的影响可以不被考虑,可以认为用户确实是跳过被缓存的页面访问的。对大多数挖掘任务而言,一般缓存不会对挖掘的结果产生显著的影响。

8.6.7　会话识别方法

一旦用户被识别出来,那么就可以比较容易地进一步识别用户的访问事务(Transaction)。事务识别被认为是会话识别的基础,一些简单的应用甚至就可以用事务直接作为会话来使用。

一般地,用户的访问事务主要是通过考虑用户访问记录发生时间等来界定。定义 8-1和算法 8-1 给出了用户事务的规范化刻画描述和一种流行的用户事务识别算法的描述。

定义 8-1　设 L 为用户访问日志,其中的一个项 $l \in L$ 包括用户的 IP 地址 $l.ip$,用户的标识符 $l.uid$,被存取页的 URI 地址 $l.uril$,长度为 $l.length$ 以及存取访问的时间 $l.time$,存取访问的时长 $l.timelength$,访问事务可以被定义为:

$$t = < ip_t, uid_t, \{(l_1^t.ip, l_1^t.uid, l_1^t.url, l_1^t.time, l_1^t.timelength, l_1^t.length), \cdots,$$
$$(l_m^t.ip, l_m^t.uid, l_m^t.url, l_m^t.time, l_m^t.timelength, l_m^t.length)\} >$$

where,
$$\text{for } 1 \leqslant k \leqslant m, l_k^t \in L, l_k^t.ip = ip_t, l_k^t.uid = uid_t,$$
$$l_k^t.time - l_{k-1}^t.time \leqslant C, l_{k-1}^t.timelength = l_k^t.time - l_{k-1}^t.time$$

这里 C 是一个固定的时间窗。

时间窗 C 大小的界定是一个经验值,有人建议 30min 较为合适。根据上面的定义,算法 8-1 给出一个生成用户访问事务的算法。

算法 8-1　GSS(Generating Server Session)

输入:日志 L。

输出:用户访问事务集 T。

(1) T=NULL;

(2) UserAccessSet=Partition(L);　//根据用户识别标准(如 IP 和操作环境等)划分用户,存入到
　　　　　　　　　　　　　　　　　 //用户访问集合 UserAccessSet 中

(3) FOR each ua∈UserAccessSet BEGIN

(4)　　　 ua-records=sort(ua);　　　//对每一个用户访问者的访问记录集根据时间升序排列

(5)　　　 t=NULL;

(6)　　　 FOR each l_j∈ua-records BEGIN

(7)　　　　　 IF (l_j.time-l_{j-1}.time)< C　THEN

(8)　　　　　　　 add(t, l_j);　　//把 l_j 增加到 t 的尾部

(9)　　　　　 ELSE BEGIN

```
(10)                     T＝T∪{t};
(11)                     t＝NULL；
(12)           END
(13)     END
(14) END
```

例如，对于图 8-4 的例子而言，如果 C 是 30，则第一个用户产生两个事务，其他都只有一个事务，如图 8-5 所示。

User 1

0:01	1.2.3.4	A	—
0:09	1.2.3.4	B	A
0:19	1.2.3.4	C	A
0:25	1.2.3.4	E	C
1:15	1.2.3.4	A	—
1:26	1.2.3.4	F	C
1:30	1.2.3.4	B	A
1:36	1.2.3.4	D	B

User 2

0:10	2.3.4.5	C	—
0:12	2.3.4.5	B	C
0:15	2.3.4.5	E	C
0:22	2.3.4.5	D	B

User 3

0:22	1.2.3.4	A	—
0:25	1.2.3.4	C	A
0:33	1.2.3.4	B	C
0:58	1.2.3.4	D	B
1:10	1.2.3.4	E	D
1:17	1.2.3.4	F	C

事务1

0:01	1.2.3.4	A	—
0:09	1.2.3.4	B	A
0:19	1.2.3.4	C	A
0:25	1.2.3.4	E	C

事务2

1:15	1.2.3.4	A	—
1:26	1.2.3.4	F	C
1:30	1.2.3.4	B	A
1:36	1.2.3.4	D	B

事务3

0:10	2.3.4.5	C	—
0:12	2.3.4.5	B	C
0:15	2.3.4.5	E	C
0:22	2.3.4.5	D	B

事务4

0:22	1.2.3.4	A	—
0:25	1.2.3.4	C	A
0:33	1.2.3.4	B	C
0:58	1.2.3.4	D	B
1:10	1.2.3.4	E	D
1:17	1.2.3.4	F	C

图 8-5　事务识别处理示例

经过对 Web Log 的预处理，找到相应的事务集，就可以对这个事务集进行关联规则和序列模式发现等挖掘工作。

如果再进一步做精细化的数据预处理，就要考虑用户会话的划分。会话或者称为会话片段(Section)是指相对独立的、有挖掘价值的访问记录集合。根据 W3C 的标准，会话访问片段被定义为用户访问事务的有意义的子集。会话识别(Session Identification)就是将用户所有的访问页面分解为一个一个的会话，即将用户在不同时期的访问记录整理成会话序列形式，以便于进行知识挖掘。

会话识别与许多因素有关。例如：

- 不同的用户不应该在同一个会话中。
- 相同的用户，但是由于时间跨度过大，也意味着两次访问属于不同的会话。

上面的两种情况在用户及事务识别中可以完成，是会话识别的基础。然而，会话的划分还可以考虑更深入的一些问题和因素，如导航页面的识别、回退行为的识别以及不同的主题问题等。

总之，访问片段的定义要根据具体的挖掘需求来定。定义访问片段进一步丰富了用户访问事务所具有的信息。基于内容和前向访问序列的访问片段技术被广泛讨论。

1．导航/内容片段

在一些电子商务网站中，需要知道用户到达一个内容页之前是经历过哪些导航页的。例如，一个用户访问事务为：

$$N_1,N_2,N_3,C_1,N_4,N_5,N_6,C_2,N_7,N_8,C_3,N_9,N_{10},N_{11},N_{12},C_4$$

其中，N 为导航页，C 为内容页。识别导航内容片段就是要从用户访问事务中识别出如下内容。

片段 1：N_1,N_2,N_3,C_1。

片段 2：N_4,N_5,N_6,C_2。

片段 3：N_7,N_8,C_3。

片段 4：$N_9,N_{10},N_{11},N_{12},C_4$。

一般而言，用户对导航页访问的时间较短，对内容页访问的时间较长。那么，识别导航内容片段采用的方法就可以根据用户的访问时间来区分。对于导航内容页，如果用户访问时间较长，那么就被当作内容页；如果用户访问时间较短，那么就被当作导航页。

2．最大前向访问序列

用户最大前向访问序列，是指在用户访问回退之前一直被访问的页面序列。每个最大前向访问序列就构成一个访问片段。定义该片段的优点是有利于发现用户感兴趣的事务。显然，在用户访问事务中寻找最大前向序列必须要依据 Web 站点的拓扑结构。

在电子商务网站进行 Web 访问信息挖掘时，需要把用户访问的路径和用户的交易行为结合起来。为此需要 Web 服务器记录用户的用户名，交易程序记录用户的用户名和交易时间。这样，就可以把用户的访问事务和用户的交易事务结合起来生成用户的访问交易事务。

简而言之，依据 Web 日志等访问数据，利用用户、事务以及会话识别等方法就可以将Web 的访问数据形成规格化的数据序列。表 8-4 给出了经过预处理后的 Web 访问数据的一般组成形式，其中片段序列中元素是对应的访问记录，用字母代替。

表 8-4　Web 日志文件整理后的序列数据库示例

用户	片段序列
U1	< abcdeaf >
U1	< bahcde >
U2	< ahgad >
U3	< bahcde >

很显然，基于表 8-4 这样的数据规范，可以利用序列挖掘等数据挖掘技术实现形成Web 访问信息的挖掘工作。

8.6.8　其他预处理技术

在构造用户特征表时，一些用户概貌（Profile）文件也可以被利用。可以从它们中抽取需要的信息，用于 Web 访问信息挖掘中。

在其他的一些通用数据挖掘方法中，对访问信息可以进行更为细致的预处理。IBM Watson 研究中心的最大前向访问序列（SpeedTracer），除了识别用户访问事务外，研究项目的数据来源为服务器，使用的数据类型不但包括用户访问信息，而且还使用了如代理信息等其他一些参照信息来完成预处理任务，这样一来，可以丰富客户端的信息，以便更好地识别用户和用户事务。一旦用户访问事务被识别，那么就使用通用数据挖掘算法，以发现访问者最常走的迁移路径和被同时访问的页面组。挖掘过程产生三种结果：基于用户的结果、基于路径的结果、基于页面组的结果。该方法处理服务器端的数据时，数据类型为用户访问信息，在数据集中，用户为一段时期访问站点的全体用户，对单个站点进行挖掘，服务对象为群体用户。

Shahabi 利用 Java 和远程代理技术，在客户端放置监听器代理，那么客户端对页面的请求、请求的顺序、精确的页面浏览时间以及在 Cache 内的缓存信息就会被返回到服务端。这样一来就解决了客户端用户访问信息匮乏的问题，可以更好地识别用户和用户事务。

除了 Shahabi 的方法以外，在 Web 访问信息挖掘的诸多方法中，为了保证访问者的私密性，一般各方法均不使用 Cookie 信息和远端代理，以尽量减少不必要的麻烦。

表 8-5 给出了几种通用挖掘方法的特点，从中读者可以了解 Web 访问信息挖掘的通用性工具发展的情况。关于有关方法的来源，读者可以参阅文献［CMS97a］、［Chen96］、［WYB98］、［SZ＋97］、［ZA＋97］。

表 8-5　各类通用挖掘方法的比较

方　　法	优　　点	缺　　点
导航内容片段	开创了用户访问信息挖掘领域	应用的方法仍然是传统的方法，没有结合用户访问信息挖掘的新特性进行扩展，挖掘的结果也是一些传统的数据挖掘结果
最大前向访问序列 SpeedTracer	有利于发现用户感兴趣的事务 获取数据的手段多样，使用的数据类型非常广泛	发掘的结果不利于改进 Web 页面的拓扑结构 应用受到限制
Shahabi	使用代理来获取客户端信息	侵犯用户的私密性

8.6.9　Web 访问挖掘的应用方法

在访问数据被适当地预处理后，必须选择合适的挖掘方法和模式来形成用户想要的知识模式。实际上，对于预处理后得到的 Web 访问数据库形成的事务或者会话序列数据库，有许多挖掘技术可以被使用。像典型的关联规则、分类、聚类以及序列等挖掘方法和算法都可以加以利用。下面结合 Web 访问信息挖掘的特点，介绍几种典型的 Web 访问挖掘的应用价值和方法。

1. 路径分析

路径分析最常用的应用是判定在一个 Web 站点中最频繁访问的路径,这样的知识模式对于一个电子商务网站或者信息安全评估是非常重要的。

例如,可以通过路径分析得出如下有用的信息。

- 70％的客户端在存取/company/product2 时,是从/company 开始,经过/company/new,或经过/company/products,或经过/company/product1。
- 80％的客户存取这个站点是从/company/products 开始的。
- 65％的客户在浏览四个或更少的页面后就离开了。

利用这些信息就可以更精细地来改进站点的设计结构,提供群体或者个体的服务改善和个性化推荐等。

2. 关联规则发现

使用关联规则发现方法可以从 Web 访问事务集中找到一般性的关联知识。例如:

- 40％的用户访问 Web 页面/company/product1 时,也访问了/company/product2。
- 30％的客户在访问/company/special 时,在/company/product1 进行了在线订购。

利用这些相关性,可以更好地组织站点内的 Web 空间,实行有效的市场战略。

3. 序列模式发现

在时间戳有序的事务集中,序列模式的发现就是指找到那些诸如"一些项跟随另一个项"这样的内部事务模式。例如:

- 在访问/company/products 的顾客中,有 30％的人曾在过去的一星期里用关键词 w 在 yahoo 上做过查询。
- 在/company/product1 上进行过在线订购的顾客中,有 60％的人在过去 15 天内也在/company/product4 处下过订单。

发现序列模式,能够便于预测用户的访问模式,有助于开展针对这种模式的有针对性的广告服务。依赖于发现的关联规则和序列模式,能够在服务器方动态地创立特定的有针对性的页面,以满足访问者的特定需求。

4. 分类

发现分类规则可以给出识别一个特殊群体的公共属性的描述。这种描述可以用于分类新的项。例如:

- 政府机关的顾客一般感兴趣的页面是/company/product1。
- 在/company/product2 进行过在线订购的顾客中有 50％是 20～25 岁生活在西城区的年轻人。

5. 聚类

可以从 Web Usage 数据中聚集出具有相似特性的那些客户。在 Web 事务日志中,

聚类顾客信息或数据项,就能够便于开发和执行未来的市场战略。例如:

- 自动给一个特定的顾客聚类发送销售邮件。
- 为一个顾客聚类动态地改变一个特殊的站点等。

在 PageGather 方法中,采用聚类技术以发现在一起被访问的 Web 页面,并把它们组织到一个组里,以帮助用户更好地访问。

8.6.10　Web 访问信息挖掘的要素构成

有很多维可以用来分类 Web 访问信息挖掘的各种方法,其中,数据来源、数据类型、用户的数量、站点的数量、服务对象、挖掘手段和应用领域这七个维度是考虑 Web 访问信息挖掘的主要要素。

1. 数据来源

数据的来源分为服务器(Server)、代理服务器(Proxy)和客户端(Client)。

2. 数据类型

数据的类型主要分为结构(Structure)、内容(Content)、访问信息(Usage)、用户概貌文件(Profile)。结构是指 Web 页面之间的拓扑结构,内容是指 Web 页面的内容,访问信息是指记录用户访问的各种日志,用户概貌文件是指由用户填写的记录用户各种特性的描述性文件。

3. 用户的数量

用户的数量表现为:数据集只由一个用户的信息构成,或者数据集由多个用户的信息构成。

4. 站点的数量

在数据集中的 Web 站点的个数表现为:在数据集中只记录单个站点的信息,或者记录多个站点的信息。

5. 服务对象

Web 访问信息挖掘的结果由 Web 服务方进行应用。应用的结果即服务对象可以是单个用户或者群体用户。单个用户即意味着个性化。

6. 挖掘手段

Web 访问信息挖掘所采用的各种数据挖掘方法,例如,关联规则发现、聚类、分类、统计等。

7. 应用领域

应用领域主要分为通用挖掘工具、用户建模、导航模式发现、改进 Web 站点的访问效率、个性化、商业智能的发现、访问信息的特性以及用户移动模式发现等众多方面。绝大多数方法利用日志数据,一些方法同时也把内容、结构或者 Profile 数据结合起来使用。同时在 Web 访问信息挖掘中,一些对结构和内容进行挖掘的方法,可以被结合起来使用,或者它们被用于提高预处理的能力,或者被作为协作筛算法的输入输出,以进一步提高整体的性能和精度。

8.6.11 Web 访问信息挖掘应用

1. 利用 Web 访问信息挖掘实现用户建模

由于 Web 网站的特性,对网站的经营者和设计者而言,无法直接了解用户的特性。然而对访问者个人特性和群体用户特性的了解,对 Web 网站的服务方而言显得尤为重要。幸运的是,可以通过数据挖掘的方法得到用户的特性。

用户建模(Modelling Users)是指根据访问者对一个 Web 站点上 Web 页面的访问情况,模型化用户的自身特性。在识别出用户的特性后就可以开展针对性的服务。下面介绍一些典型的应用。

1) 推断匿名访问者的人口统计特性

由于 Web 访问者大都是匿名的,所以需要根据匿名访问者的访问内容推断访问者的特性。例如,根据已知访问者的统计特性(如性别、年龄、收入、婚姻状况、教育程度、子女个数等)和对页面的访问内容来推断未知用户的人口统计特性。这类挖掘的最常用技术是分类和聚类方法。

表 8-6 给出了一个分类器的参数示意,基于这样的参数,可以使用分类技术(如 Scaled Conjugate Gradient 三层神经网络分类器),通过训练得到用户分类模型。在训练好分类器后,就可以用来推断未知统计特性的访问者的统计特性。

表 8-6 分类器的输入和输出

参 数	可 能 取 值
Gender	Male,Female
Age Under 18	True,False
Age 18～34	True,False
Age 35～54	True,False
Age 55+	True,False
Income Over $50,000	True,False
Matrital Status	Single,Married
Some College Education	True,False
Children in the Home	True,False

在得到访问者的人口统计特性后,就可以用来在 Web 站点内根据页面的内容开展有针对性的广告。例如,可以采用类 SQL 的查询语言进行统计查询:

```
SELECT association-ruls(A * B * C * )
FROM log. data
WHERE date>=970101 AND domain="edu" AND support=1. 0 AND confidence=90. 0;
```

上述查询语句处理服务器端的数据；数据类型为用户访问日志,访问者输入的搜索关键词,页面内容信息；在数据集中,用户为一段时期访问站点的全体用户；对多个站点进行挖掘；服务对象为群体用户。

2) 获取用户概貌文件

用户概貌文件(User Profiles)用于描述用户的基本特性。要想使 Web 站点自适应和个性化,一条重要的途径就是了解用户的基本特性,这样才能开展有针对性的服务。

得到用户概貌文件有两个途径：一个是要用户填写特定的表格；另一个是用数据挖掘的方法,在不打扰用户的情况下,得到用户的概貌文件。

通过用户填写特定的表格来得到概貌文件的方法存在一些缺陷,例如：

- 用户大都不愿填写这类表格。
- 用户填写的内容与用户的真实意图可能不相符合,而且这种不相符合并非是用户有意所为。
- 用户所填写的内容有可能是过期的,用户的兴趣存在多变性。

为此,有必要根据用户当前或最近一段时期内的访问特性来得到用户的概貌文件。例如,通过监测用户的存取行为,可以捕捉用户的访问兴趣。

用户概貌文件至少包含两个部分：Web Access Graph(WAG)和 Page Interest Estimators (PIE)。前者总结了访问者对页面的访问模式,后者基于用户所访问页面的内容产生兴趣估计。

通过用户对一个页的访问时间、频率、页内被访问的链接与未被访问的链接比、访问时长以及是否被作为收藏等,可以计算用户对一个页的兴趣,即

$$\text{Interest} \leftarrow \text{PIE}_{\text{user}}(\text{Page})$$

被表征后的页面内容和兴趣被用于训练一个分类器(如 C4.5)。被训练好的分类器就可以被用来分类一个新的页面,判断用户是否将会对该页产生兴趣：

$$\text{PIE}_{\text{user}} \leftarrow \text{MachineLearningAlgorithm}(\text{Page}, \text{Interest})$$

PIE 被学习、存储、使用在同一个站点内部,因而用户的私密性得到维护。

3) 根据用户的访问模式来聚类用户

在 Web 访问信息挖掘中一个重要的内容就是聚类 Web 用户,即基于用户的公共访问特性来进行聚类,每个聚类集表征这些用户具有共同的特性。用户的访问特性由用户的访问日志中得到,聚类的结果可以被用作分类用户或给网站的设计者有价值的启发。存取模式从 Web 服务器的日志文件中抽取,并被组织成用户会话来表征用户对 Web 服务器的一次访问。

具体应用算法时,为了减少维的数量,需要对用户访问事务进行概括,由此提出"概括用户访问事务"。运算时,当发现在一个子类中聚类的个数能够满足要求,就不需要进一步分析；当一个子类中聚类的个数不能够满足要求就需要进一步细分,对概括用户访问事务细化,进行新的聚类。这样做的优点是分析速度快,适用于大数据集,而且伸缩性能较好。

表 8-7 给出了几个常见的建模方法的特点,从中读者可以了解用户建模的思想和方法。

表 8-7　各类用户建模方法的比较

方　法	提　出　人	优　　点	缺　　点
推断匿名访问者的人口统计特性	Dan Murray	能够量化地推断匿名用户的访问特性	访问特性本身需要人工定义
在不打扰用户的情况下,得到用户概貌文件	K. Philip	能够量化地推断匿名用户的访问特性	访问特性本身需要人工定义
根据用户的访问模式来聚类用户	Fu Yongjian	仅需对数据集进行一次遍历,对非常大的数据集,算法的伸缩性较好	需要大量额外空间

2. 利用 Web 访问信息挖掘发现导航模式

发现导航模式(Discovering Navigation Patterns)是 Web 访问信息挖掘的一个重要的研究领域。用户的导航模式是指群体用户对 Web 站点内的页面的浏览顺序模式。

用户导航模式的主要应用在改进站点设计和个性化推销等方面,有很好的使用价值并且基础挖掘方法可以利用。

(1) 改进 Web 站点的结构设计。

通过路径分析等技术可以判定出一类用户对一个 Web 站点频繁访问的路径,这些路径反映这类用户浏览站点页面的顺序和习惯。因此,得到的导航模式可以指导网站设计人员改进站点的设计结构,吸引用户的访问。

(2) 个性化推销。

个性化推销(Direct Marketing)是指识别出对某种产品或服务的可能购买者,对其推荐相应的产品或服务。电子商务和传统商务的区别在于: 更多的可利用的详细数据;领域的知识;更复杂、高级的个性化推销;更精细的挖掘工具。在电子商务环境下发现市场智能的关键是发现用户的导航模式。这种导航模式可以被用于个性化的推销。有一些比较著名的导航模式发现方法值得介绍。

① Footprints,其思想是: 访问者在访问一个 Web 站点时,会留下"足迹",经过一段时间,最频繁访问的区域会形成路径,于是新的访问者会依据这些路径进行访问。"足迹"被自动地留下,并且访问者不需要提供自己的任何信息。为实现这种思想,研究者定义了一个研究框架和一系列的工具,如地图、踪迹、注释、路标等,这些工具与现实世界中的意义是相符的。

② WUM(Web Utilization Miner),定义 g-sequences 用于挖掘导航模式,并给出一种挖掘语言 MINT 用于发现感兴趣的频繁路径。单个的导航路径被聚集以构成树形结构,通过把查询映射到树形结构的中间结点上,就可以得出结果。

导航模式的兴趣标准可以由专家通过 MINT 动态给定。MINT 支持统计的、结构的和文本的等一系列特定的标准。知识发现是通过查询得到的。

(3) 利用关联规则发现算法发现导航模式。

一些导航模式的发现方法是与关联规则发现方法联系在一起的。利用已有的关联规则挖掘算法,或者对这些算法针对导航模式挖掘特点进行改进,以发现高频导航集或序列。

（4）利用超文本概率文法发现导航模式。

用户的导航序列可以被超文本概率文法模型化。文法产生的具有较高概率的生成串表征用户更喜欢的访问序列。它的基础是 N-Grammar 模型，即假定当用户正在浏览一个给定的页面时，用户曾经访问过的 N 个页面影响用户将要访问的下一个页的概率。Grammar 统计特性的标准可以使用前面介绍的信息熵计算方法。

被发现的导航模式只是代表用户通过这些路径访问的次数多，并不代表用户通过这些路径进行访问的时长，所以不能完全反映出用户的访问兴趣。这是利用用户导航模式发现用户兴趣存在的主要问题。然而，它仍然是一个很有用的技术，表 8-8 给出了几个常见的发现用户导航模式方法的特点，从中读者可以了解利用 Web 挖掘发现用户导航模式的特点。

表 8-8　发现用户导航模式方法的比较

方　　法	提　出　人	优　　　点
Footprints	A. Wexelblat	"足迹"被自动地留下，并且访问者不需要提供自己的任何信息；其所定义工具与现实世界中的意义是相符的
WUM	Myra Spiliopoulou	导航模式的兴趣标准可以由专家通过 MINT 动态给定。MINT 支持统计的、结构的和文本的等一系列特定的标准。知识发现是通过查询得到的
利用关联规则发现算法发现导航模式	M. S. Chen	去掉了那些用户回退序列，将挖掘集中到用户那些有意义的访问上
利用模板发现导航模式	A. G. Buchner	约束学习算法的搜索空间，减少被发现的模板的个数
利用超文本概率文法发现导航模式	Jose Borges	建立在概率文法理论基础上，具有坚实的理论基础

3. 利用 Web 访问信息挖掘可以改进 Web 的访问效率

利用 Web 访问信息挖掘结果可以在许多方面改进 Web 站点的访问效率（System Improvement & Site Modification）。

1）Web 服务器推送技术

面对广大用户改进 Web 服务器性能的一个重要手段是使 Web 服务器能够进行推送服务，即当用户下载一个文档时，相关的文档会被服务器提前推送到 Proxy 上。这样使得用户随后对这些文档的访问加速。简单来说，如果在 Web 服务器上能够识别出典型的对文档的访问模式，那么，就可以应用相应的预推送技术提前推送给访问用户，以加速用户的访问，这是一个典型的关联规则发现问题。系统从日志中挖掘出关联规则，文档是否被推送是根据这些关联规则来判断的。一旦一个规则 Document1→Document2 被选中，即当用户访问了 Document1 时，那么 Document2 将被推送。

2）自适应网站

利用聚类等技术可以发现在一起被访问的 Web 页面，并把它们组织到一个组里，以帮助用户更好的访问。例如,使用相似矩阵,其中,矩阵的元素是根据访问日志所得出的页面之间共同被访问的频度,然后在这个矩阵中寻找每一个聚类,根据每一个聚类创立一个索引页,通过索引页来帮助用户进行访问。

3) 应用导航模式的结果改进 Web 站点的访问效率

为达到这样的目的,需要分析各类用户之间导航模式的不同,找到那些必须要被重新设计的页面和结构。例如,可以使用前面介绍的 WUM 挖掘工具发现用户的导航模式,得出关联规则,使用这些规则就可以动态地改进原有的站点结构。

4) 改进 Web 服务器的性能

Web 访问信息挖掘可以为更好地设计 Web 服务器提供有用的知识,如在 Web 缓冲(Web Caching)、网络传输(Network Transmission)、负载均衡(Load Balancing)以及数据分布(Data Distribution)等方面提供帮助。

表 8-9 给出了几个常见的改进 Web 站点访问效率方法的特点,从中读者可以了解利用改进 Web 站点访问效率的思想和方法。

表 8-9　改进 Web 站点访问效率方法的比较

方　　法	提　出　人	优　　点	缺　　点
Web 服务器推送技术	Bin Lan	相关的文档会被服务器提前推送到 Proxy 上	存在冗余推送问题
自适应网站	M. Perkowitz	通过增加索引页来帮助用户进行访问,以改进访问效率	这些索引页难于被用户理解
应用导航模式的结果改进 Web 站点的访问效率	Myra Spiliopoulou	基于规则的动态 Web 站点	规则需要人工判定
改进 Web 服务器的性能	E. Cohen Almeida Schechter	通过对页面的特性的挖掘,改进服务器的效率	改进集中于页面这一级,不涉及更高级的逻辑结构改进

4. 利用 Web 访问信息挖掘进行个性化服务

在 Web 站点开展个性化(Personalization)服务的总的思路和步骤是:

- 模型化页面和用户。
- 分类页面和用户。
- 在页面和对象之间进行匹配。
- 判断当前访问的类别以进行推荐。

而且,个性化系统一般分为两部分。

- 离线部分:用于挖掘用户的特性信息。
- 在线部分:用于识别用户,以提供个性化的服务。

利用 Web 访问信息挖掘实现网站的个性化服务得到了广泛的研究,下面是一些比较有代表性的方法。

（1）离线聚类和动态链接结合。

将用户访问模式进行聚类，系统将离线的模块用于聚类，在线的模块用于 Web 页面的动态链接产生。每个访问站点的用户根据其当前的访问模式被指定到一个聚类中，在该聚类中，其他用户所选择的页面被动态地附加在该用户当前所访问的页面下面，由此提供个性化的服务。

（2）基于关键词学习。

通过对每个用户所访问的页面内容（内容由关键词表示）进行学习。用户对每个页面的访问，最终形成一个关键词表，每个词同时具有一个用户总的访问时间权值。根据这个权值表，就可以推荐其他页面。

（3）识别感兴趣的链接。

监测用户对 Web 页面的浏览，为用户识别出那些用户可能感兴趣的链接。在 Web 页面集合 D 中，超链接 l_i 和 l_j 的互信息定义为：

$$I(D, l_i, l_j) = E(D, l_i) - \frac{m_+}{m} \times E(D_+, l_i) - \frac{m_-}{m} \times E(D_-, l_i)$$

其中，D_+ 为集合 D 中包含 l_j 的页面集合。D_- 为集合 D 中不包含 l_j 的页面集合。$m = \mathrm{card}(D)$ 为 D 集合中页面的个数。$m_+ = \mathrm{card}(D_+)$，$m_- = \mathrm{card}(D_-)$。$E(X, l_i)$ 是一个熵函数。

利用合适的相似度计算（如 MDL［Minimum Description Length］等手段），再根据当前用户的访问和其他具有相似兴趣的用户的访问就可以评估一个新页面的兴趣程度。

（4）自动定制不同的用户访问界面。

根据用户访问特点自动定制不同的用户访问界面是个性化的一个重要方面。例如：

- Web 站点或代理动态地把一些增强的当前可视的 Web 页面给用户，即定制个性化的页面。
- 页面上的信息针对的是基于某种模型而得到的特定的某一个或某一类用户。
- 基于该用户或该类用户以前的访问方式等。

（5）利用客户端代理进行个性化。

利用客户端代理，搜索那些与用户已经访问过的页面或已做过书签的页面相似的页面，对用户进行页面推荐。

（6）聚类推荐。

根据服务器日志聚类用户页面，把与当前用户事务最相近的聚类中的页面推荐给用户。如果利用模糊聚类的方法聚类用户访问事务，可以使得一个页面或用户被指定到不止一个聚类中。

表 8-10 给出了这些实现个性化方法的特点，从中读者可以了解利用 Web 挖掘改进 Web 站点访问效率的思想和方法。

表 8-10　个性化方法的比较

方　　法	优　　点	缺　　点
离线聚类和动态链接结合	可以实时个性化地为用户提供推荐	随着用户访问长度的增加，可供推荐的元素会趋于零
基于关键词学习	引入时间特性为用户提供推荐	需要用户人工干预，无法做到自动
识别感兴趣的链接	建立代理服务器识别用户的访问兴趣提供推荐	用户兴趣的实效性考虑不够
自动定制不同用户访问界面	利用用户建模技术自动定制不同的用户访问界面	"推论"依赖于用户所在的领域，适应性不好
利用客户端代理进行个性化	客户端的代理，完全为个人服务	冗余搜索过大
聚类推荐	可以实时个性化地为用户提供推荐	聚类的个数是人为事先给定的，不能随着每个用户的访问特性而动态调整

5. 利用 Web 访问信息挖掘进行商业智能发现

为了更好地在电子商务环境下反映访问者的访问模式，一个挖掘模型的设计必须基于访问者的迁移行为和购买行为以及商业过程跟踪等手段来实现。例如，根据迁移和购买行为之间的内在关系，可以利用路径修剪技术等发现高频 Web 事务模式，由此得到商业智能。

事实上，Web 数据的商业智能发现（Business Intelligence Discovery）是一个特殊的知识发现过程，是将数据挖掘的技术应用于电子商务的环境下达到发现有商业价值的决策知识的目的。

一些产品，如 SurfAid（http://surfaid. dfw. ibm. com），Accrue（http://www. accrue. com），NetGenesis（http://www. netgenesis. com），Aria（http://www. andromedia. com），Hitlist（http://www. marketwave. com），WebTrends（http://www. webtrends. com）可以为推断商业智能提供 Web 流量分析。除了直接的访问信息统计外，Accrue、NetGenesis、Aria 也被设计为可以用于分析电子商务事件，例如，产品的被购买情况和广告的点击率。表 8-11 给出了这些产品的简单对比信息。

表 8-11　商业智能方法的比较

方　　法	优　　点	缺　　点
Buchner	首次在 Web 访问信息挖掘的基础上提出了商业智能的发现的框架	发现的知识局限于用户确实发生的购买行为，而对用户潜在的购买兴趣无法发现
C. Yun	挖掘了迁移和购买行为之间的内在关系	发现的知识局限于用户确实发生的购买行为，而对用户潜在的购买兴趣无法发现
SurfAid，Accrue，NetGenesis，Aria，Hitlist，WebTrends	通过分析页面的点击率来为推断商业智能提供 Web 流量分析	无法发现高级的商业职能

6．利用协作推荐的方法实现实时个性化推荐

这里给出一个代表性的利用 Web 访问信息挖掘方法实现实时个性化推荐的例子，以此说明 Web 访问信息挖掘的过程、方法、应用。

当用户访问一个 Web 站点时，实际上他是带有某种兴趣的，但只是对站点内的部分页面的内容感兴趣。其在进行浏览时，因为用户之间具有不同的浏览兴趣，所以会访问站点内不同的 Web 页面。服务器的日志中会记录下他的基本访问情况。

在这种被记录的基本访问情况中，用户对页面的访问时间长度是一个重要的指标，这个指标可以反映出用户对该页面的兴趣大小。这种对应基于如下事实：对自己感兴趣的东西，用户访问时间较长；对自己不感兴趣的东西，用户访问时间较短。

通过对其进行挖掘，就可以得到用户对其所访问站点内的页面的兴趣和评价。这种兴趣和评价是通过其对该页面的访问时长而表现出来的。

这样通过对 Log 的挖掘，就可以得到每个来访用户对他所访问的页面的基本评价信息。

Web 访问个性化意味着一个用户访问 Web 站点时得到个性化的服务。如果不需要用户的注册信息，那么推荐就主要依据用户的访问序列所具有的特性。在进行推荐时，必须要求推荐集不影响原有网站的分类结构。

每个用户都有各自的访问目的，因而具有不同的访问页面集合和对集合内页面的不同的访问时长。如果当前用户已有一个带有时长的访问页面集合，那么具有类似访问集合的其他一些用户（这些用户与该用户具有相同的访问兴趣）的其他一些访问可以为该用户提供推荐。

那么，在 Web 站点上个性化推荐系统的一种思路是：将用户归为不同的类别，然后根据该类用户的访问规律进行 Web 页面的推荐。而实时个性化则意味着，随着用户的访问的推进，个性化推荐方法会将用户归结到不同的用户类中，因为不同的用户类有不同的推荐集，所以通过不断地实时调整推荐集，给用户提供个性化的页面推荐服务。

这时就可以应用协作筛方法（Collaborative Filtering）对用户进行推荐，即如果一个用户对一些页面感兴趣，那么具有相同兴趣的另一些用户所访问的其他一些页面可以作为提供给他的一种推荐，这种推荐不涉及站点的内容，而且推荐不影响原有页面之间的链接结构。

采取的基本方法是首先得到用户带有时长的用户访问页面集合；其次建立一个推荐池，利用协作推荐方法进行推荐。通过推荐引擎得到每个用户当前访问的带有时长的页面集，然后把该集合送入推荐引擎中进行页面集的推荐，以得到用户可能感兴趣的一些未被访问的页面。这些页面具有由高到低的推荐值（时长），这些推荐页面的地址被附加到用户当前请求的页面的底部由推荐引擎返回以进行推荐。为了提供实时个性化的服务，需要提高推荐速度，为此这里采用 k 值可调的 k-平均方法压缩推荐池。在这种方法中，用户不需要注册信息，推荐不打扰用户，可以为用户提供实时个性化的页面推荐服务。

通过拓展 Web 访问信息挖掘的范畴，将对访问信息的挖掘与协作筛方法结合起来就可以用于对用户的推荐。基于协作筛方法的 Web 站点实时个性化系统的应用的基本技术路线如图 8-6 所示。

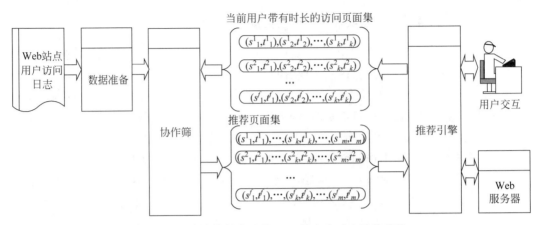

图 8-6 基于协作筛方法的 Web 站点实时个性化系统

基于近邻的协作推荐方法已经被提出。一个预测引擎根据协作筛算法进行预测,其根据当前用户的访问情况,通过推荐引擎得到其所访问的 Web 页面的评价表,然后预测引擎根据上述算法推荐给该用户一些最好的页面。

协作筛方法的一个主要问题是需要人为地提供评价。在 Web 服务器的环境下,这种评价可以通过 Web Usage Mining 自动获得。这种方式基于如下思想:如果用户长时间地访问一个站点,那么一定说明他对该站点感兴趣。访问的时间越长,那么他对该站点的兴趣越大,也就说明他对该站点的评价越高。

通过挖掘 Log,在找到每一个用户对其访问的每一个 Web 页面的评价值后,就可以形成用户评价表。用户评价表是一个用户对站点内各个 Web 页面地址的评价矩阵,其中每一个元素为用户对一个特定 Web 页面的评价,那么预测或推荐的目的就是预测特定的空元素的值。形成这样一张二维表后,就可以针对其应用协作筛方法进行推荐。

推荐引擎先于 Web 服务器与用户交互。首先推荐引擎分析用户的当前会话。在识别出用户的当前会话后,得到用户的当前访问页面集合。推荐引擎将该用户当前带有时长的访问页面集合送到协作筛中进行预测,以得到推荐页面集。推荐引擎接受用户的请求并发送给 Web 服务器。当 Web 服务器返回页面后,推荐引擎把相应的推荐集附加到 Web 服务器所给页面底部,发送给用户以进行页面集合推荐。

通过对当前用户访问日志的分析,推荐引擎可以得到每一个用户的当前访问事务,例如:

$$t_{\text{curr}} = \langle (l_1^t.\text{url}, l_1^t.\text{timelength}), \cdots, (l_f^t.\text{url}, l_f^t.\text{timelength}) \rangle$$

设当前用户的下一个请求为 $l_{f+1}^t.\text{url}$,推荐引擎接到这个请求后对当前用户的带有时间长度的用户访问页面集合进行协作筛推荐以得到对当前用户的推荐结果:

$$t_{\text{curr}}' = \langle (l_1^t.\text{url}, l_1^t.\text{timelength}), \cdots, (l_f^t.\text{url}, l_f^t.\text{timelength}) \rangle$$

$$R^m \leftarrow \text{CollaborativeFiltering}(t_{\text{curr}}')$$

推荐时采用的数值是用户实际观看时间。推荐集的地址被附加到 $l_{f+1}^t.\text{url}$ 页面的底部发送给用户以进行页面推荐。这样的推荐不是推荐用户的下一次访问,而是推荐给用户可能感兴趣的一些页面。

　　定义 8-2　（推荐池 T）设站点共有 m 个页面，共有 n 次用户的访问，由于采用的是协作推荐方法，那么推荐池 T 就是内存中的一个 $n \times (m+1)$ 的矩阵。其中每一行表示一个用户访问的页面集；在前 m 个列中，每一列表示用户对该页面的访问时间长度；每一个矩阵项表示一个用户在一个页面上的访问时间，即该用户对该页面的访问兴趣大小。第 $m+1$ 列表征该行被加入到推荐池的时间，这是为了对该推荐池保持一个按时间新旧程度运行的替换策略。

8.7　Web 结构挖掘方法

　　从用户角度看，一个网站就是若干页面组成的集合。然而，对于网站的设计者来说，这些页面是经过精心组织的，是通过页面的链接串联起来的一个整体。因此，Web 的结构挖掘主要是对网站中页面链接结构的发现。例如，在设计搜索引擎等服务时，对 Web 页面的链接结构进行挖掘可以得出有用的知识来提高检索效率和质量。

　　一般来说，Web 页面的链接类似学术上的引用，因此，一个重要的页面可能会有很多页面的链接指向它。也就是说，如果有很多链接指向一个页面，那么它一定是重要的页面。同样地，假如一个页面能链接到很多页面，它也有其重要的价值。

8.7.1　页面等级（分级）的评价方法

　　在搜索引擎中存储了数以亿计的页面，因此，需要寻找一种好的利用链接结构来评价页面重要性的方法。页面等级（PageRank）方法是目前搜索引擎和 Web 挖掘中流行的技术之一。设计页面等级技术可以提高搜索机制的效率和提高它们的有效性，Google 公司成功使用了这个方法，因而它的有效性已经得到实际验证。

　　页面分级借鉴了学术引文分析思想。众所周知，在每一篇学术论文的结尾处都会有参考文献列表，这些参考文献主要用来告诉读者，该篇学术论文参考或者引用的论文集。显而易见，一篇学术论文被引用次数越高，越能够说明该篇学术论文的参考价值越大。网页之间的超链接关系与参考文献引用有很多相似的地方，如果页面 A 上存在指向页面 B 的链接地址，就可以看作页面 A 对页面 B 的一次引用。

　　定义 8-3　设 u 为一个 Web 页，B_u 为所有指向 u 的页面的集合，F_u 为所有 u 指向的页面的集合，$c(<1)$ 为一个归一化的因子，那么 u 页面的等级 $R(u)$ 被定义为：

$$R(u) = c \sum_{v \in B_u} \frac{R(v)}{|F_v|}$$

　　很显然，基本的页面分级方法主要考虑一个页面的入度，即通过进入该页面的页面等级得到。同时，在将一个页面的等级值传递时，采用平均分配方法传递到所有它所指向的页面，即每个从它链接处的页面等分它的等级值。

　　页面之间的超链接分析通常基于以下基本假设。

　　■　如果页面 A 上存在指向页面 B 的超链接，那就认为页面 A 对页面 B 进行了一次参考引用。

- 一个页面被越多的其他页面指向,越能够说明这个页面等级越高。
- 每个页面都有一个用来衡量其重要性的参数值(等级值),并且会将这一参数值平均地分配给它所指向的全部页面。

图 8-7 以一个例子给出了传统的页面分级方法产生页面等级值的方法,即它是将一个结点的等级值平均分配到其引用的所有结点中。

对于一个网站来说,其包含的页面是通过超级链接来组织的,而且这种链接可能形成回路,因此图 8-7 的方法有时会遇到麻烦。例如,假如某些结点只有入度而没有出度的话,在等级值的流动分配过程中,这些只有入度的页面会不断地积累其他页面传递过来的等级值,造成等级值的滞留。这种只拥有入度却没有出度的页面被称为垂悬链接。图 8-8 就是一个存在悬垂链接的例子。

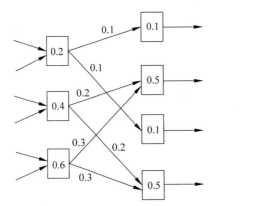
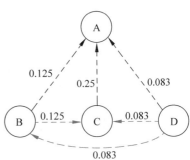

图 8-7　基本页面分级方法中等级值的传递过程示意图　　　　图 8-8　垂悬链接示意图

在图 8-8 中,一共有 A、B、C、D 四个页面,页面 B 指向页面 A 和页面 C,页面 C 指向页面 A,页面 D 指向页面 A、页面 B 和页面 C,而页面 A 没有指向任何一个页面,因此页面 A 为垂悬链接。

因此,基本的页面分级方法需要进行改造。从技术上说,页面等级的计算是一个迭代的过程,而且可能导致循环。为了解决垂悬链接等问题,拉里·佩奇等人引入了随机冲浪模型,这样既可以解决垂悬链接所带来的等级值滞留问题,也使得这一算法更加符合现实逻辑。

定义 8-4　设 u 为一个 Web 页,B_u 为所有指向 u 的页面的集合,F_u 为所有 u 指向的页面的集合。假设用户按概率 d 随机单击一个超级链接来继续浏览页面,则基于随机冲浪模型的页面等级值可以通过下式计算:

$$R(u) = (1-d) + d \sum_{v \in B_u} \frac{R(v)}{|F_v|}$$

d 的经验值被很多文献推荐为 0.85 或 0.5,这样能最大程度保证等级值的传递一直顺利地进行下去,避免出现中断或者被无限放大。

8.7.2　PageRank 算法

从算法级别上需要考虑技术细节问题。典型的页面分级算法之一被称为 PageRank

算法,它历经改造出现了许多版本。下面选择一个典型的算法进行介绍和分析。

PageRank 算法的核心部分可以从一个有向图开始。最典型的方法是根据有向图构造一个邻接矩阵来进行处理。邻接矩阵 $A=(a_{i,j})$ 中的元素 $a_{i,j}(\in[0,1])$ 表示从页面 j 指向页面 i 的概率。

如前所述,基本的 PageRank 算法在计算等级值时,每个页面都将自己的等级值平均地分配给其引用的页面结点。假设一个页面的等级值为 1,该页面上共有 n 个超链接,其分配给每个超链接页面的等级值就是 $1/n$,那么就可以理解为该页面以 $1/n$ 的概率跳转到任意一个其所引用的页面上。

一般地,把邻接矩阵 A 转换成所谓的转移概率矩阵 M 来实现 PageRank 算法:

$$M=(1-d)\times Q+d\times A$$

其中,Q 是一个常量矩阵,最常用的是 $Q=(q_{i,j})$,$q_{i,j}=1/n$。

转移概率矩阵 M 可以作为一个向量变换矩阵来帮助完成页面等级值向量 R 的迭代计算:

$$R_{i+1}=M\times R_i$$

算法 8-2　基于随机冲浪的 PageRank 算法

输入:页面链接网络 G。

输出:页面等级值向量 R。

(1) 根据页面链接网络 G 生成移转概率矩阵 M;
(2) 设定点击概率 d;等级值向量初始值 R_0;迭代终止条件 ε;
(3) $i=1$;
(4) Repeat
(5) 　　　计算 $R_{i+1}=M*R_i$;
(6) 　　　计算 $\varepsilon_i=\|R_{i+1}-R_i\|$;两个向量的逐分量和
(7) Until $\varepsilon_i\leqslant\varepsilon$;
(8) 输出 R_{i+1} 作为最终等级值向量

大多数情况下,经过几次迭代后,可以得到最终趋于稳定的页面等级值向量。关于等级值的收敛性,可以根据数值代数理论判定。

- 当 M 的主特征向量存在且唯一时,整个迭代过程必将收敛。
- 如果 M 是不可约矩阵,意味着网页集合构成的有向图是联通的。可以证明得到 M 的最大特征根为 1,该最大特征值对应的特征向量恰巧为 R,也就是主特征向量为 R,此时所得到的迭代结果就是各页面的等级值。
- 如果 M 为可约矩阵,即各个页面之间存在垂悬链接或秩沉现象。对于这种情况,在进行等级值计算前,可以对矩阵 M 进行变化,为转移概率矩阵 M 的每一个元素都加上一个正值,构造一个新的 M 矩阵,这样原矩阵中存在的零向量就不必存在了。再应用 PageRank 算法进行迭代计算。

此外,生成 M 时,起始点和页面的初始等级值的设定会对算法的效率产生影响,不会对最终的结果有副作用。

例子 8-1 假设存在 A、B、C、D 四个页面,各页面之间的链接关系如图 8-9 所示。用 PR(A)、PR(B)、PR(C)和 PR(D)来表示每个页面的等级值。

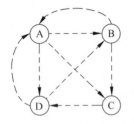

图 8-9　PageRank 算法实例分析图

从图 8-9 可以看出:从页面 A 可以跳转到页面 B、C、D,各边对应等概率 1/3;从页面 B 分别以 1/2 的概率跳转到页面 A 或页面 C;页面 C 只有一个链接页面,因此以概率 1 跳转到页面 D;最后,页面 D 以 1/2 的概率可跳转到页面 A 或页面 B。这样,对应的转移概率矩阵 $\boldsymbol{M}$ 如下:

$$
\boldsymbol{M} = 0.15 \times \begin{bmatrix} 1/4 & 1/4 & 1/4 & 1/4 \\ 1/4 & 1/4 & 1/4 & 1/4 \\ 1/4 & 1/4 & 1/4 & 1/4 \\ 1/4 & 1/4 & 1/4 & 1/4 \end{bmatrix} + 0.85 \times \begin{bmatrix} 0 & 1/2 & 0 & 1/2 \\ 1/3 & 0 & 0 & 1/2 \\ 1/3 & 1/2 & 0 & 0 \\ 1/3 & 0 & 1 & 0 \end{bmatrix}
$$

$$
= \begin{bmatrix} 0.04 & 0.46 & 0.04 & 0.46 \\ 0.32 & 0.04 & 0.04 & 0.46 \\ 0.32 & 0.46 & 0.04 & 0.04 \\ 0.32 & 0.04 & 0.89 & 0.04 \end{bmatrix}
$$

假如用 $\boldsymbol{R} = (r_1, r_2, r_3, r_4)^{\mathrm{T}}$ 来表示四个页面的等级值向量,设定初始的 $\boldsymbol{R}_0$ 为 $(1,1,1,1)^{\mathrm{T}}$ 和 $\varepsilon = 0.1$,则利用算法 8-3 可以计算出最终的 $\boldsymbol{R}$。

详细迭代过程如下。

(1) 计算 $\boldsymbol{R}_1 = \boldsymbol{M} \times \boldsymbol{R}_0$。

$$
\boldsymbol{R}_1 = \begin{bmatrix} 0.04 & 0.46 & 0.04 & 0.46 \\ 0.32 & 0.04 & 0.04 & 0.46 \\ 0.32 & 0.46 & 0.04 & 0.04 \\ 0.32 & 0.04 & 0.89 & 0.04 \end{bmatrix} \times \begin{bmatrix} 1 \\ 1 \\ 1 \\ 1 \end{bmatrix} = \begin{bmatrix} 1.00 \\ 0.86 \\ 0.86 \\ 0.29 \end{bmatrix}
$$

$\varepsilon_1 = \varepsilon_1 = 0.57 > \varepsilon$,因此继续迭代。

(2) 计算 $\boldsymbol{R}_2 = \boldsymbol{M} \times \boldsymbol{R}_1$。

$$
\boldsymbol{R}_2 = \begin{bmatrix} 0.04 & 0.46 & 0.04 & 0.46 \\ 0.32 & 0.04 & 0.04 & 0.46 \\ 0.32 & 0.46 & 0.04 & 0.04 \\ 0.32 & 0.04 & 0.89 & 0.04 \end{bmatrix} \times \begin{bmatrix} 1.00 \\ 0.86 \\ 0.86 \\ 1.29 \end{bmatrix} = \begin{bmatrix} 1.06 \\ 0.98 \\ 0.80 \\ 1.17 \end{bmatrix}
$$

$\varepsilon_2 = 0.36 > \varepsilon$,因此继续迭代。

(3) 计算 $\boldsymbol{R}_3 = \boldsymbol{M} \times \boldsymbol{R}_2$。

$$
\boldsymbol{R}_3 = \begin{bmatrix} 0.04 & 0.46 & 0.04 & 0.46 \\ 0.32 & 0.04 & 0.04 & 0.46 \\ 0.32 & 0.46 & 0.04 & 0.04 \\ 0.32 & 0.04 & 0.89 & 0.04 \end{bmatrix} \times \begin{bmatrix} 1.06 \\ 0.98 \\ 0.80 \\ 1.17 \end{bmatrix} = \begin{bmatrix} 1.06 \\ 0.95 \\ 0.87 \\ 1.14 \end{bmatrix}
$$

$\varepsilon_3 = 0.13 > \varepsilon$,因此继续迭代。

（4）计算 $\boldsymbol{R}_4 = \boldsymbol{M} \times \boldsymbol{R}_3$。

$$
\boldsymbol{R}_4 = \begin{bmatrix} 0.04 & 0.46 & 0.04 & 0.46 \\ 0.32 & 0.04 & 0.04 & 0.46 \\ 0.32 & 0.46 & 0.04 & 0.04 \\ 0.32 & 0.04 & 0.89 & 0.04 \end{bmatrix} \times \begin{pmatrix} 1.06 \\ 0.95 \\ 0.87 \\ 1.14 \end{pmatrix} = \begin{pmatrix} 1.04 \\ 0.94 \\ 0.86 \\ 1.19 \end{pmatrix}
$$

$\varepsilon_4 = 0.09 \leqslant \varepsilon$，因此迭代结束。最终 A、B、C 和 D 的等级值为 1.04、0.94、0.86 和 1.19。

8.7.3　权威页面和中心页面

发现权威页面和中心页面是 Web 挖掘中另一个开发比较早的方法。一般地说：

- 权威页面是指包含需求信息的最佳资源页面。
- 中心页面是一个包含权威页面链接的页面。

例如，IBM 研制的 Clever 系统是通过计算权重来定义权威页面和中心页面的，而系统的功能定位在于寻找最佳中心和权威页面。

由于网站中的文档是分布世界各地，而且无人监控，所以没有办法知道包含在网页中的信息是否是正确的。目前，还没有一种有效的方法能够防止用户制造出一个错误百出的网页。但是，一些网页的质量是比其他网页高的。这些网页经常被访问，因此这些页面的权威性受到重视。注意，这个概念和相关性有所不同。一个页面可能绝对相关，但是却包含很多错误，用户实际上并不希望检索到它。在传统的信息检索中，权威这个术语并没有被涵盖。

HITS(Hyperlink-Induced Topic Search)是寻找权威页面和中心页面的典型方法。HITS 技术由两部分组成：

- 基于一组给定的关键字，可以找到相关的页面(有可能相当多)。
- 权威页面和中心页面与上述页面有关，具有最高权重的页面被返回。

一个搜索引擎 SE 的重要基础工作是寻找一个小的集合，即页面的根集合 R。对于一个给出的查询请求 q，可以通过增加来自 R 或到 R 的页面链接将 R 扩展为一个更大的集合，称为基本集合。这是为了导出关于网站的一个子图，以便用于找出权威和中心页面。在算法中，用符号 G(B, L) 表示子图，G 由顶点 B(实际为页面)和边 L(实际为链接)组成。权重 x_p 和 y_p 分别用来寻找权威页面和中心页面。在相同站点中的页面经常是互相链接的，不能通过这些网页之间链接的结构来寻找权威页面和中心页面，因此算法删除了这些链接。中心网页应该指向一些优秀的权威页面，并且权威页面需要被很多中心网页所链接。上述情况构成了计算权重的思想基础。

权重计算常用的方法是采用了邻接矩阵，反复计算权重直到收敛为止。权重被归一化，也就是平方和为 1。一般地，相联系的权威页面和网络中心在 5～10。HITS 在算法 8-3 中被具体描述。

算法 8-3　HITS

输入：把 WWW 看作一个引导图 W；

　　　查询请求 q；

　　　支持 s。

输出：权威页面的集合 A；

中心页面的集合 H。

(1) R＝SE(W,q)；//利用 q 得到页面的根集合 R

(2) B＝R∪{指向 R 的链接}∪{来自 R 的链接}；

(3) G(B,L)＝ 由 B 导出的 W 的子图；

(4) G(B,L^1)＝删除 G 中相同站点的链接；

(5) x$_p$＝$\sum_q$Y$_q$；//得到权威页面的权重

(6) y$_p$＝$\sum_q$X$_q$；//得到中心页面的权重

(7) A＝{p|p 为具有最高 x$_p$ 值的页面}；

(8) H＝{p|p 为具有最高 y$_p$ 值的页面}；

(9) END；

8.7.4 Web 站点结构的预处理

W3C 国际组织已经为 Web 访问信息定义了一些基本概念。在这些概念的基础上，一些扩展的概念构成了开展 Web 访问信息挖掘研究的基础。由于这些概念是讨论 Web 访问信息挖掘的基础，所以先对它们加以介绍。

定义 8-5 用户(User)：用户被定义为一个通过浏览器访问一个或者多个 Web 服务器的访问者。对服务器而言，即使通过 Cookie 也很难唯一和重复地识别一个用户。例如，一个用户通过几台机器访问 Web；或者在一台机器上使用多个浏览器；或者几个用户使用一台机器上的一个浏览器进行浏览。

定义 8-6 页面文件(Page File)：一个页面文件是通过 HTTP 请求发给用户的文件。页面文件一般静态存在于 Web 服务器上。一些动态页面文件源于数据库或 JavaScript，由 Web 服务器动态生成响应用户的请求。

定义 8-7 页面视图(Page View)：一个页面视图由一个集合的页面文件组成，在用户浏览器上同时显示。页面视图通常与一个用户的行为相关(如一次鼠标单击)。它通常由一些文件组成，如框架(Frame)、图片和 Script。

定义 8-8 客户端浏览器(Client Browser)：指具有一个独立 IP 地址的，用户通过其访问 Web 服务器的浏览器软件。客户端包括代理服务器软件。

定义 8-9 Web 服务器(Web Server)：指运行在互联网服务提供方主机上的 Web 服务软件，目的是响应客户端发来的 HTTP 请求。

定义 8-10 点击流(Click Stream)：也称为连续 HTTP 请求序列。指从客户端浏览器上，由用户连续发出的 HTTP 请求序列。

定义 8-11 一次访问用户(One User at a Time)：指某一个通过一个客户端浏览器发出连续 HTTP 请求序列的对一个 Web 服务器进行访问的访问者。如果一个真实的用户每隔一段较长的时间对一个 Web 服务器发出一个连续 HTTP 请求序列，那么对该 Web 服务器而言就有多个一次访问用户进行了访问。如果一个真实的用户通过不同的客户端对一个 Web 服务器发出一个连续 HTTP 请求序列，那么对该 Web 服务器而言就有不同的一次访问用户进行了访问。该概念的提出将一个真实的用户和该用户的一次访问进行了分离。

定义 8-12 用户访问会话(User Session):指由一个用户发出的对 Web 网页的一次连续 HTTP 请求序列。

定义 8-13 服务器用户访问会话(Server Session):简称用户访问事务(User Transaction),是指用户对一个 Web 服务器的一次访问。由该一次访问用户所请求的页面序列顺序组成。

定义 8-14 访问片段(Episode):任何有意义的用户访问会话或用户访问事务的子集,被称为访问片段。

随着 Web 页面框架的引入,Web 站点的拓扑结构分为以下两种。

- 页面文件之间的超链接关系。这种关系反映的是页面文件之间的静态关系。
- 页面视图之间的超链接关系。由于页面框架的存在,这种关系反映的是用户所看到的页面文件的组合关系。

这两种 Web 站点的拓扑结构可以用于导航模式发现和改进 Web 站点的效率上。例如,如果两个页面本身就链在一起,那么发现的模式必然包括这两个页面文件的链接,这样的知识没有明显的意义。如果引入 Web 站点的拓扑结构,那么在发现的结果集中减去拓扑结果,剩下的就必然是有用的知识。

一个 Web 站点的结构相关于下面的对象:

$$M = \langle P, L_{\text{PageLink}}, L_{\text{PageViewLink}} \rangle$$

$$P = \{\text{Page\_View}_1, \text{Page\_View}_2, \cdots, \text{Page\_View}_n\}$$

$$L_{\text{PageViewLink}} = \{\text{PageViewLink}_1, \text{PageViewLink}_2, \cdots, \text{PageViewLink}_p\}$$

$$L_{\text{PageLink}} = \{\text{PageLink}_1, \text{PageLink}_2, \cdots, \text{PageLink}_q\}$$

$$\text{Page\_View}_i = \{\text{Frame}_{i1}, \text{Frame}_{i2}, \cdots, \text{Frame}_{im}\}$$

$$\text{Frame}_j = \{\text{Page\_File}_h\}$$

$$\text{PageLink}_k = \langle \text{Page}_i, \text{Page}_j \rangle$$

$$\text{PageViewLink}_k = \langle \text{Page\_View}_i, \text{Page\_View}_j \rangle$$

其中,M 为一个 Web 站点的拓扑结构,它由三个元素组成。P 为所有页面视图(Page_View)的集合。一个页面视图由一组框架组成,其中每个框架由一个页面文件组成。如果两个页面之间具有超链接关系,那么它们具有一个 PageLink。如果两个页面视图之间具有超链接关系,那么它们具有一个 PageViewLink。L_{PageLink} 为全部页面之间超链关系的集合。$L_{\text{PageViewLink}}$ 为全部页面视图之间超链关系的集合。这里不考虑页面文件为图形、图像的情况。

在给出上述公式和定义后,就可以通过相应的搜索算法对 Web 网站进行遍历以找到 PageLink、PageViewSet、PageViewLink 的集合。算法 8-4 给出了生成 PageViewSet 和 PageViewLinkSet 的算法。

算法 8-4 GPVS(Generating Page View Set)

输入:index.htm。

输出:PageViewSet,PageViewLinkSet。

（1）PageViewSet＝GetFirstPageVeiw(/index. htm)；

（2）PageViewLinkSet＝NULL；

（3）FOR each pageview PageViewSet DO BEIGIN

（4）　　　PageSet＝GetAllPage(pageview)；

（5）　　FOR each p PageSet DO BEIGIN　　　　　//每个 PageView 由一些页面组成

（6）　　　LinkSet＝GetAllHyperLink(p)；

（7）　　FOR each lLinkSet DO BEIGIN　　　　　//l 必须为站点内的地址

（8）　　　newpageview＝Substitute(pageview,l)；//根据超链得到一个新的 PageView

（9）　　　PageViewSet＝PageViewSet∪{newpageview}；

（10）　　　PageViewLinkSet＝PageViewLinkSet∪{< pageview,newpageview >}；

（11）　　END

（12）　END

（13）END //PageViewSet 集合增量递增，每次从 PageViewSet 集合中变量 PageView 只取新的值

8.8　本章小结和文献注释

本章对 Web 挖掘的意义、特点、分类以及主要方法进行了阐述。由于 Web 挖掘是数据挖掘领域崭新的研究分支，所以许多方法具有探索性。因此本章除了用一定的篇幅来阐述 Web 挖掘所要解决的主要问题和意义外，还选择了一些研究比较集中和相对比较成熟或被认可的技术进行论述。有些问题的提出或简单介绍是从书的系统性和帮助读者尽量了解研究前沿的目的出发的，如果读者对其中的问题和方法感兴趣，需要通过查阅本书后面的参考文献或最新研究文章来补充。

本章的主要内容及相关的文献引用情况如下。

1. Web 挖掘的意义

Web 挖掘的实质就是从 Web 页面及其链接和用户对页面的访问中挖掘出用户感兴趣的知识。从这一点说，它和其他的数据挖掘技术没有什么差别。但是由于 Web 数据和应用需求的特点，Web 挖掘技术具有特殊性。因此，本章从一开始，就从 Web 挖掘对站点设计、个性化访问等具有商业价值的应用角度分析了它的研究和应用意义。

关于 Web 挖掘的意义和含义，在许多文献中都给出了阐述。作为博士论文，[Osm99]和[王实 01]对 Web 挖掘的商业价值和主要应用领域进行了概括和总结。作为对 Web 挖掘的近期综述文章，[KB00]也对 Web 挖掘面对的商业问题进行了分析。另外，像[Dmgro]等的一些数据挖掘的 BBS 或讨论组都可以得到相关的信息。

2. Web 挖掘的分类

Web 挖掘依靠它所挖掘的数据来源或主要手段可以分为 Web 内容挖掘、Web 访问信息挖掘和 Web 结构挖掘类型。这是目前 Web 挖掘技术的流行分类方法，也可以看作研究 Web 挖掘技术的基础。因此，本章对这三种分类的主要聚焦问题进行了简要介绍，之后针对每种分类进行较为详细的阐述。

作为全球的畅销书,[HK00]对这三种分类和它们解决的问题进行了概括。此外,[王实 01]和[KB00]也对这样的分类及每种分类所面向的数据源、解决的问题进行了阐述。

3. Web 挖掘的含义

关于 Web 挖掘的定义至今也很难给出,许多文献从不同角度加以描述。本章给出的描述性定义来自于[王实 01]。其他的有价值的描述性定义有:[Etz96]认为“Web 挖掘是为了从 Web 文档和服务中自动抽取信息而使用的数据挖掘技术”;[KB00]认为“Web 挖掘是从 Web 数据中发现潜在的、有用的和从前不知道的信息和知识的完整过程,是 KDD 对 Web 数据的扩展”。[Spi99]阐述了从数据挖掘到 Web 挖掘带来的挑战性问题。

鉴于目前 Web 挖掘与 IR、IE 研究的交叉性,为了使读者更好地理解 Web 挖掘的含义,本章还对它们的区别与联系进行了介绍,并归纳了一些要点供读者讨论。如要进一步了解 Web 挖掘与 IR、IE 之间的关系,可以查阅[KB00]和它后面给出的参考文献。

4. Web 挖掘的数据来源

Web 挖掘面向的是网站数据,这些数据包括网页文本信息、网页链接信息、网站的访问记录以及其他可收集的信息。但是,不同的挖掘目的、不同的挖掘算法总是依靠不同的一种或几种数据源。因此,对一些比较有代表性的数据源及其格式进行分析是研究 Web 挖掘的基础。本章对 Server 日志、Error 日志、Cookie 日志、在线市场数据、Web 页面、Web 页面超链接以及包括用户注册信息等数据源的特点、格式或使用方法等进行了阐述。

[Luo95]对服务器端三种类型的日志文件 Server logs、Error logs 和 Cookie logs 进行了具体的分析。[王实 01]对服务器端、代理服务器端的日志文件格式给出了具体描述。Web 页面的格式体现在它的描述语言上,HTML 标准是流行的 Web 页面描述语言,在大多数的书中都可以找到,对 XML 标准有兴趣的读者可以进一步参考[WW+98]。

5. Web 内容挖掘方法

从 Web 内容挖掘的概念、主要技术和预处理等方面进行论述,具体内容如下。
- Web 内容挖掘的代理人方法和数据库方法的基本思想。
- 文本挖掘的基本层次。
- 搜索引擎与 Web 内容挖掘的区别与联系。
- 虚拟的 Web 视图概念及其在 Web 内容挖掘中的应用。
- Web 内容挖掘在实现网站个性服务时的相关问题和技术。
- Web 页面内容的预处理问题。

把 Web 内容挖掘分为代理人和数据库方法来自于[CMS97b],这代表 Web 内容挖掘的两种常见的技术路线,即使用软件代理系统和借助数据库方法来实现 Web 数据描述和挖掘。

关于搜索引擎技术及其与 Web 内容挖掘的联系可以进一步参考[BP98]。[Dun03]提出了 Virtual Web View 的概念。关于 Web 站点的个性化与自适应技术可以从

[PE97a]、[PE97b]和[FKN96]中得到更详细的信息。对 Web 页面文本进行摘要和分类研究在许多文献中可以找到,如[CS96b]、[Yan94]和[LS+96]。关于 Web 页面的多媒体信息挖掘在文献[Osm99]和[王实 01]中可找到更多的论述。

关于 Web 页面自动分类问题在[CD+98]和[CD+99]中给出了归纳,具体的算法可以参见第 4 章的介绍。超图聚类(Hypergraph Clustering)方法可以参见[CR99]、[Coo99]和[HKK97]。关于 Support Vector Machine 分类技术在[Coo99]和[Joa98]给出了具体介绍。[YP97]论述了特征空间缩减技术和方法。

虽然 Web 页面内容挖掘的主要信息源是无结构或半结构的 Web 页面,但是它需要其他的信息的结合分析才能得到好的效果。同时,它和 Web 访问信息挖掘和 Web 结构或链接挖掘可以相互补充。[CMS99]和[PPR96]讨论了利用主题对页面视图进行分类或聚类的方法。

6. Web 访问信息挖掘方法

Web 访问信息挖掘是 Web 挖掘研究中的重要分支,而且有着广泛的应用价值。因此本章对它进行了较为详细的论述。

- Web 访问信息数据的特点归纳。
- Web 访问信息挖掘的特点:从挖掘对象的进一步领域化、对挖掘方法的要求以及挖掘目的三个角度说明 Web 访问信息挖掘的特殊性。
- 从面向群体访问者和面向个体访问者两方面阐述 Web 访问信息挖掘的研究意义和应用价值。
- 给出了 Web 访问信息挖掘的常见的数据源的更详细描述和实际例子:把用户访问行为归纳为单个用户对单个站点的访问、单个用户对多个站点的访问、多个用户对单个站点的访问、多个用户对多个站点的访问四种情况;把访问信息的分布归结为服务器端、客户端、客户端的代理共三种类型;对典型的数据通过实际例子进行分析。
- Web 访问信息挖掘的预处理:预处理用户访问信息是开展 Web 的基础。讨论了 Web 访问信息的数据清洗问题,识别用户访问事务的方法,并在此基础上给出了一个生成用户访问事务的算法 GSS。
- 其他相关的预处理技术:讨论可导航内容片段和最大前向访问序列技术的要点。
- Web 访问信息挖掘的常用技术:在访问数据被适当地预处理后,像典型的关联规则、分类、聚类等方法都可以用来进行挖掘的实施。本章对路径分析、关联规则发现、序列模式发现、分类和聚类等技术在 Web 挖掘中的应用及其特点进行了剖析。
- Web 访问信息挖掘的要素构成:从数据来源、数据类型、用户的数量、站点的数量、挖掘手段和应用领域六个要素讨论 Web 访问信息挖掘的要素构成。
- Web 访问信息挖掘的主要应用领域:对 Web 访问信息挖掘用户建模、发现导航模式、改进访问效率、实现个性化服务、商业智能发现以及移动模式发现等典型应用及其相关技术进行了详尽的分析和讨论,以帮助读者了解 Web 访问信息挖掘的实际意义和具体技术。

- 利用协作推荐的方法实现实时个性化推荐应用示例。

Web 访问信息数据的特点、Web 访问信息挖掘的特点和意义是在[王实 01]基础上整理而成的。本书使用的 Log 文件实例是在中国科学院计算所 Web 网上得到的。

文献[CMS97a]和[CMS97b]介绍了相关的数据预处理技术,特别是对常见的用户识别方法进行了比较。GSS 算法来自于[王实 01]。时间窗及其相关技术可以参考[CP95]。[CPY96]对用户最大前向访问序列的概念和作用进行了叙述。关于 IBM Watson 研究中心的 SpeedTracer 的详细资料可以在[WPY98]得到。Shahabi 的详细信息可以通过[ZA+97]和[SZ+97]来获得。

路径分析技术在[CPY98]、[CPY96]和[SKS98]等文献中进行了论述。其他有关的关联规则、分类及聚类等技术及算法可以在大多数文献中找到,并且在前面对应的章节进行了引用注释。

Web 访问信息挖掘的要素构成分析来自[王实 01]。

[Cha99b]对利用 Web 挖掘技术进行用户建模进行了研究。

Web 导航技术研究是 Web 挖掘技术和信息检索技术的重要方面,有许多文献可以参考。[WM97]给出了 Footprints 导航技术,WUM 详细信息可以进一步查阅[SF98]和[SPF99]。文献[BL99]提出了一个利用数据挖掘技术来挖掘用户的导航模式的模型方法。

个性化推销的相关技术和方法可以参考[LL99]。[PPR96]介绍了通过监测用户的存取行为以捕捉用户的访问兴趣。[YJ+96]提出将用户访问模式用于 Web 页面的动态链接产生,以实现访问用户的聚类,达到提供个性化服务的目的。

[NW97]建立的 SiteHelper 是通过对每个用户所访问的页面内容进行学习,实现页面推荐功能。识别感兴趣的链接的代表性工作是 WebWatcher(见[JFM97])。自动定制的概念和基本方法可以在文献[FKN96]中找到。聚类推荐可以通过[MCS99]中关于 WebPersonalizer 的介绍得到扩充。利用模糊聚类的方法聚类用户访问事务参考[NFJ99]。

关于商业智能发现的相关技术可以通过浏览[AK+00]、[Sur99]、[Acc99]、[Net99]、[Hit99]和[Web99]来获得更多的启发。[LBO99]对 Web 服务器推送技术进行了阐述,其他的利用 Web 挖掘改进 Web 服务器性能的方法和技术可以参考[CKR98]和[MA+99]。另外,关于商业智能中处理访问者的迁移行为和购买行为内在关系挖掘的研究可以通过[YC00a]和[YC00b]进一步了解。文献[PC00]首先提出用户移动模式发现概念。

关于协作筛方法可以参考[BHK98]、[HKB99]和[SM95]。

7. Web 结构挖掘方法

Web 页面的结构或链接挖掘也是研究比较多的技术,同时其他类型的 Web 挖掘往往需要它的支持或合作来提高效率和增加精确度。本章对下面一些内容进行归纳。

- 给出页面重要性的评价方法和公式。
- 设计页面等级技术的概念和必要性分析。

- 权威页面和网络中心的概念和应用方法。
- Web 站点结构的预处理：给出 W3C 国际组织定义的有关 Web 访问信息对应的实体概念，并在此基础上描述了 Web 站点的结构及其相关对象。给出了生成页面视图集算法 GPVS。

[YJ+96]较早地提出了利用访问信息进行动态 Web 结构生成的概念。[GKR98]对从 Web 链接拓扑结构推断 Web 访问方法进行了研究。[PPR96]给出了抽取站点链接结构的方法和技术。Web 结构挖掘方面的主要技术 PageRank 参见[PB+98]和 Clever 参见[CDK99]。文献[Kle99]提出了 HITS 算法和采用邻接矩阵计算权重方法。

页面等级定义出自[PB+98]，设计页面等级技术是用来提高搜索效率和挖掘有效性的重要手段，它的进一步信息可以查阅[Goo00]。关于 W3C 规范读者可以参考[W3C99]。

习　题　8

1. 简单地描述下列英文缩写或短语的含义。

（1）Web Content Mining

（2）Web Usage Mining

（3）Web Structure Mining

（4）Crawler

（5）Look Up Page

2. 解释下列概念。

（1）爬虫

（2）导航页

（3）数据入口页

（4）用户会话

（5）权威页面

（6）中心页面

3. 简述 Web 数据挖掘的意义。

4. 举例说明 Web 数据挖掘的意义。

5. 根据所挖掘的信息来源，Web 数据挖掘可以分为哪几类？

6. 简述 Web 数据挖掘的分类，并对每类的主要任务进行描述。

7. 从基于关键词查询的搜索引擎存在的主要问题角度说明 Web 挖掘的必要性。

8. 如何理解 Web 挖掘是一个交叉研究的领域？

9. Web 挖掘的数据来源有哪些？

10. 举例说明 Web 挖掘可以对服务器日志数据进行挖掘。

11. Web 内容挖掘的目的是什么？

12. 为什么说 Web 内容挖掘的基本技术是文本挖掘？

13. Web 页面内容预处理的目的是什么？

14. 举例说明 Web 内容挖掘在个性化方面的应用。

15. 简述 Web 访问信息挖掘的特点。

16. 和传统的基于事务的数据挖掘方法相比，Web 访问信息挖掘对象有哪些独特的特点？

17. Web 访问信息挖掘的意义是什么？

18. 举例说明 Web 访问信息挖掘的作用。

19. 简述 Web 访问信息挖掘的好处。

20. Web 访问信息挖掘的基础和最烦琐的工作是数据的预处理，请说出常用的 Web 访问信息挖掘的预处理方法。

21. Web 访问信息挖掘中的常用技术有哪些？

22. 举例说明 Web 访问信息挖掘中可采用的挖掘方法。

23. 请解释用户建模，并说出常见的用户建模方法。

24. Web 访问信息挖掘可以实现用户建模，请比较各种用户建模方法。

25. 简述利用 Web 访问信息挖掘发现导航模式的意义。

26. 发现导航模式是 Web 访问信息挖掘的一个重要的研究领域，请简单介绍一些比较著名的导航模式发现方法。

27. 为什么 Web 访问信息挖掘能够改进访问效率？

28. 请举例说明 Web 访问信息挖掘能够改进访问效率。

29. 请简述在 Web 站点开展个性化服务的总体思路和步骤。

30. 举例说明 Web 访问信息挖掘在个性化服务方面的应用。

31. 请简述 Web 结构挖掘的主要任务和目的。

32. 请给出一种 Web 站点遍历的思路。

第 9 章　　　　空 间 挖 掘

空间挖掘(Spatial Mining)是近年来发展起来的具有广泛应用前景的数据挖掘技术。本章将对相关的概念和技术进行分析和阐述。对空间挖掘技术的理解需要相关的空间数据结构知识,而这些知识对于初学者来说并不是一件简单的事,因此本章首先对空间数据的特点和组织形式加以概括。然后对空间数据挖掘中一些比较有代表性的工作进行介绍。这些工作包括空间统计学知识、空间的泛化与特化、空间的分类与聚类技术等。最后,对空间挖掘研究现状和发展趋势进行归纳。

9.1　空间挖掘的意义

视频讲解

据统计,有 80% 以上的数据与地理位置相关。事实上,大量的空间数据是从遥感、地理信息系统(GIS)、多媒体系统、医学和卫星图像等多种应用中收集而来,收集到的数据远远超过了人脑分析的能力。例如,美国国家航空航天局(NASA)于 1998 年发射一组卫星,其目的是搜集信息以支持地球科学家研究大气层、海洋和陆地的长期运动趋势。这些卫星每年发回地球 1/3PB(1000 万亿字节)的信息,这些数据与来自其他数据源(如他国卫星或非卫星观测点)的数据进行集成,并存储于 EOSDIS(地球概览数据及信息系统)中,构成一个规模空前的空间数据库。若用人脑来对如此多的数据进行分析是无法想象的。因此,日益发展的空间数据基础设施为空间数据的自动化处理提出了新的课题。此外,像生物医学(包括内科描摹和疾病诊断)、天气预测、交通控制、导航、环境研究,以及灾难处理等应用,也推动了对高效空间数据处理的紧迫要求。空间数据挖掘实质上是空间信息技术发展的必然结果。

空间数据最常用的数据组织形式是空间数据库。空间数据库用来保存空间实体,这些空间实体是用空间数据类型和实体的空间关系来表示出来的。空间数据库不同于关系数据库,它一般具有空间拓扑或距离信息,通常需要以复杂的多维空间索引结构组织。空间数据库需要通过空间数据存取方法存取,常常需要空间推理、几何计算和空间知识表示技术。这些特性使得从空间数据中挖掘信息具有很多挑战性的问题。

空间挖掘也被称作空间数据挖掘,或者空间数据库的知识发现。顾名思义,它是数据挖掘在空间数据库或其他空间数据上的应用。简言之,空间挖掘,就是从空间数据库等空间数据中挖掘隐含的知识模式,包括空间相关的基于空间的关联关系、聚类分类等模式,用于理解和归纳空间数据。

空间数据挖掘的应用领域众多,如地质、环境科学、资源管理、农业、医药和机器人科学。与传统的地学数据分析相比,空间数据挖掘更强调对空间数据本身隐含的、新颖的、有用的知识模式的发现。目前对空间数据仓库的研究也是一个重要方面,它将不同数据库中的空间数据汇集精化成更综合的多层次数据形式,为空间数据挖掘提供更好的支持。

9.2　空间数据概要

在介绍空间挖掘相关技术之前,首先对空间数据的特点和结构做一个简单的介绍。

空间数据是指二维、三维或更高维的空间坐标及空间范围相关的数据,例如,地图上的经纬度、湖泊、城市等。典型的关系型数据库模式中,并没有存储空间数据的位置,它只能处理非空间类的属性数据,如传统编程语言的数据类型支持的数据(包括数字型、字符型等),不包括描述空间位置和形状等的坐标信息和空间拓扑关系。因此,访问和挖掘空间数据要比非空间数据更复杂。

空间数据存放在记录着实体的空间性数据和非空间性数据的空间数据库里。由于空间数据关联着距离信息,所以空间数据库通常用使用距离或拓扑信息的空间数据结构或者索引来存储。此外,对空间数据的访问要使用专门的操作来完成,诸如"接近、南、北、包含于"等空间操作符等。就数据挖掘而论,这些距离信息需要提供对应的相似性度量方法等来支撑。

9.2.1　空间数据的复杂性特征

由于空间属性的存在,空间的个体才具有了空间位置和距离的概念,并且距离邻近的个体之间存在一定的相互作用,所以空间数据中有与空间相关的关系类型。一般地,空间数据包含拓扑关系、方位关系等信息,需要与空间结构和位置相关的相似度或者距离度量技术。这些使得空间数据比其他类型的数据要复杂得多。空间数据的复杂性特征主要表现在以下几方面。

1. 空间属性之间的非线性关系

空间属性之间的非线性关系是空间系统复杂性的重要标志之一。空间数据本质上是一个非线性系统,它的拓扑结构是图结构,它的位置关系也不是传统意义的绝对距离,更多是方位的概念。

2. 空间数据的多尺度特征

空间数据的多尺度性是指空间数据在不同观察层次上所遵循的规律以及体现出的特征不尽相同。多尺度特征是空间数据复杂性的又一表现形式,利用该性质可以探究空间信息在泛化、细化过程中所反映出的特征渐变规律。

3. 空间信息的模糊性特征

空间数据的模糊性几乎存在于各种类型的空间信息中。例如,空间位置的模糊性(如"北边"),空间相关性的模糊性(如"在北边"),模糊的属性值(如"北边不远")。

4. 空间数据的高维特征

随着相关技术的发展,空间数据的属性维度越来越大,如在遥感领域,由于传感器技术的飞速发展,波段的数目也由几个增加到几十甚至上百个。因此,如何从几十甚至几百维空间中提取信息、发现知识则成为研究中的又一难题。

5. 空间数据的高噪声特性

数据的不完整、不准确、缺失等噪声源自某种不可抗拒的外力等,它们使数据无法获得或发生丢失。如何对残缺数据进行恢复并估计数据的固有分布参数,成为挖掘复杂空间数据的又一个难点。

简言之,空间数据的复杂性特征使空间数据与其他类型数据的挖掘方法之间存在明显的差异,但是一般而言,空间数据挖掘比一般的数据挖掘更复杂。

9.2.2 空间数据的查询问题

虽然空间数据查询和空间挖掘是有区别的,但是像其他数据挖掘技术一样,查询是挖掘的技术,因此了解空间查询及其操作有助于我们掌握空间挖掘技术。

由于空间数据的特殊性,空间操作相对于非空间数据要复杂。传统的访问非空间数据的选择查询使用的是标准的比较操作符: $>$、$<$、$\leqslant$、$\geqslant$、$\neq$。而空间数据选择要用到空间操作符,比如接近、东、西、南、北、包含、重叠或相交等。

下面是空间选择查询的两个例子。

- 查找北海公园附近的房子。
- 查找离北京动物园最近的麦当劳餐厅。

此外,传统的数据库技术需要两个关系的连接操作来支持查询,而空间数据库需要增加空间性的连接操作,被称为空间连接(Spatial Join)。传统的连接中,两条记录里必须含有那些满足预定义关系具有的属性(比如数据库中自然连接需要主外键相等)。然而,在空间连接中,重点是处理空间性的关系,即基于空间特性进行关系连接。空间连接主要是根据实体的相对空间位置进行连接。例如,"相交"可用于多边形的连接,"相邻"可用于点的连接。

事实上,在 GIS 应用中,相同的地理区域经常有不同的视图。例如,对于一个城市而言,一些关心街道施工者就会关心其实际海拔、地理位置以及河流等特殊需要的信息。因此,面对庞大的空间数据,需要融合这些异构或者多模态数据进行视图设计和利用。

当然,一个空间实体并不是说只有空间属性,经常同时用空间和非空间的属性来描述。例如,一幢写字楼有位置等空间信息,也可能有关于它的使用、甚至具体到它每个房间的租金等非空间信息。事实上,当其空间属性用一些空间数据结构存储起来之后,非空间属性就可能是在一个关系数据库里。所以空间数据的范畴更广,但是必须包含地理位置等空间性信息。位置属性有时可以转换成合适的简单属性,比如是纬度或者经度;也可以用有逻辑性的含义来表示,比如街道地址或者邮政编码。不同的空间实体经常是和不同的位置相关联的,而且在不同的实体之间进行空间性操作的时候,经常需要在位置属性之间进行一些转换。如果非空间属性存储在关系数据库中,那么一种可行的存储策略是利用非空间元组的属性存放指向相应空间数据结构的指针,这样关系中的每个元组也就代表了一个空间实体。

很多的研究和开发工作已经实现了基本的空间查询,包括:

- 区域查询或范围查询:寻找那些与在查询中指定区域相交的实体。
- 最近邻居查询:寻找与指定实体相邻的实体。
- 距离扫描:寻找与指定的物体相距一段确定距离的实体。

9.3　空间数据组织

由于空间数据的独特性质,需要专门的数据结构来存储或索引空间数据。空间数据结构包括点、线、矩形、不规则图形等。在这一节中,将介绍一些流行的数据结构。这些结构有的考虑的是空间实体的轮廓表示,有的是基于传统方法的索引扩展技术。

9.3.1　最小包围矩形

对于已经抽象成点、线、矩形等规则图形的实体而言,最主要的空间位置信息可以用对应的坐标表示出。然而,对于一个不规则图形的实体来说,表示它的位置等信息就相对复杂,其中最常用的技术就是最小包围矩形(Minimum Bounding Rectangle,MBR),即用它对应的 MBR 来表示该实体。

一个空间实体的最小包围矩形是指包含该空间实体的一个或者多个矩形。例如,图 9-1(a)显示一湖泊的轮廓。如果用传统坐标系统来对这个湖定向,水平轴表示东西方向,垂直轴表示南北方向,那么就可以把这个湖放在一个矩形里(边界与轴线平行),如图 9-1(b)所示。进一步,还可以通过一系列更小的矩形来表现这个湖,如图 9-1(c)所示,这样提供了与实际物体更接近的结果,不过这需要多个 MBR。对于一个 MBR 来说,最简单的办法就是用一对不相邻的顶点坐标来表示,如用 $\langle (x_1,y_1),(x_2,y_2) \rangle$ 来表示图 9-1(b)中的 MBR。

此外,对于不规则图形来说,MBR 也需要在算法层面上进行研究和设计,特别值得注意的是,一个物体的 MBR 并不一定都是像图 9-1 那样水平或垂直。如图 9-2(a)所示的三角形代表一个简单的空间实体,图 9-2(b)显示其对应的 MBR。

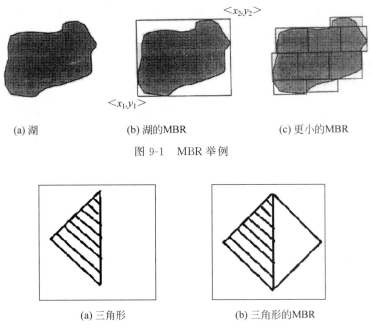

(a) 湖   (b) 湖的MBR   (c) 更小的MBR

图 9-1　MBR 举例

(a) 三角形   (b) 三角形的MBR

图 9-2　空间实体举例

9.3.2　空间索引技术

索引技术是数据库查询和挖掘的基本支撑技术。传统数据库的 B 树是通过精确的匹配查询来访问数据的。然而,空间数据索引会用到基于空间实体相对位置的近似度量。为了有效地进行空间查询,例如,将所考虑范围内的地理空间按照邻近的关系分成若干单元,这些单元与存储位置进行关联,实现基于空间的索引。

由于空间实体相对较复杂,为了减少计算量,一般的索引方法都基于对空间目标的近似技术(如 MBR 近似表达空间目标等)。目前,空间索引技术主要基于如下的几种思想。

1. 空间映射法

存在两种方式:第一种采用低维空间向高维空间映射的方式;第二种直接向一维空间映射。对于低维空间向高维空间映射,k 维空间具有 n 个顶点的目标可以映射成 $n \times k$ 维空间的点。映射后,可以直接采用点索引技术。这种方法的优点是点索引结构可以不需要经过任何修改直接用来索引任意形状的空间目标。但空间目标的空间邻近性在 $n \times k$ 维空间的点之间不再保持,且插入操作的复杂度也会增加。关于向一维空间映射方法,通常数据空间被划分成大小相同的网格单元,然后用某种空间填充曲线(如 z-ordering 曲线、Hibert 曲线等)方法,给这些网格单元编码。每个坐标是空间填充曲线轨迹中表示空间位置的一个简单数值。这些一维目标可以用传统的一维索引结构(如 B＋/－树等)索引,但其相交的查询效率较低。

2. 分割方法

存在两种策略,第一种采用不允许空间重叠的索引方法,第二种采用允许空间重叠的索引法。第一种策略将所在的数据空间按某种方法(如二叉树划分、四叉树划分、格网划分等)划分成彼此不相交的子空间。其优点在于点状目标的索引只有一条路径。对于复杂的非点状空间目标这种分割方法必须通过目标复制等办法使目标标志重复存储在与该目标相交的所有子空间中。另外一种策略是将索引空间划分为多级子空间,这些子空间允许重叠,一个空间实体完全包含在某一子空间。这种方法的一个最重要问题是子空间的重叠与覆盖。因为子空间的重叠与覆盖直接关系到查询的效率。其优点是目标不需要重复存储,但应尽可能减少索引空间的重叠和覆盖,否则会降低查询效率。

下面介绍几种比较有代表性的空间数据索引结构技术,从中读者可以了解空间数据索引的方法和思想。

1) 网格文件

网格文件的基本思想是根据正交的网格划分 k 维的数据空间。k 维数据空间的网格由 k 个一维数组表示,这些数组称为刻度,将其保存在主存中。刻度的每一边界构成 $k-1$ 维的超平面。整个数据空间被所有的边界划分成许多 k 维的矩形子空间,这些矩形子空间称为网格目录,用 k 维数组表示,将其保存在硬盘上。网格目录的每一网格单元包含一外存页的地址,这一外存页存储了该网格单元内的数据目标,称为数据页。一数据页允许存储多个相邻网格单元的目标。网格文件查找简单,查找效率较高,适用于点目标的索引。图 9-3 给出网格文件结构示意图。

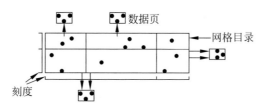

图 9-3　网格文件结构示意图

2) 四叉树

四叉树通过把空间按等级分解成为区域(单元)来表示空间实体。四叉树实际上是指在 k 维数据空间中,每个结点有 2^k 棵子树,用于对空间点的表示与索引。每个结点存储了一个空间点的信息及 2^k 个子结点的指针。如二维空间的四叉树,每个子结点对应一个矩形,用四种方位西北(NW)、东北(NE)、西南(SW)、东南(SE)表示,逐级将空间划分到含有数据的个数低于某一值的矩形为止。对于图 9-2(a)中的三角形,图 9-4(a)说明了这个处理过程。在这里,三角形是在三个加阴影的方块中显示出来的。空间区域分为两层分割区域。层的数量是依赖于所需要的精确度的。显然,层数越多,数据结构需要的开销就越多。四叉树中的每级对应一个层次级别。如果最低一级的区域中的某一个区域被阴影覆盖着,那么这一层四个区域中的每一个都会有一个指向下一级结点的指针。

从图 9-4 中右上方的区域开始,按逆时针方向标记每一级的四分区域。正方形 0 是

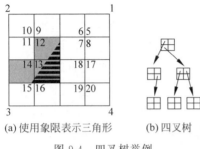

(a) 使用象限表示三角形　(b) 四叉树

图 9-4　四叉树举例

整个区域。正方形 1 是第一级中的右上方部分。正方形 15 是第二级中左下角的正方形区域。图中的三角形可用正方形 12、13 和 14 来表示,因为它与这三个正方形相交。如图 9-4(b)所示的是此三角形的四叉树。四叉树的根结点对应第一级的 1、2、3 和 4 区域。由于只显示区域非空的结点,因此就没有区域 1、4 及其子区域的结点。其他的结点可以类似产生。

MBR 与四叉树中的四分区域类似,只是它不要求同样的尺寸大小。如果存在分级的 MBR,也不需要像四分区域那样的规则。

3) R 树

R 树是 B 树在多维空间的扩展,其特点是能对一定范围内的实体进行索引。其叶子结点包含多个形式(如 OI,MBR)的实体,OI 为空间目标标志,MBR 为该目标在 k 维空间中的最小包围矩形。非叶子结点包含多个形式(如 CP,MBR)的实体。CP 为指向子树根结点的指针,MBR 为包围其子结点中所有 MBR 的最小包围矩形。R 树必须满足如下特性。

- 若根结点不是叶子结点,则至少有两棵子树。
- 除根之外的所有中间结点至多有 M 棵子树,至少有 m 棵子树。
- 每个叶子结点均包含 $m \sim M$ 个数据项。
- 所有的叶子结点都出现在同一层次。
- 所有结点都需要同样的存储空间(通常为一个磁盘页)。

一个实体由一个位于某个单元的 MBR 来表示。基本上,一个单元是包含分级中低一个级别的一些实体(或者 MBR)的 MBR。分级中每一级被看作树中的一层。随着空间实体被添加到 R 树里,R 树通过类似构造 B 树的算法建造并维护起来。树的大小与实体的数量有关。图 9-5 给出一个例子。图中有 5 个实体,都用 MBR 表示出来,分别是 D、E、F、G 和 H。整体空间标记为 A,是图 9-5(b)中树的根结点。标为 B 的 MBR 包含三个实体(D、E 和 F),标为 C 的 MBR 包含两个实体(G 和 H)。事实上,随着索引数据量的增加,包围矩形的重叠会增加。因此,在一个 R 树中,单元实际上可能重叠。

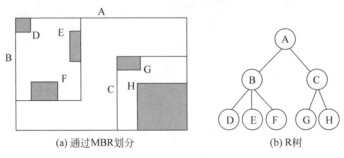

(a) 通过 MBR 划分　(b) R 树

图 9-5　R 树举例

使用 R 树进行空间操作的算法一般都比较简单易懂。假设想要找到所有与指定实体相交的实体,用 MBR 来表示要查询的实体,可以只在 R 树中的上一层中查询,寻找与查询 MBR 相交的区间。而那些与查询 MBR 不相交的子树就可以丢弃。

4)k-D 树

k-D 树被设计用来对多属性的数据进行索引,而不是必要的空间数据。k-D 树是二叉树的一个变种,树中的每一层用来索引一个属性。设想一个二维空间,并用 k-D 树来举例。树中的每个结点表示这个空间基于一个分割点被分割成两个子集。另外,分割是在两个轴之间交替的。

在图 9-6 中,使用的是与上述 R 树相同的数据。和 R 树一样,每个最低级别的区间只有一个实体。但是,分割不是用 MBR 来进行的。最初,整体的区域看作一个区间,作为 k-D 树的根结点。区域首先按照一个维分割,然后按照另一个维分割,直到每个区间只有一个实体。在这个例子中,我们看到 A 标识整体的区域。首先按照水平轴线将整体区域分割成两个区间 B 和 C,然后将 B 分割成 D 和 E。D 最后被分割成 H 和 I。同样,C 最后被分割成 F 和 G。

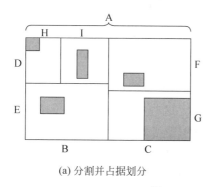

(a) 分割并占据划分　　　　　　　　　　　　　　(b) k-D 树

图 9-6　k-D 树举例

对于点匹配查找,k-D 树继承了二叉查找树的优点,但删除操作较复杂。

k-D-B 树是 k-D 树与 B 树的结合。它有两种基本的结构:区域页(非叶结点)和点页(叶结点),如图 9-7 所示。点页存储点目标,区域页存储索引子空间的描述及指向下层页的指针。

k-D-B 树适用于多维空间点的索引,如果用于索引线、面等其他形体的空间目标,需经过目标近似与映射,效率较低。

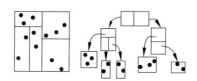

图 9-7　k-D-B 树的示意图

9.3.3　专题地图

专题地图(Thematic Map)通过显示属性或者专题的分布状态来展示空间实体。每个专题地图显示一个(或者多个)专题属性。这些属性描述的是相关空间实体的重要的非空间特性。例如,一个专题地图可以显示海拔、平均降雨量和平均气温。基于栅格的专题地图通过关联像素和数据的属性值来表示空间数据。例如，在一个显示海拔的地图中，像素的颜色可以关联那个位置的海拔高度。基于向量的专题地图使用几何结构（如其轮廓或者 MBR）来描述实体。另外，实体也具有专题属性值。

9.4 空间数据挖掘基础

9.4.1 空间数据的基本操作

支持空间数据挖掘需要的操作包含对空间数据库的操作。对空间数据库的操作是空间数据查询和挖掘的基础。在这一节中将简单介绍一些这样的操作。

假定 A 和 B 是二维空间中的两个空间实体。基于两个空间实体之间的拓扑关系，可以设计如下空间操作算子。

- 分离（Disjoint）：A 与 B 分离，表示 B 中任何点都不在 A 中，反之亦然。
- 重叠/相交：A 与 B 重叠或相交表示至少有一个点既在 A 里也在 B 里。
- 等价：A 与 B 这两个实体的所有有意义的点都是共有的。
- 包含于：A 包含于 B，表示 A 的所有点都在 B 里。但是可能有一些 B 的点不在 A 中。
- 覆盖/包含：A 覆盖或包含 B，当且仅当 B 包含于 A。

根据实体在空间中的位置，可以定义方向，通常采用的是传统的地图方向。这样，我们就拥有了像东、南、西、北等这样的关系。确定这些关系的困难在于空间实体不规则的形状和可能发生的重叠。因此，需要确定一些策略来解决这些问题。例如：

- 试图找到实体中代表性的点，如中心点、密集点等，用它来代表实体进行位置评估。这样地理上的东、西、左、右、接近、远离等操作就可以简单计算。
- 通过计算实体中所有有意义的点或者代表性的点的平均位置坐标，用它们来代替实体进行东、西、左、右、接近、远离等操作。
- 当然也可以综合考虑点的其他分布得到合适的位置评估方法。

9.4.2 空间实体间的距离度量

空间实体间的距离计算是空间挖掘的基础性工作。如前所述，欧几里得和曼哈顿等距离测量方法经常用来测量两个点之间的距离。对于两个空间实体而言，需要进行适当扩展来实现它们的距离度量。

1. 最小值方法

定义实体 A 和 B 的距离为 A 中的所有点和 B 中的所有点之间的欧几里得或曼哈顿等点距离中最小的，即

$$\text{dis}(A,B) = \min_{(x_a,y_a)\in A,(x_b,y_b)\in B} \text{dis}((x_a,y_a),(x_b,y_b))$$

2. 最大值方法

定义实体 A 和 B 的距离为 A 中的所有点和 B 中的所有点之间的欧几里得或曼哈顿距离中最大的,即

$$\text{dis}(A,B) = \max_{(x_a,y_a) \in A, (x_b,y_b) \in B} \text{dis}((x_a,y_a),(x_b,y_b))$$

3. 平均值方法

定义实体 A 和 B 的距离为 A 中的所有点和 B 中的所有点之间的欧氏或曼哈顿距离的平均值,即

$$\text{dis}(A,B) = \underset{(x_a,y_a) \in A, (x_b,y_b) \in B}{\text{average}} \text{dis}((x_a,y_a),(x_b,y_b))$$

4. 中心方法

定义实体 A 和 B 的距离为 A 中的中心点和 B 中的中心点之间的欧氏或曼哈顿距离的平均值,即

$$\text{dis}(A,B) = \text{dis}((x_{ca},y_{ca}),(x_{cb},y_{cb}))$$

其中,最简单的办法就是取实体 A 的中点 (x_{ca},y_{ca}) 和 B 的中点 (x_{cb},y_{cb})。

以上这些方法没有优劣之分,不同的问题需要选用合适的公式或方法。上述最后一个距离公式的中心点也可以通过查找实体的几何中心来识别。例如,如果使用 MBR,那么两个实体之间的距离可以用这两个实体的 MBR 的中心之间的欧几里得距离来描述。

9.4.3 空间数据挖掘的基本方法

空间数据挖掘是数据挖掘技术在空间数据上的应用。从这个意义上说,空间数据挖掘有着和前面数据挖掘相同的挖掘任务和目标,如关联规则、分类、聚类、序列分析等;同时,由于空间属性的引入,空间数据挖掘也有与前面不同的特色挖掘任务。一方面,可以扩展传统的数据挖掘技术至空间数据,以便更好地分析复杂的空间现象和空间实体。另一方面,空间数据挖掘利用了诸如空间数据结构、空间推理、计算几何学等已有的技术,提出了新的空间数据挖掘方法。在实现效率、与数据库系统的结合、与用户较好地交互以及发现新类型的知识的问题上,提升空间数据挖掘的性能和效率。

根据现有的研究与应用,归纳起来,空间数据挖掘的主要任务如下。

1. 空间关联规则挖掘

如前所述,关联规则挖掘主要用于发现不同事务之间的关联性。空间数据的关联规则挖掘被期望发现包含空间谓词(操作)构成的空间关联规则。例如,远近谓词(临近、远离等)、拓扑谓词(相交、重叠、分离等)和方位谓词(左、东、东南等)。对于空间数据而言,最大限度地利用数据的空间属性及其操作才能设计出更好的空间关联规则挖掘模型和算法。更多技术细节将在 9.5 节进行介绍。

2. 空间实体分类

如前所述,分类在数据挖掘中是一项非常重要的任务,分类的目的是学会一个分类器,能成功地把待测试的实体贴上类标签。毋庸置疑,空间实体分类需要充分利用空间属性,如结合房屋的地理位置分类房屋的档次等。因此,前面的分类方法和算法都需要进行改造和扩充。更多技术细节将在 9.6 节进行介绍。

3. 空间聚类挖掘

如前所述,聚类是指根据"物以类聚"的原理,将本身没有类别的样本聚集成不同的簇。它的目的是使得属于同一个簇的样本之间应该彼此相似,而不同簇的样本应足够不相似。对空间数据聚类分析方法需要充分利用空间属性值来完成,可以根据地理位置以及障碍物的存在情况自动地进行区域划分。例如,根据分布在不同地理位置的 ATM 机的情况将居民进行区域划分,根据这一信息,可以有效地进行 ATM 机的设置规划。更多技术细节将在 9.7 节进行介绍。

4. 空间统计挖掘

统计分析为许多数据挖掘算法提供计算基础。然而空间统计挖掘需要研究如何利用空间属性来形成知识模式。其中,空间相关性和空间异质性等发现和度量方法是空间统计挖掘的基础性工作,这也形成了空间数据挖掘的特有理论和技术。莫兰指数等可以用来量化空间相关性,地理加权回归等用来量化空间异质性。更多技术细节将在 9.8 节进行介绍。

5. 空间概念层次挖掘

空间数据本身具有概念层次信息,因此在空间数据挖掘中可以首先根据主题建立相应的概念层次关系,进而利用这些概念层次关系确定挖掘的空间数据层,然后进行属性泛化或者特化,形成多层次的知识模式。更多技术细节将在 9.9 节进行介绍。

9.5 空间关联规则及其挖掘方法

规则归纳(Rules Induction)是在一定的知识背景下,对数据进行概括和综合。对于空间数据而言,可以使用关联规则挖掘思想和方法,在空间数据库或空间数据仓库中搜索和挖掘以往不知道的规则和规律,得到对应的知识归纳,如 GIS 的属性概念树、空间关系概念树等,进而得到空间数据中潜在的有意义的空间关联规则。

9.5.1 空间关联规则概述

空间关联规则是对空间实体的结构及其属性值可能存在的关联的描述,可以存在于空间属性之间,也可以存在于空间属性与非空间属性之间。也就是说,不论是规则先决条件还是结果,空间关联规则一般都包含一些空间谓词(如"附近")。

（1）非空间的先决条件和空间性的规则。例如，在北京，重点学校都是位于老住宅区附近。

（2）空间性先决条件和非空间的规则。例如，在北京，房子在国贸附近都比较贵。

（3）空间性先决条件和空间性结果。例如，在北京，四环以内都算市区房子。

可以从多个角度来发现空间关联规则，这些规则从各自视角描述出空间数据的特定意义的子集隐含的规律性法则。

（1）从空间谓词涉及的空间范围角度，可以分为：

- 局部关联规则。例如，北京市的家庭平均年收入为 60 000 元。这类规则只涉及某一空间实体。
- 邻域关联规则。例如，北京市的家庭平均年收入为 60 000 元，但国贸区域是 100 000 元；北京市的家庭平均年收入为 60 000 元，比上海少 10 000 元。这类规则来源于两个及以上相邻或相离的空间实体。

（2）基于空间关系的抽象层次，可以分为：

- 单层关联规则。例如，北京市的家庭平均年收入为 60 000 元，而上海市家庭平均年收入为 70 000 元。这类规则不考虑空间数据的抽象层次或者仅只涉及一个单一的空间层次。
- 跨层关联规则。例如，北京市的家庭平均年收入为 60 000 元，但国贸区域是 100 000 元。

（3）根据空间规则处理的变量类型，可以分为：

- 布尔型关联规则。例如，北京市是高收入城市。这类规则是定性化的离散规则，主要显示属性之间的定性关系。
- 连续型关联规则。例如，北京房价每平方米平均 51 500 元。这类规则主要部分用数值呈现，充分显示定量关系。

（4）根据规则的谓词个数，可以分为：

- 单维关联规则。例如，北京市和上海市都是高房价城市。这类规则只有一个谓词"房价是"，也就是只关心一个维度，所以称为单维关联规则。
- 多维关联规则。例如，房屋距离市中心近则房价就高。这类规则会涉及多个谓词，如前面例子就有"距离是"、"房价是"两个谓词。

9.5.2　空间关联规则挖掘方法

空间关联规则的发现是空间数据挖掘的重要内容。目前的研究主要集中在提高算法的效率和发现多种形式的规则两方面，并以逻辑语言或类 SQL 方式描述规则，以使空间数据挖掘趋于规范化和工程化。

在第 3 章对多层次关联规则挖掘的基本路线进行了介绍，有自上而下和自下而上两种基本解决路径。多层次关联规则是空间关联规则的常态，需要空间概念层次的设计和利用。当然，空间层次及其背景知识可以由空间数据挖掘的用户提供，也可以作为空间数据挖掘的任务之一自动提取。

目前研究和应用最多的挖掘空间关联规则的有效方法是自上而下、逐步加深的搜索技术。就是说，首先在高的概念层次进行搜索，在较粗的精度级别查找频繁发生的模式和较强的隐含关系；然后，对频繁发生的模式加深搜索至较低的概念层次，一直持续到找不到频繁发生的模式为止。在高的概念层次上搜索频繁发生的模式的处理中，可利用一些优化技术，如应用高效的空间计算算法（诸如 R-树和 plane-sweep 技术）。

空间关联规则的度量办法主要还是支持度（Support）和可信度（Confidence），但是与传统的关联规则不同，被分析的空间数据除了传统的事务外，还有不同层次的空间实体。为了说明自上而下的空间关联规则挖掘过程，来看一个例子。假定关系空间实体的关系为"close_to"（临近）。如果在单概念层次中，可能简单基于两个空间实体的欧几里得距离及其最大阈值就可以判断出这种关系。然而，对于多层次概念来说，问题就复杂多了。例如，考虑北京市通州区和河北省燕郊地区两个实体，可能隐含的关联规则就是"close_to（通州区，燕郊地区）"。然而，这样的规则可能不在事先设置好的背景知识中，为此就需要根据空间概念层次，在不同层次上进行归纳。例如，可以把"close_to"变成"g_close_to"（泛化的 close_to），先在更高概念层次上进行关系定义和挖掘。确定谓词 close_to 可满足性的第一步是对 g_close_to 做一个粗糙的估计，只有满足粗略估计的实体才能被保留，即排除那些不可能满足真实谓词的实体。

算法 9-1 给出一个五步算法。假定输入一个空间实体，指定一种空间关系，完成多层次的关联规则的挖掘。

算法 9-1　空间关联规则算法

输入：包括空间和非空间的属性数据 D；

概念层次 C；

层次的最小支持度 s；

最小可信度 α；

关注的实体 q；

关注的空间操作（谓词）。

输出：空间关联规则 R。

(1) $D' = q(D)$；

(2) 对关注的谓词进行概念泛化，得到 D' 中的粗糙谓词，建造 CP； // CP 是由满足 D' 中实体对
// 的粗糙谓词组成的

(3) 通过寻找满足 s 的粗糙谓词来找到频繁粗糙实体集 FCP；

(4) 从 FCP 中进行特化，使用关注谓词找到频繁精确实体集 FFP；

(5) 使用最小可信度 α，生成 FFP 对应的关联规则 R。

在算法 9-1 中，步骤(1)是一个查询处理过程，抽取出所有与空间数据挖掘处理相关的数据。步骤(2)应用一个粗的空间运算方法，得到相关数据的粗谓词集合 CP（泛化的实体集）。步骤(3)过滤出那些支持度小于最小支持度阈值 s 的频繁粗谓词实体集合 FCP。步骤(4)应用一个细化的空间计算方法，从所导出的粗谓词集合中应用关注的谓词，得到频繁精确实体集 FFP。步骤(5)保证在多个概念层次上找到关联规则的完整集合，因此，算法发现的是完整和正确的关联规则。当然算法 9-1 只给出了两个层次，对于多个空间概念层次只需要重复步骤(2)和(5)即可。

事实上,算法 9-1 是第 3 章 Apriori 算法及其关联规则挖掘算法的改造和扩展。但是,空间关联规则中的谓词是多层次的、粗糙的、模糊的。例如,空间规则感兴趣的谓词集可能是：1 阶谓词,如{< close_to,公园>},即所有 close_to 这个公园的空间实体都满足这个谓词；2 阶谓词,如{< close_to,公园>,< south_of,国贸>}。

9.6　空间分类算法

空间分类方法用来对空间实体的集合进行分类。空间分类挖掘就是从空间数据集中对空间实体归类,主要是用于未标示实体的类预测。给空间实体分类,可以通过非空间属性或空间属性,或者二者同时使用,也可以利用概念层次来进行取样。与其他空间挖掘方法一样,在空间分类方法中也使用泛化和逐步细化技术来提高效率。

归纳学习是空间分类中最重要的一类挖掘方法,它就是从大量的经验数据中归纳出一般的分类规则和模式。归纳学习的算法有很多,其中,决策树是进行空间分类最主要的支撑技术。正如第 4 章所述,决策树是从历史数据中学习出的用于预测及决策知识模式(分类器),树中每个结点表示某个对象,而每个分叉路径则代表某个可能的属性值,而每个叶结点则对应从根结点到该叶结点所经历的路径所表示的对象的值。一棵决策树一旦建立,对于待测实体来说,就可以根据它的空间或者非空间属性值从树根开始搜索,沿着数据满足的分支前进,直到走到树叶就能确定它的类别。最著名的决策树算法是 ID 系列和 C 系列算法,如 ID3、C4.5。

9.6.1　ID3 在空间的扩展

在对空间实体进行分类的过程中,需要对传统的 ID3 算法进行扩展。其基本思想就是将空间属性转换成可以表达的数据类型,和非空间属性一起进行归纳学习。空间属性具有形状、位置、方位等空间特征,一般与关注的实体关系有关。例如,在实体分类中可能关注实体间的距离概念,对应的谓词是"临近"等；也可能关注实体间的方位概念,如"北边"等。

一种可行的方法就是利用邻接图的概念。邻接图是指：给定一个谓词 p,一个结点 A 的邻域是指满足 $p(A, *)$ 的实体的集合。直观上说,如果两个结点在谓词 p 上被关联,就在邻接图上用一个边来进行连接。"邻域"可以对应空间实体之间的任何关系,在知识工程中就是一种谓词表示。例如,距离 A 少于 500m,在 A 的东北边。

利用邻域图的概念,就可以将空间实体的空间属性转变成它的邻域实体的某种度量,结合空间实体的非空间属性使用 ID3 算法进行分类。很显然,这样的分类融合了空间和非空间属性的综合考量。分类的结果可能如"距离学校小于 500m 的住宅区""北京东边的高档住宅"等。

9.6.2　空间决策树的构建方法

建造决策树采用两步方法。第一步是寻找可以有效构造邻域图的谓词集；第二步是使用该谓词集进行空间属性扩充,并对扩充的数据集实施决策树分类算法(如 ID3),生成分类器模型(决策树)。

我们所期望的是能够建造一个较小且较为精确的决策树,因此要将空间数据集中的空间属性进行处理。然而,直接处理空间属性很难,主要是由于结点的多层次概念和结点间的不精确空间关系表达。首先,处理结点的多层次一般是尽量选择高的概念层次,这有利于分类器的学习,而且一旦分类器学习好,使用范围也更广泛。当然,这样的处理需要对较低概念层次的结点进行概念泛化。其次,结点的空间关系经常是模糊的、大致的,因此空间结点的关系大多是用谓词来刻画的,如"接近""临近""在北边"等,因此在使用空间属性学习分类器时就需要找到最合适的谓词或者谓词集,通过它们来构造邻域图(集),用于分类器学习。

寻找合适的谓词和构造邻域图是利用空间属性进行 ID3 建模的关键步骤。目前比较成功的方法是谓词命中检验法。假定初始权重为 0,然后通过迭代来更新可能的谓词的权重。在每次迭代中,通过"最近命中"概念来更新谓词权重。假设一个谓词 p,可以通过随机选择一定数目的实体对进行命中检验:如果检验实体对满足该谓词 p 并且预标注种类相同,则称为该谓词命中;如果检验实体对不满足 p 或者类标注不同,则算未命中。命中的谓词其权重就会增加;未命中的谓词其权重不变或者减少。对于目标实体中每个谓词进行命中检验。最终选择权重最高的一个或者几个用于建造决策树。

对于每个结点实体,针对选择好的每个谓词 p,利用邻域图的概念就可以为决策树的学习建立一个缓冲区。缓冲区中的项目是决策树中最关注的谓词及其实体。显然,缓冲区的大小和形状与选择的谓词表达方式有直接关系,而且也会对分类算法的结果产生影响。尽管不是很实际,但是理论上说所有可能的缓冲区大小和形状都进行彻底的验证才算完备。缓冲区实际是最终建造决策树的空间数据集。如前所述,为了利用 ID3 算法,一种可行的方法就是对每个结点每个谓词增加一个或者多个新属性,用以记录该结点的所有 p 邻域结点的空间聚合值。空间聚合值可能因为谓词的不同具有不同的表达和含义。例如,谓词"相邻",聚合值可能是空间邻居数目、面积、平均距离以及特定属性值(如学校、加油站)的数目等;"在北边"等方位谓词处理起来就麻烦些,因为"A 在 B 的北边 C"和"B在 A 的南边 C"并不能推断出 A 和 C 的方位关系,但是可以通过空间实体的经、纬度以及距离等属性来综合解决。因此,选择用于分类的谓词后,谓词的属性化需要根据谓词特点进行设计。

空间谓词的属性化技术为联合利用空间数据的空间及非空间属性提供了一种可行的解决途径。基于这样的原理,空间决策可以通过扩展传统的 ID3 等来建造分类决策树。空间分类决策树也是利用信息熵原理来逐层构建(见第 4 章中 ID3 的信息增益计算),但是可以包含转换后的空间属性值。一旦一棵空间决策树建造完成,那么从根到一个叶子结点的路径就形成一个有效的类别。这样的空间类别和传统的非空间类别是有明显不同的,可能包含空间信息的表达,如"北京市海淀区临近重点中学的小区""上海市人均收入最多的社区"等。

算法 9-2 给出了建造空间决策树的算法描述。

算法 9-2 空间决策树建造算法

输入:包括空间和非空间的属性的空间数据集 D;

概念层次 C。

输出：决策树 T。

（1）使用 C，对 D 的空间属性进行属性概念泛化；

（2）利用属性相关性分析，确定用于空间实体分类的最佳谓词集 p；

（3）对每个谓词 p 和每个实体，构造其邻域，创建新属性来记录邻域聚合值，生成缓冲区；

（4）使用 p 邻域聚合值和非空间属性，对缓冲区的实体实施 ID3 算法建造决策树 T。

9.7　空间聚类算法

聚类分析就是按一定的距离或相似性测度将数据分成一系列相互区分的组，它与归纳法的不同之处在于不需要背景知识而直接发现一些有意义的结构与模式。一般地，空间聚类算法效率比分类算法要高，更适合于大型数据库，而且能够探测到不同形状的簇。图 9-7 显示的是在一个二维空间中的聚类。观察图 9-7 可以很容易地发现，一个好的空间聚类算法应该可以探测到四个聚类。

第 5 章详细讲解了聚类分析的原理和典型算法，只要稍加改造就可以用于空间数据的聚类。当然，空间聚类也存在对不规则簇难以识别以及离群点等问题。例如，图 9-8 中右下角的那些离群点不应该被添加到它们附近较大的聚类中去。

空间聚类要解决实体之间的距离或者相似度度量、高效聚类算法两个问题。事实上，空间数据的实体不是传统意义上的"点"概念，如河流、海洋、学校等，是"有形状"的空间对象，这些空间实体的相似度度量需要找到

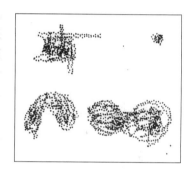

图 9-8　不同形状的空间聚类

合适的近似方法进行构建。此外，虽然目前的空间聚类算法许多是从传统的聚类算法改造而成的，但是对应的空间适应性以及效率问题也需要新的思路来解决。下面重点介绍几个空间聚类算法。

9.7.1　空间近似聚类的 CRH 方法

如前所述，空间聚类是"有形状"的空间实体的数据聚合，传统的空间数据结构，如 R 树和 k-D 树，很难用于高效寻找这些聚合的空间邻近关系，因为它们关注的是一个实体的"点"，而不是实体的全部。最小包围矩形（MBR）是一种可选方案，但是它的使用范围受限。本节将介绍另外一种表达"有形状"的空间实体的模型，被称为 CRH，其中，C 代表外接圆、R 代表内接矩形、H 代表凸多边形。

如图 9-9 所示，它们的定义如下。

- 内接矩形 R：实际就是前面介绍的最小包围矩形（MBR）。因为本模型外面还要包围一个圆，所以就叫内接矩形。
- 外接圆 C：以内接矩形 R 的对角线为直径得到。
- 凸多边形 H：关注实体集的最小边界。

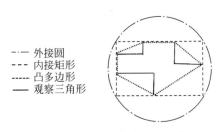

-·— 外接圆
--- 内接矩形
----- 凸多边形
—— 观察三角形

图 9-9　CRH 划定多边形示意

CRH 模型建立完成后，采用从外往里的路线进行算法设计：

（1）第一步是使用一个外接圆 C。该圆形粗略近似了目标簇及其特征，送到下一层中过滤。

（2）使用内接矩形 R 来表示特征，再次过滤上面的特征来寻找目标簇。

（3）使用特定形状（如图 9-9 所示的三角形）寻找学校可观察的建筑的边界，最后利用这些边界得到一个凸多边形来最终评估每个特征，确定最终的目标簇。

CRH 模型及其算法可以帮助找到特定实体集（如图 9-9 所示的学校），而且非常高效。对于 n 个点的实体集而言，找到 R 和 C 的时间复杂度为 $O(n)$，找到 H 可能要高些，大约在时间复杂度为 $O(n * \lg n)$。

9.7.2　基于随机搜索的 CLARANS 扩展聚类方法

CLARANS 算法是一个适合大容量数据集的高效聚类算法，在空间数据聚类挖掘中有很大的潜在价值。CLARANS 可以表示为查找一个图，图中的每个结点都是潜在的解决方案。

基于 CLARANS 的空间数据聚类算法有两种：空间支配算法 SD(CLARANS) 和非空间支配算法 NSD(CLARANS)。

1. 空间支配算法 SD(CLARANS)

在该算法中，先利用 CLARANS 对相关数据项的空间组件进行聚类，然后对每个聚类中对象的非空间描述执行面向属性的归纳，查询结果得到的是每个聚类对象的高层次的非空间描述。

算法 9-3　SD(CLARANS)算法

输入：包含空间和非空间属性的空间数据 D。

　　　　期望的最低层的单元数 k。

输出：聚类集合 K。

（1）D′＝根据非空间选择标准，从 D 中寻找满足选择标准的元组集合；

（2）k＝CLARANS(D′)；//基于空间属性，对 D′使用 CLARANS

（3）FOR each　k∈ K　DO //进行属性归纳

（4）对 k 中的非空间属性使用 DBLEARN

2. 非空间支配算法 NSD(CLARANS)

在该算法中,首先对非空间属性执行面向属性的泛化,生成泛化元组。然后,利用 CLARANS 对这些泛化元组的空间组件进行聚类。最后,检查所得到的聚类,看是否覆盖了描述其他类型对象的聚类。如果是,则合并两聚类,并且合并相应元组的泛化的非空间描述。

依赖于用户想要发现的知识或规则的形式,可在不同的情况下选用这两个算法。相比之下,SD(CLARANS)的效率要更高一些;但是,当点的分布主要取决于其非空间属性时,NSD(CLARANS)要更胜一筹。

CLARANS 方法的缺点是要求要聚类的对象必须预先都调入内存里,这对非常大的空间数据库是不合理的。

9.7.3　大型空间数据库基于距离分布的聚类算法 DBCLASD

DBSCAN 基于聚类中密度的概念,用来发现带有噪声的空间数据库中任意形状的聚类。该算法的效率较高,但算法执行前需输入阈值参数。

一种大型空间数据库基于距离分布的聚类算法,叫作 DBCLASD(Distribution Based Clustering of Large Spatial Databases)。DBCLASD 假定聚类中的项目是均匀分布的,而且聚类之外的点不满足这个约束。基于这个假设,算法尝试确定满足最近邻居距离的分布。与 DBSCAN 相同,围绕目标元素创建一个聚类。只要最近的邻居距离满足均一分布的假设,那么这个元素就被加入聚类。找到的候选的元素如果满足成员约束,也被加入当前聚类。围绕着刚刚被加入聚类的点 p,以 m 为半径,进行一个环形的区域查询就可以找到候选的元素。m 由下面的公式得出:

$$ m > \sqrt{\dfrac{A}{\pi\left(1 - \dfrac{1}{N^{1/N}}\right)}} $$

这里,N 是聚类中点的个数,A 是这个区域。加入的点就成为新的候选。

用一个多边形围绕聚类,然后用网格对聚类的面积进行评估。当在聚类中加入一个点时,包含这个点的网格就被加入到多边形中。多边形与聚类真正形状的相近程度取决于网格的大小。如果网格太大,相近程度就差一些。如果太小,多边形就不相连。网格的长度定为最近邻居距离的最大值。

与 CLARANS 算法相比,DBCLASD 算法可以发现高质量的任意形状的聚类;而与 DBSCAN 相比,DBCLASD 不需要任何输入参数。因此,DBCLASD 的效率介于 CLARANS 算法与 DBSCAN 算法之间,接近于 DBSCAN 算法。

算法 9-4 中给出 DBCLASD 算法。由于 χ^2 测试通常要求至少 30 个元素,所以文献 [XEK98] 假定每个聚类中已经初始化了 29 个邻居点。最后一步扩展聚类,从 c 中找到候选,得到最近邻居距离的集合 C,按照这个期望的分布扩展。每个候选都在某个时刻加入 C 中,然后评估最近邻居距离集合的分布。如果还有期望的分布,这个候选临近的点也被加入候选集合中;否则从 C 中删除这个候选。这个步骤一直进行到 c 为空。用前文规定的半径来寻找给定点周围的点。

算法 9-4 DBCLASD 算法

输入：要被聚类的空间实体 D。

输出：聚类集合 K。

(1) K＝0；//初始化,没有聚类
(2) c＝Φ；//初始化候选集合为空
(3) FOR each point p in D DO BEGIN
(4)　　IF　p is not in a cluster THEN BEGIN
(5)　　　　创建一个新的聚类 C,并把 p 加入 C；
(6)　　　　把 p 临近的点加入 C；
(7)　　END
(8)　　FOR each point q in C DO
(9)　　　　把 C 中没有处理过的点 q 的邻居点加入 C；
(10)　K＝K∪{C}
(11) END

实践证明,DBCLASD 成功地找到了任意形状的聚类。只有处在聚类边缘的点可能会被放入错误的聚类。

9.7.4　其他的空间聚类方法

BANG 方法使用了一种类似 k-D 树的网格结构。这个结构为适应属性的分布而做了一定调整,使密集的区域具有大量的更小的网格,而不够密集的区域只有少量的更大的网格。接着按照网格(块)的密度排序,也就是按照区域分割的网格里的项目数量。根据期望的聚类数量,那些密度最大的网格被选为聚类的中心。对于每个选定的网格,只要它们的密度小于或者等于当前这个聚类的中心,就把这个临近的网格加入。

小波聚类是一种归纳空间聚类的方法,它把数据看作像 STING 那样的信号。小波聚类使用的是网格,聚类的边界与高频相应,聚类本身是低频率高振幅的,可以使用信号处理技术寻找空间中低频的部分。归纳聚类的时间复杂度是 $O(n)$,并且不受外界影响。与一些其他方法不同,小波聚类可以找到任意形状的聚类,而且不需要知道期望的聚类个数。

9.8　空间统计挖掘

空间统计学(Spatial Statistics)是依靠有序的模型来描述无序事件,根据不确定性和有限的信息来分析、评价和预测空间数据。它主要运用空间自协方差结构、变异函数或与其相关的自协变量或局部变量值的相似程度等,来实现基于不确定性的空间数据挖掘。

空间统计挖掘具有较强的理论基础和大量的成熟算法,能够有效改善 GIS 等信息的随机过程处理,估计模拟决策分析的不确定性范围,分析空间模型的误差传播规律等。一般地说,基于足够多的样本,在统计空间实体的几何特征量的最小值、最大值、均值、方差、众数或直方图的基础上,可以得到空间实体特征的先验概率,进而根据领域知识发现共性的几何知识。因此,空间统计挖掘是基本的空间数据挖掘技术之一,特别是多元统计分析(如判别分析、主成分分析、因子分析、相关分析、多元回归分析等)。

Cressie 利用地理统计数据、栅格数据和点数据三种空间数据描述现实世界,并据此提出了一个通用模型。由于大部分空间数据挖掘的研究偏重于提高静态数据查询的效率,所以 Wang、Yang 和 Muntz 基于统计信息,研究了一种由用户定义的主动空间数据挖掘的方法。应用空间统计学的克吕格方法,由一组已分类的观测点直接估计未观测点位的属于各类别的验后概率,求得类别变量在任一位置上所观测到的各类别的概率知识,就可以从影像上获取模糊分类信息。

统计方法是分析空间数据的最常用的方法。统计方法有较强的理论基础,拥有大量的算法,并包含多种优化技术。它能够有效处理数值型数据,通常会导出空间现象的现实模型。然而,该方法基于统计不相关假设,而实际上在空间数据库中许多空间数据通常是相关的,即空间对象受其邻近对象的影响,难以满足这种假设,这样就会引起问题。采用对依赖变量带有空间保护的 Kriging 或回归模型能在某种程度上减轻这个问题。但是,这样会使整个建模过程过于复杂,只能由具有相当领域知识的统计学专家来完成,终端用户难以采用该技术来分析空间数据。另外,统计方法对非线性规划不能很好建模,处理字符型数据的能力较差,难以处理不完全或不确定性数据,而且运算的代价较高。同时,当知道非匀质实体的某种属性可能发生,但却不知道也难以构建其概率分布模型时,模糊集比空间统计学更利于发现隐藏在这种不确定性中的知识。

9.9　空间的概念泛化与特化

众所周知,概念层次的使用显示了数据间关系的层次。应用空间数据特性,概念层次承认了层级中不同层次规则和关系的发展。这与 OLAP 中的 roll up 和 drill down 操作类似。在机器学习中发现的一些归纳的和规则化概念也可以使用到空间数据处理中。实际上,空间数据挖掘技术对归纳和专业化的要求是必需的。

9.9.1　逐步求精

由于空间应用的数据量十分庞大,在寻求更多精确响应之前要先做出一些近似响应。MBR 就是一个近似物体形状的办法。四叉树、R-树和其他大多数空间索引技术都采用了一种逐步求精(Progressive Refinement)的方式。它们在树结构中的高一层上对实体的形状做评估,然后在低一层的入口提供对空间实体更精确的描述。逐步求精可以看作对处理问题无用的数据所做的过滤。

逐步求精的分层是基于空间关系的。图 9-10 说明了逐步求精的观念。这里的空间关系可以应用在一个更粗糙(移上一层)或者更精细(移下一层)的层次上。

举一个例子:一个计算机系的毕业生马上就要工作,想要寻找一个靠近他将来工作地点的住房。假设一个数据库能够列出北京城市所有可租用的住房,这其中当然也包括很多离他期望的位置很远的租房。可以先通过寻找“明显不靠近”的租房来对不适合的元素进行初始的过滤。事实上,这样的工作可以在概念层次中的任何一层上进行。假设在第 2 层次上定位地是海淀区，这就排除了其他区中所有的租房。之后，就可以逐步找到距离他想要的地方明显近的房子。这样的归纳还可以借助于概念层次进行。在具体实现上有许多属性或者转换后的属性可以利用。例如，在概念层次中有一个包含邮政编码的更低的一层，如果找到了与他工作地点邮政编码相同的租房，那么就等于实现了一个对于"靠近"的更精细的评估。

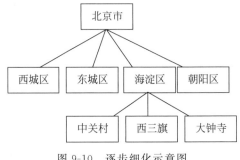

图 9-10　逐步细化示意图

9.9.2　泛化

数据库中的数据和对象在原始的概念层次包含更详细的信息，经常需要将大量数据的集合进行概括并以较高的概念层次展示，即对数据进行概括和综合，归纳出高层次的模式或特征。归纳法一般需要背景知识，基于泛化的数据挖掘方法假定背景知识以概念层次的形式存在。概念层次可由专家提供，或借助数据分析自动生成。

空间数据库中可以定义两种类型的概念层次：非空间概念层和空间概念层。空间层次是可以显示地理区域之间关系的概念层次。当空间数据归纳之后，非空间属性必须适当调整，以反映新的空间区域所联系的非空间数据。同样，当非空间数据归纳之后，空间数据必须适当地更改。使用这两种类型的层次，空间数据应用的归纳可以被分为两种子类：空间数据支配泛化和非空间数据支配泛化。这两种子类可以看作一种聚类。空间数据支配泛化做的是基于空间位置的聚类（所有靠近的实体被分在一组中），非空间数据支配泛化根据非空间属性值的相似性做聚类。由于归纳步骤是基于属性值的，所以这种方法被称为面向属性的归纳（Attribute-oriented Induction）。

1. 空间数据支配泛化算法

在空间数据支配泛化算法中，首先对空间数据进行归纳，然后对相关的非空间属性做相应的更改，归纳进行至区域的数量达到阈值为止。例如，要知道我国西北部地区的平均降水量，可以在空间层次中寻找西北部所有省的平均降水量的均值。这样，空间层次决定高层区域中查询的低层区域。然而，决定如何对非空间数据进行归纳并不总是直接的聚合操作。在上述问题中，计算平均降水量是把所有省同等对待的，然而，为了在高层区域的查询中得到更精确的平均降水量，可能要提供地理区域的权值。

另一种方法是对非空间属性值也进行归纳，这种归纳对数据进行分组。邻近的区域如果具有相同的非空间数据归纳值，就将其合并。假如只简单地返回表示西北部聚类的值,而并不是平均降水量的数值,可用多、中等、少量这样的值来描述降水量。

算法 9-5 描述了空间数据支配泛化的处理方法,这里假定一个区域数目的阈值已经给出。

算法 9-5　空间数据支配泛化算法

输入:空间数据库 D;

　　　　空间层次 H;

　　　　概念层次 C;

　　　　查询 Q。

输出:所需一般特征的规则 r。

(1) $D' =$ 从数据库 D 中按查询 Q 获得的数据集合;

(2) 根据 H 的结构,把数据合并到区域中,直到区域的数目达到所需的阈值,或者已经到达 H 中所要求的层次;

(3) FOR　each 所找的区域　DO BEGIN

(4)　　对非空间属性执行面向属性的归纳;

(5)　　产生并输出所找到的泛化规则;

(6) END

算法中的第一步是按照查询中的选择条件找到数据。第二步在非空间数据上进行面向属性的归纳。在这里需要考虑非空间概念层次。在这一步中,非空间属性值归纳为高一层的值。这些归纳就是对低层的特殊值在高层上所做的概括。例如,如果对平均温度做归纳,不同的平均温度(或者范围)可以结合并标志为“热”。第三步执行空间泛化。这里,具有相同(或相近)非空间归纳值的邻近区域被合并。这样做能够减少根据查询返回的区域数量。

这些方法的缺点是层次必须先由领域专家预先确定,数据挖掘请求的质量都依赖于所提供的层次。生成层次的时间复杂度为 $O(n\log n)$。

2. 非空间数据支配泛化算法

算法首先对非空间属性做面向属性的归纳,将其泛化至更高的概念层次。然后,将具有相同的泛化属性值的相邻区域合并在一起,可用邻近方法忽略具有不同非空间描述的小区域。查询的结果生成包含少量区域的地图,这些区域共享同一层次的非空间描述。

最近邻居的概念是空间属性归纳的常用技术。最近邻居的距离是指空间中一个实体与其他所有实体之间距离的最小值。我们可使用最近邻居技术的方法来实现非空间属性的归纳问题。

非空间数据支配泛化算法与上面的算法类似,这里不再赘述。

9.9.3　统计学信息网格方法

统计学信息网格方法(STatistical INformation Grid-based method,STING)使用了一种类似四叉树的分层技术,把空间区域分成矩形单元。对空间数据库扫描一次,可以找到每个单元的统计参数(平均数、变化性、分布类型)。网格结构中的每个结点概括了该网格中所含内部属性的信息。通过获取这些信息,很多数据挖掘请求(包括聚类)都可以通过检验单元统计得到响应。同时捕获了这些统计信息之后,不需要扫描整体的数据库。这样,当有多个数据挖掘请求访问数据时会提高效率。与归纳和逐步求精技术不同,STING 虽然也利用概念层次,但是不需要对概念层次进行预定义或者准确定义。

STING 方法可以看作一种层次聚类技术。它的基础工作是建立一个分层表示(有点像树状图),形成不同概念层次的网格结构。层级的顶层的组成就是整体空间。最低层代表每个最小单元的叶子结点。如果使用一个单元在下一层中拥有四个子单元(网格)的话,单元的分割与四叉树中是一样的。但是就一般而言,这个方法对所有空间的层次分解都适用。图 9-11 说明了构造的树中前三层的结点。

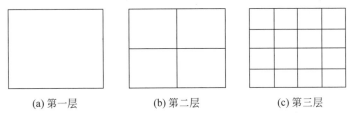

| (a)第一层 | (b)第二层 | (c)第三层 |

图 9-11　STING 结构中的结点

建造树的算法在算法 9-6 中给出,其中空间的每个单元对应树中的一个结点,单元同时描述为独立于属性(求和)的数据和依赖于属性(平均值、标准偏差、最小值、最大值、分布)的数据。随着数据导入数据库,层次就被建立起来。属性在单元中的放置完全取决于它的物理位置。算法 9-6 有两个部分:第一部分创建层级,第二部分填入相应值。

算法 9-6　STING BUILD

输入:将被放入层级结构中的数据 D;

　　　　最低层期望的单元个数 k。

输出:树 T。

(1) T=数据经初始化的根结点;//自顶向下创建一个空树,最初仅为根结点

(2) i=1;

(3) REPEAT

(4) 　　FOR each node in level i DO

(5) 　　　　创建 4 个孩子结点,并初始化值;

(6) 　　i=i+1;

(7) UNTIL 4^i=k;

(8) FOR each item in D　DO BEGIN//自底向上组装树

(9) 　　找到与数据 D 的位置相关联的叶子结点 j;

(10) 　　根据属性值更新 j 中的值

(11) END;

(12) i=$\log_4$(k);

(13) REPEAT

(14) 　　i=i−1;

(15) 　　FOR　each　node j in level i DO

(16) 　　根据 4 个孩子的属性值更新 j 中的值;

（17）UNTIL i＝1

算法 9-6 是为了查询而建造表示树的算法，算法 9-7 给出了实际处理查询用的 STING 算法。附近的单元可以用一些距离方程来找到。这里最重要的就是必须找到适当的单元，并且从树中的这些单元中找到信息。检验这个树可以使用广度优先遍历。但是，没有必要对这个树进行完整的遍历，只需要检验相关的孩子结点即可。这里相关的概念类似 IR 查询，只是有些不同，要对查询环境访问的单元中的实体比例进行估计，以此来决定相关。

算法 9-7　STING（从建造好的树 T 存储的统计信息中得到响应）

输入：树 T；

　　　查询 Q。

输出：相关的单元区域 R。

（1）i ＝ 1；

（2）REPEAT

（3）　FOR each　node in level i　DO

（4）　　　IF 此单元与 Q 相关，THEN 标记它；

（5）i＝i＋1；

（6）UNTIL 树的所有层都被访问过了；

（7）识别与相关单元邻近的单元，并为之创建区域。

STING 算法的时间复杂度为 $O(k)$，k 代表最底层单元的数量。显然，这是由于树自身而花去的时间。当被用来做聚类时，k 将是聚类产生的最大的数字。在计算一个单元是否与查询相关的可能性时要基于单元中的实体满足查询约束条件的百分比。通过一个预定义的可靠区间，如果比例足够高，则此单元被标记为相关的。与这些相关单元联系着的统计信息被用来响应查询。如果这个近似的响应还不够好，那么在数据库中联系着的相关实体可以经过检验而得到更精确的响应。

9.10　空间挖掘的其他问题

1. 空间在线分析挖掘

空间在线分析挖掘（Spatial OnLine Analytical Mining，SOLAM）建立在多维视图基础之上，是基于网络的验证型空间数据挖掘和分析工具。它强调执行效率和对用户命令的及时响应，直接数据源一般是空间数据仓库。网络是巨大的分布式并行信息空间和极具价值的信息源，但因网络所固有的开放性、动态性与异构性，又使得用户很难准确、快捷地从网络上获取所需信息。空间在线数据挖掘的目的在于解决如何利用分散的异构环境数据源，及时得到准确的信息和知识。它突破了局部限制，发现的知识也更有普遍意义。

空间在线分析挖掘通过数据分析与报表模块的查询和分析工具（如 OLAP、决策分析、数据挖掘）完成对信息和知识的提取，以满足决策的需要。它建立在客户/服务器的结构上，由用户驱动，支持多维数据分析，在用户的指导下验证设定的假设。空间在线数据挖掘的传输层使用了刷新与复制技术、数据传输、传送网络和中间件等构件,在硬件/软件平台间架起了必要的通信桥。其中,刷新与复制技术包括传播和复制系统、数据库网关内定义的复制工具、数据仓库指定的产品。数据传输和传送网络包括网络协议、网络管理框架、网络操作系统、网络类型等。客户/服务器代理和中间件包括数据库网关、面向消息的中间件、对象请求代理等。这里,空间数据仓库居于核心地位,是网络空间数据挖掘的基础。

美国 BusinessObjects 公司的 BusinessObjects(BO)就是采用 DataWarehouse + OLAP + DataMining 方案推出的第一个集多数据源查询、任意报表生成和 OLAP 及数据挖掘技术为一体的决策支持工具软件包。

2. 挖掘图像数据库的方法

空间数据库中含有大量的图形图像数据,一些行之有效的图像分析和模式识别方法可直接用于发现知识,或作为其他知识发现方法的预处理手段。

图像数据库是一类特殊的空间数据库,其数据几乎全部是图像或图片。图像数据库用于遥感、医学图像等应用,通常以栅格形式表示,栅格代表一个或多个光谱范围的图像密度。图像数据库的挖掘可以看成是空间数据挖掘的一部分,其主要问题在于如何区分图像。以下列出对这方面问题的一些研究。

1) Magellan 研究

早期使用大型图像数据库技术的典型代表是天文物体的分类方法,其中最具代表性的是鉴别麦哲伦空间飞船拍下的金星图像中的火山。该研究分析金星表面大约 30 000 个高精度的雷达图像,目标是为了识别火山,这是一项手工完成约需 10 人年的任务。系统由三个基本部分组成,即数据聚焦组件、特征抽取组件和分类学习组件。同其他数据聚焦技术一样,数据聚焦组件通过将区域中心像素点的密度与估计的其相邻像素点的密度的平均值做比较,识别出图像中可能包含火山的部分,用于提高系统整体效率。特征抽取组件从数据中抽取有趣的特征。不能使用诸如边缘检测或霍夫变换等一般的模式识别方法,因为这些方法处理自然数据中的可变性和噪声的能力较差。查找精确描述火山的属性非常困难,因此将包含火山图像的矩阵分解为特征向量,采用特征值作为描述火山的属性。最后,这些特征通过分类器分类,分类学习方法采用决策树,用于区别火山和看起来像火山的对象。而这些分类器是通过领域内的专家提供训练数据建造的。该系统用 ID3 构造,可以达到 80% 的精确度。

2) 恒星分类

另一个值得一提的是使用决策树来对恒星对象分类。如同鉴别火山的工作那样,前两步是确定图像中的区域然后抽取这个区域中的信息。多个树被建造起来,然后从这些树中,产生出一系列分类的准则。据报道,它的精确度可以达到 94%。

3) POSS-Ⅱ

数据图像先经低层图像处理系统 FOCAS 的预处理,选择欲分类对象并生成诸如图像要素、面积、密度、方向等的基本属性。由天文学家对训练数据集中的对象进行分类。基于这种分类,建立决策树算法的训练集。利用学习算法获得的决策树,可找到一个较为强健的最小的规则集合。POSS-Ⅱ(Second Palomar Observatory Sky Survey)方法专用于天文学应用。从以上的研究可以发现，需要对提取出来的特征进行规格化才能补偿图像之间的不同。例如，两个图像可以根据所选图像的角度来区分。

4）基于内容的时空查询 CONQUEST

CONQUEST(CONtent-based QUErying in Space and Time)是一个分布式并行查询和分析环境，用于采掘地球科学栅格数据库。CONQUEST 与其他栅格数据库采掘工具的区别是它考虑了数据集合中的时间组件，并且允许进行并行和分布式处理。系统可从大量的数据集合中抽取复杂的时空对象。CONQUEST 定义了一系列的操作用于地球科学查询中对象的描述和抽取。

3. 基于 Rough 集方法

Rough 集理论被广泛研究并应用于不精确、不确定、不完全的信息的分类分析和知识获取中。Rough 集理论为空间数据的属性分析和知识发现开辟了一条新途径，可用于空间数据库属性表的一致性分析、属性的重要性、属性依赖、属性表简化、最小决策和分类算法生成等。Rough 集方法与其他知识发现方法相结合，可以在数据库中数据不确定的情况下获取多种知识。

4. 基于云理论的挖掘方法

云理论(Cloud Theory)是由李德毅等提出的一种用于处理不确定性的新理论，由云模型(Cloud Model)、不确定性推理(Reasoning under Uncertainty)和云变换(Cloud Transform)三大支柱构成。云理论将模糊性和随机性结合起来，解决了作为模糊集理论基石的隶属函数概念的固有缺陷，为 KDD 中定量与定性相结合的处理方法奠定了基础，可以用于处理 GIS 中融随机性和模糊性为一体的属性不确定性。云空间由系列云滴组成，远观像云，近视无边。云具有期望值、熵和超熵三个数字特征。期望值是概念在论域中的中心值，完全隶属于定性概念；熵是定性概念模糊度的度量，其值越大，概念所接受的数值范围越大，概念越模糊；超熵反映云滴的离散程度，其值越大，隶属的随机离散度越大。云理论构成定性和定量相互间的映射，处理 GIS 中融模糊性（定性概念的亦此亦彼性）和随机性（隶属度的随机性）为一体的属性不确定性，解决了作为模糊集理论基石的隶属函数的固有缺陷。云理论已用于空间关联规则的挖掘、空间数据库的不确定性查询。

5. 探测性的数据分析

探测性的数据分析(EDA)采用动态统计图形和动态链接窗口技术将数据及其统计特征显示出来，可发现数据中非直观的数据特征及异常数据。EDA 技术在知识发现中用于选取感兴趣的数据子集，即数据聚焦，并可初步发现隐含在数据中的某些特征和规律。

6. 可视化

现代的数据可视化(Data Visualization)技术是指运用计算机图形学和图像处理技术，将数据转换为图形或图像在屏幕上显示出来，并进行交互处理的理论、方法和技术。它涉及计算机图形学、图像处理、计算机辅助设计、计算机视觉及人机交互技术等多个领域。数据可视化概念首先来自科学计算可视化。科学计算可视化(Visualization in Scientific Computing,ViSC)是从多个与计算机有关的学科中孕育出来的,最早是在 1987 年由美国国家自然科学基金会发表的一篇关于科学可视化的报告中提出的,其基本思想是"用图形和图像来表征数据"。ViSC 将科学计算过程中及计算结果的数据转换成几何图形和图像信息显示出来并进行交互处理,成为发现和理解科学计算过程中各种现象的有力工具。随着计算机技术的发展,数据可视化概念已大大扩展,近年来,随着网络技术和电子商务的发展,出现了信息可视化(Information Visualization),成为数据可视化的新的热点。

数据可视化提供帮助用户理解复杂数据集的图形界面,是连接人和计算机这两个最强大的信息处理系统的桥梁。数据可视化的基本含义是"使之可见",因此,空间数据挖掘与知识发现的许多活动都可以认为是一种空间数据的可视化,即利用可视化技术进行空间信息传输、数据挖掘和知识发现,最终实现空间域的决策支持。从这种观点出发,空间数据挖掘与数据可视化息息相关。也正是在这些功能上,数据可视化与数据挖掘具有最大的重叠。

数据可视化技术拓宽了传统的图表功能,使用户对数据的剖析更清楚。可视化数据分析技术本身也是知识挖掘的重要方法之一,数据挖掘过程离不开可视化数据分析技术的支持。但是,尽管在过去的十多年中,数据可视化技术得到了飞速的发展,但目前的许多数据挖掘工具仍然没能充分利用高级可视化技术的优势。在目前许多的数据挖掘工具中,数据可视化仍然仅停留在数据挖掘整个过程的开始和结束阶段。

由于不同的需求必须采用不同的数据可视化技术,可视化必须渗透到数据挖掘和知识发现的每一个步骤:从数据选择、数据预处理、数据挖掘到分析评估阶段,使用户看到数据处理的全过程、监测并控制数据分析过程。因为在数据选择中对被分析的原始数据的可视化显示有助于对合适表达模型的确定;在数据预处理、数据挖掘过程中,可视化展现处理过程的数据有助于理解所采用的方法并发现方法的不足之处;在知识的表达、解释和评价时可视化有助于理解所获得的知识并检验知识的真伪和实用性。用直观图形将信息模式、数据的关联或趋势呈现给决策者,使用户能交互式地分析数据关系。可视化技术将人的观察力和智能融合入知识发现系统,可以提高用户对数据的理解,能极大地改善系统的挖掘速度和深度,从而增加提取新的、有用知识的可能性。数据可视化最新的发展为虚拟现实(Virtual Reality,VR),如果充分吸收虚拟现实等最新的可视化技术成果,将会大大拓宽和增强空间数据挖掘的功能和应用。地理空间数据可视化方法把空间数据挖掘、地图学、GIS 紧密地联系在一起,特别是面对地理空间数据,它的开发和挖掘离不开人的空间思维的参与。

可视化通过研制计算机工具、技术和系统,把实验或数值计算获得的大量空间抽象数据(如信息模式、数据的关联或趋势等)转换为人的视觉可以直接感受的具体计算机图形图像,以供数据挖掘和分析。空间数据挖掘中的数据立方法、多维数据库或 OLAP 也是可视化技术的一种。地理可视化系统中的不同物理位置及地理表示都与数据仓库中的数据相关,根据地理环境比较相同产品在不同地域的差异,或相同地域不同产品的差异,可分析数据仓库中数据的关系。空间数据挖掘涉及复杂的数学方法和信息技术,可视化是空间数据的视觉表达与分析,借助图形、图像、动画等可视化手段对于形象地指导操作、定位重要的数据、引导挖掘、表达结果和评价模式的质量等具有现实意义。可视化拓宽了传统的图表功能,使用户对数据的剖析更清楚,有助于减少建模的复杂性,决策者则可通过可视化技术交互分析数据关系。

空间数据挖掘可视化分为二维(x,y)、三维(x,y,z)和四维(x,y,z,t),如果分别对它们按时间序列实时处理,就可以形成较全面地反映数据挖掘过程和知识的动画。在空间数据挖掘中,定性和定量数据的相互转换内容较多,也较为抽象,较适合把可视化作为研究工具。今后,建立在可视化基础之上的数据挖掘可视化理论和技术,将对空间信息的可视表达、分析的研究与应用产生更大的影响。

此外,决策树、神经网络、遗传算法、模糊集理论、证据理论等也可用于空间数据挖掘和知识发现。当然,这些方法不是孤立应用的,为了发现某类知识,常常要综合应用这些方法。知识发现方法还要与常规的数据库技术充分结合。例如,在空间数据库中挖掘空间演变规则时,可利用空间数据库的叠置分析等方法首先提取出变化了的数据,再综合统计方法和归纳方法得到空间演变规则。

9.11　空间数据挖掘原型系统介绍

空间数据库是一类重要的数据库,它含有大量的空间和属性数据,有着比一般关系型数据库和事务数据库更加丰富和复杂的语义信息,隐藏着丰富的知识。从空间数据库发现的知识,可得到广泛的应用。

- 空间智能化分析:空间数据挖掘获取的知识同现有空间分析工具获取的信息相比更加概括、精炼,并可发现现有空间分析工具无法获取的隐含的模式和规律,因此空间数据挖掘是构成空间专家系统和决策支持系统的重要工具。
- 在遥感影像解译中的应用:用于遥感影像解译中的约束、辅助、引导,解决同谱异物、同物异谱问题,减少分类识别的疑义度,提高解译的可靠性、精度和速度。空间数据挖掘是建立遥感影像理解专家系统知识获取的重要技术手段和工具。

在开发知识发现系统时,有两个重要的问题需要考虑:

- 系统的自发性与多用性之间的折中。一般应采用交互的方式,对于专用的知识发现系统可采用自发的方式。
- KDD 系统如何管理数据库,即 KDD 系统本身具有 DBMS 功能还是与外部 DBMS系统相连。

加拿大 Simon Fraser 大学开发的空间数据挖掘系统原型 GeoMiner 很有代表性。该系统包含三大模块:空间数据立方体构建模块,空间联机分析处理(OLAP)模块和空间数据挖掘模块。采用的空间数据挖掘语言是 GMQL。目前已能挖掘三种类型的规则:特征规则、比较规则和关联规则。GeoMiner 的体系结构如图 9-12 所示,包含以下四部分。

- 图形用户界面,用于进行交互式的挖掘并显示挖掘结果。
- 知识发现模块集合,含有上述三个已实现的知识发现模块以及四个计划实现的模块(分别用实线框和虚线框表示)。

■ 空间数据库服务器和数据立方体,包括 MapInfo、ESRI/Oracle SDE、Informix-Illustra 以及其他空间数据库引擎。

■ 存储非空间数据、空间数据和概念层次的数据库和知识库。

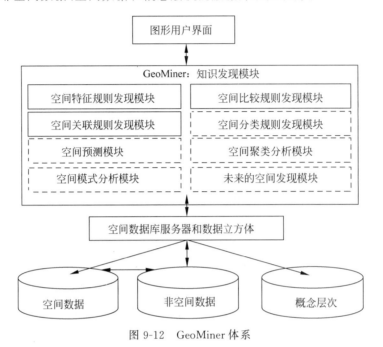

图 9-12　GeoMiner 体系

到目前为止,尚没有对空间数据挖掘查询语言(Spatial Data Mining Query Language,SDMQL)的定义。Han 等人为了挖掘地理空间数据库设计了一种地理数据挖掘查询语言(Geo-Mining Query Language,GMQL),它是对空间 SQL 的扩展,并成功地应用于空间数据挖掘系统原型 GeoMiner 中。GMQL 可作为制定 SDMQL 的基础,以进一步界定 SDMQL 的基本原语。

SDMQL 的设计指导原则主要有:

■ 在空间数据挖掘请求中应说明用于挖掘的相关数据集。

■ 在空间数据挖掘请求中应说明想要挖掘的知识的种类。

■ 挖掘过程中可能应该运用相关的背景知识。

■ 挖掘结果应该能用比较概括的或多层次概念的术语来表述。

■ 应能说明各种各样的阈值,使其可灵活地过滤掉那些不是很令人感兴趣的知识。

■ 应采用类似 SQL 的语法以适应在高级语言的水平上进行数据挖掘并与关系查询语言 SQL 保持自然的融合。

目前还有其他一些对空间数据挖掘查询语言的研究,如可视化空间数据库查询语言(如卡片查询语言、CQL)。该语言允许用户借助于可视化基本元素——卡片进行编程,实现对空间数据库的检索,用户查询语句是这些卡片的空间组合。该语言对查询结果的表示提供了多种形式:图形表示形式、正文表示形式、临时文件或三者的组合形式,语言规则用 BNF 形式表示。

9.12　空间数据挖掘的研究现状

空间数据挖掘的研究比一般的关系型数据库和事务数据库的研究要晚，但近几年已经引起广泛兴趣。目前国内外都已经开展了地球空间数据挖掘与知识发现方面的研究。

加拿大西蒙弗雷泽大学、德国慕尼黑大学、芬兰赫尔辛基大学以及美国、澳大利亚等国家的许多大学和研究所，都有空间数据挖掘的成果报道。这些研究者大多具有计算机科学背景，他们一般把空间数据挖掘作为数据挖掘的一个应用领域，研究的重点是提高原有数据挖掘算法在空间数据库的执行效率。测绘遥感界的学者们在特征提取、模式识别等研究中已经进行了许多空间数据挖掘的工作，但是把相关工作提到空间数据挖掘的高度并系统地加以研究的还不多见。

目前，在空间数据挖掘系统的开发方面，国际上有代表性的通用 SDM 系统有GeoMiner、Descartes 和 ArcView GIS 的 S-PLUS 接口。加拿大 Simon Fraser 大学计算机科学系的数据挖掘研究小组，在 MapInfo 平台上建立了空间数据挖掘的原型系统GeoMiner，实现了空间数据特征描述、空间区分、空间关联、空间聚类和空间分类等空间数据挖掘方法。ArcView GIS 的 S-PLUS 接口是著名的 ESRI 公司开发的，它提供工具分析空间数据中指定的类。2003 年，美国的空间信息处理项目——地球观测系统（Earth Overview System，EOS）对全球地面监测的精度达到 1m 的分辨率，该项目对巩固美国在全球的竞争优势具有重要的作用，该项目的主要组成部分之一就是空间数据的联机分析与挖掘技术的研究。

在国内，目前已经开展空间数据挖掘的单位主要有：北京大学、武汉大学、中国科学院软件所、中国科学院地理所资源与环境信息系统国家重点实验室、中国科学院遥感所、中国测绘科学研究院等。中国科学院已经开始创新项目"空间数据挖掘及知识发现"课题的研究。视觉与听觉信息处理国家重点实验室开放课题基金项目"空间数据联机分析与空间数据挖掘研究"，该项目重点对空间数据联机分析与空间数据挖掘及底层的空间数据仓库技术进行基础理论研究。

但是，现有的许多研究成果仍停留在实验室阶段，一些如知识表达、不确定推理等根本性问题还没有得到很好的解决，许多算法还缺乏完善的理论指导，一些算法不能适应大量数据。许多空间数据挖掘系统还很不成熟，难以商品化。总之，空间数据挖掘目前基本上处于开始阶段，需要建立和完善空间数据挖掘的基础理论和技术框架，开发有效的算法，提高已有算法的效率，并展开典型的应用。

9.13　空间数据挖掘的研究与发展方向

空间数据挖掘是一个非常年轻而富有前景的领域，有很多研究问题需要深入探讨，这也是该领域的研究与发展方向。在空间数据挖掘的理论和方法方面，重要的研究方向有背景知识概念树的自动生成、不确定性情况下的数据挖掘、递增式数据挖掘、栅格向量一体化数据挖掘、多分辨率及多层次数据挖掘、并行数据挖掘、新算法和高效率算法的研究、空间数据挖掘查询语言、规则的可视化表达等。在空间数据挖掘系统的实现方面,要研究多算法的集成、空间数据挖掘系统中的人机交互技术和可视化技术、空间数据挖掘系统与地理信息系统、遥感解译专家系统、空间决策支持系统的集成等。

1. 在面向对象的空间数据库中进行数据挖掘

目前在实际应用中的空间数据挖掘方法都假定空间数据库中采用的是扩展的关系模型,而关系型数据库并不能很好地处理空间数据。许多研究者指出,OO 模型比传统的关系模型或扩展关系模型更适合处理空间数据,如矩形、多边形和复杂的空间对象可在 OO 数据库中很自然地建模。因此,可以考虑建立面向对象的空间数据库以进行数据挖掘。需要解决的问题是如何使用 OO 方法设计空间数据库,以及怎样从数据库中挖掘知识。目前 OO 数据库技术正在走向成熟,在空间数据挖掘中开发 OO 技术是一个具有极大潜力的领域。

2. 进行不确定性挖掘

证据推理方法可用于图像数据库的挖掘以及其他经过不确定性建模的数据库的分析。Bell 等人证明,证据理论比传统的概率模型,如贝叶斯等方法进行不确定性建模的效果要好。另外,还可考虑通过利用统计学、模糊逻辑和粗糙集方法以处理不确定性和不完整的信息,该领域尚有待拓展。

3. 多边形聚类技术

目前空间聚类问题的解决方案尚局限在对点对象的聚类,该问题的未来方向是处理可能重叠的对象的聚类,如多边形聚类。

4. 模糊空间关联规则的挖掘

挖掘广义关联规则的目的是发现分属不同分类学结构的项目之间的关系。但在真实的世界中,经常出现部分属于、部分不属于的情况,即不能精确判断对象是否属于某个集合,其分类学结构没有明确的边界,而是呈现出某种程度的模糊性和不确定性。

因此,近年来对关联规则挖掘的研究,又出现一个技术生长点,这就是模糊关联规则挖掘。它对过去的边界划分过硬的分类学结构进行了模糊处理,并对传统的 Srikant 和 Agrawal 算法(包括 Apriori 以及快速算法)进行改造,使之能够在模糊分类学结构的所有层上发现数据属性之间的关系。由此,人们可以发现模糊的关联规则。

5. 挖掘空间数据的偏离和演变规则

当前,时空数据库挖掘工作的一个发展方向是研究数据的偏离和演变规律。例如,可以通过对变化数据一般特征的概括,发现空间特征演化规律。在挖掘进程中,可以发现某个区域农作物具有年均增长 2% 的特性。利用空间判别式演变规律,可以把目标类的对象特性与对照类的对象特性区分开来。例如,把去年大气污染增加的地区和空气质量改善的地区做比较。在医学成像方面,可以发现某些特征与正常特征的偏离情况以及随时间的演变情况。其他应用包括,发现和预测区域气象模式、土地利用规划等。

6. 多维规则可视化

仅仅发现知识是不够的,还必须以一种用户容易理解的方式把结果表示出来。理解所发现规则的最有效的方式是进行图形可视化。多维数据可视化已有相应文献研究,而多维规则可视化仍是一个不成熟的领域,在计算机图形领域,可视化技术的发展已经相当完善,可考虑采用计算机图形学中的一些可视化技术。

7. 多技术结合

例如,基于泛化的空间数据挖掘机制需要进一步开拓,以处理多专题地图挖掘和相交泛化,并与空间索引、空间存取方法和数据仓库技术有效结合。再如,大量的遥感图像挖掘要求更多的方法继承,用以检测异常、查找相似的图片以及发现不同现象间的关系等。

1) 基于多专题地图的挖掘

基于泛化的方法已经成功应用于单专题图的挖掘,但在实际应用中,多数是面向多专题图的挖掘。不但要用到聚类方法,还要采用地图叠加、空间连接等许多空间计算方法,例如,为了提取普遍的天气模式,最好是采用温度和湿度两个专题图一并实施泛化。

2) 相交泛化

相交泛化是基于泛化的挖掘方法的一个重要拓展,实施空间和非空间的相交泛化,可以提高挖掘效率。我们知道,连接和叠加等空间操作通常比非空间计算的开销大,如果先泛化非空间部分,最低限度地使用空间泛化,可以节省很多机时。

8. 高效的分类算法

空间数据分类领域尚需找到真正高效的空间分类方法,而且能处理带有不完整信息的问题。

9. 空间数据挖掘查询语言

空间数据挖掘查询语言(SDMQL)需进行详细设计和标准化。用户界面的设计是知识发现技术能否普及的一个关键。建立查询语言的目的是供非数据库方面的专家使用,查询界面必须为图形用户界面(GUI),以使查询的建立更为简便。由于数据的特殊性质,查询语言必须具备以图形的方式显示查询结果的功能;增加感兴趣对象的点选工具,可加强用户的交互能力;对查询结果进行分析可为查询的进一步精炼提供反馈,并指明进一步研究的方向;最后,查询语言必须完全适应于各种算法和空间数据库中存储的诸多数据类型。

10. 带空间误差的数据挖掘

由于空间数据的数字化精度有限,因此必须顾及数据误差的影响,以及专题图之间不接边的问题,通常需要采用抗差方法和数据清理方法来解决这些问题。

11. 遥感影像的挖掘

数量日趋庞大的遥感影像需要越来越多的数据挖掘方法。对遥感影像进行挖掘主要包括：检测异常、寻找相似图片、发现各种现象之间的关联。在挖掘大型影像数据库时，通常需要采用数学形态学、小波分析等影像分析技术。

12. 智能 GIS 方法

挖掘空间数据的智能 GIS 方法应与先进的空间数据库技术紧密结合起来，例如，把面向对象空间数据库、时空数据库、统计分析、空间推理和专家系统结合起来，建立智能 GIS。

13. 并行数据挖掘

对于海量的空间数据，采用并行机制或分布式运营工作站可以明显加快数据挖掘的计算速度。不管是关系数据还是空间数据挖掘，并行知识发现都将是一个日趋重要的研究课题。

14. 其他

例如，基于模式或基于相似性的挖掘以及元规则指导的空间数据挖掘尚需探讨。

9.14 空间数据挖掘与相关学科的关系

9.14.1 空间数据挖掘与空间数据库

空间数据库存储了大量与空间有关的数据，例如数字地图、预处理后的遥感或医学图像数据等，空间数据库有许多与关系型数据库所不同的显著特征。空间数据库包含复杂的空间关系，通常按复杂的、多维的空间索引结构组织数据，其访问通过空间数据库引擎，经常需要空间推理、地理计算和空间知识表示技术。空间数据库技术把大量的空间数据组织起来，以方便用户进行存取和维护，并对数据的一致性和完整性进行约束，侧重于对数据库存储处理的高效率方法的研究。它只是产生一定的检索、汇总和统计量，而不是高于数据的理解和概括。空间数据挖掘则是从现实世界中存在的一些具体空间数据中提取知识，这些数据在此之前早已存在，只是其中隐含的规律尚未为人所知。它侧重于对数据库中的数据进行分析，以得到比数据更高层次的有用规则和模式。数据库的报表工具也是无法和空间数据挖掘相比拟的。数据库报表制作工具是将数据库中的数据抽取出来，经过一些数学运算，最终以特定的格式呈现给用户。数据库报表工具可以回答出某地区过去一个时期内水土流失严重的区域和河流流域的有关情况，但它无法回答下一个时期内水土流失严重的区域将会是哪个区域，河流流域将随之做怎样的移动等问题。空间数据挖掘能对空间数据背后隐藏的特征和趋势进行分析，从中挖掘出关于数据的总体特征和发展趋势的有用知识。

9.14.2 空间数据挖掘与空间数据仓库

空间数据仓库(Spatial Data Warehouse,SDW)是近几年在数据仓库基础上提出的一个新的概念和新的技术,空间数据仓库是一个面向主题的、集成的、随时间变化的并且非易失性的空间和非空间数据的集合,用于支持空间数据挖掘和与空间数据有关的决策过程。简单地讲,空间数据仓库是空间数据库的数据库。实质上,空间数据仓库是在数据仓库基础上引入了空间维,即在传统多维数据模型中引入空间维度,空间度量指向空间聚合结果的空间数据索引及其空间算子集合,从而构造出空间多维数据模型,在此基础上可进行空间数据挖掘。它的根本目的是服务于决策支持,是空间决策支持系统的核心。空间数据仓库作为一种新型的数据存储体系,可以为数据挖掘提供新的支撑平台。空间数据仓库技术可以在很大程度上有助于解决这些问题:数据收集、信息集成、综合分析、数据挖掘和知识发现。由于空间数据仓库包含完整的、主题明确的、净化的、综合性的数据,因此最适合作为数据挖掘的数据源,可以避免或者减少挖掘前数据的预处理工作;此外,数据仓库特有的、优化的查询引擎和数据组织结构,有利于数据挖掘过程高效率地完成。基于空间数据仓库的数据挖掘方案将有可能成为主流的挖掘技术。空间数据挖掘也是空间数据仓库的关键技术之一。SDW 提供了容纳大量信息的场所,但只有和数据挖掘技术相结合,才能最终为决策分析提供有效的支持。

9.14.3 空间数据挖掘与空间联机分析处理

空间联机分析处理(Spatial OnLine Analytical Processing,SOLAP)是针对特定问题的联机空间数据访问和分析,适合以空间数据仓库为基础的数据分析处理。空间数据挖掘(Spatial Data Mining,SDM)与 SOLAP 具有一定的互补性。但从方法论角度来讲,它们是完全不同的工具,基于的技术也大相径庭。

SOLAP 分析过程本质上是一个演绎推理的过程。也就是说,SOLAP 分析是建立一系列假设,然后通过 SOLAP 来证实或推翻这些假设以最终得到自己的结论。但是如果分析的变量达到几十个甚至上百个,那么再用 SOLAP 手动分析验证这些假设将是一件非常困难和痛苦的事情。而 SDM 与 SOLAP 不同的地方是:SDM 不是用于验证某个假定的模式(模型)的正确性,而是在数据库中自己寻找模式,它在本质上是一个归纳的过程。可以这么认为,SOLAP 属于简单的空间数据挖掘方法范畴,也是空间数据挖掘的一个重要研究方向。因为在 SDM 的早期阶段,SOLAP 工具可有如下用途:可以帮助用户分析数据,找到哪些是对一个问题比较重要的变量,发现异常数据和互相影响的变量。这都能帮助用户更好地理解数据,加快知识发现的过程。

数据立方体就是指用三维或更多的维数来描述一个对象。将数据立方体的概念引申到空间数据领域就是空间数据立方体。也就是说,在数据立方体的多维中至少有一维是空间维或所描述的对象是地理空间对象,那么该数据立方体就是空间数据立方体。

空间数据立方体又称为多维数据集,它是空间联机分析处理中的主要对象,是一项可对空间数据仓库中的数据进行快速访问的技术。由于 SOLAP 的多维数据模型和数据聚合技术可以组织并汇总大量的数据,因此,基于空间数据立方体中的数据进行挖掘,可以利用已有的聚合信息和计算结果,有效地提高数据挖掘算法的执行效率。

此外,如果有空间数据立方体和 SOLAP 的有效支持,基于泛化的描述空间数据挖掘,如空间特征化和判别(Discrimination)可以有效地实现。

9.14.4 空间数据挖掘与地理信息系统

从 20 世纪 60 年代初提出 GIS 概念、60 年代中建立世界上第一个地理信息系统以来的几十年时间里,特别是近十年来,随着计算机技术和网络通信技术的迅速发展,GIS 技术发展非常快,应用非常广泛。地理信息系统(Geographic Information System,GIS)是以地理空间数据库为基础,在计算机软件和硬件环境的支持下,运用系统工程和信息科学的理论和方法,综合、动态地对空间数据进行采集、存储、管理、分析、模拟和显示,实时提供空间和动态的地理环境信息,并服务于辅助决策的空间信息系统。它广泛应用于资源调查与利用、环境监测与治理、城市规划与管理、灾情预报与抢险救灾、工程规划与建设等领域。现代的 GIS 的最大贡献就在于,在一个系统中既提供了启发逻辑思维(如建模、分析、计算等)的引擎,又提供了启发形象思维(如可视化、地图、图表等)的引擎并能将二者密切结合,从而为启发使用者的创造性思维提供了极为便利的条件。

目前,一些人认为 GIS 是数据挖掘工具之一,主要是因为 GIS 提供多样的数据可视化工具,能帮助用户直观地发现数据之间的潜在联系,同时它有一系列的空间分析模型。也有一些人则认为数据挖掘可视为 GIS 的信息深加工,因为数据挖掘技术中的分类、聚类等方法早就应用于 RS 图像处理(RS 为 GIS 的重要数据源之一)和 GIS 专题数据处理中。也就是说,数据特征化、分类、聚类、关联规则等数据挖掘技术可运用于 GIS 中。

总之,一方面,GIS 技术在空间数据库功能以及图形操作等方面已取得了巨大的成功,但在空间信息提取和知识发现的功能上仍有所欠缺,亟待相关理论和技术的补充和完善;另一方面,空间数据与知识发现的理论和技术只有借助 GIS 强大的数据库和图形功能才能加速其前进的步伐,因而在未来的发展中,GIS 与空间数据挖掘理论的结合将成为一种必然的趋势,并为空间信息技术领域的研究注入新的活力。GIS、空间数据挖掘和空间数据仓库等技术的结合可以为空间决策支持提供强有力的后盾。

9.15　数字地球

本节之所以将数字地球的概念单独列出,是因为这个问题十分重要,代表空间数据挖掘系统的未来发展趋势和应用背景。美国前副总统戈尔(Al GORE)于 1998 年 1 月 31 日在美国加利福尼亚科学中心发表了题为"The Digital Earth：Understanding our planet in the 21st Century"的讲话,首先提出"数字地球"的概念。所谓数字地球,是一种关于地球的可以嵌入海量地理数据的、多分辨率的和三维的表示,它提供一种机制,引导用户寻找地理信息,也可供生产者出版。它的整个结构包括以下几方面：一个供浏览的用户界面,一个不同分辨率的三维地球,一个可以迅速充实的联网的地理数据库以及多种可以融合并显示多源数据的机制。

随着遥感、全球定位系统、因特网和地理信息系统等现代信息技术的发展及其相互间的渗透,以地理信息系统为核心的集成化技术系统逐渐形成,它为解决区域范围更广、复杂性更高的现代地学问题提供了新的分析方法和技术保证。利用空间数据挖掘技术可将社会和地球的大量原始数据转变为可理解的信息。这些数据除了高分辨率的卫星图像、数字化地图,也包括经济、社会和人口方面的信息。数字地球将带来广阔的社会和商业效益,特别是在教育、可持续发展的决策支持、土地利用规划、农业以及危机管理等方面,也将引导人类去对付人为的或自然界的种种灾害。数字地球的概念自提出以来已引起各个国家的广泛重视,都已经或正在投入相当的财力来加强对数字地球基础设施的建设,相信这将大大促进对空间数据挖掘的研究,未来空间数据挖掘的应用前景将非常广阔。

9.16 本章小结和文献注释

空间挖掘是近年来发展起来的具有广泛应用前景的数据挖掘技术。本章主要对空间挖掘相关的概念和技术进行分析和阐述。

本章的主要内容及相关的文献引用情况如下。

1. 空间挖掘的含义及应用概述

大量的空间数据是从遥感、地理信息系统、多媒体系统、医学和卫星图像等多种应用中收集而来的,收集到的数据远远超过了人脑的分析能力。空间数据挖掘实质上是数据挖掘在空间数据库或空间数据上的应用。简言之,空间数据挖掘,就是从空间数据库中抽取隐含的知识、空间关系或非显式地存储在空间数据库中的其他模式,用于理解空间数据、发现数据间(空间或非空间)的关系。空间数据挖掘的应用领域众多,比如地质、环境科学、资源管理、农业、医药和机器人科学等。

[MH01]中收集了很多不同空间数据挖掘的文章。另外,有许多文献可以作为空间挖掘技术的入门资料,值得推荐的文献有[NH94]、[HCC92]、[EF+98]、[EKS97]、[EKX95]等。

2. 空间数据结构和索引技术

空间数据是指与二维、三维或更高维空间的空间坐标及空间范围相关的数据。访问空间数据要比访问非空间数据更复杂。空间数据可以用包含诸如"接近、南、北、包含于"等空间操作符的查询来访问。由于空间数据关联着距离信息,所以空间数据库通常用使用距离或拓扑信息的空间数据结构或者索引来存储。

四叉树首先被用来处理复合关键字的查询[FB74]。k-D 树是在[Ben75]中提出的。k-D 树的很多变种可以用在空间数据上[OS+93]。网格文件是在[NH84]中提出的。

有关空间数据和空间数据结构有很多非常好的研究。[ZC+97]研究了空间和多媒体数据及其索引。[OS+93]不仅提供了空间索引技术的分类方法,而且阐述了各种技术的优点和缺点。Nievergelt 和 Widmayer 在[NW97]中对空间数据结构进行了简单易懂并且全面的描述,参考文献也十分全面。[Sam95a]和[GG98]中也介绍了空间数据结构,其中,[GG98]是多维索引技术的扩展,包括空间的和非空间的索引,它包含对多种技术的比较。[Sam95b]阐述的是对空间数据的查询处理。而[Güt94]给出更全面的描述,包括空间数据建模、空间数据库查询、空间索引和构造方法。基于方向的空间关系在[EF+00]中说明。[Gut84]中提出 R 树的概念。[BK+90]提出的 R* 树对 R 树是一个很有效的改进。[OS+93]提出了基于 R 树的很多扩展。STING 方法是在[WYM97]中提出的。

[EF+00]指出,两个空间实体之间可以存在若干个拓扑关系。这些关系依赖于这两个实体在地理范围内的放置方式,包括分离、重叠/相交、等价、包含于、覆盖/包含等。

Aref 和 Samet 在[AS91]中提出空间查询处理的优化策略,为空间数据库提出一个称为 SAND(空间和非空间数据)的体系结构,这是一个使用空间操作的扩展的关系型数据库模型。该体系结构既提供空间数据库的空间组件,也提供非空间组件,以参与查询处理。

3. 空间数据挖掘的常用技术

空间数据挖掘技术是在一般性的数据挖掘研究取得的成果上发展起来的。主要的技术方法有空间统计学、空间数据的泛化与特化、空间分类、空间聚类等。因此,本章利用相对较多的篇幅来介绍这些技术在空间数据挖掘中的特色、算法及其解决问题的基本思路。

对于空间数据挖掘,[EF+00]包含支持空间数据挖掘所需要的算法、关系和操作的研究。[Kop99]中深入阐述了逐步求精的概念。

一些空间分类的最早的研究可以在[FWD93]中找到。该文献里使用决策树技术用来对天文实体进行分类,比如恒星和星系。关于 POSS-Ⅱ,Fayyad 等人使用决策树方法来对大约 3TB 的卫星图像中的星系对象进行分类[FS93]。Magellan 研究分析火星表面大约 30 000 幅高精度的雷达图像,目标是为了识别火山,该系统用 ID3 构造,可以达到80%的精确度。

[HK00]对数据泛化技术进行了概述。它首先执行一个数据挖掘查询,采集数据库中相关数据的集合。然后,通过提升泛化层次,在较高概念层次上概括空间和非空间数据间的泛化关系以进行数据泛化。泛化的结果可用泛化关系或数据立方体的形式表达,用以执行进一步的 OLAP 操作,也可以映射为概括表、图表或曲线来进行可视化表示,还能从中抽取特征和判别规则。Lu 等人将面向属性的归纳扩展至空间数据库,提出两个算法:空间数据支配泛化和非空间数据支配泛化[LH+93]。

[KHA98]给出了空间决策树建造方法,这个方法的思想基础是空间实体可以用与其接近的实体来描述。假设类的描述是基于与实体相近最相关的谓词的集合。建造一个决策树,首先要找到最相关的谓词,然后使用泛化的谓词和 ID3 建造二叉树。

[NH94]中给出了空间数据库聚类的概念。其实,第 5 章介绍的很多聚类算法都可以看作是空间的:k-平均,k-中心点和 CLARANS。DBCLASD 是在[XE+98]中提出的。[SCZ98]研究小波聚类。[KN96]定义聚合邻近。[NH94]提出基于轮廓系数的概念,[KR90]提出决定"最自然的聚类数量"的方法。

很多传统的聚类和分类算法经过修改都可以在空间数据库上很好地运行。DBSCAN 被泛化为泛化的 DBSCAN(GDBSCAN),在该算法中同时使用空间和非空间属性给实体聚类[SE+98]。该算法已经在天文、生物、地球科学和地理应用中得到检验。

最简单的空间关联规则概括算法在［KH95］中。这个方法与先前讨论过的在"两步"方法中使用过的分类方法比较类似。相比传统的关联规则算法，这个算法概括了所有满足最低信任和支持的关联规则。由于拓扑关系多样的可能性，数据挖掘请求约定了要使用的空间谓词。一旦数据库中相关的子集被确定，关系的类型也被确定。初始是要约定使用的拓扑关系的"归纳"版本。如果一些高于概念层次的实体满足了归纳的关系，则称此关系是满足的。举个例子，可能会不使用确切的房子的位置而是使用邮政编码表示地址。在这一层，要对不可能满足关系的实体进行过滤。

文献［KH95］研究了挖掘空间关联规则的高效方法，提出自上而下、逐步加深的搜索技术。Koperski 和 Han 在文中提出了一种在地理信息数据库中挖掘强的空间关联规则（空间数据库中使用频率较高的模式或关系）的算法，并给出了两步式的空间优化技术。

4. 空间数据挖掘的其他问题

空间数据挖掘是一个多学科交叉研究方向，因此对它的全面了解包括它的相关研究领域（如空间数据库、空间数据仓库、空间联机分析、地理信息系统等）的基础知识、空间数据挖掘系统结构、数字地球的概念以及它的研究现状和发展趋势等诸多方面。因此，本章对空间数据挖掘的一些焦点问题也进行了归纳。

［CFK00］对于挖掘多层次的空间关联规则有更进一步的描述。［Kop99］中的例子说明了归纳空间关系的概念。云理论是由李德毅等提出的一种用于处理不确定性的新理论［LI97］，加拿大 Simon Fraser 大学开发出一空间数据挖掘系统原型 GeoMiner［HKS97a］和［HKS97b］。Han 等人为了挖掘地理空间数据库设计了一种地理数据挖掘查询语言（Geo-Mining Query Language，GMQL）。

［Kop99］中提出一种基于 SQL 的空间数据挖掘查询语言 GMQL。它基于 DMQL，并应用在 DBMiner 和 GeoMiner 上。还有其他一些对空间数据挖掘查询语言的研究，如文献［鞠时光 99］中讨论的地理信息管理系统的查询语言——可视化空间数据库查询语言 CQL（卡片查询语言）。该语言允许用户借助于可视化基本元素——卡片进行编程，实现对空间数据库的检索，用户查询语句是这些卡片的空间组合。该语言对查询结果的表示提供了多种形式：图形表示形式、正文表示形式、临时文件或三者的组合形式，语言规则用 BNF 形式表示。

习 题 9

1. 简单地描述下列英文缩写或短语的含义。

（1）Spatial Mining

（2）Spatial Statistics

（3）Minimum Bounding Rectangle

（4）Geographic Information System

（5）Spatial OnLine Analytical Mining

2. 解释下列概念。

(1) 网格文件　　　　　(2) 专题地图

(3) 空间数据仓库　　　(4) 数字地球

3. 简述空间挖掘的意义。

4. 举例说明空间挖掘的意义。

5. 简述空间数据的特征。

6. 简述空间查询的类型。

7. 常用的空间数据索引结构有哪些?

8. 与传统数据库索引技术相比,空间索引方法具有什么样的特殊性? 常用的空间数据索引结构有哪些?

9. 基于两个空间实体的位置,空间实体之间的拓扑关系可以概括为哪几种?

10. 假设 A 和 B 是二维空间中的两个空间实体,基于两个空间实体的位置,空间实体之间的拓扑关系可以概括为哪几种?

11. 简述空间数据的泛化方法。

12. 简述空间数据支配泛化算法的主要思想。

13. 请给出空间规则的概念与表示方法。

14. 请说出空间关联规则与传统关联规则的关系与区别。

15. 简述空间决策树的基本思路。

16. 请说出空间决策树与一般决策树的关系。

17. 常用的空间聚类方法有哪些?

18. 请列举常用的空间聚类方法,并对这些方法进行比较。

19. 简述 SOLAP 的主要任务。

20. 请结合 GeoMiner,谈谈一个空间数据挖掘系统应该具备的主要功能与体系结构。

参 考 文 献

扫码查看

图 书 资 源 支 持

感谢您一直以来对清华版图书的支持和爱护。为了配合本书的使用，本书提供配套的资源，有需求的读者请扫描下方的"书圈"微信公众号二维码，在图书专区下载，也可以拨打电话或发送电子邮件咨询。

如果您在使用本书的过程中遇到了什么问题，或者有相关图书出版计划，也请您发邮件告诉我们，以便我们更好地为您服务。

我们的联系方式：

清华大学出版社计算机与信息分社网站：https://www.shuimushuhui.com/

地　　址：北京市海淀区双清路学研大厦 A 座 714

邮　　编：100084

电　　话：010-83470236　010-83470237

客服邮箱：2301891038@qq.com

QQ：2301891038（请写明您的单位和姓名）

资源下载：关注公众号"书圈"下载配套资源。

资源下载、样书申请

书圈

图书案例

清华计算机学堂

观看课程直播